Dietrich Wolf

Signaltheorie

Springer-Verlag Berlin Heidelberg GmbH

Dietrich Wolf

Signaltheorie
Modelle und Strukturen

Mit 102 Abbildungen

 Springer

Professor Dr. Dietrich Wolf
Universität Frankfurt
Institut für Angewandte Physik
Robert-Mayer-Straße 2-4
60325 Frankfurt/Main

Die Deutsche Bibliothek - CIP-Einheitsaufnahme
Wolf, Dietrich:
Signaltheorie: Modelle und Strukturen / Dietrich Wolf
Berlin; Heidelberg; New York; Barcelona; Hongkong; London;
Mailand; Paris; Singapur; Tokio: Springer, 1999
ISBN 978-3-642-63636-3   ISBN 978-3-642-58540-1 (eBook)
DOI 10.1007/978-3-642-58540-1

Dieses Werk ist urheberrechtlich geschützt. Die dadurch begründeten Rechte, insbesondere die der Übersetzung, des Nachdrucks, des Vortrags, der Entnahme von Abbildungen und Tabellen, der Funksendung, der Mikroverfilmung oder Vervielfältigung auf anderen Wegen und der Speicherung in Datenverarbeitungsanlagen, bleiben, auch bei nur auszugsweiser Verwertung, vorbehalten. Eine Vervielfältigung dieses Werkes oder von Teilen dieses Werkes ist auch im Einzelfall nur in den Grenzen der gesetzlichen Bestimmungen des Urheberrechtsgesetzes der Bundesrepublik Deutschland vom 9. September 1965 in der jeweils geltenden Fassung zulässig. Sie ist grundsätzlich vergütungspflichtig. Zuwiderhandlungen unterliegen den Strafbestimmungen des Urheberrechtsgesetzes.

© Springer-Verlag Berlin Heidelberg 1999
Originally published by Springer-Verlag Berlin Heidelberg New York in 1999
Softcover reprint of the hardcover 1st edition 1999
Die Wiedergabe von Gebrauchsnamen, Handelsnamen, Warenbezeichnungen usw. in diesem Buch berechtigt auch ohne besondere Kennzeichnung nicht zu der Annahme, daß solche Namen im Sinne der Warenzeichen- und Markenschutz-Gesetzgebung als frei zu betrachten wären und daher von jedermann benutzt werden dürften.

Sollte in diesem Werk direkt oder indirekt auf Gesetze, Vorschriften oder Richtlinien (z.B. DIN, VDI, VDE) Bezug genommen oder aus ihnen zitiert worden sein, so kann der Verlag keine Gewähr für die Richtigkeit, Vollständigkeit oder Aktualität übernehmen. Es empfiehlt sich, gegebenenfalls für die eigenen Arbeiten die vollständigen Vorschriften oder Richtlinien in der jeweils gültigen Fassung hinzuzuziehen.

Einband-Entwurf: MEDIO, Berlin
Satz: Reproduktionsfertige Vorlage des Autors
SPIN: 10726195   62/3020 - 5 4 3 2 1 0   Gedruckt auf säurefreiem Papier

Vorwort

Die vorliegende Darstellung der *Signaltheorie — Modelle und Strukturen* — ist aus Teilen erweiterter Niederschriften meiner zweisemestrigen Kursvorlesung *Angewandte Physik* hervorgegangen, die seit vielen Jahren regelmäßig im Fachbereich Physik der Johann Wolfgang Goethe-Universität in Frankfurt am Main für Studierende der Physik und anderer Naturwissenschaften gehalten wird. Der Inhalt dieser Lehrveranstaltung, die für Studierende ab dem 5. Semester angeboten wird, wird gleichermaßen auch für Studierende ingenieurwissenschaftlicher Fachrichtungen — insbesondere der Informationstechnik — von besonderem Interesse sein. Ebenso dürften auch schon in Forschung und Praxis Tätige aus diesem Text Nutzen ziehen können. Dies umso mehr, als zahlreiche Ergebnisse aus Forschungsarbeiten, die bisher nur teilweise in Originalarbeiten veröffentlicht oder in Forschungsberichten niedergelegt sind, in die Darstellung eingeflossen sind. Dabei wurde durchgängig darauf Wert gelegt, nicht nur Ergebnisse zu präsentieren und zu kommentieren, sondern auch die grundlegenden Ansätze und Methoden zu ihrer Herleitung so zu beschreiben, daß Interessierte damit angeleitet werden, ähnliche Probleme selbständig zu lösen.

Dieses Buch wäre nicht ohne die Hilfe vieler meiner Mitarbeiter entstanden, die im Laufe der Jahre an vielfältige Projekten aus der Signaltheorie beteiligt waren. Stellvertretend für alle möchte ich hier Herrn Hochschuldozent Dr. H. Reininger nennen. Wesentlichen Anteil an der Fertigstellung des Werkes hat Herr Dipl.-Phys. A. Weiser, der mit außergewöhnlicher Umsicht und Hingabe an der Gestaltung des Textes mitgewirkt hat. Die sorgfältige Durchsicht des Manuskriptes besorgte Herr Dr. H. Müller. Ihnen allen danke ich für ihr Engagement. Dank gebührt auch der Deutschen Forschungsgemeinschaft für die Förderung signaltheoretischer Forschungsvorhaben in der Vergangenheit

Frankfurt am Main, im Sommer 1998   Dietrich Wolf

Inhaltsverzeichnis

1	Einleitung		1
2	Determinierte Signale		7

- 2.1 Periodische Signale 7
  - 2.1.1 Fourierreihe 9
  - 2.1.2 Beispiele für Fourierdarstellungen periodischer Signale 16
    - 2.1.2.1 Rechteckschwingung 16
    - 2.1.2.2 Rechteckimpulsfolge 18
    - 2.1.2.3 Dreiecksschwingung 21
    - 2.1.2.4 Gleichgerichtete Sinusschwingung 23
    - 2.1.2.5 Kippschwingung 25
  - 2.1.3 Zur Konvergenz der Fourierreihe 27
  - 2.1.4 Mittelwerte und Autokorrelationsfunktion 31
- 2.2 Summen und Produkte harmonischer Schwingungen ... 34
  - 2.2.1 Summe harmonischer Schwingungen 34
  - 2.2.2 Produkt harmonischer Schwingungen 37
- 2.3 Nichtperiodische Signale 39
  - 2.3.1 Fourierintegral-Darstellung 39
  - 2.3.2 Eigenschaften der Fourier-Transformation 43
    - 2.3.2.1 Linearität 45
    - 2.3.2.2 Differentiation 45
    - 2.3.2.3 Verschiebung und Proportionalität 46

	2.3.2.4	Faltung im Zeitbereich	48
	2.3.2.5	Faltung im Frequenzbereich	49
2.3.3	Beispiele		51
	2.3.3.1	Rechteckimpuls	51
	2.3.3.2	Exponentialimpuls	54
	2.3.3.3	Gaußimpuls	55
	2.3.3.4	Zeitlich begrenzte harmonische Schwingung	57
2.3.4	Mittelwerte und Autokorrelationsfunktion		59

2.4 Spezielle Signale 65

    2.4.1 Impuls- und Sprungfunktion 65

        2.4.1.1 Deltafunktion 65

        2.4.1.2 Delta-Impulsfolgen 70

        2.4.1.3 Sprungfunktion 73

    2.4.2 Kausale und analytische Signale 78

        2.4.2.1 Hilbert-Transformation 78

        2.4.2.2 Hilbert-Transformation des Produkts zweier Signale mit nicht überlappenden Spektralen Amplitudendichten 83

        2.4.2.3 Kausale Signale 86

        2.4.2.4 Analytische Signale 87

    2.4.3 Schmalbandige Signale 88

    2.4.4 Zeitdiskrete Signale 91

    2.4.5 Modulierte Signale 99

        2.4.5.1 Amplitudenmodulation 100

        2.4.5.2 Phasen- und Frequenzmodulation 104

        2.4.5.3 Digitale Modulation cosinusförmiger Trägersignale 112

3 Stochastische Signale 117

- 3.1 Einleitung ... 117
- 3.2 Grundbegriffe: Zufallsexperiment, Ergebnis, Ereignis, Wahrscheinlichkeit, Zufallsvariable ... 118
- 3.3 Wahrscheinlichkeitsverteilung, Wahrscheinlichkeitsverteilungsdichte ... 121
- 3.4 Zufallsprozesse ... 124
  - 3.4.1 Stationärer Zufallsprozeß ... 128
- 3.5 Erwartungswerte eines Zufallsprozesses $\xi(t)$ ... 130
  - 3.5.1 Momente n-ter Ordnung ... 131
  - 3.5.2 Kreuzmomente ... 132
  - 3.5.3 Autokorrelationsfunktion, Autokovarianzfunktion . 132
  - 3.5.4 Charakteristische Funktion ... 135
  - 3.5.5 Zweidimensionale Charakteristische Funktion ... 138
- 3.6 Erwartungswerte zweier Zufallsprozesse $\xi(t)$ und $\eta(t)$ ... 140
- 3.7 Zeitmittelwerte ... 143
- 3.8 Ergodizität ... 144
- 3.9 Leistungsdichtespektrum ... 145
- 3.10 Spezielle Zufallsprozesse ... 150
  - 3.10.1 Gaußscher Zufallsprozeß ... 150
    - 3.10.1.1 Stationärer Gaußprozeß ... 155
    - 3.10.1.2 Bedingte Dichten, Gauß-Markoff-Prozeß . 162
    - 3.10.1.3 Zeitliche Ableitung eines stationären Gaußprozesses ... 165
    - 3.10.1.4 Nichtlineare Verknüpfungen statistisch unabhängiger Gaußprozesse ... 168
  - 3.10.2 Rayleigh-Prozeß ... 179
  - 3.10.3 Produktprozeß ... 188

3.10.4 Summenprozesse 203

    3.10.4.1 Linearkombination von n statistisch unabhängigen Gaußschen Zufallsvariablen . 205

    3.10.4.2 Summe von n statistisch unabhängigen identisch gleichverteilten Zufallsvariablen 206

    3.10.4.3 Summe von n statistisch unabhängigen K_0-verteilten Zufallsvariablen 208

    3.10.4.4 Linearkombination von n statistisch unabhängigen binären Zufallsvariablen ... 210

3.10.5 Poissonprozeß 211

3.10.6 Physikalische Schwankungserscheinungen 215

    3.10.6.1 Thermisches Rauschen 216

    3.10.6.2 Schroteffekt 219

    3.10.6.3 Generations-Rekombinations-Rauschen . 228

3.11 Spezielle Leistungsdichtespektren und Autokorrelationsfunktionen 235

    3.11.1 Resonanzspektrum 238

    3.11.2 Lineare Autokorrelationsfunktion (LIN-TYP) ... 239

    3.11.3 RC-Typ-Spektren 239

    3.11.4 BW-Typ-Spektren 243

    3.11.5 Bandpaß-Typ 249

4 Diskretisierung kontinuierlicher Signale   253

4.1 Abtastung im Zeitbereich 253

4.2 Abtastung im Frequenzbereich 256

4.3 Skalare Quantisierung 259

4.4 Vektorquantisierung 270

5 Spezielle Probleme der Signaltheorie 283

  5.1 Lineare Prädiktion 283

  5.2 Pegelkreuzungsverhalten Stochastischer Prozesse 296

   5.2.1 Wahrscheinlichkeit $P_{-+}(\tau)$ 297

   5.2.2 Polaritätskorrelationsfunktion 300

   5.2.3 Die mittlere Anzahl der Überschreitungen eines Schwellenwertes 301

   5.2.4 Dichte der relativen Maxima eines Gaußprozesses . 305

   5.2.5 Verteilungsdichte $p_0(a;\tau)$ 312

6 Literatur 317

  6.1 Monographien 317

  6.2 Originalarbeiten 319

Sachverzeichnis 323

1 Einleitung

Der Austausch von Nachrichten — heute allgemein auch Kommunikation genannt — ist für den Menschen wie für alle Lebewesen von existentieller Bedeutung. Nachrichten werden durch physikalische Größen repräsentiert: im einfachsten Fall durch eine Observable x in Abhängigkeit von Zeit oder Ort t. Die Zuordnung $x(t)$ ist also die physikalische Darstellung einer Nachricht; sie wird als *Signal* bezeichnet.

Der Mensch artikuliert seine Nachrichten in der Regel in Form akustischer Signale, von Gesten und Zeichen. Aber auch die unbelebte Natur sendet — nicht nur in Form von Blitz und Donner — Signale aus, die vielfältige Nachrichten vermitteln. Der Mensch als Beobachter und Erforscher der belebten und unbelebten Natur — in besonderem Maße auch der Physiker — empfängt Signale aus „Experimenten", indem er physikalische, biologische oder auch technische Mechanismen und Systeme anhand der Signale analysiert und charakterisiert.

Die Festlegung der Zuordnung $x(t)$ durch eine mathematische, wohldefinierte Funktion impliziert — wie jede mathematische Naturbeschreibung — eine Idealisierung oder mehr noch — unter Verzicht auf Details — eine Abstraktion von der beobachteten Wirklichkeit. Signale sind daher im strengen Sinne stets Modelle, die die gemessenen Zeitverläufe der Observablen mathematisch abbilden. Dabei kann der Grad der Idealisierung oder der Abstraktion in weiten Grenzen variieren.

In vielen praktischen Fällen beschreibt die eindimensionale Signalfunktion $x(t)$, bei der die Meßgröße allein von einer einzigen unabhängigen Variablen t abhängt, das Geschehen vollständig. $x(t)$ kann eine kontinuierliche Funktion von t sein, bei der für jeden Zeitpunkt t — aus einem endlichen oder unendlichen Intervall T — der Wert x definiert ist; $x(t)$ wird dann ein zeitkontinuierliches Signal genannt. Ist $x(t)$ nur für isolierte Werte $t_1, t_2, \ldots, t_n$ festgelegt, so spricht man von einem zeitdiskreten Signal. Umfaßt der Wertebereich der Größe x alle Werte eines Kontinuums oder nur ausgewählte, abzählbare Werte, so heißt das Signal wertkontinuierlich bzw. wertdiskret.

Allgemeinere Fälle, die dann vorliegen, wenn die Meßgröße x von mehreren Variablen $t_1, t_2, \ldots$ — wie den drei Ortskoordinaten und der Zeit bei zeitlich veränderlichen räumlichen Mustern — abhängt, oder wenn mehrere Meßgrößen $x, y, z, \ldots$ zur Beschreibung einer Nachricht erforderlich sind, können durch die vektorielle Form $\boldsymbol{x}(t)$ zum Ausdruck gebracht werden. $\boldsymbol{x}$ wird dann als mehrdimensionales Signal bezeichnet.

Die *Theorie der Signale* ist also eine mathematische Theorie der Signalmodelle für sehr unterschiedliche Nachrichtenquellen und -strukturen. Für einfache überschaubare Zusammenhänge oder zur Veranschaulichung allgemeiner Beziehungen reichen häufig determinierte Signale (als Modelle) aus. Komplexere Signalquellen erfordern dagegen Modelle, die häufig durch einen Stochastischen Prozeß repräsentiert werden, der die beobachteten Quellensignale als Musterfunktionen dieses Prozesses, als „stochastische Signale" betrachtet und die Eigenschaften der Nachricht mit wahrscheinlichkeitstheoretischen Aussagen quantitativ wiedergibt.

Zwei Beispiele mögen dies illustrieren: Das periodische Signal eines harmonischen Oszillators, das durch die Zeitfunktion $x(t) = x_0 \cos(\omega_0 t)$ mathematisch dargestellt wird, kommt dem real beobachteten Verlauf in der Regel sehr nahe, da die Elemente der „Nachrichtenquelle" recht genau bestimmt werden können. Das „Modell" bedeutet hier nur eine Idealisierung, die die unvermeidlichen Abweichungen der Parameter des Systems von den Sollwerten außer acht läßt.

Demgegenüber wird die weitgehende Abstraktion bei einem Modell des menschlichen Sprechtraktes deutlich, das den beim Sprechen abgestrahlten Schalldruckverlauf auf das Ausgangssignal eines Systems zeitvariabler, konzentrischer Röhrensegmente zurückführt. In diesem Fall gewinnt das Modell eine grundsätzliche Bedeutung, das eine mathematische Beschreibung der komplexen Phänomene überhaupt erst ermöglicht.

Häufig wird der Begriff „Modell" in der Signaltheorie daher — wie in der vorliegenden Einführung — nur in Fällen verwendet, die von ähnlicher Komplexität sind wie das zweite Beispiel. Dabei ist es ohne Belang, ob eine analytische Beschreibung prinzipiell nicht möglich ist oder ob wegen mangelnden Interesses für das vorliegende Signalverarbeitungsproblem auf eine vollständige analytische Darstellung der Nachrichtenquelle verzichtet wird.

Gegenstände der Signaltheorie sind neben der mathematischen Darstellung von Signalen, ihre Charakterisierung durch Signalparameter, ihre Klassifizierung, die Abbildung und Detektion von Signalen sowie die Wechselwirkung zwischen Signalen. Die Signale einer Nachrichtenquelle sind häufig vom Beobachter oder dem vorgesehenen Empfänger nicht

1 Einleitung

direkt, sondern nur über eine Meßeinrichtung oder ein physikalisches Medium indirekt wahrnehmbar. Beispielsweise kann eine sprachliche Nachricht in Form eines Schallsignals nur über relativ kurze Entfernungen, etwa durch ein gasförmiges Medium, übermittelt werden. Über größere Entfernungen ist das ursprünglich akustische Signal in ein elektrisches oder optisches Signal umzuwandeln oder über ein physikalisch-technisches System weiterzuleiten. Die Signalübertragung über technische Systeme mit der wechselseitigen Beeinflussung von Signalen und Systemen ist ein wichtiges Teilgebiet der Signaltheorie, das sich in den letzten Jahren zu einer eigenständigen Disziplin, der Kommunikationstechnik, entwickelt hat.

Schließlich gehört zur Signaltheorie auch die Frage nach der „Meßbarkeit" einer Nachricht. C. Shannon hat vor gerade fünfzig Jahren diese Frage in seiner Informationstheorie, die den mathematisch-physikalischen Begriff Information als Maß für den Nachrichteninhalt eingeführt hat, beantwortet und dabei an Vorstellungen von L. Boltzmann und N. Wiener angeknüpft. Die Informationstheorie gilt heute als umfassende Theorie der Kommunikation und erlaubt prinzipielle Aussagen über die Darstellung von Nachrichten und die Leistungsfähigkeit nachrichtenverarbeitender Systeme.

In der vorliegenden *Einführung in die Signaltheorie* werden die Signalarten mit ihren Eigenschaften und Kenngrößen vorgestellt. Fragen der Signalübertragung werden nur vereinzelt angesprochen, da die systemtheoretischen Grundlagen nicht vorausgesetzt werden sollten. Vollständig zurückgestellt wurde hier die Informationstheorie. Sie soll einer eigenen Schrift vorbehalten bleiben.

Im ersten Abschnitt — Kapitel 2 — wird auf die Klasse der determinierten periodischen und nichtperiodischen Signale eingegangen, die durch eine analytische Vorschrift vollständig festgelegt sind.

Eine einfache bekannte Teilklasse bilden die periodischen Signale, die als Testsignale, zur Synthese „komplizierter" Signale und bei gewissen Verfahren der Signalübertragung ebenso wie die impulsförmigen nichtperiodischen Signale eine wichtige Rolle spielen. Der Zeitfunktion eines Signals wird die Fourier-Darstellung im Spektralbereich äquivalent zur Seite gestellt. Die Fourier-Transformierte erlaubt neue Einsichten in die Signaleigenschaften und bildet häufig auch geeignetere Klassifizierungsmöglichkeiten als die Zeitfunktion.

Einige spezielle, theoretisch oder praktisch besonders bedeutsame Signalformen — Impuls- und Sprungfunktion, kausale und analytische Signale sowie schmalbandige und zeitdiskrete Signale — werden ausführlich behandelt. Abschließend werden die üblichen Verfahren zur analogen und digitalen Modulation cosinusförmiger Signale besprochen.

Der nächste große Abschnitt — Kapitel 3 — gilt der Behandlung der Klasse der stochastischen Signale. Stochastische Signale sind Realisierungen Stochastischer Prozesse, die zur Beschreibung zufallsbedingter Vorgänge oder als Modelle komplexer Nachrichtenquellen eine zentrale Rolle spielen. Nach den wahrscheinlichkeitstheoretischen Grundlagen werden die Kenngrößen der Prozesse, wie Verteilungsdichten, Charakteristische Funktionen, Autokorrelationsfunktion und Spektrale Leistungsdichte diskutiert und anhand wichtiger Beispiele erläutert. Einen Schwerpunkt der Diskussion bilden die für praktische Anwendungen bedeutsamen Zufallsprozesse: Gaußprozeß, Rayleighprozeß, K_0-Prozeß und Poissonprozeß. Schließlich werden exemplarisch drei physikalische Schwankungserscheinungen besprochen, die durch Stochastische Prozesse repräsentiert werden.

Neuere Methoden der Signalverarbeitung benutzen digitale Verfahren und Systeme. Um diese auch auf kontinuierliche Signale $x(t)$ anwenden zu können, müssen diese zuvor in diskreter Form dargestellt werden. Mit den Methoden der Diskretisierung kontinuierlicher Signale beschäftigt sich Kapitel 4. Hier werden die Abtastsätze zur Gewinnung zeitdiskreter Signale und die Verfahren der optimalen skalaren und vektoriellen Quantisierung, die eine effiziente Wertdiskretisierung ermöglichen, besprochen und für ausgewählte Signalmodelle bewertet. Die Leistungsfähigkeit der Vektorquantisierung hinsichtlich einer beachtlichen Verminderung der Datenmenge zur Darstellung der quantisierten Signale bei gleichbleibendem Quantisierungsfehler wird in Abhängigkeit von der Vektordimension und der Signalstatistik näher analysiert.

Den Abschluß der Einführung in die Signaltheorie bilden in Kapitel 5 zwei klassische Probleme: die lineare Prädiktion und das Pegelkreuzungsverhalten stochastischer Signale. Beide Themen betreffen wichtige Anwendungen der Signaltheorie. Das Verfahren der linearen Prädiktion erlaubt die Extrapolation des zukünftigen Verlaufes stochastischer Signale mit dem Ziel einer Datenreduktion und effizienten Codierung der Signale. Dabei wird insbesondere die Abhängigkeit der „Prädiktionsgewinne" von den unterschiedlichen „Gedächtnisstrukturen" des Stochastischen Modellprozesses betrachtet. Das Pegelkreuzungsverhalten wird anhand der Pegelkreuzungsrate und der Anzahl der relativen Extrema betrachtet. Schließlich wird das nur in Simulationen oder in Approximationen lösbare Problem der Verteilungsdichte der Zeitintervalle zwischen zwei benachbarten Pegelkreuzungen angesprochen.

2 Determinierte Signale

Determinierte Signale sind durch eine funktionale Zuordnung $x(t)$ zwischen der Zeit t — als unabhängiger Variabler — und der Observablen x — als Meßgröße — in ihrem Verlauf bestimmt oder im diskreten Fall durch eine Tabelle festgelegt. Man unterscheidet zwischen periodischen und nichtperiodischen Signalen, die in den beiden Abschnitten 2.1 und 2.3 näher diskutiert werden. Dabei steht die Darstellung dieser Signale durch harmonische Schwingungen also Sinus- und Cosinusfunktionen im Mittelpunkt, wie sie — im Falle periodischer Signale — durch die Fourier-Reihenentwicklung und — im Falle nichtperiodischer Signale — durch die Fourier-Transformation vermittelt wird. Die Folge der Fourierkoeffizienten bildet das (Fourier-) Spektrum des periodischen Signals. Die Fouriertransformierte eines nichtperiodischen Signals bezeichnet man als Spektrale Amplitudendichte. Das Spektrum oder die Spektrale Amplitudendichte bestimmt — ebenso wie die Zeitfunktion — ein Signal vollständig.

2.1 Periodische Signale

Der Prototyp eines periodischen Signals ist die *harmonische Schwingung*

$$x(t) = x_0 \cos\left(\omega_0 t + \varphi_0\right) ; \qquad (2.1)$$

x_0 heißt *Scheitelwert* (häufig auch *Amplitude*), $\omega_0 = 2\pi f_0$ *Kreisfrequenz*, φ_0 *Phase* der harmonischen Schwingung (s. Bild 2.1). Die *Signalparameter* x_0, ω_0 und φ_0 bestimmen eindeutig das Signal (2.1). Die Frequenz f_0 ist mit der Periodendauer T durch

$$f_0 = \frac{1}{T} \qquad (2.2)$$

verknüpft. Für $\varphi_0 = 0$ liegt eine reine Cosinusschwingung, für $\varphi_0 = -\pi/2$ eine reine Sinusschwingung vor.

Besitzen zwei Signale gleicher Frequenz unterschiedliche Phasen, so sagt man, sie weisen gegeneinander eine Phasenverschiebung auf. So ist beispielsweise die zeitliche Ableitung

$$\dot{x}(t) = -\omega_0 x_0 \sin\left(\omega_0 t + \varphi_0\right) \qquad (2.3)$$

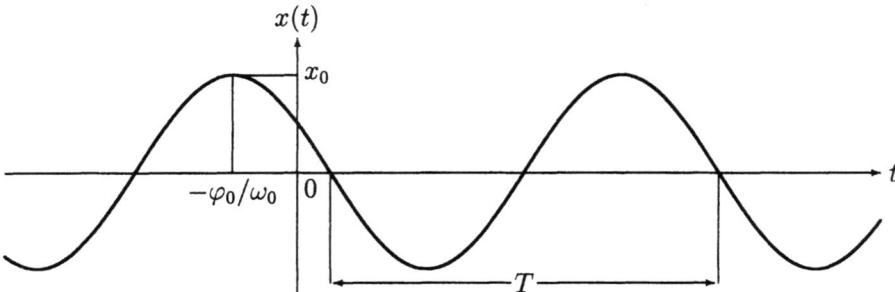

Bild 2.1: *Harmonische Schwingung*

des Signals (2.1) gegenüber diesem um $\pi/2$ phasenverschoben, wie die Umformung

$$\dot{x}(t) = \omega_0 x_0 \cos\left(\omega_0 t + \varphi_0 + \frac{\pi}{2}\right) \qquad (2.4)$$

zeigt.

Zur mathematischen Behandlung ist es häufig vorteilhaft, anstelle der reellen Darstellung (2.1) die komplexe Darstellung

$$x(t) = \frac{x_0}{2}\left[e^{j(\omega_0 t + \varphi_0)} + e^{-j(\omega_0 t + \varphi_0)}\right] \qquad (2.5)$$

zu benutzen, die durch Anwendung der Eulerschen Formel

$$\cos(\omega_0 t + \varphi_0) = \frac{1}{2}\left[e^{j(\omega_0 t + \varphi_0)} + e^{-j(\omega_0 t + \varphi_0)}\right] \qquad (2.6)$$

aus (2.1) hervorgeht.

Schwingungserscheinungen gehören zu den grundlegenden physikalischen Phänomenen und in vielen physikalischen Systemen treten harmonische Schwingungen als Lösungen auf. Darüber hinaus spielen derartige Signale in weiten Bereichen der Elektrotechnik, der Nachrichtenübertragung und der Steuerungs-, Meß- und Regelungstechnik eine herausragende Rolle.

Periodische Signale allgemein genügen der Funktionalgleichung

$$x(t) = x(t + T), \qquad (2.7)$$

der Funktionsverlauf reproduziert sich also nach Ablauf einer Periode T. Unter den Voraussetzungen des Theorems von Fourier können periodische Signale durch eine Linearkombination aus Sinus- und Cosinusfunktionen, deren Frequenzen ganzzahlige Vielfache der Frequenz $1/T$ sind,

2.1 Periodische Signale

dargestellt werden. Derartige Darstellungen nennt man kurz *Fourierreihen*, auf die im folgenden näher eingegangen wird.

2.1.1 Fourierreihe

Nach dem Theorem von Fourier kann eine mit der Periode T periodische reelle[1] oder komplexe Funktion $x(t)$, die bestimmte Voraussetzungen an ihre Stetigkeit, Integrierbarkeit und Monotonie erfüllt, in eine Fourierreihe entwickelt, d. h. durch eine Linearkombination aus Funktionen $u_k(t)$ dargestellt werden. Die Funktionen $u_k(t)$ bilden die Basisfunktionen eines normierten, orthogonalen Funktionensystems, genügen also der Bedingung

$$\int_0^T u_k(t)\, u_m(t)\, \mathrm{d}t = \delta_{km} = \begin{cases} 1 & \text{für } k = m, \\ 0 & \text{für } k \neq m. \end{cases} \qquad (2.8)$$

Zur Darstellung eines mit T periodischen Signals $x(t)$ gehen wir von der Approximation

$$\hat{x}(t) = \sum_{k=0}^{n} c_k\, u_k(t) \qquad (2.9)$$

aus. Für die Approximation wird als Bedingung gewählt, daß der über eine Periode gemittelte quadratische Fehler

$$\varepsilon = \frac{1}{T} \int_0^T [x(t) - \hat{x}(t)]^2\, \mathrm{d}t = \frac{1}{T} \int_0^T \left[x(t) - \sum_{k=0}^{n} c_k\, u_k(t) \right]^2 \mathrm{d}t \qquad (2.10)$$

durch geeignete Wahl der Koeffizienten c_k ein Minimum annimmt. Mit wachsendem n soll $\hat{x}(t)$ im quadratischen Mittel gegen $x(t)$ konvergieren. Das muß nicht bedeuten, daß $\hat{x}(t)$ an allen Punkten gegen $x(t)$ konvergiert. Vielmehr können im Intervall $0 \leq t \leq T$ isolierte Punkte existieren, in denen $\hat{x}(t)$ die Funktion $x(t)$ nicht darstellt.

Als notwendige Bedingung für ein Minimum des mittleren quadratischen Fehlers ε ergibt sich für einen gewissen Koeffizienten c_m die Forderung

$$\frac{\partial \varepsilon}{\partial c_m} = \frac{1}{T} \int_0^T 2 \left[x(t) - \sum_{k=0}^{n} c_k\, u_k(t) \right] \cdot [-u_m(t)]\, \mathrm{d}t = 0, \qquad (2.11)$$

---

[1] In diesem Text werden in der Regel reelle Funktionen $x(t)$ betrachtet.

aus der unter Berücksichtigung der Orthonormalität (2.8) die Bestimmungsgleichung

$$c_m = \int_0^T u_m(t)\, x(t)\, \mathrm{d}t \qquad (2.12)$$

für die Entwicklungskoeffizienten hervorgeht. Mit diesem Ergebnis erhält man als minimalen Fehler der Approximation insgesamt

$$\begin{aligned}
\varepsilon_{\min} &= \frac{1}{T}\int_0^T x^2(t)\,\mathrm{d}t - \frac{2}{T}\int_0^T x(t)\sum_{k=0}^n c_k\, u_k(t)\,\mathrm{d}t \\
&\quad + \frac{1}{T}\int_0^T \sum_{k=0}^n \sum_{m=0}^n c_k c_m\, u_k(t)\, u_m(t)\,\mathrm{d}t \\
&= \frac{1}{T}\int_0^T x^2(t)\,\mathrm{d}t - \frac{2}{T}\sum_{k=0}^n c_k^2 + \frac{1}{T}\sum_{k=0}^n c_k^2 \qquad (2.13) \\
&= \frac{1}{T}\int_0^T x^2(t)\,\mathrm{d}t - \frac{1}{T}\sum_{k=0}^n c_k^2.
\end{aligned}$$

Da es sich um ein quadratisches Fehlermaß handelt, gilt $\varepsilon_{\min} \geq 0$, so daß unmittelbar die für beliebige n gültige *Besselsche Ungleichung*

$$\sum_{k=0}^n c_k^2 \leq \int_0^T x^2(t)\,\mathrm{d}t \qquad (2.14)$$

folgt. Da die rechte Seite nicht von n abhängt, folgt, daß die Reihe der Quadrate der Entwicklungskoeffizienten konvergiert.

Wird $\varepsilon_{\min}$ durch Wahl eines hinreichend großen n — d. h. durch Mitnahme genügend vieler Glieder in der Summe $\sum c_k\, u_k(t)$ — kleiner als jede beliebige Schranke, mit anderen Worten, gilt

$$\sum_{k=0}^\infty c_k^2 = \int_0^T x^2(t)\,\mathrm{d}t, \qquad (2.15)$$

2.1 Periodische Signale

so läßt sich $x(t)$ im Mittel beliebig genau approximieren, und wir nennen das Funktionensystem $\{u_k(t)\}$ ein vollständiges System. Gleichung (2.15) heißt *Vollständigkeitsrelation* oder *Parsevalsche Gleichung*.

Die Vollständigkeit ist für die Darstellbarkeit — d. h. die lokale Übereinstimmung — von $x(t)$ durch $\hat{x}(t)$ eine notwendige, nicht aber eine hinreichende Bedingung. Die Darstellbarkeit setzt weitere Bedingungen, z. B. die gleichmäßige Konvergenz der Reihe $\sum_{k=0}^{\infty} c_k u_k(t)$ voraus.

Die trigonometrischen Funktionen $\sin(k\omega_0 t)$ und $\cos(k\omega_0 t)$, $k = 0, 1, 2, \ldots$, bilden ein derartiges vollständiges und orthogonales Funktionensystem. Mit ihnen erhält man die als Fourierreihe bezeichnete Darstellung

$$x(t) = \frac{a_0}{2} + \sum_{k=1}^{\infty} [a_k \cos(k\omega_0 t) + b_k \sin(k\omega_0 t)] \qquad (2.16)$$

mit der Grundfrequenz

$$\omega_0 = \frac{2\pi}{T}. \qquad (2.17)$$

Die Entwicklungskoeffizienten $a_0, a_1, \ldots, b_1, b_2, \ldots$ bestimmen sich unter der Voraussetzung, daß $x(t)$ im Grundintervall integrierbar ist, zu

$$a_k = \frac{2}{T} \int_0^T x(t) \cos(k\omega_0 t) \, \mathrm{d}t = \frac{2}{T} \int_{-T/2}^{T/2} x(t) \cos(k\omega_0 t) \, \mathrm{d}t, \qquad (2.18)$$

$$b_k = \frac{2}{T} \int_0^T x(t) \sin(k\omega_0 t) \, \mathrm{d}t = \frac{2}{T} \int_{-T/2}^{T/2} x(t) \sin(k\omega_0 t) \, \mathrm{d}t. \qquad (2.19)$$

Der erste Summand in (2.16)

$$\frac{a_0}{2} = \frac{1}{T} \int_0^T x(t) \, \mathrm{d}t = \frac{1}{T} \int_{-T/2}^{T/2} x(t) \, \mathrm{d}t \qquad (2.20)$$

ist gleich dem linearen Mittelwert von $x(t)$. Wegen der vorausgesetzten Periodizität der zu entwickelnden Funktion $x(t)$ ist bei der Bestimmung der Fourierkoeffizienten a_k und b_k entsprechend (2.18) bzw. (2.19) die Lage des Integrationsintervalls unerheblich, sofern die Länge des Integrationsintervalls gleich der Periodendauer T gewählt wird.

Aufgrund der Eigenschaften der trigonometrischen Funktionen lassen sich exakte Bedingungen für die Konvergenz der Fourierreihe und damit für die Darstellbarkeit von $x(t)$ durch harmonische Schwingungen angeben. Wenn die zu entwickelnde Funktion $x(t)$ die als *Dirichletsche Bedingungen* bezeichneten Voraussetzungen

1. $x(t)$ ist stetig oder besitzt nur endlich viele Unstetigkeitsstellen,

2. bei jeder Unstetigkeitsstelle $t = t_\sigma$ existieren die linksseitigen und rechtsseitigen Grenzwerte $x(t_\sigma - 0)$ und $x(t_\sigma + 0)$,

3. $x(t)$ läßt sich im Grundintervall $t_1 \leq t \leq t_2 = t_1 + T$ in endlich viele Teilintervalle zerlegen, in denen $x(t)$ stetig und monoton ist,

erfüllt, so konvergiert $x(t)$ im ganzen Grundintervall, und der Wert der Reihe ist

1. $x(t)$ an allen Stetigkeitsstellen von $x(t)$,

2. $\frac{1}{2}\left[x(t_\sigma + 0) + x(t_\sigma - 0)\right]$ an allen Unstetigkeitsstellen t_σ,

3. $\frac{1}{2}\left[x(t_1 + 0) + x(t_2 - 0)\right]$ an den Randpunkten t_1 und t_2 des Intervalls.

Die Fourierreihe stellt demnach eine periodische Funktion nur dann auch an ihren Unstetigkeitsstellen dar, falls die Funktionswerte dort durch die arithmetischen Mittelwerte von linksseitigem und rechtsseitigem Grenzwert gegeben sind.

Sofern die Funktion $x(t)$, für die die Fourierreihe bestimmt werden soll, im Intervall $-T/2 \leq t \leq T/2$ eine gerade oder eine ungerade Funktion ist, läßt sich die Reihenentwicklung vereinfachen. Ist $x(t)$ eine *gerade Funktion*, d.h. gilt $x(t) = x(-t)$, so gilt für die Fourierkoeffizienten

$$a_k = \frac{4}{T} \int_0^{T/2} x(t) \cos(k\omega_0 t)\,\mathrm{d}t, \qquad k = 0,1,2,\ldots, \qquad (2.21)$$

$$b_k = 0, \qquad k = 1,2,3,\ldots \qquad (2.22)$$

2.1 Periodische Signale

Ist dagegen $x(t)$ eine *ungerade Funktion*, also eine Funktion für die $x(t) = -x(-t)$ gilt, so ergibt sich für die Fourierkoeffizienten

$$a_k = 0, \qquad k = 0, 1, 2, \ldots, \qquad (2.23)$$

$$b_k = \frac{4}{T} \int_0^{T/2} x(t) \sin(k\omega_0 t)\, dt, \qquad k = 1, 2, 3, \ldots \qquad (2.24)$$

Im allgemeinen ist $x(t)$ weder gerade noch ungerade; in diesem Fall sind sowohl die Koeffizienten a_k als auch b_k von Null verschieden. Um die Rechnung zu vereinfachen, wird man, sofern möglich, Symmetrien des Signals ausnutzen, und den Nullpunkt der t-Achse geeignet wählen.

Mit Hilfe der Eulerschen Formeln

$$\cos(k\omega_0 t) = \frac{1}{2}\left(e^{jk\omega_0 t} + e^{-jk\omega_0 t}\right), \qquad (2.25)$$

$$\sin(k\omega_0 t) = \frac{1}{2j}\left(e^{jk\omega_0 t} - e^{-jk\omega_0 t}\right) \qquad (2.26)$$

erhält man aus der reellen Darstellung (2.16) die Form

$$x(t) = \frac{a_0}{2} + \sum_{k=1}^{\infty}\left[\frac{a_k}{2}\left(e^{jk\omega_0 t} + e^{-jk\omega_0 t}\right) + \frac{b_k}{2j}\left(e^{jk\omega_0 t} - e^{-jk\omega_0 t}\right)\right]$$

$$= \frac{a_0}{2} + \sum_{k=1}^{\infty}\left[\frac{1}{2}(a_k - jb_k)e^{jk\omega_0 t} + \frac{1}{2}(a_k + jb_k)e^{-jk\omega_0 t}\right]. \quad (2.27)$$

Führt man komplexe Fourierkoeffizienten

$$X_0 = \frac{a_0}{2}, \qquad (2.28)$$

$$X_k = \frac{1}{2}(a_k - jb_k), \qquad (2.29)$$

$$X_{-k} = \frac{1}{2}(a_k + jb_k) = X_k^*, \qquad k = 1, 2, \ldots \qquad (2.30)$$

— X_k^* bezeichnet also die zu X_k konjugiert komplexen Koeffizienten — ein, so folgt die Fourierreihe in der komplexen Form

$$x(t) = \sum_{k=-\infty}^{\infty} X_k e^{jk\omega_0 t} \qquad (2.31)$$

mit den Basisfunktionen $\mathrm{e}^{\mathrm{j}k\omega_0 t}$, $k = 0, \pm 1, \pm 2, \ldots$ Die Summe erstreckt sich also auch über negative Indizes. Die Orthonormalitätsrelation

$$\frac{1}{T}\int_0^T \mathrm{e}^{\mathrm{j}k\omega_0 t}\mathrm{e}^{-\mathrm{j}m\omega_0 t}\mathrm{d}t = \delta_{km} = \begin{cases} 1 & \text{für } k = m, \\ 0 & \text{für } k \neq m \end{cases} \qquad (2.32)$$

ist für diese Basisfunktionen ebenfalls erfüllt. Die komplexen Fourierkoeffizienten ergeben sich durch Integration direkt aus $x(t)$ entsprechend

$$X_k = \frac{1}{T}\int_0^T x(t)\,\mathrm{e}^{-\mathrm{j}k\omega_0 t}\,\mathrm{d}t = \frac{1}{T}\int_{-T/2}^{T/2} x(t)\,\mathrm{e}^{-\mathrm{j}k\omega_0 t}\,\mathrm{d}t. \qquad (2.33)$$

In Tabelle 2.1 sind die wichtigsten Formeln zur Darstellung periodischer Funktionen $x(t)$ durch Fourierreihen zusammengestellt.

Die Folge der Fourierkoeffizienten bildet das *Fourierspektrum*, das in unterschiedlicher Weise dargestellt werden kann. Bevorzugte Darstellungen sind die Angabe der Koeffizienten a_k und b_k oder, nach Umrechnung auf *Polarkoordinaten*, die Angabe von Betrag und Phase, jeweils als Funktionen der Frequenz.

Zur Bestimmung von Betrag und Phase geht man von (2.16) aus und formt die Reihenentwicklung (2.16) in eine Reihe von Cosinusfunktionen um. Mit

$$c_0 = a_0 \qquad (2.34)$$

und

$$c_k = \sqrt{a_k^2 + b_k^2} \qquad (2.35)$$

$$\varphi_k = \begin{cases} \arctan\left(\frac{b_k}{a_k}\right) & \text{für } a_k > 0, \\ \arctan\left(\frac{b_k}{a_k}\right) + \pi & \text{für } a_k < 0,\ b_k \geq 0, \\ \arctan\left(\frac{b_k}{a_k}\right) - \pi & \text{für } a_k < 0,\ b_k < 0, \end{cases} \qquad (2.36)$$

erhält man anstelle von (2.16)

$$x(t) = \frac{c_0}{2} + \sum_{k=1}^{\infty} c_k \cos\left(k\omega_0 t + \varphi_k\right). \qquad (2.37)$$

In entsprechender Weise kann man aus (2.31) mit $X_k = |X_k|\,\mathrm{e}^{\mathrm{j}\psi_k}$ die komplexe Darstellung

$$x(t) = \sum_{k=-\infty}^{\infty} |X_k|\,\mathrm{e}^{\mathrm{j}(k\omega_0 t + \psi_k)} \qquad (2.38)$$

2.1 Periodische Signale

Tabelle 2.1: Formeln zur Darstellung periodischer Funktionen durch Fourierreihen

$$x(t) = \frac{a_0}{2} + \sum_{k=1}^{\infty} [a_k \cos(k\omega_0 t) + b_k \sin(k\omega_0 t)], \qquad \omega_0 = \frac{2\pi}{T}$$

$$a_0 = \frac{2}{T} \int_0^T x(t)\, dt = \frac{2}{T} \int_{-T/2}^{T/2} x(t)\, dt$$

$$a_k = \frac{2}{T} \int_0^T x(t) \cos(k\omega_0 t)\, dt = \frac{2}{T} \int_{-T/2}^{T/2} x(t) \cos(k\omega_0 t)\, dt$$

$$b_k = \frac{2}{T} \int_0^T x(t) \sin(k\omega_0 t)\, dt = \frac{2}{T} \int_{-T/2}^{T/2} x(t) \sin(k\omega_0 t)\, dt$$

$$x(t) = \sum_{k=-\infty}^{\infty} X_k\, e^{jk\omega_0 t}, \qquad \omega_0 = \frac{2\pi}{T}$$

$$X_k = \frac{1}{T} \int_0^T x(t)\, e^{-jk\omega_0 t}\, dt = \frac{1}{T} \int_{-T/2}^{T/2} x(t)\, e^{-jk\omega_0 t}\, dt$$

$$X_k = \frac{1}{2}(a_k - j\, b_k), \qquad X_{-k} = \frac{1}{2}(a_k + j\, b_k) = X_k^*$$

gewinnen, wobei das Fourierspektrum durch die Beträge

$$|X_0| = a_0/2 \tag{2.39}$$

$$|X_k| = \sqrt{X_k \cdot X_{-k}} = \sqrt{X_k \cdot X_k^*} \tag{2.40}$$

und Phasen

$$\psi_k = \arg X_k \tag{2.41}$$

der Koeffizienten festgelegt ist. Der Vergleich der Relationen (2.34), (2.35) und (2.36) mit (2.39), (2.40) bzw. (2.41) ergibt die Beziehungen

$$|X_0| = \frac{c_0}{2}, \quad |X_k| = \frac{c_k}{2} \tag{2.42}$$

$$\psi_k = \varphi_k. \tag{2.43}$$

2.1.2 Beispiele für Fourierdarstellungen periodischer Signale

2.1.2.1 Rechteckschwingung

Als erstes Beispiel für die Darstellung eines mit T periodischen Signals durch eine Fourierreihe sei das in Bild 2.2 dargestellte Signal

$$x(t) = \begin{cases} x_0 & \text{für} & nT \leq t < \left(n + \tfrac{1}{2}\right)T, \\ -x_0 & \text{für} & \left(n + \tfrac{1}{2}\right)T \leq t < (n+1)T, \end{cases} \tag{2.44}$$

$$n = 0, \pm 1, \pm 2, \ldots,$$

betrachtet. Die Werte an den Unstetigkeitsstellen sollen vorerst unbestimmt bleiben.

Da die durch (2.44) beschriebene Rechteckschwingung eine ungerade Funktion der Zeit ist, existieren nur die Koeffizienten b_k. Nach (2.24) erhält man

$$b_k = \frac{4}{T} \int_0^{T/2} x_0 \sin(k\omega_0 t)\, \mathrm{d}t = \frac{4x_0}{k\omega_0 T}\left[1 - \cos\left(\frac{k\omega_0 T}{2}\right)\right] \tag{2.45}$$

bzw. mit $\omega_0 = 2\pi/T$

$$b_k = \frac{2x_0}{k\pi}\left[1 - (-1)^k\right] = \begin{cases} 0 & \text{für } k \text{ gerade,} \\ \dfrac{4x_0}{k\pi} & \text{für } k \text{ ungerade.} \end{cases} \tag{2.46}$$

2.1 Periodische Signale

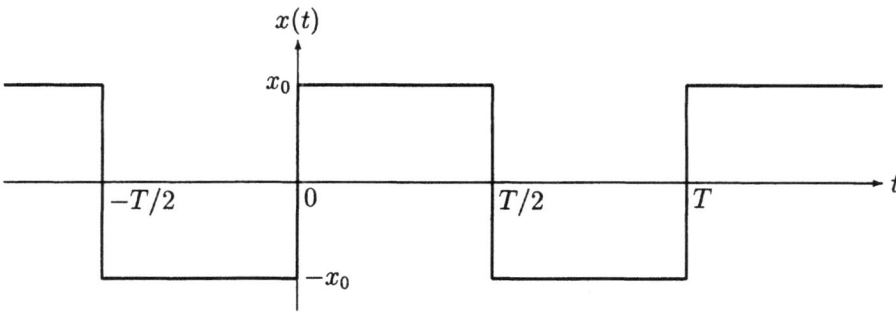

Bild 2.2: Rechteckschwingung entsprechend (2.44)

Daraus ergibt sich die Fourierreihe der Rechteckschwingung

$$x(t) = \frac{4x_0}{\pi} \sum_{k=1}^{\infty} \frac{\sin\left[(2k-1)\omega_0 t\right]}{2k-1} \qquad (2.47)$$

$$= \frac{4x_0}{\pi} \left(\sin(\omega_0 t) + \frac{1}{3}\sin(3\omega_0 t) + \frac{1}{5}\sin(5\omega_0 t) + \ldots \right).$$

Die Rechteckschwingung wird also nur durch die ungeraden Harmonischen der Grundschwingung gebildet, deren Amplituden umgekehrt proportional zur Ordnungszahl k abnehmen. Dieser Sachverhalt wird durch das in Bild 2.3 wiedergegebene Linienspektrum veranschaulicht.

(2.47) läßt auch erkennen, daß $x(t)$ an den Unstetigkeitsstellen, wie es den Dirichletschen Bedingungen entspricht, den Mittelwert zwischen

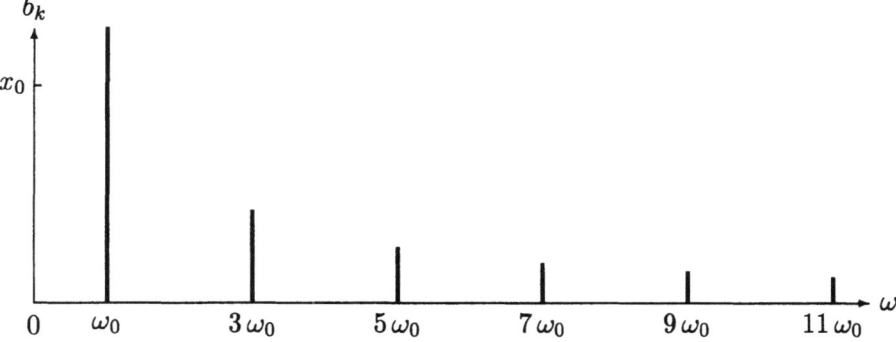

Bild 2.3: Fourierspektrum der Rechteckschwingung

2.1.2.2 Rechteckimpulsfolge

Gegeben sei das mit T periodische Signal

$$x(t) = \begin{cases} x_0 & \text{für} \quad nT \leq t < nT + \vartheta, \\ 0 & \text{für} \quad nT + \vartheta \leq t < (n+1)T, \end{cases} \quad (2.48)$$
$$n = 0, \pm 1, \pm 2, \ldots,$$

gemäß Bild 2.4, also eine Folge von Rechteckimpulsen der Breite ϑ im Abstand $T > \vartheta$. $\vartheta/T = \alpha$ bezeichnet man auch als *Tastverhältnis*; für $\alpha = 1/2$ liegt eine symmetrische Rechteckwelle vor.

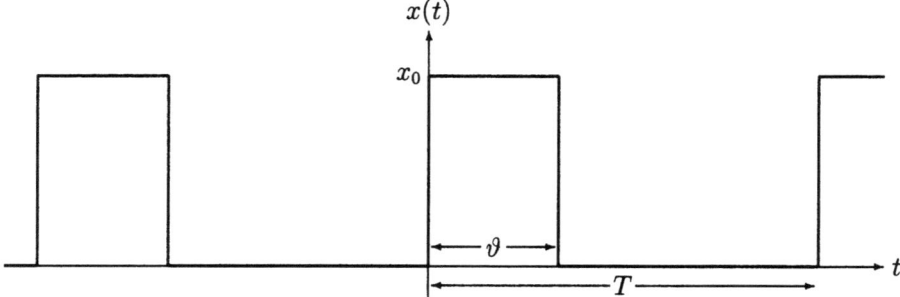

Bild 2.4: *Rechteckimpulsfolge mit Tastverhältnis $\alpha = \vartheta/T$*

Aus (2.18) bzw. (2.19) folgt für die Koeffizienten a_k mit $\omega_0 = 2\pi/T$

$$a_0 = \frac{2}{T} \int_0^T x(t)\,dt = \frac{2x_0}{T} \int_0^\vartheta dt = 2x_0 \alpha, \quad (2.49)$$

$$a_k = \frac{2}{T} \int_0^T x(t) \cos(k\omega_0 t)\,dt = \frac{2x_0}{T} \int_0^\vartheta \cos(k\omega_0 t)\,dt \quad (2.50)$$

$$= \frac{2x_0}{k\omega_0 T} \sin(k\omega_0 \vartheta) = \frac{x_0}{\pi} \frac{\sin(k\omega_0 \vartheta)}{k}, \quad k = 1, 2, \ldots,$$

2.1 Periodische Signale

und für die b_k

$$b_k = \frac{2x_0}{T} \int_0^\vartheta \sin(k\omega_0 t)\, dt = \frac{2x_0}{k\omega_0 T}[1 - \cos(k\omega_0\vartheta)]$$

$$= \frac{x_0}{\pi} \cdot \frac{1 - \cos(k\omega_0\vartheta)}{k}, \qquad k = 1, 2, \ldots \qquad (2.51)$$

Damit lautet die Fourierdarstellung

$$\begin{aligned}
x(t) &= x_0\alpha + \frac{x_0}{\pi}\sum_{k=1}^\infty \frac{1}{k}\sin(k\omega_0\vartheta)\cos(k\omega_0 t) \\
&\quad + \frac{x_0}{\pi}\sum_{k=1}^\infty \frac{1}{k}[1-\cos(k\omega_0\vartheta)]\sin(k\omega_0 t) \\
&= x_0\alpha + \frac{2x_0}{\pi}\sum_{k=1}^\infty \frac{1}{k}\sin\left(\frac{k\omega_0\vartheta}{2}\right)\cos\left(\frac{k\omega_0\vartheta}{2}\right)\cos(k\omega_0 t) \qquad (2.52) \\
&\quad + \frac{2x_0}{\pi}\sum_{k=1}^\infty \frac{1}{k}\sin^2\left(\frac{k\omega_0\vartheta}{2}\right)\sin(k\omega_0 t)\Big] \\
&= x_0\alpha + \frac{2x_0}{\pi}\sum_{k=1}^\infty \frac{1}{k}\left[\sin\left(\frac{k\omega_0\vartheta}{2}\right)\cos\left(k\omega_0 t - \frac{k\omega_0\vartheta}{2}\right)\right].
\end{aligned}$$

Führt man die *Spaltfunktion*

$$\mathrm{si}(x) = \frac{\sin(x)}{x} \qquad (2.53)$$

ein (s. Bild 2.5), so ergibt sich

$$x(t) = x_0\alpha + 2x_0\alpha \sum_{k=1}^\infty \mathrm{si}(k\pi\alpha)\cos\left[k\omega_0\left(t - \frac{\vartheta}{2}\right)\right]. \qquad (2.54)$$

Aus (2.54) erhält man die Fourierreihe der symmetrischen Impulsfolge, wenn man $x(t)$ um $\vartheta/2$ nach links verschiebt, also

$$t = t' + \frac{\vartheta}{2}, \qquad (2.55)$$

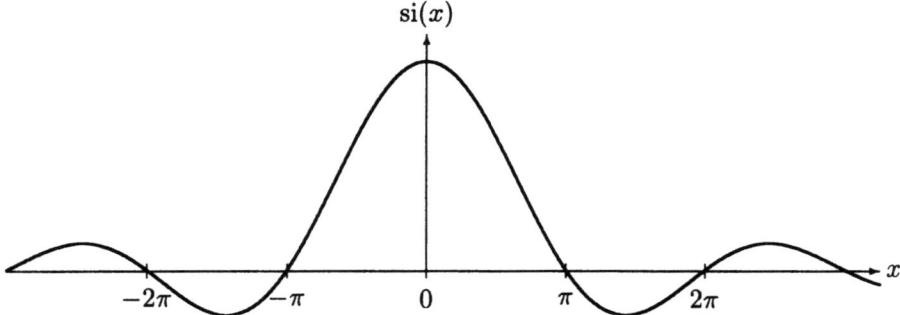

Bild 2.5: *Spaltfunktion* si(x)

setzt. Mit (2.55) folgt

$$x(t') = x_0\alpha + 2x_0\alpha \sum_{k=1}^{\infty} \text{si}(k\pi\alpha) \cos(k\omega_0 t'). \qquad (2.56)$$

Schließlich sei das Ergebnis noch in komplexer Form dargestellt. Mit Eulers Formel geht (2.56) über in die Form

$$\begin{aligned} x(t) &= x_0\alpha \left[1 + \sum_{k=1}^{\infty} \text{si}(k\pi\alpha) \cdot \left(e^{jk\omega_0 t} + e^{-jk\omega_0 t}\right)\right] \\ &= x_0\alpha \sum_{k=-\infty}^{\infty} \text{si}(k\pi\alpha) e^{jk\omega_0 t} \end{aligned} \qquad (2.57)$$

mit dem Fourierspektrum

$$X_k = x_0\alpha \,\text{si}(k\pi\alpha), \qquad k = 0, \pm 1, \pm 2, \ldots \qquad (2.58)$$

Für $\alpha \ll 1$, im Grenzfall $\alpha \to 0$, unter der Nebenbedingung $x_0\vartheta = 1$, also für eine periodische Folge „kurzer Impulse" mit der Periode T erhält man aus (2.57)

$$x(t) = \frac{1}{T} \sum_{k=-\infty}^{\infty} e^{jk\omega_0 t}, \qquad \omega_0 = \frac{2\pi}{T}, \qquad (2.59)$$

bzw. aus (2.56)

$$x(t) = \frac{1}{T} + \frac{2}{T} \sum_{k=1}^{\infty} \cos(k\omega_0 t), \qquad \omega_0 = \frac{2\pi}{T}, \qquad (2.60)$$

2.1 Periodische Signale

mit $\frac{a_0}{2} = \frac{1}{T}$, $a_k = \frac{2}{T}$, $b_k = 0$, $k = 1, 2, 3, \ldots$

Im Grenzfall $\alpha \to 0$ besitzt demnach die Fourierreihe der mit T periodischen Folge „kurzer Impulse", ein mit $\omega_0 = 2\pi/T$ periodisches „Linienspektrum" mit der von ω unabhängigen Amplitude $2/T$. Der hier betrachtete Grenzfall $\alpha \to 0$, $x_0 \vartheta = 1$, beschreibt kein physikalisch realisierbares Signal; für eine praktisch brauchbare Näherung genügt es jedoch, α, also ϑ bezogen auf T, hinreichend klein zu wählen.

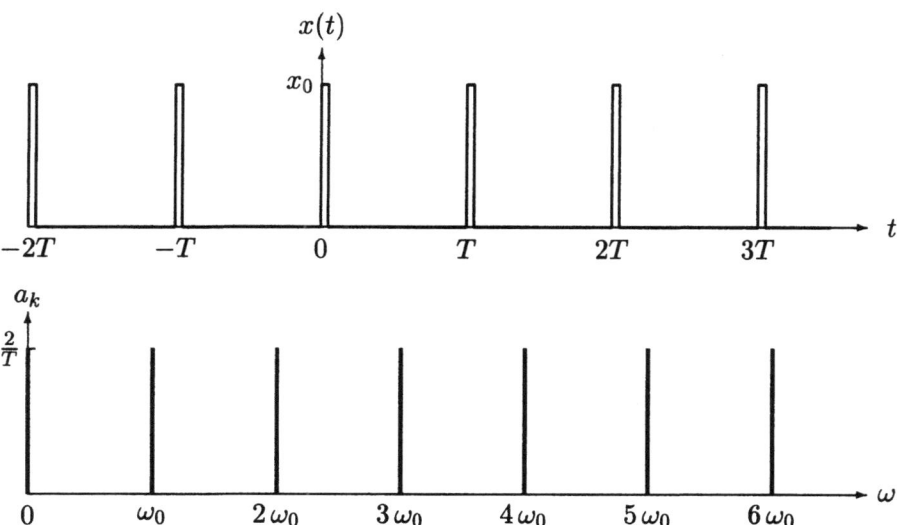

Bild 2.6: Periodische Folge kurzer Impulse: 1. Zeitfunktion $x(t)$ (oben), 2. Spektrum a_k (unten)

2.1.2.3 Dreiecksschwingung

Das Signal ist durch

$$x(t) = \begin{cases} x_0 \left(1 - \dfrac{2(t-nT)}{T}\right) & \text{für} \quad nT \leq t < \left(n + \tfrac{1}{2}\right)T, \\ x_0 \left(1 + \dfrac{2(t-nT)}{T}\right) & \text{für} \quad \left(n - \tfrac{1}{2}\right)T \leq t < nT, \end{cases}$$

$$n = 0, \pm 1, \pm 2, \ldots, \tag{2.61}$$

definiert (s. Bild 2.7). Die Funktion ist gerade, mithin verschwinden

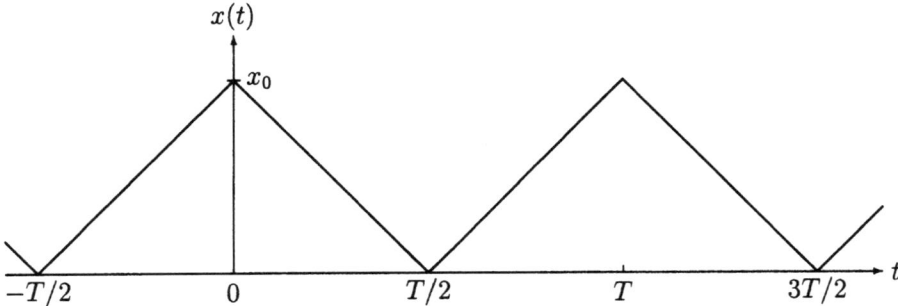

Bild 2.7: *Dreiecksschwingung*

die Koeffizienten der Sinusterme ($b_k = 0$). Für die Koeffizienten der Cosinusterme erhält man nach (2.21)

$$a_0 = \frac{4}{T} \int_0^{T/2} x(t)\,dt = \frac{4x_0}{T} \int_0^{T/2} \left(1 - \frac{2t}{T}\right) dt = x_0, \tag{2.62}$$

$$\begin{aligned} a_k &= \frac{4}{T} \int_0^{T/2} x(t) \cdot \cos(k\omega_0 t)\,dt = \frac{4x_0}{T} \int_0^{T/2} \left(1 - \frac{2t}{T}\right) \cos(k\omega_0 t)\,dt \\ &= \frac{4x_0}{T} \underbrace{\int_0^{T/2} \cos(k\omega_0 t)\,dt}_{=0} - \frac{8x_0}{T^2} \int_0^{T/2} t\cos(k\omega_0 t)\,dt. \end{aligned} \tag{2.63}$$

Mit partieller Integration folgt

$$\begin{aligned} a_k &= -\frac{8x_0}{T^2} \left(\left.\frac{t}{k\omega_0}\sin(k\omega_0 t)\right|_0^{T/2} - \int_0^{T/2} \frac{1}{k\omega_0}\sin(k\omega_0 t) \right) \\ &= \frac{8x_0}{(k\omega_0 T)^2}\left[1 - \cos\left(\frac{k\omega_0 T}{2}\right)\right] = \frac{2x_0}{k^2\pi^2}\left[1 - (-1)^k\right] \\ &= \begin{cases} 0 & \text{für} \quad k \text{ gerade,} \\ \dfrac{4x_0}{k^2\pi^2} & \text{für} \quad k \text{ ungerade.} \end{cases} \end{aligned} \tag{2.64}$$

2.1 Periodische Signale

Die Fourierreihe lautet damit

$$x(t) = \frac{x_0}{2} + \frac{4x_0}{\pi^2} \sum_{k=1}^{\infty} \frac{1}{(2k-1)^2} \cos\left[(2k-1)\omega_0 t\right]. \quad (2.65)$$

Bild 2.8 gibt das Fourierspektrum der Dreiecksschwingung wieder. Die Amplituden der Fourierkoeffizienten nehmen umgekehrt proportional zum Quadrat der Ordnungszahl k und damit wesentlich stärker ab als die Fourierkoeffizienten der Rechteckschwingung (vgl. Bild 2.3).

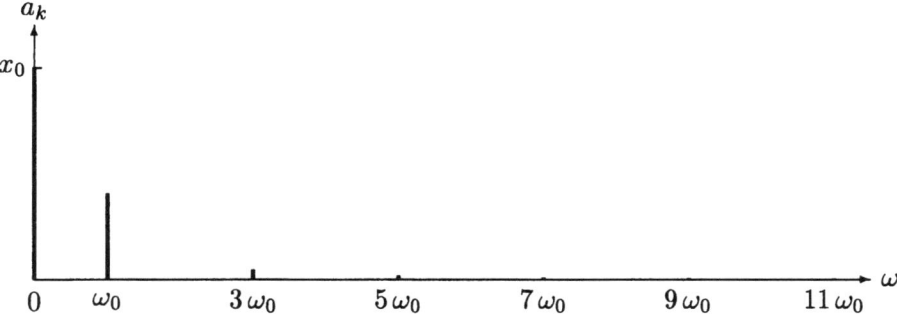

Bild 2.8: *Fourierspektrum der Dreiecksschwingung*

2.1.2.4 Gleichgerichtete Sinusschwingung

Gegeben sei das Signal

$$x(t) = x_0 \sin\left(\frac{\omega_0(t-nT)}{2}\right), \quad nT \leq t < (n+1)T,$$

$$n = 0, \pm 1, \pm 2, \ldots, \quad (2.66)$$

das durch Gleichrichtung einer Sinusschwingung entsteht (s. Bild 2.9). Auch diese Funktion ist gerade, so daß die Koeffizienten b_k verschwinden. Für die Koeffizienten a_k erhält man

$$a_0 = \frac{4}{T} \int_0^{T/2} x(t)\,dt = \frac{4}{T} \int_0^{T/2} x_0 \sin\left(\frac{\omega_0 t}{2}\right) dt = \frac{4x_0}{\pi}, \quad (2.67)$$

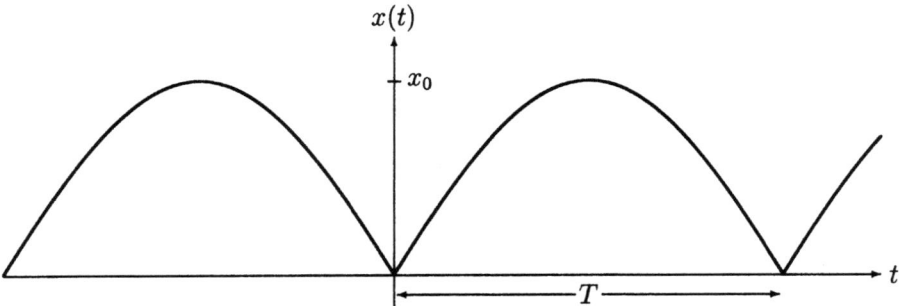

Bild 2.9: *Gleichgerichtete Sinusschwingung*

$$
\begin{aligned}
a_k &= \frac{4}{T} \int_0^{T/2} x(t) \cos(k\omega_0 t)\, dt = \frac{4x_0}{T} \int_0^{T/2} \sin\left(\frac{\omega_0 t}{2}\right) \cos(k\omega_0 t)\, dt \\
&= \frac{2x_0}{T} \int_0^{T/2} \left\{ \sin\left[\left(k+\tfrac{1}{2}\right)\omega_0 t\right] - \sin\left[\left(k-\tfrac{1}{2}\right)\omega_0 t\right] \right\} dt \\
&= \frac{x_0}{\pi} \left[\frac{1 - \cos\left[\left(k+\tfrac{1}{2}\right)\pi\right]}{k + \tfrac{1}{2}} - \frac{1 - \cos\left[\left(k-\tfrac{1}{2}\right)\pi\right]}{k - \tfrac{1}{2}} \right] \quad (2.68) \\
&= \frac{2x_0}{\pi} \left[\frac{1}{2k+1} - \frac{1}{2k-1} \right] = -\frac{4x_0}{\pi} \frac{1}{4k^2 - 1}.
\end{aligned}
$$

Damit ergibt sich die Fourierreihendarstellung der gleichgerichteten Sinusschwingung zu

$$
x(t) = \frac{2x_0}{\pi} - \frac{4x_0}{\pi} \sum_{k=1}^{\infty} \frac{1}{4k^2 - 1} \cos(k\omega_0 t). \quad (2.69)
$$

Bild 2.10 veranschaulicht das Fourierspektrum.

2.1 Periodische Signale 25

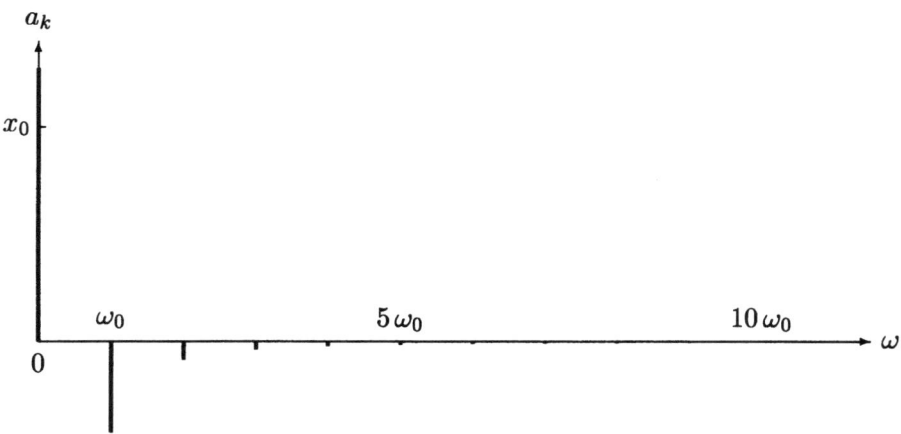

Bild 2.10: *Fourierspektrum der gleichgerichteten Sinussschwingung*

2.1.2.5 Kippschwingung

Als weiteres Signal sei das in Bild 2.11 wiedergegebene mit T periodische Signal

$$x(t) = x_{\max} - (x_{\max} - x_{\min})\exp\left(-\frac{t-nT}{\tau}\right), \quad nT \le t < (n+1)T,$$

$$n = 0, \pm 1, \pm 2, \ldots, \tag{2.70}$$

mit der Zeitkonstante τ betrachtet. Daraus folgen die Fourierkoeffizien-

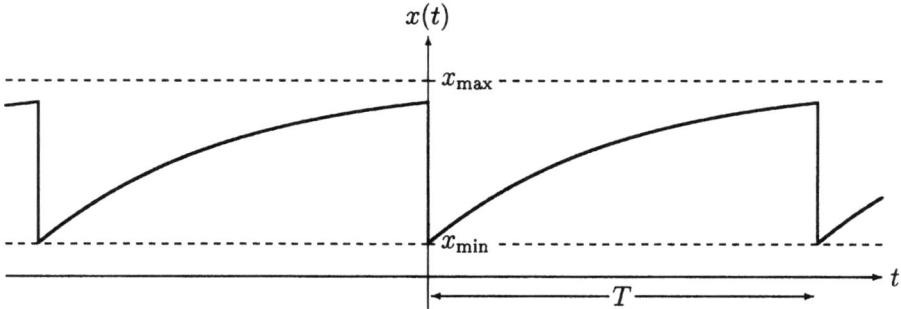

Bild 2.11: *Kippschwingung*

ten in komplexer Darstellung

$$X_0 = \frac{1}{T}\int_0^T \left[x_{\max} - (x_{\max} - x_{\min})\,\mathrm{e}^{-t/\tau}\right]\mathrm{d}t$$

$$= x_{\max} - \frac{\tau}{T}(x_{\max} - x_{\min})\left(1 - \mathrm{e}^{-T/\tau}\right), \qquad (2.71)$$

$$X_k = \frac{1}{T}\int_0^T \left[x_{\max} - (x_{\max} - x_{\min})\,\mathrm{e}^{-t/\tau}\right]\mathrm{e}^{-\mathrm{j}k\omega_0 t}\,\mathrm{d}t$$

$$= \frac{x_{\max}}{\mathrm{j}k\omega_0 T}\left(1 - \mathrm{e}^{-\mathrm{j}k\omega_0 T}\right) - \frac{x_{\max} - x_{\min}}{\frac{T}{\tau} + \mathrm{j}k\omega_0 T}\left(1 - \mathrm{e}^{-T/\tau}\mathrm{e}^{-\mathrm{j}k\omega_0 T}\right)$$

$$= -\frac{x_{\max} - x_{\min}}{\frac{T}{\tau} + 2\mathrm{j}k\pi}\left(1 - \mathrm{e}^{-T/\tau}\right), \qquad k \neq 0, \qquad (2.72)$$

da $\mathrm{e}^{-\mathrm{j}k\omega_0 T} = \mathrm{e}^{-2\mathrm{j}k\pi} = 1$ ist. Damit erhält man als Fourierreihendarstellung der Kippschwingung

$$x(t) = x_{\max} - (x_{\max} - x_{\min})\left(1 - \mathrm{e}^{-T/\tau}\right)\sum_{k=-\infty}^{\infty}\frac{\mathrm{e}^{-\mathrm{j}k\omega_0 t}}{\frac{T}{\tau} + 2\mathrm{j}k\pi}. \qquad (2.73)$$

In reeller Schreibweise ergibt sich mit

$$a_k = X_k + X_{-k}, \qquad (2.74)$$

$$b_k = \mathrm{j}(X_k - X_{-k}) \qquad (2.75)$$

der Ausdruck

$$x(t) = x_{\max} - (x_{\max} - x_{\min})\left(1 - \mathrm{e}^{-T/\tau}\right) \qquad (2.76)$$

$$\times\left[\frac{\tau}{T} + \sum_{k=1}^{\infty}\frac{1}{\left(\frac{T}{\tau}\right)^2 + 4k^2\pi^2}\left(\frac{2T}{\tau}\cos(k\omega_0 t) + 4\pi k\sin(k\omega_0 t)\right)\right].$$

Bild 2.12 zeigt das Fourierspektrum der Kippschwingung für $\tau = T/2$ und $x_{\min} = 0$.

2.1 Periodische Signale

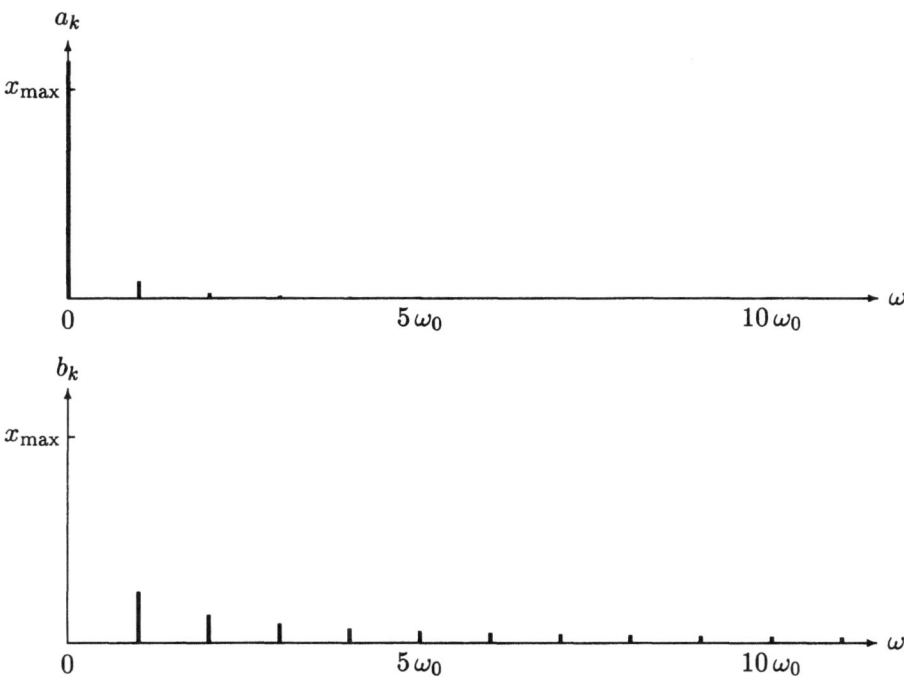

Bild 2.12: *Fourierspektrum der Kippschwingung*

2.1.3 Zur Konvergenz der Fourierreihe

Für praktische Anwendungen, insbesondere bei Simulationsuntersuchungen zur Signalübertragung, ist die Konvergenz der Fourierreihendarstellung eines periodischen Signals von besonderer Bedeutung. Dabei kommt es häufig nicht nur auf die Approximation im quadratischen Mittel, sondern auch auf die Genauigkeit der Signaldarstellung zu jedem Zeitpunkt an. Dieser Sachverhalt sei an zwei Beispielen erläutert. Wir betrachten die Darstellung der Signale durch Partialsummen der zugehörigen Fourierreihen bei wachsender Anzahl von Summengliedern und bestimmen den jeweils maximal auftretenden Fehler.

Die auftretende Abweichung bei der Rechteckwelle ist prinzipieller Natur und wird als *Gibbssches Phänomen* bezeichnet. Zur Untersuchung dieser

Erscheinung soll nun das Approximationsverhalten der Partialsumme

$$\sigma_{2n-1}(t) = \frac{4x_0}{\pi} \sum_{k=1}^{n} \frac{\sin\left[(2k-1)\omega_0 t\right]}{2k-1} \quad (2.77)$$

der Fourierreihe der Rechteckschwingung nach (2.47) in der positiven Umgebung von $x = 0$ in Abhängigkeit von n betrachtet werden. Bild 2.13 zeigt einige Partialsummen der Fourierreihe der Rechteckschwingung und Bild 2.14 zum Vergleich Partialsummen der Dreiecksschwingung. Die Bilder machen deutlich, daß die Fourierreihe der Dreiecksschwingung bereits für $n = 10$ eine gute Annäherung an die approximierte Funktion zeigt, während bei der Rechteckschwingung selbst für $n = 100$ noch erhebliche Abweichungen — besonders in der Umgebung der Sprungstellen — auftreten.

Für $0 \leq \omega_0 t \leq \pi/2$ gilt

$$\sigma_{2n-1}(t) = \frac{2x_0 \omega_0}{\pi} \int_0^t \sum_{k=1}^{n} 2\cos\left[(2k-1)\omega_0 \tau\right] \, d\tau. \quad (2.78)$$

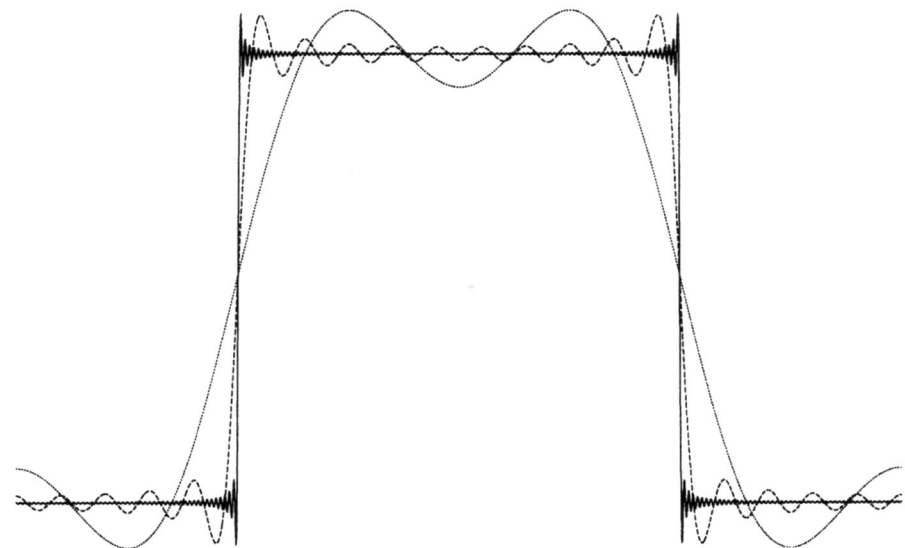

Bild 2.13: *Partialsummen zur Approximation der Rechteckschwingung für $n = 2$ ($\cdots$), 10 (- -), 100 (—)*

2.1 Periodische Signale

Multipliziert man nun den Integranden mit $\sin(\omega_0\tau)$, so läßt sich die entstehende Summe

$$\sum_{k=1}^{n} 2\cos\left[(2k-1)\omega_0\tau\right]\cdot\sin(\omega_0\tau) = 2\cos(\omega_0\tau)\cdot\sin(\omega_0\tau) \qquad (2.79)$$
$$+ 2\cos(3\omega_0\tau)\cdot\sin(\omega_0\tau) + \ldots$$
$$+ 2\cos\left[(2n-1)\omega_0\tau\right]\cdot\sin(\omega_0\tau)$$

mit Hilfe des Additionstheorems

$$2\cos\alpha\sin\beta = \sin(\alpha+\beta) - \sin(\alpha-\beta) \qquad (2.80)$$

zu

$$\sum_{k=1}^{n} 2\cos\left[(2k-1)\omega_0\tau\right]\cdot\sin(\omega_0\tau) = \sin(2\omega_0\tau) - \sin 0$$
$$+ \sin(4\omega_0\tau) - \sin(2\omega_0\tau)$$
$$+ \sin(6\omega_0\tau) - \sin(4\omega_0\tau) + \ldots$$
$$+ \sin(2n\omega_0\tau) - \sin\left[(2n-2)\omega_0\tau\right]$$
$$= \sin(2n\omega_0\tau) \qquad (2.81)$$

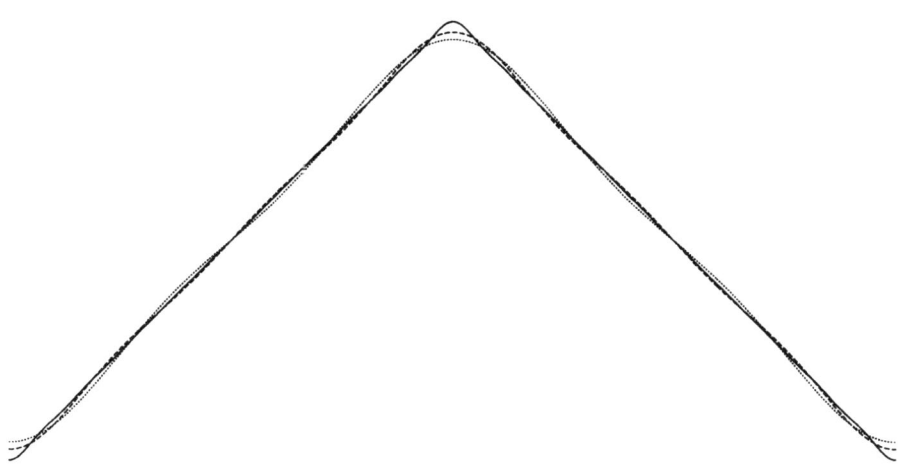

Bild 2.14: Partialsummen zur Approximation der Dreiecksschwingung für $n=2$ $(\cdots)$, 3 (- -), 10 (—)

vereinfachen. Für die Partialsumme (2.78) erhält man damit

$$\sigma_{2n-1}(t) = \frac{2x_0\omega_0}{\pi} \int_0^t \frac{\sin(2n\omega_0\tau)}{\sin(\omega_0\tau)}\, d\tau. \tag{2.82}$$

Hieraus sollen nun Lage und Funktionswert des Maximums berechnet werden, das $x = 0$ am nächsten liegt. Aus der notwendigen Bedingung für ein Maximum

$$\frac{d\sigma_{2n-1}}{dt} = \frac{2x_0\omega_0}{\pi} \frac{\sin(2n\omega_0 t)}{\sin(\omega_0 t)} = 0 \tag{2.83}$$

ergibt sich für die Lage des ersten Maximums in Abhängigkeit von n

$$t_{\max} = \frac{\pi}{2n\omega_0} = \frac{T}{4n} \tag{2.84}$$

mit dem zugehörigen Funktionswert

$$\sigma_{2n-1}(t_{\max}) = \frac{2x_0\omega_0}{\pi} \int_0^{\pi/2n\omega_0} \frac{\sin(2n\omega_0\tau)}{\sin(\omega_0\tau)}\, d\tau = \frac{2x_0}{\pi} \int_0^{\pi} \frac{\sin u}{2n\sin\left(\frac{u}{2n}\right)}\, du, \tag{2.85}$$

wobei im zweiten Schritt die Substitution $u = 2n\omega_0\tau$ erfolgte.

Geht man nun zum Grenzwert $n \to \infty$ über, so wird das Argument $\frac{u}{2n}$ des Sinusterms im Nenner sehr klein, so daß in guter Näherung der Sinus durch sein Argument ersetzt werden kann. (2.85) strebt damit dem fixen Wert

$$\lim_{n\to\infty} \sigma_{2n-1}(t_{\max}) = \frac{2x_0}{\pi} \int_0^{\pi} \frac{\sin u}{u}\, du \tag{2.86}$$

zu, dessen Integral unter dem Namen *Integralsinus* bekannt ist. Für große n wird also der Wert des ersten Maximums unabhängig von n selbst, während gemäß (2.84) das Maximum mit wachsendem n immer näher an die Unstetigkeitsstelle heranrückt. Die Auswertung des Integralsinus liefert den Wert

$$\lim_{n\to\infty} \sigma_{2n-1}(t_{\max}) = 1,179 \cdot x_0, \tag{2.87}$$

die Partialsumme weicht also im ersten Maximum auch bei beliebig großer Summandenanzahl noch um etwa 18 % von der Rechteckschwingung ab (s. Bild 2.15).

2.1 Periodische Signale

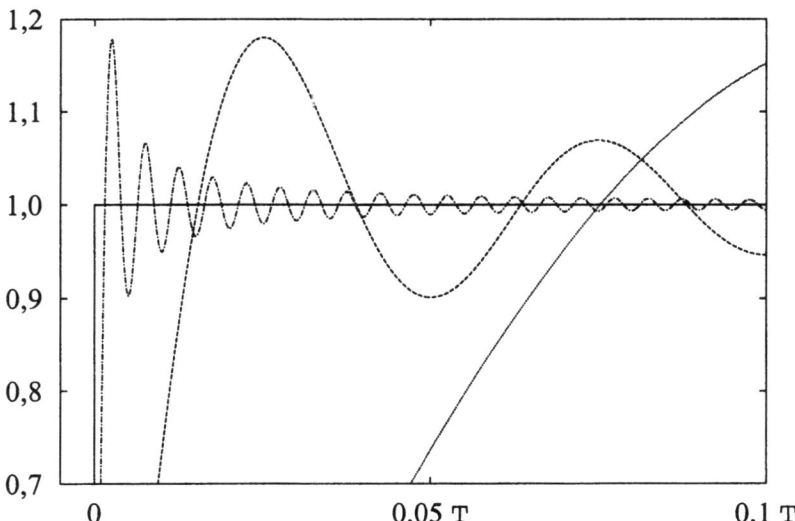

Bild 2.15: *Partialsummen zur Approximation der Rechteckschwingung für $n = 2$ (···), 10 (- -), 100 (-·-) (Ausschnitt aus Bild 2.13)*

2.1.4 Mittelwerte und Autokorrelationsfunktion

Für verschiedene Aufgaben der Signalverarbeitung interessieren bestimmte Mittelwerte der Signale. Von besonderer Bedeutung ist hier die *Autokorrelationsfunktion* $\psi(\tau)$, die man als verallgemeinerten quadratischen Mittelwert auffassen kann.

Zunächst sei der normale quadratische Mittelwert

$$\frac{1}{T} \int_0^T x^2(t)\,dt = \psi(0) \qquad (2.88)$$

bestimmt. Trägt man $x(t)$ mit seiner komplexen Fourierdarstellung in (2.88) ein, so folgt

$$\psi(0) = \frac{1}{T} \int_0^T \left[\sum_{k=-\infty}^{\infty} X_k e^{jk\omega_0 t} \right] \cdot \left[\sum_{m=-\infty}^{\infty} X_m e^{jm\omega_0 t} \right] dt. \qquad (2.89)$$

Wegen der Orthonormalität der Funktionen $e^{jk\omega_0 t}$ (s. Gl. (2.32)) verschwinden alle Summanden der Doppelsumme mit Ausnahme der Terme mit $k = -m$, so daß (2.89) sich auf

$$\psi(0) = \frac{1}{T} \int_0^T \sum_{k=-\infty}^{\infty} X_k X_{-k} \mathrm{d}t = \sum_{k=-\infty}^{\infty} |X_k|^2 \qquad (2.90)$$

bzw. mit $|X_k|^2 = \frac{1}{4}\left(a_k^2 + b_k^2\right)$ auf

$$\psi(0) = \frac{1}{4} \sum_{k=-\infty}^{\infty} \left(a_k^2 + b_k^2\right) = \frac{a_0^2}{4} + \frac{1}{2} \sum_{k=1}^{\infty} \left(a_k^2 + b_k^2\right). \qquad (2.91)$$

reduziert.

Die Autokorrelationsfunktion ist durch den Ausdruck

$$\psi(\tau) = \frac{1}{T} \int_0^T x(t)\, x(t+\tau)\, \mathrm{d}t \qquad (2.92)$$

definiert; τ ist ein beliebiger reeller Zeitwert aus dem Intervall $0 \leq \tau \leq T$ bzw. $-T \leq \tau \leq 0$, $x(t+\tau)$ bedeutet also das gegenüber $x(t)$ um τ zeitlich verschobene Signal. Das Integral (2.92) ist demnach Funktion des *Verschiebungsparameters* τ. Trägt man wieder die komplexe Fourierreihendarstellung in den Integranden ein, so erhält man — in entsprechender Weise wie oben bei der Berechnung von $\psi(0)$ —

$$\begin{aligned}
\psi(\tau) &= \frac{1}{T} \int_0^T \left[\sum_{k=-\infty}^{\infty} X_k \mathrm{e}^{\mathrm{j}k\omega_0 t}\right] \cdot \left[\sum_{m=-\infty}^{\infty} X_m \mathrm{e}^{\mathrm{j}m\omega_0 t} \mathrm{e}^{\mathrm{j}m\omega_0 \tau}\right] \mathrm{d}t \\
&= \frac{1}{T} \int_0^T \sum_{k=-\infty}^{\infty} |X_k|^2 \mathrm{e}^{-\mathrm{j}k\omega_0 \tau}\, \mathrm{d}t = \sum_{k=-\infty}^{\infty} |X_k|^2 \mathrm{e}^{-\mathrm{j}k\omega_0 \tau} \\
&= X_0^2 + \sum_{k=-\infty}^{-1} |X_k|^2 \mathrm{e}^{-\mathrm{j}k\omega_0 \tau} + \sum_{k=1}^{\infty} |X_k|^2 \mathrm{e}^{-\mathrm{j}k\omega_0 \tau} \qquad (2.93)\\
&= X_0^2 + 2 \sum_{k=1}^{\infty} |X_k|^2 \cos(k\omega_0 \tau) \\
&= \frac{a_0^2}{4} + \frac{1}{2} \sum_{k=1}^{\infty} \left(a_k^2 + b_k^2\right) \cos(k\omega_0 \tau).
\end{aligned}$$

2.1 Periodische Signale

Wie (2.93) zeigt, ist $\psi(\tau)$ eine gerade Funktion von τ, die die gleichen Frequenzkomponenten enthält, wie $x(t)$ selbst, jedoch mit jeweils der Phase null und veränderten Amplituden, wobei die Periode der Autokorrelationsfunktion die gleiche ist wie die der Signalfunktion.

Zwei Beispiele mögen die Eigenschaften der Autokorrelationsfunktion im Vergleich zur zugehörigen Signalfunktion verdeutlichen.

1. Die Rechteckimpulsfolge nach (2.56) mit $\alpha = 1/2$ und dem linearen Mittelwert $x_0/2$ wird durch die Fourierkoeffizienten

$$a_0 = x_0, \tag{2.94}$$

$$a_k = x_0 \cdot \frac{\sin\left(\frac{k\pi}{2}\right)}{\frac{k\pi}{2}} = \frac{2x_0}{\pi} \frac{1}{k} \sin\left(\frac{k\pi}{2}\right)$$

$$= \begin{cases} 0 & \text{für } k \text{ gerade,} \\ \frac{2x_0}{\pi} \frac{1}{k} (-1)^{\frac{k-1}{2}} & \text{für } k \text{ ungerade,} \end{cases} \tag{2.95}$$

$$b_k = 0 \tag{2.96}$$

charakterisiert. Damit erhält man für die Autokorrelationsfunktion

$$\psi(\tau) = \frac{x_0^2}{4} + \frac{2x_0^2}{\pi^2} \sum_{k=1}^{\infty} \frac{1}{(2k-1)^2} \cos\left[(2k-1)\omega_0 \tau\right]. \tag{2.97}$$

(2.97) ist die Fourierreihe (vgl. (2.65)) der in Bild 2.7 gezeigten Dreiecksschwingung mit der Amplitude $x_0^2/2$.

2. Als zweites Beispiel sei eine Sinusschwingung

$$x(t) = x_0 \sin(\omega_0 t + \beta)$$

$$= x_0 \sin\beta \cos(\omega_0 t) + x_0 \cos\beta \sin(\omega_0 t) \tag{2.98}$$

mit beliebiger Phase β betrachtet. Der Zerlegung in (2.98) entnimmt man die Fourierkoeffizienten

$$a_0 = 0, \tag{2.99}$$

$$a_1 = x_0 \sin\beta, \tag{2.100}$$

$$b_1 = x_0 \cos\beta, \tag{2.101}$$

$$a_k = b_k = 0 \quad \text{für} \quad k \geq 2. \tag{2.102}$$

Damit erhält man die Autokorrelationsfunktion

$$\psi(\tau) = \frac{1}{2}\left(a_1^2 + b_1^2\right)\cos(\omega_0\tau) = \frac{x_0^2}{2}\cos(\omega_0\tau). \qquad (2.103)$$

Die Autokorrelationsfunktion einer Sinusschwingung mit beliebiger Phase ist gleich einer Cosinusschwingung; die Phaseninformation des Signals $x(t)$ geht also bei der Bildung der Autokorrelationsfunktion verloren, während die beiden übrigen Signalparameter auch die Autokorrelationsfunktion bestimmen.

2.2 Summen und Produkte harmonischer Schwingungen

Summen und Produkte harmonischer Schwingungen spielen in einer Reihe von Anwendungen eine besondere Rolle. Die bei derartigen Signalkombinationen auftretenden Erscheinungen sollen daher hier gesondert behandelt werden, wobei exemplarisch nur die Verknüpfung zweier Schwingungen

$$x_1(t) = a\cos(\omega_1 t) \qquad (2.104)$$

und

$$x_2(t) = b\cos(\omega_2 t + \varphi) \qquad (2.105)$$

behandelt sei.

2.2.1 Summe harmonischer Schwingungen

Für die Summe zweier harmonischer Schwingungen folgt

$$\begin{aligned} x(t) &= x_1(t) + x_2(t) = a\cos(\omega_1 t) + b\cos(\omega_2 t + \varphi) \\ &= \frac{a}{2}\left(e^{j\omega_1 t} + e^{-j\omega_1 t}\right) + \frac{b}{2}\left(e^{j\omega_2 t + j\varphi} + e^{-j\omega_2 t - j\varphi}\right) \qquad (2.106) \\ &= \frac{1}{2}e^{j\omega_1 t}\left(a + b\,e^{j(\omega_2-\omega_1)t + j\varphi}\right) + \frac{1}{2}e^{-j\omega_1 t}\left(a + b\,e^{-j(\omega_2-\omega_1)t - j\varphi}\right). \end{aligned}$$

Setzt man

$$(\omega_2 - \omega_1)t + \varphi = \psi(t) \qquad (2.107)$$

2.2 Summen und Produkte harmonischer Schwingungen

und
$$a + b\,e^{j\psi} = x_0\,e^{js}, \qquad s = s(t), \qquad (2.108)$$

mit
$$a + b\cos\psi = x_0 \cos s, \qquad (2.109)$$
$$b \sin\psi = x_0 \sin s, \qquad (2.110)$$

also
$$x_0 = \sqrt{a^2 + b^2 + 2ab\cos\psi}, \qquad (2.111)$$
$$\tan s = \frac{b \sin\psi}{a + b\cos\psi}, \qquad (2.112)$$

so läßt sich (2.106) in der Form
$$x(t) = x_0 \cos(\omega_1 t + s) \qquad (2.113)$$

schreiben, wobei die Amplitude x_0 und die Phase s gemäß (2.111) und (2.112) Funktionen der Zeit sind. Die Amplitude $x_0(t)$ ändert sich periodisch mit der Frequenz $\omega_2 - \omega_1$ zwischen den Grenzen $a - b$ und $a + b$, während die Phasenfunktion $s(t)$ periodisch den Wertebereich von $\arctan \frac{b}{a}$ bis $-\arctan \frac{b}{a}$ durchläuft. Das zeitliche Verhalten des Summensignals $x(t)$ ähnelt also dem einer amplituden- und phasenmodulierten harmonischen Schwingung (s. Kapitel 2.4.5) Diese Ähnlichkeit ist allerdings nur scheinbar, wie der Vergleich der Spektren von Summensignal (mit nur zwei Spektrallinien) und von amplituden- oder frequenzmoduliertem Signal erkennen läßt.

Sind die Frequenzen ω_1 und ω_2 eng benachbart, so erfolgen Amplituden- und Phasenänderungen langsam im Vergleich zu ω_1. Man spricht dann auch von einer Schwebung. Bei einer Schwebung nehmen Amplitude und Phase periodisch nach der *Schwebungsperiode* $T_s = 2\pi/(\omega_2 - \omega_1)$ die gleichen Werte an. Sind die Frequenzen ω_1 und $\omega_2 - \omega_1$ nicht kommensurabel, so ist $x(t)$ nicht periodisch.

Einen Spezialfall stellt die Summe
$$x(t) = a\left[\cos(\omega_1 t) + \cos(\omega_2 t)\right] \qquad (2.114)$$

dar, also (2.106) für $b = a$ und $\varphi = 0$. Damit folgt aus (2.111) und dem Additionstheorem
$$\cos\psi = \cos^2 \frac{\psi}{2} - \sin^2 \frac{\psi}{2} = 2\cos^2 \frac{\psi}{2} - 1 \qquad (2.115)$$

der Ausdruck
$$x_0 = a\sqrt{2(1+\cos\psi)} = 2a\cos\frac{\psi}{2} \quad (2.116)$$
bzw. aus (2.112)
$$\tan s = \frac{\sin\psi}{1+\cos\psi} = \tan\frac{\psi}{2}, \quad (2.117)$$
$$s = \frac{\psi}{2}. \quad (2.118)$$
(2.114) nimmt damit die Form
$$x(t) = 2a\cos\left(\frac{\omega_1-\omega_2}{2}t\right)\cos\left(\frac{\omega_1+\omega_2}{2}t\right) \quad (2.119)$$
an, die Summe ist in diesem Fall also gleich dem Produkt zweier harmonischer Schwingungen mit den Frequenzen $\frac{\omega_1-\omega_2}{2}$ und $\frac{\omega_1+\omega_2}{2}$. Ist $\omega_1 \approx \omega_2$, so liegt eine *reine Schwebung* vor. Bei einem Nulldurchgang der Amplitude $2a\cos\left(\frac{\omega_1-\omega_2}{2}t\right)$ ändert $x(t)$ das Vorzeichen. Bild 2.16 veranschaulicht den Sachverhalt für zwei verschiedene Frequenzverhältnisse. Man erkennt deutlich, daß die Überlagerung harmonischer Schwingungen mit rationalem Frequenzverhältnis eine streng periodische Funktion ergibt, während bei angenähert nichtrationalem Frequenzverhältnis deutliche Abweichungen von der Periodizität auftreten.

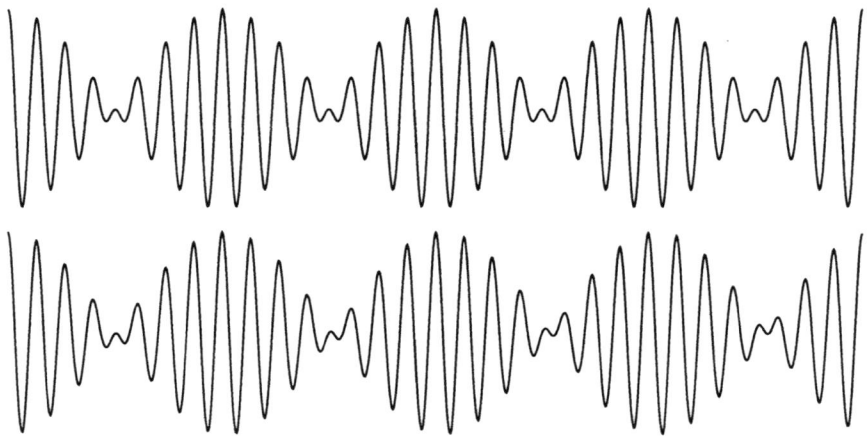

Bild 2.16: *Überlagerung zweier harmonischer Schwingungen gleicher Amplitude mit den Frequenzverhältnissen $\omega_1/\omega_2 = 8/7$ (oberes Bild) und $\omega_1/\omega_2 = 3197/2803$ (unteres Bild)*

2.2.2 Produkt harmonischer Schwingungen

Für das Produkt zweier harmonischer Schwingungen

$$x(t) = ab \cos(\omega_1 t) \cos(\omega_2 t + \varphi) \qquad (2.120)$$

mit den Frequenzen ω_1 und ω_2 erhält man — unter Verwendung von Additionstheoremen trigonometrischer Funktionen —

$$x(t) = \frac{ab}{2} \Big(\cos[(\omega_1 + \omega_2)t + \varphi] + \cos[(\omega_1 - \omega_2)t + \varphi] \Big). \qquad (2.121)$$

Das Produktsignal läßt sich also als Summe zweier harmonischer Schwingungen darstellen, deren Frequenzen der Summen- und der Differenzfrequenz aus beiden Faktoren entsprechen. Dieses Ergebnis korrespondiert auch mit der Produktdarstellung (2.119) für die Summe (2.114) zweier harmonischer Schwingungen. Sind beide Frequenzen gleich, $\omega_1 = \omega_2$, und sei $a = b$ und $\varphi = 0$, so liegt das Signal

$$x(t) = a^2 \cos^2(\omega_1 t), \qquad (2.122)$$

also eine quadrierte Cosinusfunktion vor. Man erhält aus (2.121) die adäquate Darstellung als Funktion der verdoppelten Frequenz

$$x(t) = \frac{a^2}{2}[1 + \cos(2\omega_1 t)]. \qquad (2.123)$$

Auch höhere Potenzen einer Cosinusschwingung lassen sich mit Hilfe entsprechender Additionstheoreme auf Summen harmonischer Schwingungen zurückführen. Beispiele sind

$$x(t) = a^3 \cos^3(\omega_1 t) = \frac{a^3}{4}\big[3\cos(\omega_1 t) + \cos(3\omega_1 t)\big], \qquad (2.124)$$

$$\begin{aligned} x(t) &= a^4 \cos^2(\omega_1 t) \cos^2(\omega_2 t) \\ &= \frac{a^4}{4}\big[1 + \cos(2\omega_1 t) + \cos(2\omega_2 t)\big] \\ &\quad + \frac{a^4}{8}\big[\cos[2(\omega_1 + \omega_2)t] + \cos[2(\omega_1 - \omega_2)t]\big], \end{aligned} \qquad (2.125)$$

$$x(t) = a^4 \cos^4(\omega_1 t) = \frac{a^4}{8}\big[3 + 4\cos(2\omega_1 t) + \cos(4\omega_1 t)\big]. \qquad (2.126)$$

Die Spektren der hier betrachteten Produktsignale sind in Bild 2.17 wiedergegeben.

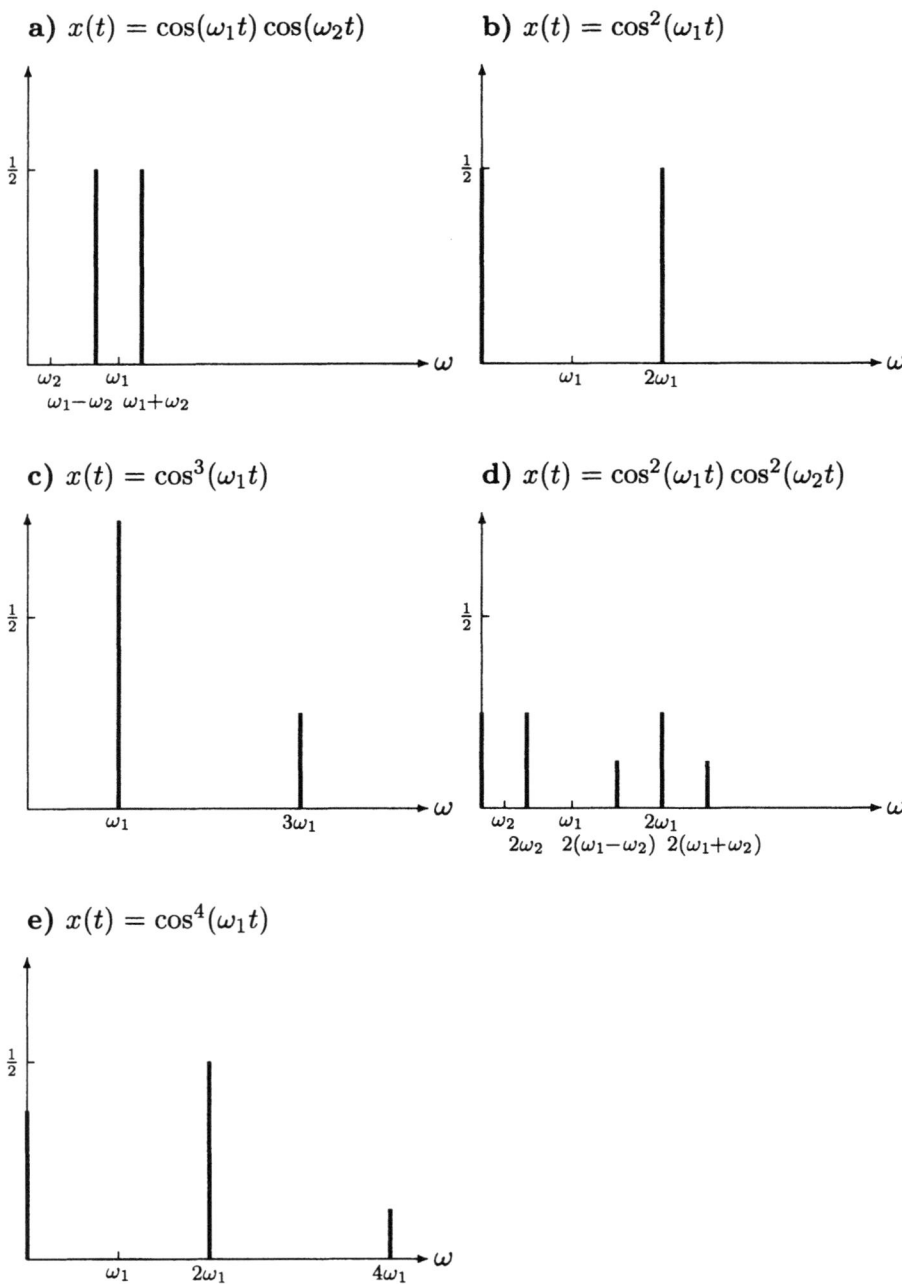

Bild 2.17: Amplitudenspektren einiger Produkte harmonischer Schwingungen mit $a = b = 1$

2.3 Nichtperiodische Signale

2.3.1 Fourierintegral-Darstellung

Viele praktisch wichtige Signale sind nicht periodisch, so daß sie nicht durch Fourierreihen, also durch eine Linearkombination aus Sinus- und Cosinusfunktionen mit harmonisch liegenden Frequenzen, dargestellt werden können. Zu den nichtperiodischen Signalen gehören beispielsweise alle impulsförmigen Vorgänge, aber auch zeitlich begrenzte periodische Signale wie eine harmonische Schwingung, die nur über eine endliche Anzahl von Perioden besteht.

In diesen Fällen erlaubt die Fourierintegral-Transformation eine Abbildung der Zeitfunktion

$$x(t) = \frac{1}{2\pi} \int_{-\infty}^{\infty} X(\omega)\, e^{j\omega t}\, d\omega = \mathcal{F}^{-1}\{X(\omega)\} \qquad (2.127)$$

des Signals in den Raum der Frequenz ω mit der *Fourier-Transformierten*

$$X(\omega) = \int_{-\infty}^{\infty} x(t)\, e^{-j\omega t}\, dt = \mathcal{F}\{x(t)\}. \qquad (2.128)$$

Vergleicht man die Fourier-Transformation für ein nichtperiodisches Signal mit der Reihendarstellung für ein periodisches Signal, so sieht man, daß an die Stelle der Amplitude X_k, die eine Spektrallinie repräsentierte, die Amplitude $X(\omega)\, d\omega$ für ein infinitesimal kleines Frequenzintervall getreten ist. $X(\omega)$ wird daher auch als *Spektrale Amplitudendichte* bezeichnet. Gemäß (2.127) wird $x(t)$ durch ein Integral über mit der Spektralen Amplitudendichte $X(\omega)$ gewichtete Sinus- und Cosinusfunktionen mit kontinuierlich variablen Frequenzen ω dargestellt.

Die Spektrale Amplitudendichte $X(\omega)$, die sich aus $x(t)$ gemäß (2.128) bestimmt, ist eine im allgemeinen komplexe Funktion

$$X(\omega) = |X(\omega)| \cdot e^{j\varphi(\omega)}, \qquad (2.129)$$

die meistens durch die reellen Verläufe von Betrag $|X(\omega)|$ und Phase $\varphi(\omega)$ angegeben wird, die ihrerseits mit Realteil $\text{Re}\{X(\omega)\}$ und Imaginärteil $\text{Im}\{X(\omega)\}$ durch die bekannten Relationen verknüpft sind.

Die hier in (2.127) getroffene Zuordnung des Faktors $1/2\pi$ ist nicht einheitlich festgelegt; man findet ebenso die symmetrische Schreibweise mit dem Faktor $1/\sqrt{2\pi}$ in (2.127) und (2.128). Wählt man anstelle der Kreisfrequenz ω die Frequenz $f = \omega/2\pi$, so verschwinden in beiden Gleichungen die Vorfaktoren.

Auf eine mathematisch strenge Herleitung der Fourierschen Integralformeln wurde hier verzichtet; dafür sei auf die Literatur verwiesen (z. B. [Cou24]62).

Im folgenden soll jedoch mit Hilfe einer Grenzwertbetrachtung der Übergang von der Fourierreihe eines periodischen Signals mit der endlichen Periode T zur Fourierintegral-Darstellung eines nichtperiodischen Signals mit einer im Limes $T \to \infty$ unendlichen Periode plausibel gemacht werden.

Ausgangspunkt dieser Betrachtung ist die komplexe Darstellung (2.31)

$$x(t) = \sum_{k=-\infty}^{\infty} X_k \, e^{jk\omega_0 t}, \qquad \omega_0 = \frac{2\pi}{T} \qquad (2.130)$$

eines mit T periodischen Signals mit den Fourierkoeffizienten (2.33)

$$X_k = \frac{1}{T} \int_{-T/2}^{T/2} x(t)\, e^{-jk\omega_0 t} \, dt. \qquad (2.131)$$

Trägt man (2.131) in (2.130) ein, so ergibt sich

$$x(t) = \sum_{k=-\infty}^{\infty} \left[\frac{1}{T} \int_{-T/2}^{T/2} x(t')\, e^{-jk\omega_0 t'} \, dt' \right] e^{jk\omega_0 t}. \qquad (2.132)$$

Lassen wir nun die Periode T über alle Grenzen wachsen, so rücken im Spektrum die Linien immer näher zusammen, so daß im Grenzfall $T \to \infty$ das Spektrum eine kontinuierliche Funktion der Kreisfrequenz ω wird. Setzt man beim Grenzübergang

$$k \cdot \omega_0 = \omega, \qquad (2.133)$$

ersetzt die Summe durch ein Integral und schreibt, da

$$\frac{1}{T} = \frac{\omega_0}{2\pi} = \frac{\Delta\omega}{2\pi} \qquad (2.134)$$

2.3 Nichtperiodische Signale

beliebig klein wird,

$$\lim_{T\to\infty} \frac{1}{T} = \frac{d\omega}{2\pi}, \qquad (2.135)$$

so geht (2.132) in die Fouriersche Integralformel

$$x(t) = \frac{1}{2\pi} \int_{-\infty}^{\infty} \left[\int_{-\infty}^{\infty} x(t') \, e^{-j\omega t'} \, dt' \right] e^{j\omega t} \, d\omega = \frac{1}{2\pi} \int_{-\infty}^{\infty} \int_{-\infty}^{\infty} x(t') \, e^{j\omega(t-t')} \, dt' d\omega \qquad (2.136)$$

über.

Die Existenz des Fourierintegrals (2.128) setzt neben der Einhaltung der — von der Fourierreihenentwicklung bekannten — Dirichletschen Bedingungen als zusätzliche hinreichende Bedingung die absolute Integrierbarkeit der Signalfunktion $x(t)$, also die Konvergenz von

$$\int_{-\infty}^{\infty} |x(t)| \, dt \qquad (2.137)$$

voraus. Während die Dirichletschen Bedingungen praktisch von allen realisierbaren Signalen erfüllt werden, bedeutet die Forderung der absoluten Integrierbarkeit eine wesentliche Einschränkung der Klasse der nichtperiodischen Signale, die der Fourier-Transformation unterworfen werden können. So genügt beispielsweise eine einseitig begrenzte Schwingung oder etwa die Sprungfunktion $\sigma(t)$ (vgl. Abschnitt 2.4.1) dieser Forderung nicht. Einen Ausweg bietet dann oft die Approximation eines derartigen Signals durch das mit einem Dämpfungsfaktor multiplizierte Signal.

Das Fourier-Integral ist eine Darstellung, die im allgemeinen für komplexe Signale gültig ist. Beschränkt man sich auf reelle Signale, so ergeben sich auch andere zu (2.136) äquivalente Formen. Bei reellen Funktionen $x(t)$ muß das Integral über den Imaginärteil der komplexen Exponentialfunktion

$$e^{j\omega(t-t')} = \cos\left[\omega(t-t')\right] + j\sin\left[\omega(t-t')\right] \qquad (2.138)$$

verschwinden. Folglich gilt damit

$$x(t) = \frac{1}{2\pi} \int_{-\infty}^{\infty} \int_{-\infty}^{\infty} x(t') \cos\left[\omega(t-t')\right] \, dt' \, d\omega \qquad (2.139)$$

und, da nun der Integrand eine *gerade Funktion* bezüglich ω ist,

$$x(t) = \frac{1}{\pi} \int_0^\infty \left[\int_{-\infty}^\infty x(t') \cos\left[\omega(t-t')\right] dt' \right] d\omega. \tag{2.140}$$

Mit dem Additionstheorem

$$\cos(\alpha - \beta) = \cos\alpha \cos\beta + \sin\alpha \sin\beta \tag{2.141}$$

gelangt man weiter zu

$$\begin{aligned} x(t) &= \frac{1}{\pi} \int_0^\infty \cos(\omega t) \left[\int_{-\infty}^\infty x(t') \cos(\omega t') dt' \right] d\omega \\ &+ \frac{1}{\pi} \int_0^\infty \sin(\omega t) \left[\int_{-\infty}^\infty x(t') \sin(\omega t') dt' \right] d\omega. \end{aligned} \tag{2.142}$$

Ist die Signalfunktion $x(t)$ eine *gerade Funktion*, so verschwindet das zweite Integral in (2.142) und es gilt

$$x(t) = \frac{2}{\pi} \int_0^\infty \cos(\omega t) \left[\int_0^\infty x(t') \cos(\omega t') dt' \right] d\omega. \tag{2.143}$$

Analog folgt aus (2.142) für eine *ungerade Signalfunktion*

$$x(t) = \frac{2}{\pi} \int_0^\infty \sin(\omega t) \left[\int_0^\infty x(t') \sin(\omega t') dt' \right] d\omega. \tag{2.144}$$

Aus den beiden Formen (2.143) und (2.144) ist ersichtlich, daß bei geraden bzw. ungeraden $x(t)$, sofern sie den zu Beginn des Abschnitts genannten Voraussetzungen genügen, eine Cosinus- bzw. Sinus-Transformation an die Stelle der Fourier-Transformation mit komplexer Exponentialfunktion treten kann.

Betrachtet man die Fourier-Transformierte

$$\begin{aligned} X(\omega) &= \int_{-\infty}^\infty x(t) e^{-j\omega t} dt \tag{2.145} \\ &= \int_{-\infty}^\infty x(t) \cos(\omega t) dt - j \int_{-\infty}^\infty x(t) \sin(\omega t) dt \end{aligned}$$

2.3 Nichtperiodische Signale

für *reelle und gerade* Signalfunktionen $x(t)$, so folgt

$$X(\omega) = 2 \int_0^\infty x(t) \cos(\omega t)\, \mathrm{d}t. \qquad (2.146)$$

Die Fourier-Transformierte ist dann also ebenfalls eine *reelle und gerade* Funktion: $X(\omega) = X(-\omega)$. Im Fall *ungerader* $x(t)$ ist die Fourier-Transformierte

$$X(\omega) = -2\mathrm{j} \int_0^\infty x(t) \sin(\omega t)\, \mathrm{d}t \qquad (2.147)$$

eine rein *imaginäre und ungerade* Funktion; $X(\omega) = -X(-\omega)$. Im allgemeinen ist $X(\omega)$ allerdings komplex. Real- und Imaginärteil lassen sich aber getrennt bestimmen, indem $x(t) = x_\mathrm{g}(t) + x_\mathrm{u}(t)$ zuvor entsprechend

$$x_\mathrm{g}(t) = \frac{1}{2}[x(t) + x(-t)] \qquad (2.148)$$

$$x_\mathrm{u}(t) = \frac{1}{2}[x(t) - x(-t)] \qquad (2.149)$$

in seinen geraden Anteil $x_\mathrm{g}(t)$ und seinen ungeraden Anteil $x_\mathrm{u}(t)$ zerlegt wird.

In der folgenden Tabelle 2.2 sind die wichtigsten Formeln zur Fourier-Transformation zusammengefaßt.

2.3.2 Eigenschaften der Fourier-Transformation

In diesem Abschnitt sollen einige wesentliche Eigenschaften der Fourier-Transformation besprochen und bewiesen werden. Tabelle 2.3 am Ende dieses Abschnitts (S. 50) bietet eine Übersicht der wichtigsten Sätze zur Fourier-Transformation.

Tabelle 2.2: *Formeln zur Fourier-Transformation*

$$x(t) = \frac{1}{2\pi} \int_{-\infty}^{\infty} X(\omega) e^{j\omega t} \, d\omega = \mathcal{F}^{-1}\{X(\omega)\}$$

$$X(\omega) = \int_{-\infty}^{\infty} x(t) e^{-j\omega t} \, dt = \mathcal{F}\{x(t)\}$$

$x(t)$ reell:

$$x(t) = \frac{1}{\pi} \int_0^{\infty} \operatorname{Re}\{X(\omega)\} \cos(\omega t) \, d\omega - \frac{1}{\pi} \int_0^{\infty} \operatorname{Im}\{X(\omega)\} \sin(\omega t) \, d\omega$$

$$X(\omega) = \int_{-\infty}^{\infty} x(t) \cos(\omega t) \, dt - j \int_{-\infty}^{\infty} x(t) \sin(\omega t) \, dt$$

$x(t)$ reell und gerade ($x(t) = x(-t)$):

$$x(t) = \frac{1}{\pi} \int_0^{\infty} X(\omega) \cos(\omega t) \, d\omega$$

$$X(\omega) = 2 \int_0^{\infty} x(t) \cos(\omega t) \, dt = X(-\omega)$$

$x(t)$ reell und ungerade ($x(t) = -x(-t)$):

$$x(t) = \frac{j}{\pi} \int_0^{\infty} X(\omega) \sin(\omega t) \, d\omega$$

$$X(\omega) = -2j \int_0^{\infty} x(t) \sin(\omega t) \, dt = -X(-\omega)$$

2.3 Nichtperiodische Signale

2.3.2.1 Linearität

Für die gewichtete Summe zweier Signale $x(t)$ und $y(t)$ ergibt sich unmittelbar aus der Definition der Fourier-Transformierten

$$\mathcal{F}\{a_1 x(t) + a_2 y(t)\} = \int_{-\infty}^{\infty} [a_1 x(t) + a_2 y(t)] \, \mathrm{e}^{-\mathrm{j}\omega t} \, \mathrm{d}t$$

$$= a_1 \int_{-\infty}^{\infty} x(t) \, \mathrm{e}^{-\mathrm{j}\omega t} \, \mathrm{d}t + a_2 \int_{-\infty}^{\infty} y(t) \, \mathrm{e}^{-\mathrm{j}\omega t} \, \mathrm{d}t$$

$$= a_1 X(\omega) + a_2 Y(\omega). \tag{2.150}$$

Allgemein gilt daher

$$\mathcal{F}\left\{\sum_k a_k x_k(t)\right\} = \sum_k a_k \, \mathcal{F}\{x_k(t)\} = \sum_k a_k X_k(\omega). \tag{2.151}$$

Entsprechendes kann auch für die Rücktransformation gezeigt werden.

2.3.2.2 Differentiation

Die Fourier-Transformierte $\mathcal{F}\{\dot{x}(t)\}$ der ersten Ableitung $\dot{x}(t)$ des Signals erhält man aus $X(\omega) = \mathcal{F}\{x(t)\}$ einfach durch Multiplikation mit dem Faktor $\mathrm{j}\omega$,

$$\mathcal{F}\left\{\frac{\mathrm{d}x(t)}{\mathrm{d}t}\right\} = \mathrm{j}\omega X(\omega). \tag{2.152}$$

Dies kann unmittelbar durch partielle Integration von

$$\mathcal{F}\left\{\frac{\mathrm{d}x(t)}{\mathrm{d}t}\right\} = \int_{-\infty}^{\infty} \frac{\mathrm{d}x}{\mathrm{d}t} \mathrm{e}^{-\mathrm{j}\omega t} \, \mathrm{d}t = \underbrace{x(t) \mathrm{e}^{-\mathrm{j}\omega t} \Big|_{-\infty}^{\infty}}_{= 0, \text{ da } x(\pm\infty)=0} + \mathrm{j}\omega \underbrace{\int_{-\infty}^{\infty} x(t) \mathrm{e}^{-\mathrm{j}\omega t} \, \mathrm{d}t}_{= X(\omega)}$$

$$\tag{2.153}$$

gezeigt werden. Als Folge der vorausgesetzten absoluten Integrierbarkeit besitzt der erste Term in (2.153) für Signale, die sich von $-\infty$ bis ∞ erstrecken, den Wert Null. Ist $x(t)$ allerdings „linksseitig" begrenzt, verschwindet also $x(t)$ beispielsweise für $t < t_0$, so bleibt vom ersten

Term ein Beitrag übrig, der den rechtsseitigen Grenzwert $x(t_0 + 0)$ an der Stelle t_0 enthält. In diesem Fall gilt also

$$\mathcal{F}\left\{\frac{\mathrm{d}x(t)}{\mathrm{d}t}\right\} = \mathrm{j}\omega X(\omega) - x(t_0 + 0)\,\mathrm{e}^{-\mathrm{j}\omega t_0}. \qquad (2.154)$$

Durch iterative Anwendung von (2.152) gelangt man zur Fourier-Transformierten der n-ten Ableitung von unendlich ausgedehnten Signalen

$$\mathcal{F}\left\{\frac{\mathrm{d}^n x(t)}{\mathrm{d}t^n}\right\} = (\mathrm{j}\omega)^n X(\omega). \qquad (2.155)$$

Für „linksseitig" zeitlich begrenzte Signale ergibt sich entsprechend

$$\mathcal{F}\left\{\frac{\mathrm{d}^n x(t)}{\mathrm{d}t^n}\right\} = (\mathrm{j}\omega)^n X(\omega) - \sum_{k=0}^{n-1} \frac{\mathrm{d}^k x(t_0 + 0)}{\mathrm{d}t}\,\mathrm{e}^{-\mathrm{j}\omega t_0}. \qquad (2.156)$$

Die Differentiation der Fourier-Transformierten

$$\frac{\mathrm{d}X(\omega)}{\mathrm{d}\omega} = \frac{\mathrm{d}}{\mathrm{d}\omega}\int_{-\infty}^{\infty} x(t)\,\mathrm{e}^{-\mathrm{j}\omega t}\,\mathrm{d}t = -\mathrm{j}\int_{-\infty}^{\infty} t\,x(t)\,\mathrm{e}^{-\mathrm{j}\omega t}\,\mathrm{d}t \qquad (2.157)$$

liefert bis auf einen Vorfaktor die Fourier-Transformierte von $t \cdot x(t)$; somit gilt der Zusammenhang

$$\mathcal{F}\{t \cdot x(t)\} = \mathrm{j}\frac{\mathrm{d}X(\omega)}{\mathrm{d}\omega}. \qquad (2.158)$$

Durch wiederholte Anwendung von (2.158) erhält man

$$\mathcal{F}\{t^n \cdot x(t)\} = \mathrm{j}^n\frac{\mathrm{d}^n X(\omega)}{\mathrm{d}\omega^n}. \qquad (2.159)$$

2.3.2.3 Verschiebung und Proportionalität

Ferner sei ein um dem Faktor a in der Zeit gedehntes oder gestauchtes und um b verschobenes Signal $x(at + b)$ betrachtet. Die zugehörige Fourier-Transformierte

$$\mathcal{F}\{x(at + b)\} = \frac{1}{|a|}\exp\left(\mathrm{j}\frac{b\omega}{a}\right)X\left(\frac{\omega}{a}\right) \qquad (2.160)$$

2.3 Nichtperiodische Signale

ergibt sich aus $X(\omega) = \mathcal{F}\{x(t)\}$ durch Multiplikation mit einem durch die Verschiebung bedingten Phasenfaktor $\mathrm{e}^{\mathrm{j}b\omega/a}$, einer Wichtung mit $1/|a|$ sowie einer Spreizung bzw. Komprimierung der Frequenzachse um $1/a$.

Zum Beweis von (2.160) wird bei der Berechnung der Fourier-Transformierten

$$\tilde{X}(\omega) = \mathcal{F}\{x(at+b)\} = \int\limits_{-\infty}^{\infty} x(at+b)\,\mathrm{e}^{-\mathrm{j}\omega t}\,\mathrm{d}t \qquad (2.161)$$

die Substitution $t' = at + b$ eingeführt. Für $a > 0$ ergibt sich damit

$$\begin{aligned}
\tilde{X}(\omega) &= \int\limits_{-\infty}^{\infty} x(t')\,\exp\left(-\mathrm{j}\omega\frac{t'-b}{a}\right)\frac{1}{a}\,\mathrm{d}t' \\
&= \frac{1}{a}\exp\left(\mathrm{j}\frac{b\omega}{a}\right)\int\limits_{-\infty}^{\infty} x(t')\,\exp\left(-\mathrm{j}\frac{\omega t'}{a}\right)\mathrm{d}t' \qquad (2.162) \\
&= \frac{1}{a}\exp\left(\mathrm{j}\frac{b\omega}{a}\right) X\!\left(\frac{\omega}{a}\right), \qquad a > 0.
\end{aligned}$$

Für $a < 0$ bewirkt die Substitution eine Vertauschung der Integrationsgrenzen. Das Resultat unterscheidet sich daher im Vorzeichen. Um dies zu verdeutlichen, wird vorübergehend $a = -|a|$ gesetzt, womit man zu

$$\begin{aligned}
\tilde{X}(\omega) &= \int\limits_{+\infty}^{-\infty} x(t')\,\exp\left(-\mathrm{j}\omega\frac{t'-b}{-|a|}\right)\frac{1}{-|a|}\,\mathrm{d}t' \\
&= \frac{1}{|a|}\exp\left(\mathrm{j}\frac{b\omega}{-|a|}\right)\int\limits_{-\infty}^{\infty} x(t')\,\exp\left(-\mathrm{j}\frac{\omega t'}{-|a|}\right)\mathrm{d}t' \qquad (2.163) \\
&= -\frac{1}{a}\exp\left(\mathrm{j}\frac{b\omega}{a}\right) X\!\left(\frac{\omega}{a}\right), \qquad a < 0.
\end{aligned}$$

gelangt. Faßt man die beiden Ergebnisse zusammen, so folgt sofort (2.160).

Umgekehrt entspricht eine im Bildbereich um die Frequenz Ω verschobene Fourier-Transformierte $X(\omega + \Omega)$ einem im Zeitbereich mit einem komplexen Phasenfaktor multiplizierten Signal

$$e^{-j\Omega t} x(t) = \mathcal{F}^{-1}\{X(\omega + \Omega)\}. \qquad (2.164)$$

Dies verdeutlicht die Substitution $\omega' = \omega + \Omega$, die auf

$$\mathcal{F}^{-1}\{X(\omega + \Omega)\} = \frac{1}{2\pi} \int_{-\infty}^{\infty} X(\omega + \Omega) e^{j\omega t} d\omega = \frac{1}{2\pi} \int_{-\infty}^{\infty} X(\omega') e^{j(\omega'-\Omega)t} d\omega'$$

$$= e^{-j\Omega t} \frac{1}{2\pi} \int_{-\infty}^{\infty} X(\omega') e^{j\omega' t} d\omega' = e^{-j\Omega t} x(t) \qquad (2.165)$$

führt.

2.3.2.4 Faltung im Zeitbereich

Unter der Faltung zweier Zeitfunktionen $x(t)$ und $y(t)$ versteht man ihre durch das Symbol $*$ gekennzeichnete Verknüpfung

$$x(t) * y(t) = \int_{-\infty}^{\infty} x(t') y(t-t') dt' = \int_{-\infty}^{\infty} x(t-t') y(t') dt'. \qquad (2.166)$$

Ihre Fourier-Transformierte

$$\mathcal{F}\{x(t) * y(t)\} = \int_{-\infty}^{\infty} \left[\int_{-\infty}^{\infty} x(t') y(t-t') dt' \right] e^{-j\omega t} dt \qquad (2.167)$$

soll nun berechnet werden. Ersetzt man die Variable t mit Hilfe der Substitution

$$t - t' = \tau \qquad (2.168)$$

durch τ, so folgt aus (2.167)

$$\mathcal{F}\{x(t) * y(t)\} = \int_{-\infty}^{\infty} \int_{-\infty}^{\infty} x(t') y(\tau) e^{-j\omega(t'+\tau)} dt' d\tau \qquad (2.169)$$

und das zweifache Integral läßt sich durch das Produkt zweier einfacher Integrale, die die Fourier-Transformierten

$$X(\omega) = \int_{-\infty}^{\infty} x(t') e^{-j\omega t'} dt' \qquad (2.170)$$

2.3 Nichtperiodische Signale

und
$$Y(\omega) = \int_{-\infty}^{\infty} y(\tau)\, e^{-j\omega\tau}\, d\tau \qquad (2.171)$$

von $x(t)$ bzw. $y(t)$ bilden, darstellen. Man erhält also

$$\mathcal{F}\left\{x(t) * y(t)\right\} = X(\omega) \cdot Y(\omega). \qquad (2.172)$$

Die Fourier-Transformierte der Faltung zweier Signale $x(t)$ und $y(t)$ ist gleich dem Produkt ihrer Spektralen Amplitudendichten $X(\omega)$ und $Y(\omega)$.

2.3.2.5 Faltung im Frequenzbereich

Schließlich soll noch die Zeitfunktion der Faltung

$$\frac{1}{2\pi} X(\omega) * Y(\omega) = \frac{1}{2\pi} \int_{-\infty}^{\infty} X(\omega')\, Y(\omega - \omega')\, d\omega' \qquad (2.173)$$

zweier Spektraler Amplitudendichten $X(\omega)$ und $Y(\omega)$ ermittelt werden. Wegen der eineindeutigen Zuordnung von Zeitfunktion und Amplitudendichte ist aufgrund des zuvor hergeleiteten Faltungssatzes im Zeitbereich zu erwarten, daß das Ergebnis

$$\mathcal{F}^{-1}\left\{\frac{1}{2\pi} X(\omega) * Y(\omega)\right\} = x(t) \cdot y(t) \qquad (2.174)$$

lautet.

Zum Beweis bildet man die inverse Fourier-Transformierte von (2.173)

$$\mathcal{F}^{-1}\left\{\frac{1}{2\pi} X(\omega) * Y(\omega)\right\} = \frac{1}{(2\pi)^2} \int_{-\infty}^{\infty} \left[\int_{-\infty}^{\infty} X(\omega')\, Y(\omega - \omega')\, d\omega'\right] e^{j\omega t}\, d\omega \qquad (2.175)$$

und führt die Substitution $\omega - \omega' = \omega''$ ein. Damit erhält man die Beziehung

$$\mathcal{F}^{-1}\left\{\frac{1}{2\pi} X(\omega) * Y(\omega)\right\} = \frac{1}{(2\pi)^2} \int_{-\infty}^{\infty}\int_{-\infty}^{\infty} X(\omega')\, Y(\omega'')\, e^{j(\omega'+\omega'')t}\, d\omega'\, d\omega''. \qquad (2.176)$$

Das zweifache Integral separiert in das Produkt der Fourierintegrale

$$x(t) = \frac{1}{2\pi} \int_{-\infty}^{\infty} X(\omega')\, \mathrm{e}^{\mathrm{j}\omega' t}\, \mathrm{d}\omega' \qquad (2.177)$$

und

$$y(t) = \frac{1}{2\pi} \int_{-\infty}^{\infty} Y(\omega'')\, \mathrm{e}^{\mathrm{j}\omega'' t}\, \mathrm{d}\omega'', \qquad (2.178)$$

so daß sich

$$\mathcal{F}^{-1}\left\{\frac{1}{2\pi} X(\omega) * Y(\omega)\right\} = x(t) \cdot y(t) \qquad (2.179)$$

ergibt. Die Fourier-Transformierte des Produkts zweier Signale $x(t)$ und $y(t)$ ist gleich der mit dem Faktor $1/2\pi$ multiplizierten Faltung seiner Spektralen Amplitudendichten.

Tabelle 2.3: *Eigenschaften der Fourier-Transformation*

$x(t) = \dfrac{1}{2\pi} \int_{-\infty}^{\infty} X(\omega)\, \mathrm{e}^{\mathrm{j}\omega t}\, \mathrm{d}\omega$	$X(\omega) = \int_{-\infty}^{\infty} x(t)\, \mathrm{e}^{-\mathrm{j}\omega t}\, \mathrm{d}t$
$a_1 x(t) + a_2 y(t)$	$a_1 X(\omega) + a_2 Y(\omega)$
$\dfrac{\mathrm{d}^n x(t)}{\mathrm{d}t^n}$	$(\mathrm{j}\omega)^n X(\omega)$
$t^n \cdot x(t)$	$\mathrm{j}^n \dfrac{\mathrm{d}^n X(\omega)}{\mathrm{d}\omega^n}$
$x(at+b)$	$\dfrac{1}{|a|} \exp\left(\mathrm{j}\dfrac{b\omega}{a}\right) X\left(\dfrac{\omega}{a}\right)$
$\mathrm{e}^{-\mathrm{j}\Omega t} x(t)$	$X(\omega + \Omega)$
$x(t) * y(t)$	$X(\omega) \cdot Y(\omega)$
$x(t) \cdot y(t)$	$\dfrac{1}{2\pi} X(\omega) * Y(\omega)$

2.3 Nichtperiodische Signale

2.3.3 Beispiele

Anhand einiger Beispiele soll im folgenden die Darstellung von Signalen im Zeit- und im Frequenzbereich illustriert werden.

2.3.3.1 Rechteckimpuls

Als erstes Beispiel sei ein symmetrisch um $t = 0$ liegender Rechteckimpuls

$$x(t) = \begin{cases} x_0 & \text{für } |t| < \vartheta/2, \\ 0 & \text{sonst} \end{cases} \quad (2.180)$$

der Breite ϑ und der Höhe x_0 betrachtet (s. Bild 2.18). Die Berechnung der Fourier-Transformierten liefert nach (2.128)

$$\begin{aligned} X(\omega) &= \int_{-\infty}^{\infty} x(t)\,\mathrm{e}^{-\mathrm{j}\omega t}\,\mathrm{d}t = x_0 \int_{-\vartheta/2}^{\vartheta/2} \mathrm{e}^{-\mathrm{j}\omega t}\,\mathrm{d}t = \frac{x_0}{\mathrm{j}\omega}\left(\mathrm{e}^{\mathrm{j}\omega\vartheta/2} - \mathrm{e}^{-\mathrm{j}\omega\vartheta/2}\right) \\ &= \frac{2x_0}{\omega}\sin\left(\frac{\omega\vartheta}{2}\right) = x_0\vartheta\,\mathrm{si}\left(\frac{\omega\vartheta}{2}\right). \end{aligned} \quad (2.181)$$

Die Spektrale Amplitudendichte verläuft also wie die Spaltfunktion, deren Verlauf bereits in Bild 2.5 wiedergegeben wurde.

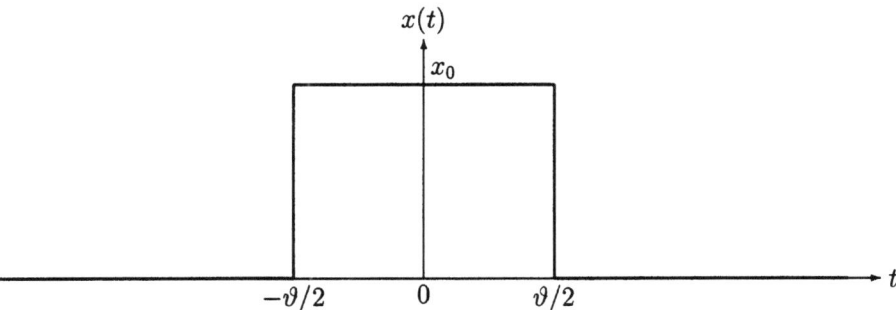

Bild 2.18: *Symmetrischer Rechteckimpuls der Breite ϑ*

Das Maximum der Spektralen Amplitudendichte $x_0\vartheta$ ist gleich der Fläche des Impulses. Die erste Nullstelle der Spektralen Amplitudendichte liegt bei $\omega^* = 2\pi/\vartheta$ oder $f^* = 1/\vartheta$. Nimmt man den ersten

Nulldurchgang der Spektralen Amplitudendichte als Maß für ihre Ausdehnung $\Delta f = \Delta\omega/2\pi$, so erkennt man, daß Δf umgekehrt proportional zur Breite des Impulses ist, oder anders ausgedrückt, es gilt

$$\vartheta \cdot \Delta f = 1. \tag{2.182}$$

Dieser Sachverhalt entspricht der „Unschärferelation". Je genauer der Zeitpunkt des Impulses durch die kleiner werdende Impulsbreite definiert ist, um so ungenauer wird die Frequenzangabe. Dieser Zusammenhang ist ein von der Signalform unabhängiges Charakteristikum der Fourier-Transformation.

Vergleicht man die Spektrale Amplitudendichte (2.181) des einzelnen Rechteckimpulses

$$X(\omega) = x_0 \vartheta \operatorname{si}\left(\frac{\omega\vartheta}{2}\right) \tag{2.183}$$

mit den Fourierkoeffizienten (2.57)

$$X_k = x_0 \frac{\vartheta}{T} \operatorname{si}\left(k\pi \frac{\vartheta}{T}\right) \tag{2.184}$$

der mit der Periode $T = 2\pi/\omega_0$ periodischen Folge gleicher Rechteckimpulse, so findet man den Zusammenhang

$$X(k\omega_0) = T \cdot X_k. \tag{2.185}$$

Die Spektrale Amplitudendichte des einzelnen Impulses $x(t)$ stimmt also an den „Stützstellen" $k\omega_0$ bis auf einen Faktor mit den k-ten Fourierkoeffizienten der mit $x(t)$ korrespondierenden periodischen Impulsfolge überein. Aus der Spektralen Amplitudendichte $X(\omega)$ lassen sich also die Entwicklungskoeffizienten der Fourierreihe der mit der Periode T periodischen Impulsfolge gewinnen.

Nun soll noch gezeigt werden, daß die inverse Fourier-Transformation wieder auf den ursprünglichen Reckteckimpuls zurückführt. Dazu erfolgt zunächst die Umformung

$$\begin{aligned}
x(t) &= \frac{1}{2\pi} \int_{-\infty}^{\infty} X(\omega) \mathrm{e}^{\mathrm{j}\omega t} \, \mathrm{d}\omega = \frac{x_0}{\pi} \int_{-\infty}^{\infty} \frac{1}{\omega} \sin\left(\frac{\omega\vartheta}{2}\right) \mathrm{e}^{\mathrm{j}\omega t} \, \mathrm{d}\omega \\
&= \frac{x_0}{2\pi\mathrm{j}} \int_{-\infty}^{\infty} \frac{1}{\omega} \left[\mathrm{e}^{\mathrm{j}\omega(\vartheta/2+t)} - \mathrm{e}^{-\mathrm{j}\omega(\vartheta/2-t)} \right] \mathrm{d}\omega.
\end{aligned} \tag{2.186}$$

2.3 Nichtperiodische Signale

Da $\frac{1}{\omega}\cos(\omega t)$ eine bezüglich ω ungerade Funktion ist, verschwindet das Integral über die Cosinus-Anteile der komplexen Exponentialfunktionen $\mathrm{e}^{\pm \mathrm{j}\omega t} = \cos(\omega t) \pm \mathrm{j}\sin(\omega t)$, so daß man

$$x(t) = \frac{x_0}{2\pi} \int_{-\infty}^{\infty} \frac{1}{\omega} \sin\left(\frac{\omega\vartheta}{2} + t\right) \mathrm{d}\omega + \frac{x_0}{2\pi} \int_{-\infty}^{\infty} \frac{1}{\omega} \sin\left(\frac{\omega\vartheta}{2} - t\right) \mathrm{d}\omega \quad (2.187)$$

erhält. Die darin vorkommenden Integrale über die Spaltfunktionen besitzen die Werte

$$\int_{-\infty}^{\infty} \frac{\sin a\omega}{\omega} \mathrm{d}\omega = \begin{cases} \pi & \text{für } a > 0, \\ -\pi & \text{für } a < 0. \end{cases} \quad (2.188)$$

Für $|t| < \vartheta/2$ sind beide der Größe a entsprechenden Koeffizienten $\vartheta/2+t$ und $\vartheta/2 - t$ positiv, so daß beide Integrale den Wert π haben, und $x(t) = x_0$ wird. Dagegen wird für $t > \vartheta/2$ der Koeffizient im zweiten Integral bzw. für $t < -\vartheta/2$ der Koeffizient im ersten Integral negativ. Die Werte der beiden Integrale heben sich dann gegenseitig auf, und man erhält $x(t) = 0$.

Zum Abschluß der Betrachtungen zum Rechteckimpuls betrachten wir noch einen von der Form her identischen, aber um $\vartheta/2$ verschobenen Impuls

$$\tilde{x}(t) = \begin{cases} x_0 & \text{für } 0 < t < \vartheta, \\ 0 & \text{sonst.} \end{cases} \quad (2.189)$$

Die Berechnung der zugehörigen Spektralen Amplitudendichte

$$\begin{aligned}
\tilde{X}(\omega) &= x_0 \int_0^\vartheta \mathrm{e}^{-\mathrm{j}\omega t} \, \mathrm{d}t = \frac{x_0}{\mathrm{j}\omega}\left(1 - \mathrm{e}^{-\mathrm{j}\omega\vartheta}\right) \\
&= \frac{2x_0}{\omega} \mathrm{e}^{-\mathrm{j}\omega\vartheta/2} \frac{\mathrm{e}^{\mathrm{j}\omega\vartheta/2} - \mathrm{e}^{-\mathrm{j}\omega\vartheta/2}}{2\mathrm{j}} \\
&= \frac{2x_0}{\omega} \mathrm{e}^{-\mathrm{j}\omega\vartheta/2} \sin\left(\frac{\omega\vartheta}{2}\right) = x_0\vartheta\, \mathrm{e}^{-\mathrm{j}\omega\vartheta/2} \operatorname{si}\left(\frac{\omega\vartheta}{2}\right)
\end{aligned} \quad (2.190)$$

erfolgt analog zu (2.181), liefert aber aufgrund der anderen Integrationsgrenzen einen zusätzlichen Faktor $\mathrm{e}^{-\mathrm{j}\omega\vartheta/2}$. Die Fourier-Transformierten von $x(t)$ und $\tilde{x}(t)$ unterscheiden sich demnach im Phasenverlauf, ihre Beträge sind dagegen identisch.

2.3.3.2 Exponentialimpuls

Gegeben sei ein Signal $x(t)$ der Form

$$x(t) = \begin{cases} 0 & \text{für} \quad t < 0, \\ \dfrac{1}{2} & \text{für} \quad t = 0, \\ e^{-\alpha t} & \text{für} \quad t > 0 \end{cases} \qquad (2.191)$$

mit der positiven reellen Konstante α, das auch als Exponentialimpuls bezeichnet wird (s. Bild 2.19).

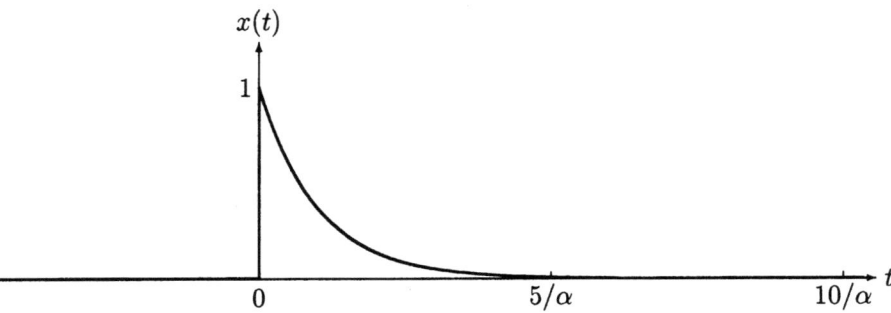

Bild 2.19: *Exponentialimpuls*

Die Fourier-Transformierte erhält man direkt mit (2.128):

$$\begin{aligned} \mathcal{F}\{x(t)\} = X(\omega) &= \int\limits_0^\infty e^{-(\alpha+j\omega)t}\,dt = \frac{1}{\alpha + j\omega} \\ &= \frac{\alpha}{\alpha^2 + \omega^2} - j\frac{\omega}{\alpha^2 + \omega^2}. \end{aligned} \qquad (2.192)$$

Aus (2.129) ergeben sich für Betrag und Phase die Ausdrücke

$$|X(\omega)| = \frac{1}{\sqrt{\alpha^2 + \omega^2}}, \qquad (2.193)$$

$$\varphi(\omega) = -\arctan\left(\frac{\omega}{\alpha}\right). \qquad (2.194)$$

Im Gegensatz zum ersten Beispiel ist hier die Spektrale Amplitudendichte eine komplexe Funktion von ω, so daß für die graphische Darstellung entweder Realteil und Imaginärteil oder Betrag und Phase — wie in Bild 2.20 — gezeichnet werden müssen.

2.3 Nichtperiodische Signale

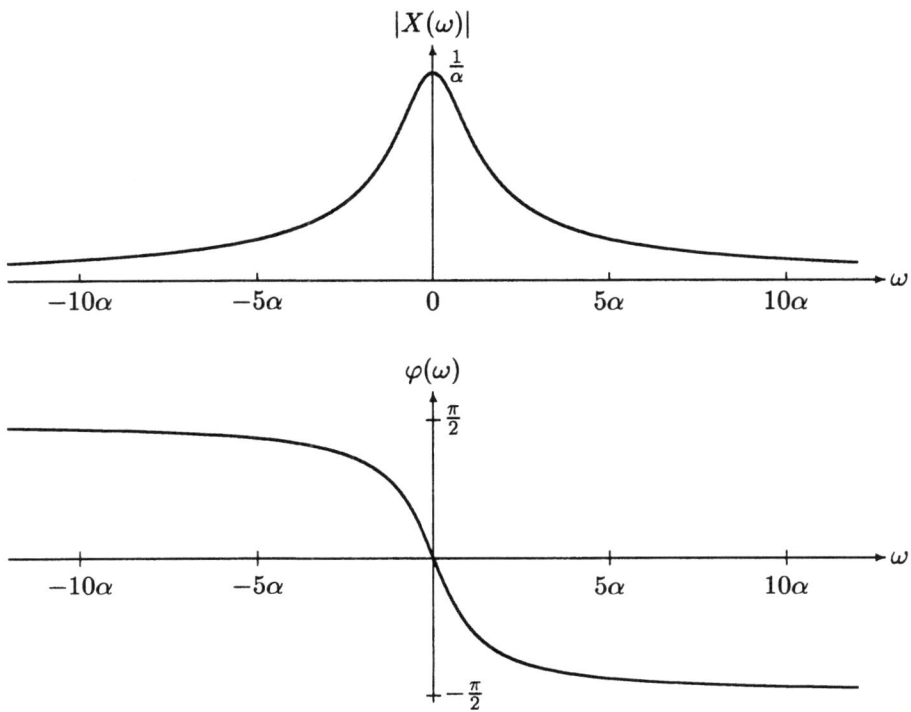

Bild 2.20: *Spektrale Amplitudendichte des Exponentialimpulses*

2.3.3.3 Gaußimpuls

Nun soll die Fourier-Transformierte zu einem gemäß der in Bild 2.21 dargestellten Gaußfunktion

$$x(t) = \frac{1}{\sqrt{2\pi}\,\sigma} \exp\left(-\frac{t^2}{2\sigma^2}\right) \tag{2.195}$$

verlaufenden Impuls bestimmt werden. In der angegebenen Form ist das Signal normiert, d. h. bei Integration über die gesamte Zeit wird der Wert des Integrals

$$\int_{-\infty}^{\infty} x(t)\,\mathrm{d}t = 1. \tag{2.196}$$

Der Parameter σ ist dabei ein Maß für die Breite der Gaußfunktion.

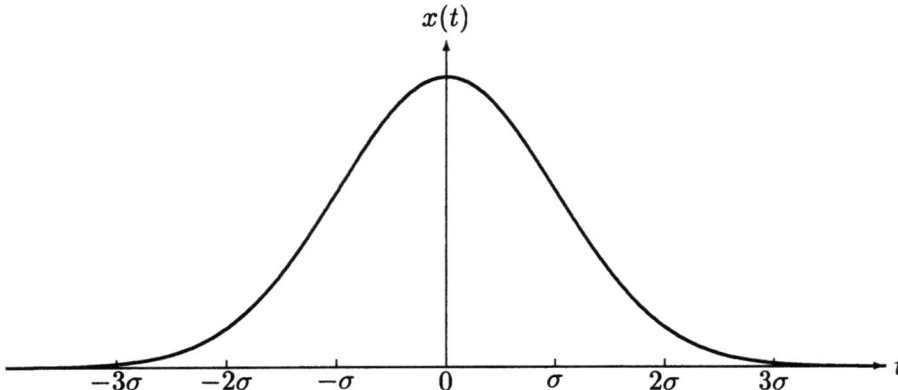

Bild 2.21: *Gaußfunktion*

Die Fourier-Transformierte ist durch das Integral

$$X(\omega) = \frac{1}{\sqrt{2\pi}\,\sigma} \int_{-\infty}^{\infty} \exp\left(-\frac{t^2}{2\sigma^2}\right) e^{-j\omega t}\,dt \qquad (2.197)$$

bzw. — da $\exp(-t^2/2\sigma^2)$ eine gerade Funktion in t ist, so daß hier das Integral über den Sinus-Anteil von $e^{-j\omega t}$ verschwindet — durch

$$X(\omega) = \frac{2}{\sqrt{2\pi}\,\sigma} \int_{0}^{\infty} \exp\left(-\frac{t^2}{2\sigma^2}\right) \cos(\omega t)\,dt \qquad (2.198)$$

bestimmt. Durch partielle Integration ergibt sich weiter

$$X(\omega) = \frac{2}{\sqrt{2\pi}\,\sigma} \left[\underbrace{\frac{1}{\omega}\exp\left(-\frac{t^2}{2\sigma^2}\right)\sin(\omega t)\bigg|_0^{\infty}}_{=\,0} + \frac{1}{\sigma^2 \omega} \int_0^{\infty} t\exp\left(-\frac{t^2}{2\sigma^2}\right)\sin(\omega t)\,dt \right].$$

$$(2.199)$$

Bildet man die Ableitung von $X(\omega)$ nach ω, so folgt

$$\frac{dX(\omega)}{d\omega} = -\frac{2}{\sqrt{2\pi}\,\sigma} \int_0^{\infty} t\exp\left(-\frac{t^2}{2\sigma^2}\right) \sin(\omega t)\,dt. \qquad (2.200)$$

2.3 Nichtperiodische Signale

Durch Vergleich von (2.199) und (2.200) erhält man die lineare Differentialgleichung

$$\frac{\mathrm{d}X(\omega)}{\mathrm{d}\omega} = -\sigma^2 \omega\, X(\omega), \qquad (2.201)$$

die nach Trennung der Variablen

$$\frac{\mathrm{d}X}{X} = -\sigma^2 \omega\, \mathrm{d}\omega \qquad (2.202)$$

die Lösung

$$\ln X = -\frac{\sigma^2 \omega^2}{2} + C \qquad (2.203)$$

bzw.

$$X(\omega) = \exp\left(-\frac{\sigma^2 \omega^2}{2} + C\right) \qquad (2.204)$$

mit der Integrationskonstanten C besitzt. Wegen der Normierung (2.196) folgt unmittelbar

$$X(0) = \mathrm{e}^C = 1 \quad \Rightarrow \quad C = 0, \qquad (2.205)$$

so daß man die gesuchte Spektrale Amplitudendichte

$$X(\omega) = \exp\left(-\frac{\sigma^2 \omega^2}{2}\right) \qquad (2.206)$$

erhält. Sie ist wiederum eine Gaußfunktion, der Funktionstyp bleibt also erhalten. Die Breite der Kurve im Frequenzbereich ist durch $1/\sigma$ festgelegt. Auch hier entspricht wieder einem in der Zeit kurzen Impuls eine breit ausgedehnte Spektrale Amplitudendichte und umgekehrt.

2.3.3.4 Zeitlich begrenzte harmonische Schwingung

Als letztes Beispiel betrachten wir eine auf ein Intervall der Länge ϑ zeitlich begrenzte harmonische Schwingung

$$x(t) = \begin{cases} x_0 \cos(\omega_0 t + \varphi_0) & \text{für } |t| < \vartheta/2, \\ 0 & \text{sonst,} \end{cases} \qquad (2.207)$$

wie sie in Bild 2.22 für $\varphi_0 = 0$ dargestellt ist.

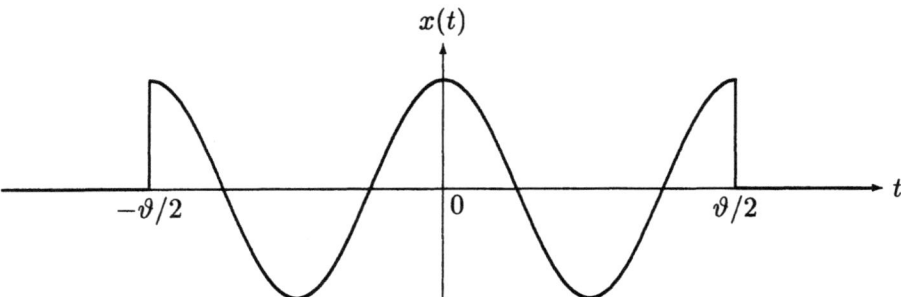

Bild 2.22: *Zeitlich begrenzte harmonische Schwingung*

Die direkte Berechnung der zugehörigen Spektralen Amplitudendichte liefert mit (2.5)

$$\begin{aligned}
X(\omega) &= \frac{x_0 \, e^{j\varphi_0}}{2} \int_{-\vartheta/2}^{\vartheta/2} e^{-j(\omega-\omega_0)t} \, dt + \frac{x_0 \, e^{-j\varphi_0}}{2} \int_{-\vartheta/2}^{\vartheta/2} e^{-j(\omega+\omega_0)t} \, dt \\
&= \frac{x_0 \, e^{j\varphi_0} \left(e^{-j(\omega-\omega_0)\vartheta/2} - e^{j(\omega-\omega_0)\vartheta/2} \right)}{-2j(\omega-\omega_0)} \\
&\quad - \frac{x_0 \, e^{-j\varphi_0} \left(e^{-j(\omega+\omega_0)\vartheta/2} - e^{j(\omega+\omega_0)\vartheta/2} \right)}{-2j(\omega+\omega_0)} \quad (2.208) \\
&= \frac{x_0 \, e^{j\varphi_0} \sin\left((\omega-\omega_0)\frac{\vartheta}{2}\right)}{\omega - \omega_0} + \frac{x_0 \, e^{-j\varphi_0} \sin\left((\omega+\omega_0)\frac{\vartheta}{2}\right)}{\omega + \omega_0} \\
&= \frac{x_0 \vartheta \, e^{j\varphi_0}}{2} \, \text{si}\left((\omega-\omega_0)\frac{\vartheta}{2}\right) + \frac{x_0 \vartheta \, e^{j\varphi_0}}{2} \, \text{si}\left((\omega+\omega_0)\frac{\vartheta}{2}\right).
\end{aligned}$$

Der Spezialfall einer Schwingung mit der Anfangsphase $\varphi_0 = 0$ entspricht im Intervall $-\vartheta/2 < t < \vartheta/2$ einer Cosinus-Funktion ohne Phasenverschiebung. Da $x(t)$ dann eine gerade Funktion ist, ist auch die Fourier-Transformierte reell und gerade. Aus (2.208) folgt damit die Spektrale Amplitudendichte

$$X(\omega) = \frac{x_0 \vartheta}{2} \left[\text{si}\left((\omega-\omega_0)\frac{\vartheta}{2}\right) + \text{si}\left((\omega+\omega_0)\frac{\vartheta}{2}\right) \right], \quad (2.209)$$

deren Verlauf in Bild 2.23 für verschiedene Anzahlen der Periode T wiedergegeben ist.

2.3 Nichtperiodische Signale

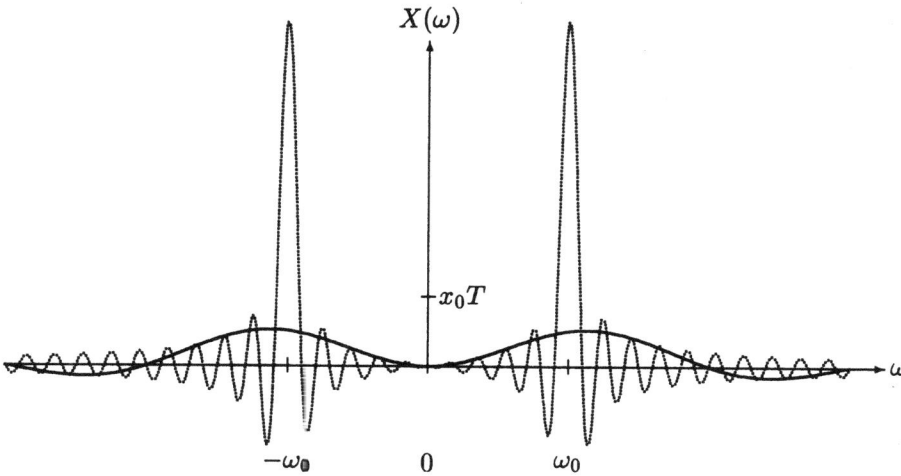

Bild 2.23: *Spektrale Amplitudendichten einer begrenzten harmonischen Schwingung mit $\varphi_0 = 0$ für $\vartheta = T$ (—) und $\vartheta = 10\,T$ (···)*

2.3.4 Mittelwerte und Autokorrelationsfunktion

Zunächst soll der quadratische Mittelwert

$$\psi(0) = \int_{-\infty}^{\infty} x^2(t)\,\mathrm{d}t \tag{2.210}$$

eines Signals $x(t)$ anhand seiner Fourier-Transformierten $X(\omega)$ betrachtet werden. Mit Hilfe des Faltungssatzes (2.179) erhält man für die Fourier-Transformierte von $x^2(t)$, deren Existenz vorausgesetzt sei,

$$\mathcal{F}\{x^2(t)\} = \int_{-\infty}^{\infty} x^2(t)\,\mathrm{e}^{-j\omega t}\,\mathrm{d}t = \frac{1}{2\pi}\int_{-\infty}^{\infty} X(\omega')\,X(\omega-\omega')\,\mathrm{d}\omega'. \tag{2.211}$$

Setzt man in (2.211) $\omega = 0$, so folgt für den quadratischen Mittelwert

$$\psi(0) = \int_{-\infty}^{\infty} x^2(t)\,\mathrm{d}t = \frac{1}{2\pi}\int_{-\infty}^{\infty} X(\omega')\,X(-\omega')\,\mathrm{d}\omega' = \frac{1}{2\pi}\int_{-\infty}^{\infty} |X(\omega')|^2\,\mathrm{d}\omega', \tag{2.212}$$

Tabelle 2.4: Korrespondenzen der Fourier-Transformation

$x(t) = \dfrac{1}{2\pi} \displaystyle\int_{-\infty}^{\infty} X(\omega)\, \mathrm{e}^{\mathrm{j}\omega t}\, \mathrm{d}\omega$	$X(\omega) = \displaystyle\int_{-\infty}^{\infty} x(t)\, \mathrm{e}^{-\mathrm{j}\omega t}\, \mathrm{d}t$
$1, \quad |t| < \vartheta/2$	$\vartheta\,\mathrm{si}\!\left(\dfrac{\omega\vartheta}{2}\right)$
$1 - |t|, \quad |t| < 1$	$\mathrm{si}^2\!\left(\dfrac{\omega}{2}\right)$
$\mathrm{e}^{-at}, \quad t > 0,\ a > 0$	$\dfrac{1}{a + \mathrm{j}\omega}$
$t \cdot \mathrm{e}^{-at}, \quad t > 0,\ a > 0$	$\dfrac{1}{(a + \mathrm{j}\omega)^2}$
$\mathrm{e}^{-at} \cos(bt)$	$\dfrac{a + \mathrm{j}\omega}{(a + \mathrm{j}\omega)^2 + b^2}$
$\mathrm{e}^{-at} \sin(bt)$	$\dfrac{b}{(a + \mathrm{j}\omega)^2 + b^2}$
$\dfrac{1}{2T}\, \mathrm{e}^{-|t|/T}$	$\dfrac{1}{1 + (\omega T)^2}$
$\dfrac{1}{2T}\, \mathrm{sgn}\, t\, \mathrm{e}^{-|t|/T}$	$-\dfrac{\mathrm{j}\omega T}{1 + (\omega T)^2}$
$\dfrac{1}{\sqrt{2\pi}\,\sigma}\, \exp\!\left(-\dfrac{t^2}{2\sigma^2}\right)$	$\exp\!\left(-\dfrac{\sigma^2 \omega^2}{2}\right)$
$t\, \mathrm{e}^{-\alpha^2 t^2}$	$-\dfrac{\mathrm{j}\sqrt{\pi}\,\omega}{2\alpha^3}\, \exp\!\left(-\dfrac{\omega^2}{4\alpha^2}\right)$
$t^2\, \mathrm{e}^{-\alpha^2 t^2}$	$-\dfrac{\sqrt{\pi}\,(2\alpha^2 - \omega^2)}{4\alpha^5}\, \exp\!\left(-\dfrac{\omega^2}{4\alpha^2}\right)$
$\dfrac{1}{t}$	$-\mathrm{j}\pi\, \mathrm{sgn}\,\omega$

2.3 Nichtperiodische Signale

Tabelle 2.4 (Forts.): Korrespondenzen der Fourier-Transformation

$\delta(t)$	1
$\operatorname{sgn} t$	$\dfrac{2}{j\omega}$
$e^{j\omega_0 t}$	$2\pi\,\delta(\omega - \omega_0)$
$\cos(\omega_0 t)$	$\pi\left[\delta(\omega - \omega_0) + \delta(\omega + \omega_0)\right]$
$\sin(\omega_0 t)$	$-j\pi\left[\delta(\omega - \omega_0) - \delta(\omega + \omega_0)\right]$

eine Beziehung, die auch als *Parsevalsche Gleichung* bezeichnet wird. (2.212) entspricht der Vollständigkeitsrelation (2.15) für periodische Signale.

Der quadratische Mittelwert $\psi(0)$ eines Signals ist also durch das Integral über das Quadrat des Betrages seiner Amplitudendichte bestimmt. Die Existenz von $\psi(0)$ setzt also auch die Konvergenz des Integrals (2.212) voraus.

Der Ausdruck (2.212) kann als spektrale Darstellung der „Leistung" des Signals interpretiert werden;

$$|X(\omega)|^2 = S(\omega) \qquad (2.213)$$

bedeutet dann das *Leistungsdichtespektrum* von $x(t)$. Es gilt also

$$\psi(0) = \frac{1}{2\pi}\int_{-\infty}^{\infty} S(\omega)\,d\omega. \qquad (2.214)$$

Aus (2.210) gewinnt man einen verallgemeinerten von τ abhängigen Mittelwert, wenn man die Signalfunktion $x(t)$ mit ihrem um das Zeitintervall τ verschobenen Ebenbild multipliziert, die *Autokorrelationsfunktion*

$$\psi(\tau) = \int_{-\infty}^{\infty} x(t)\,x(t+\tau)\,dt. \qquad (2.215)$$

In analoger Weise wie oben ergibt sich mit Hilfe des Faltungssatzes (2.172) und der Darstellung

$$\mathcal{F}\{x(t+\tau)\} = X(\omega)\,\mathrm{e}^{\mathrm{j}\omega\tau} \tag{2.216}$$

für die Fourier-Transformierte von $x(t)\,x(t+\tau)$ die Beziehung

$$\int_{-\infty}^{\infty} x(t)\,x(t+\tau)\,\mathrm{e}^{-\mathrm{j}\omega t}\,\mathrm{d}t = \frac{1}{2\pi}\int_{-\infty}^{\infty} X(\omega')\,\mathrm{e}^{\mathrm{j}\omega'\tau}\,X(\omega-\omega')\,\mathrm{d}\omega'. \tag{2.217}$$

Setzt man $\omega = 0$ und schreibt für ω' wieder ω, so folgt

$$\psi(\tau) = \frac{1}{2\pi}\int_{-\infty}^{\infty} |X(\omega)|^2\,\mathrm{e}^{\mathrm{j}\omega\tau}\,\mathrm{d}\omega = \frac{1}{2\pi}\int_{-\infty}^{\infty} |X(\omega)|^2 \cos(\omega\tau)\,\mathrm{d}\omega, \tag{2.218}$$

und, wenn man noch das Leistungsdichtespektrum $S(\omega)$ nach (2.213) einführt,

$$\psi(\tau) = \frac{1}{2\pi}\int_{-\infty}^{\infty} S(\omega) \cos(\omega\tau)\,\mathrm{d}\omega. \tag{2.219}$$

Die Autokorrelationsfunktion $\psi(\tau)$ ist also bezüglich der Variablen τ die Fourier-Transformierte des Leistungsdichtespektrums $S(\omega)$, die ihrerseits gemäß (2.128) durch

$$S(\omega) = \int_{-\infty}^{\infty} \psi(\tau) \cos(\omega\tau)\,\mathrm{d}\tau \tag{2.220}$$

bestimmt ist. Wie bei periodischen Signalen enthält $\psi(\tau)$ keine Information über die Phase von $X(\omega)$. Aus (2.219) geht für $\tau = 0$ (2.214) hervor.

Abschließend soll an zwei Beispielen für zeitlich begrenzte bzw. unbegrenzte Impulsverläufe die Berechnung der Autokorrelationsfunktion demonstriert werden.

1. Rechteckimpuls (vgl. S. 51), zeitlich begrenzt

$$x(t) = \begin{cases} x_0 & \text{für } |t| = \vartheta/2, \\ 0 & \text{sonst.} \end{cases} \tag{2.221}$$

2.3 Nichtperiodische Signale

Wählt man zunächst $\tau < 0$, also eine Verschiebung nach rechts (s. Bild 2.24), so erhält man

$$\psi(\tau) = x_0^2 \int_{-\vartheta/2+|\tau|}^{\vartheta/2} \mathrm{d}t = x_0^2 \left(\vartheta - |\tau|\right), \qquad \tau < 0; \qquad (2.222)$$

das gilt bis $\tau = -|\tau| = -\vartheta$, wird $\tau < -\vartheta$, so ist $\psi(\tau) = 0$.

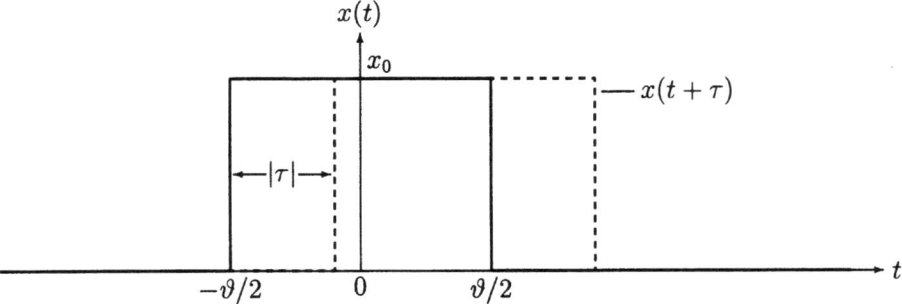

Bild 2.24: Zur Herleitung der Autokorrelationsfunktion eines Rechteckimpulses

Im Fall $\tau > 0$, also einer Verschiebung nach links, folgt

$$\psi(\tau) = x_0^2 \int_{-\vartheta/2}^{\vartheta/2-\tau} \mathrm{d}t = x_0^2 \left(\vartheta - \tau\right), \qquad \tau > 0. \qquad (2.223)$$

Die Autokorrelationsfunktion hat damit die in Bild 2.25 dargestellte Form eines Dreiecksimpulses mit der Basis 2ϑ.

Zur Bestimmung von $\psi(\tau)$ kann man natürlich unter Benutzung der Parsevalschen Gleichung auch von (2.217) und dem Leistungsdichtespektrum

$$S(\omega) = |X(\omega)|^2 = \frac{4x_0^2}{\omega^2} \sin^2\left(\frac{\omega\vartheta}{2}\right), \qquad (2.224)$$

das aus (2.181) zu entnehmen ist, ausgehen. Man erhält dann

$$\psi(\tau) = \frac{4x_0^2}{2\pi} \int_{-\infty}^{\infty} \frac{\sin^2\left(\frac{\omega\vartheta}{2}\right)}{\omega^2} \cos\left(\omega\tau\right) \mathrm{d}\tau$$

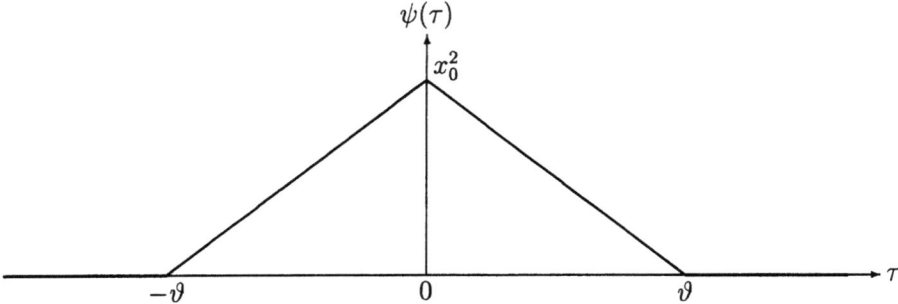

Bild 2.25: *Autokorrelationsfunktion eines Rechteckimpulses*

$$= \begin{cases} x_0 \left(\vartheta - |\tau|\right) & \text{für} \quad \tau < |\vartheta|, \\ 0 & \text{für} \quad \tau > |\vartheta|, \end{cases} \quad (2.225)$$

(s. [Obh57]).

Da $\psi(\tau)$ durch zwei Integraldarstellungen (2.215) und (2.219) gegeben ist, kann man sich zur Auswertung die „bequemere" aussuchen.

2. Gaußimpuls, zeitlich unbegrenzt

$$x(t) = \frac{1}{\sqrt{2\pi}\sigma} \exp\left(-\frac{t^2}{2\sigma^2}\right). \quad (2.226)$$

Aus der Definition (2.215) erhält man

$$\begin{aligned}
\psi(\tau) &= \frac{1}{2\pi\sigma^2} \int_{-\infty}^{\infty} \exp\left(-\frac{t^2}{2\sigma^2}\right) \exp\left(-\frac{(t+\tau)^2}{2\sigma^2}\right) dt \\
&= \frac{1}{2\pi\sigma^2} \int_{-\infty}^{\infty} \exp\left(-\frac{2t^2 + 2t\tau + \tau^2}{2\sigma^2}\right) dt \quad (2.227) \\
&= \frac{1}{2\pi\sigma^2} \exp\left(-\frac{\tau^2}{4\sigma^2}\right) \int_{-\infty}^{\infty} \exp\left(-\frac{\left(t+\frac{\tau}{2}\right)^2}{\sigma^2}\right) dt;
\end{aligned}$$

setzt man nun $\theta = \frac{t+\tau/2}{\sigma}$, so geht das Integral über in den Ausdruck

$$\sigma \int_{-\infty}^{\infty} \exp\left(-\theta^2\right) d\theta = \sigma\sqrt{\pi}. \quad (2.228)$$

Damit lautet die Autokorrelationsfunktion des Gaußimpulses

$$\psi(\tau) = \frac{1}{2\sqrt{\pi}\sigma} \exp\left(-\frac{\tau^2}{4\sigma^2}\right). \qquad (2.229)$$

Zum gleichen Ergebnis kommt man, wenn man $\psi(\tau)$ mit Hilfe von (2.219) als Fouriertransformierte von

$$S(\omega) = \exp\left(-\sigma^2\omega^2\right) \qquad (2.230)$$

ermittelt ([Obh57]11).

2.4 Spezielle Signale

2.4.1 Impuls- und Sprungfunktion

Die Impulsfunktion $\delta(t)$ — auch *(Diracsche) Deltafunktion* genannt — und die *(Heavisidesche) Sprungfunktion* $\sigma(t)$ stellen idealisierte, in Strenge physikalisch nicht realisierbare Signalformen dar, die in der Signaltheorie, aber auch bei der Analyse physikalischer und technischer Systeme eine wichtige Rolle spielen. Die Impulsfunktion $\delta(t)$ beschreibt einen „sehr hohen und kurzen" Impuls zum Zeitpunkt $t = 0$ mit der Impulsfläche Eins, die Sprungfunktion $\sigma(t)$ einen bei $t = 0$ unstetigen Schaltvorgang mit dem Verlauf

$$\sigma(t) = \begin{cases} 0 & \text{für} \quad t < 0, \\ \frac{1}{2} & \text{für} \quad t = 0, \\ 1 & \text{für} \quad t > 0. \end{cases} \qquad (2.231)$$

Beide Funktionen erfüllen nicht die Voraussetzungen zur Fourier-Transformation, so daß auf sie die bisher betrachteten Rechenoperationen nicht ohne weiteres anwendbar sind.

2.4.1.1 Deltafunktion

Die Diracsche Deltafunktion ist keine gewöhnliche Funktion. Zu ihrer mathematischen Behandlung muß man den Bereich der klassischen Analysis verlassen und die *Distributionentheorie* heranziehen, auf die hier nicht tiefer eingegangen werden kann [Lig66,Mik73]. Die Distributionentheorie betrachtet *verallgemeinerte Funktionen*, die durch äquivalente reguläre Folgen von sogenannten *Grundfunktionen* definiert werden. Zunächst seien einige Begriffe und Definitionen der Theorie verallgemeinerter Funktionen zusammengestellt.

Eine Funktion $f(t)$ heißt Grundfunktion, wenn sie beliebig oft differenzierbar und zusammen mit allen Ableitungen für alle positiven N von der Ordnung $O(|x|^{-N})$ für $|x| \to \infty$ ist. Die Ableitung einer Grundfunktion ist wieder eine Grundfunktion. Ist $f(t)$ eine Grundfunktion, so ist auch die Fourier-Transformierte von $f(t)$

$$F(\omega) = \int_{-\infty}^{\infty} f(t)\, e^{-j\omega t}\, dt \qquad (2.232)$$

eine Grundfunktion.

Eine Folge $f_n(t)$ von Grundfunktionen heißt *regulär*, wenn für jede beliebige Grundfunktion $h(t)$, die sogenannte Testfunktion, der Grenzwert

$$\lim_{n\to\infty} \int_{-\infty}^{\infty} f_n(t)\, h(t)\, dt \qquad (2.233)$$

existiert. Zwei reguläre Folgen von Grundfunktionen heißen *äquivalent*, wenn für beide der Grenzwert (2.233) gleich ist.

Die äquivalenten Folgen von Grundfunktionen f_n definieren eine verallgemeinerte Funktion $f(t)$ gemäß

$$\lim_{n\to\infty} \int_{-\infty}^{\infty} f_n(t)\, h(t)\, dt = \int_{-\infty}^{\infty} f(t)\, h(t)\, dt. \qquad (2.234)$$

Die Ableitung $f'(t)$ der verallgemeinerten Funktion $f(t)$ wird dann durch die Folge $f'_n(t)$ definiert. Es gilt

$$\int_{-\infty}^{\infty} f'(t)\, h(t)\, dt = - \int_{-\infty}^{\infty} f(t)\, h'(t)\, dt. \qquad (2.235)$$

Auf verallgemeinerte Funktionen lassen sich die Operationen Addition, Differentiation, lineare Substitution und Fourier-Transformation anwenden. Man erhält wieder verallgemeinerte Funktionen. Dagegen ist eine Multiplikation von Distributionen nicht erlaubt.

2.4 Spezielle Signale

Die zu den Gaußfunktionen (2.195) mit $n = (2\sigma^2)^{-1}$

$$g_n(t) = \sqrt{\frac{n}{\pi}}\, e^{-nt^2} \qquad (2.236)$$

äquivalenten Folgen definieren die verallgemeinerte Funktion $\delta(t)$ mit der Eigenschaft

$$\lim_{n \to \infty} \int_{-\infty}^{\infty} \sqrt{\frac{n}{\pi}}\, e^{-nt^2}\, h(t)\, dt = \int_{-\infty}^{\infty} \delta(t)\, h(t)\, dt = h(0) \qquad (2.237)$$

bzw.

$$\int_{-\infty}^{\infty} \delta(t - t')\, h(t')\, dt' = h(t). \qquad (2.238)$$

Man sagt auch, die verallgemeinerte Funktion $\delta(t)$ „blendet" die Testfunktion an der Stelle $t = 0$ bzw. $\delta(t - t')$ bei $t = t'$ aus.

Wie aus dem Beweis dieser Beziehung hervorgeht, muß $h(t)$ nicht notwendigerweise eine Grundfunktion mit den oben definierten Eigenschaften sein, sondern es ist hinreichend, daß $h(t)$ einmal differenzierbar mit beschränkter Ableitung ist. Als $h(t)$ kann man daher auch die Konstante 1 annehmen und erhält

$$\int_{-\infty}^{\infty} \delta(t)\, dt = 1. \qquad (2.239)$$

Da die Fourier-Transformierte der Gaußfunktion (2.236) nach (2.206) ebenfalls eine Gaußfunktion der Form

$$G_n(\omega) = \exp\left(-\frac{\pi^2}{n}\omega^2\right) \qquad (2.240)$$

ist, definiert die Folge $G_n(\omega)$ die verallgemeinerte Funktion 1. Die Fourier-Transformierte von $\delta(t)$ ist also 1. Man schreibt

$$\mathcal{F}\{\delta(t)\} = \int_{-\infty}^{\infty} \delta(t)\, e^{-j\omega t}\, dt = 1. \qquad (2.241)$$

Hieraus ergibt sich durch inverse Fourier-Transformation die Fourier-Darstellung

$$\delta(t) = \frac{1}{2\pi} \int_{-\infty}^{\infty} e^{j\omega t}\, d\omega \qquad (2.242)$$

der Deltafunktion. Ferner erhält man mit (2.235)

$$\int_{-\infty}^{\infty} \delta^{(n)}(t-t')\,h(t')\,\mathrm{d}t' = (-1)^n\, h^{(n)}(t), \qquad (2.243)$$

speziell

$$\int_{-\infty}^{\infty} \delta'(t)\,h(t)\,\mathrm{d}t = -h'(0). \qquad (2.244)$$

Entsprechend gelten die Darstellungen für die Fourier-Transformation

$$2\pi\,\delta(\omega) = \int_{-\infty}^{\infty} \mathrm{e}^{-\mathrm{j}\omega t}\,\mathrm{d}t \qquad (2.245)$$

der Konstante 1,

$$2\pi\,\delta(\omega-\Omega) = \int_{-\infty}^{\infty} \mathrm{e}^{\mathrm{j}\Omega t}\,\mathrm{e}^{-\mathrm{j}\omega t}\,\mathrm{d}t \qquad (2.246)$$

des komplexen periodischen Signals $\mathrm{e}^{\mathrm{j}\Omega t}$,

$$\pi\left[\delta(\omega-\Omega)+\delta(\omega+\Omega)\right] = \int_{-\infty}^{\infty} \cos(\Omega t)\,\mathrm{e}^{-\mathrm{j}\omega t}\,\mathrm{d}t \qquad (2.247)$$

der Cosinusfunktion $\cos(\Omega t)$ und

$$\frac{\pi}{\mathrm{j}}\left[\delta(\omega-\Omega)-\delta(\omega+\Omega)\right] = \int_{-\infty}^{\infty} \sin(\Omega t)\,\mathrm{e}^{-\mathrm{j}\omega t}\,\mathrm{d}t \qquad (2.248)$$

der Sinusfunktion $\sin(\Omega t)$ durch die Deltafunktion.

Die Formulierungen (2.242) bis (2.247) erlauben eine einfache und kompakte Beschreibung von Zusammenhängen zwischen Zeitfunktionen und ihren Fourier-Transformierten. Zwei Beispiele sollen Berechnungen mit Hilfe der Deltafunktion demonstrieren.

1. Zur Herleitung der Fourier-Transformierten der auf das Intervall $-\vartheta/2 \leq t \leq \vartheta/2$ zeitlich begrenzten harmonischen Schwingung

2.4 Spezielle Signale

$x(t)$, die auf Seite 57 behandelt wurde, kann man auch von der Darstellung für $x(t)$ durch das Produkt der beiden Signale

$$x_1(t) = x_0 \cos(\omega_0 t) \qquad (2.249)$$

und

$$x_2(t) = \begin{cases} 1 & \text{für } |t| < \vartheta/2 \\ 0 & \text{sonst} \end{cases} \qquad (2.250)$$

ausgehen, die nach (2.247) und (2.181) die Spektralen Amplitudendichten

$$X_1(\omega) = x_0 \pi \left[\delta(\omega - \omega_0) + \delta(\omega + \omega_0)\right] \qquad (2.251)$$

und

$$X_2(\omega) = \vartheta \operatorname{si}\left(\frac{\omega \vartheta}{2}\right) \qquad (2.252)$$

besitzen. Für die Spektrale Amplitudendichte des Produktes $x(t) = x_1(t) \cdot x_2(t)$ ergibt sich dann mit Hilfe des Faltungssatzes (2.179)

$$\begin{aligned} X(\omega) &= \mathcal{F}\{x_1(t) \cdot x_2(t)\} = \frac{1}{2\pi} \int_{-\infty}^{\infty} X_1(\omega - \omega') X_2(\omega') \, d\omega' \\ &= \frac{x_0 \vartheta}{2} \int_{-\infty}^{\infty} \left[\delta(\omega - \omega_0 - \omega') + \delta(\omega + \omega_0 - \omega')\right] \operatorname{si}\left(\frac{\omega' \vartheta}{2}\right) d\omega' \\ &= \frac{x_0 \vartheta}{2} \left[\operatorname{si}\left((\omega - \omega_0)\frac{\vartheta}{2}\right) + \operatorname{si}\left((\omega + \omega_0)\frac{\vartheta}{2}\right)\right]. \qquad (2.253) \end{aligned}$$

2. Als zweites Beispiel sei der Beweis der Beziehung (2.219) zwischen Autokorrelationsfunktion und Leistungsdichtespektrum mit Hilfe der Deltafunktion formuliert.

Setzt man in (2.215) die Fourier-Transformierten für $x(t)$ und $x(t+$

τ) ein, so erhält man der Reihe nach

$$\psi(\tau) = \frac{1}{4\pi^2} \int_{-\infty}^{\infty} \int_{-\infty}^{\infty} \int_{-\infty}^{\infty} X(\omega) X(\omega') e^{j\omega t} e^{j\omega'(t+\tau)} d\omega d\omega' dt$$

$$= \frac{1}{2\pi} \int_{-\infty}^{\infty} \int_{-\infty}^{\infty} X(\omega) X(\omega') e^{j\omega\tau} \delta(\omega + \omega') d\omega d\omega' \quad (2.254)$$

$$= \frac{1}{2\pi} \int_{-\infty}^{\infty} |X(\omega)|^2 e^{j\omega\tau} d\omega = \frac{1}{2\pi} \int_{-\infty}^{\infty} |X(\omega)|^2 \cos(\omega\tau) d\omega$$

$$= \frac{1}{2\pi} \int_{-\infty}^{\infty} S(\omega) \cos(\omega\tau) d\omega.$$

2.4.1.2 Delta-Impulsfolgen

Das spezielle mit der Periode T periodische Signal, das durch eine äquidistante Folge von Impulsfunktionen gebildet wird, kann durch eine unendliche Reihe

$$x_\delta(t) = \sum_{n=-\infty}^{\infty} \delta(t - nT) \quad (2.255)$$

von Deltafunktionen im zeitlichen Abstand T beschrieben werden. $x_\delta(t)$ ist eine periodische verallgemeinerte Funktion im Sinne der Distributionentheorie und wird daher durch eine Fourierreihe in der Form

$$x_\delta(t) = \sum_{n=-\infty}^{\infty} X_n e^{jn\omega_0 t} \quad \text{mit} \quad \omega_0 = \frac{2\pi}{T} \quad (2.256)$$

dargestellt. Die übliche Bestimmung der Koeffizienten X_n der Fourierreihe (2.256) durch Integration über eine Periode ist nicht möglich, da die Theorie verallgemeinerter Funktionen eine Integration zwischen endlichen Grenzen nicht kennt. Diese Schwierigkeit kann allerdings durch Einführung spezieller Grundfunktionen überwunden werden (s. [Lig66]77). Eine solche Grundfunktion $u(t)$, die außerhalb eines

2.4 Spezielle Signale

endlichen Intervalls verschwindet, ermöglicht es, daß das Integral

$$X_n = \frac{1}{T} \int_{-T/2}^{T/2} x_\delta(t)\, e^{-jn\omega_0 t}\, dt \qquad (2.257)$$

durch

$$X_n = \frac{1}{T} \int_{-\infty}^{\infty} x_\delta(t)\, u(t)\, e^{-jn\omega_0 t}\, dt = \frac{1}{T} \int_{-\infty}^{\infty} \delta(t)\, u(t)\, e^{-jn\omega_0 t}\, dt \qquad (2.258)$$

ersetzt werden kann. Man erhält so

$$X_n = \frac{1}{T} \qquad (2.259)$$

für alle n, und damit mit (2.256) die Fouriereihe

$$x_\delta(t) = \sum_{n=-\infty}^{\infty} \delta(t - nT) = \frac{1}{T} \sum_{n=-\infty}^{\infty} e^{jn\omega_0 t}. \qquad (2.260)$$

Zur Ermittlung der Spektralen Amplitudendichte $X_\delta(\omega)$ der Delta-Impulsfolge $x_\delta(t)$ — wobei beide Formulierungen nach (2.260) mitgenommen werden sollen — ist die Fourier-Transformation anzuwenden. Es ergibt sich

$$\begin{aligned} X_\delta(\omega) &= \int_{-\infty}^{\infty} x_\delta(t)\, e^{-j\omega t}\, dt \\ &= \int_{-\infty}^{\infty} \sum_{n=-\infty}^{\infty} \delta(t - nT)\, e^{-j\omega t}\, dt = \frac{1}{T} \int_{-\infty}^{\infty} \sum_{n=-\infty}^{\infty} e^{j(n\omega_0 - \omega)t}\, dt \\ &= \sum_{n=-\infty}^{\infty} e^{-jn\omega t} = \frac{2\pi}{T} \sum_{n=-\infty}^{\infty} \delta(\omega - n\omega_0) \end{aligned} \qquad (2.261)$$

unter Benutzung von (2.238) und (2.245).

Die Spektrale Amplitudendichte der Delta-Impulsfolge ist also ebenfalls eine Folge von Deltafunktionen; sie wird also durch ein *Linienspektrum* mit konstanter von n unabhängiger Amplitude Eins dargestellt (s. Bild 2.26).

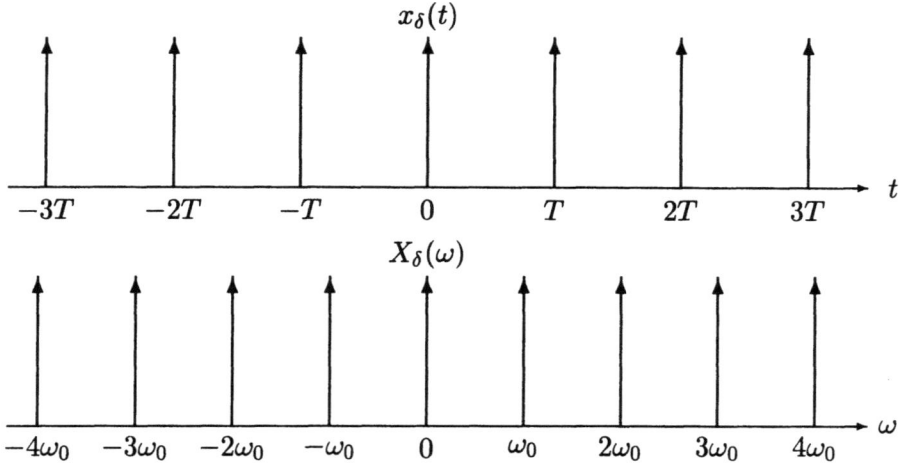

Bild 2.26: *Delta-Impulsfolge (oben) und ihre Spektrale Amplitudendichte (unten)*

Das Signal $x_\delta(t)$ wird in der Signalverarbeitung zur *Abtastung* zeitkontinuierlicher Signale $x(t)$ verwendet. Hierzu wird die Signalfunktion $x(t)$ mit $x_\delta(t)$ multipliziert mit dem Ergebnis, daß $x(t)$ in eine Folge von Abtastwerten, äquidistanten Stützwerten übergeführt wird. Die mit der Abtastung verbundenen Fragen werden ausführlich in Kapitel 4 behandelt. Hier sei nur das Produkt $\hat{x}(t) = x(t) \cdot x_\delta(t)$ aus einem Signal $x(t)$ mit der Spektralen Amplitudendichte $X(\omega)$ und der Delta-Impulsfolge $x_\delta(t)$ mit der Spektralen Amplitudendichte (2.261) diskutiert. Dies bietet auch Gelegenheit, den Umgang mit der Deltafunktion zu illustrieren.

$$\hat{x}(t) = x(t) \cdot x_\delta(t) = x(t) \sum_{n=-\infty}^{\infty} \delta(t - nT) \qquad (2.262)$$

besitzt die Spektrale Amplitudendichte

$$\begin{aligned}
\mathcal{F}\{\hat{x}(t)\} &= \hat{X}(\omega) = X(\omega) * \frac{2\pi}{T} \sum_{n=-\infty}^{\infty} \delta(\omega - n\omega_0) \\
&= \frac{2\pi}{T} \int_{-\infty}^{\infty} X(\omega') \sum_{n=-\infty}^{\infty} \delta(\omega - n\omega_0 - \omega')\, d\omega' \qquad (2.263) \\
&= \frac{2\pi}{T} \sum_{n=-\infty}^{\infty} X(\omega - n\omega_0).
\end{aligned}$$

2.4 Spezielle Signale

Die Spektrale Amplitudendichte $\hat{X}(\omega)$ der „Abtastfolge" $\hat{x}(t)$ wird also durch eine Überlagerung der um $n\omega_0$ verschobenen Spektralfunktionen $X(\omega)$ gebildet. Ist $X(\omega)$ auf das Frequenzintervall $-\omega_g \leq \omega \leq \omega_g$ begrenzt, so daß $X(\omega) = 0$ für $|\omega| > \omega_g$ gilt, und ist $\omega_0 > 2\omega_g$, so tritt in der Summe (2.263) keine „Überlappung" ein. In diesem Fall kann aus (2.263) durch „Filterung" mit einem Tiefpaß, d. h. Multiplikation von $\hat{X}(\omega)$ mit dem „Rechteckspektrum"

$$P(\omega) = \begin{cases} 1 & \text{für} \quad -\omega_g \leq \omega \leq \omega_g, \\ 0 & \text{für} \quad |\omega| > \omega_g \end{cases} \qquad (2.264)$$

die Zeitfunktion

$$x(t) = \mathcal{F}^{-1}\left\{P(\omega) \cdot \hat{X}(\omega)\right\} \qquad (2.265)$$

wiedergewonnen werden. Mit dem Faltungssatz und der Wahl $T = 2\omega_g$ erhält man

$$\begin{aligned} x(t) &= p(t) * \hat{x}(t) = \int_{-\infty}^{\infty} p(t') \hat{x}(t-t') \, dt' \\ &= \int_{-\infty}^{\infty} p(t') x(t-t') \sum_{n=-\infty}^{\infty} \delta(t - nT - t') \, dt' \qquad (2.266) \\ &= \sum_{n=-\infty}^{\infty} p(t - nT) x(nT), \qquad n = \ldots, -1, 0, 1, \ldots \end{aligned}$$

wobei $p(t) = \mathcal{F}^{-1}\{P(\omega)\}$ die Spaltfunktion bedeutet. Die Darstellung (2.266), die als Interpolationsformel aufgefaßt werden kann, erlaubt die Bestimmung der Zeitfunktion $x(t)$ aus ihren „Abtastwerten" $x(nT)$.

2.4.1.3 Sprungfunktion

Die Sprungfunktion $\sigma(t)$ gemäß (2.231) ist eine zwar unstetige aber gewöhnliche Funktion und sie erfüllt auch nicht die Voraussetzungen der Fourier-Transformation; jedoch besteht zwischen der Sprungfunktion $\sigma(t)$ und der Deltafunktion $\delta(t)$ eine enge Verwandtschaft, da man sie als Integral über die Deltafunktion interpretieren kann. Man betrachtet daher auch die Sprungfunktion $\sigma(t)$ als verallgemeinerte Funktion, die durch die Folge der Funktionen

$$s_n(t) = \int_{-\infty}^{t} \sqrt{\frac{n}{\pi}} e^{-nt'^2} \, dt', \qquad (2.267)$$

also der *Gaußschen Fehlerintegrale* definiert ist:

$$\sigma(t) = \lim_{n \to \infty} \int_{-\infty}^{t} \sqrt{\frac{n}{\pi}} e^{-nt'^2} \, dt'. \qquad (2.268)$$

Mit $n \to \infty$ nähern sich die Funktionen $s_n(t)$ immer mehr dem „Einheitssprung" bei $t = 0$ an. Die Darstellung durch Funktionenfolgen geht auf die Theorie verallgemeinerter Funktionen von J. Mikusinski zurück. Sie verlangt die Stetigkeit der Funktionen $g_n(t)$, nicht aber, daß $g_n(t)$ mit $|t| \to \infty$ gegen Null strebt.

Da die Ableitungen der Funktionen $s_n(t)$ die Grundfunktionen $g_n(t)$ bilden, die ihrerseits zur Deltafunktion führen, liegt der Schluß

$$\frac{d\sigma(t)}{dt} = \delta(t) \qquad (2.269)$$

nahe.

Diese Aussage läßt sich bestätigen, wenn man die Relation (2.235) heranzieht. Hieraus folgt mit einer beliebigen Grundfunktion $h(t)$ — wobei eine einmal differenzierbare Testfunktion, die im Unendlichen verschwindet, hinreichend ist —

$$\int_{-\infty}^{\infty} \sigma(t) \frac{dh(t)}{dt} \, dt = - \int_{-\infty}^{\infty} \frac{d\sigma(t)}{dt} h(t) \, dt. \qquad (2.270)$$

Für die linke Seite erhält man

$$\int_{-\infty}^{\infty} \sigma(t) \frac{dh(t)}{dt} \, dt = - \int_{0}^{\infty} \frac{dh(t)}{dt} \, dt = h(\infty) - h(0) = -h(0). \qquad (2.271)$$

Damit folgt

$$\int_{-\infty}^{\infty} \frac{d\sigma(t)}{dt} h(t) \, dt = h(0). \qquad (2.272)$$

2.4 Spezielle Signale

Die Funktion $d\sigma/dt$ besitzt also die Eigenschaft der Deltafunktion, so daß die Aussage (2.269) gerechtfertigt ist.

Mit der Sprungfunktion steht die sogenannte *Signumfunktion*

$$\operatorname{sgn} t = \begin{cases} -1 & \text{für} \quad t < 0, \\ 0 & \text{für} \quad t = 0, \\ 1 & \text{für} \quad t > 0 \end{cases} \quad (2.273)$$

in enger Beziehung. Es gilt der unmittelbar einsichtige Zusammenhang

$$\sigma(t) = \frac{1}{2} + \frac{1}{2}\operatorname{sgn} t. \quad (2.274)$$

(2.274) entspricht der Zerlegung der Funktion $\sigma(t)$ in einen geraden und einen ungeraden Anteil.

Wie bereits erwähnt erfüllt die Funktion $\sigma(t)$ nicht die Bedingungen für die Fourier-Transformation, da sie nicht absolut integrierbar ist. Im klassischen Sinne existiert also ihre Fourier-Transformierte nicht. Interpretiert man jedoch $\sigma(t)$ gemäß (2.268) als eine durch eine Funktionenfolge $g_n(t)$ definierte verallgemeinerte Funktion, so läßt sich für $\sigma(t)$ eine Spektrale Amplitudendichte als verallgemeinerte Funktion herleiten. Legt man die Darstellung (2.274) zugrunde, so ergibt die Fourier-Transformierte der Konstante $1/2$ den Anteil $\pi\delta(\omega)$, gemäß (2.245), und es bleibt die Ermittlung der Fourier-Transformierten der Funktion $\operatorname{sgn} t$, die als Funktionenfolge zu betrachten ist. Eine geeignete Funktionenfolge r_n, die $\operatorname{sgn} t$ approximiert, ist die Folge der Funktionen

$$r_n(t) = \begin{cases} -\exp\left(-\frac{\alpha}{n}t\right) & \text{für} \quad t < 0, \\ 0 & \text{für} \quad t = 0, \\ \exp\left(+\frac{\alpha}{n}t\right) & \text{für} \quad t > 0, \end{cases} \quad (2.275)$$

mit der positiven Konstante α, deren Fourier-Transformierte nach (2.192) durch die Spektrale Amplitudendichte

$$\mathcal{F}\{r_n(t)\} = R_n(\omega) = \begin{cases} -j\dfrac{2\omega}{\frac{\alpha^2}{n^2} + \omega^2} & \text{für} \quad \omega \neq 0, \\ 0 & \text{für} \quad \omega = 0 \end{cases} \quad (2.276)$$

gegeben sind. Damit erhält man für die Spektrale Amplitudendichte der Signumfunktion

$$\mathcal{F}\{\operatorname{sgn} t\} = \lim_{n\to\infty} R_n(\omega) = \begin{cases} \dfrac{2}{\mathrm{j}\omega} & \text{für} \quad \omega \neq 0, \\ 0 & \text{für} \quad \omega = 0. \end{cases} \quad (2.277)$$

Die Spektrale Amplitudendichte der Sprungfunktion $\sigma(t)$ ist also durch die verallgemeinerte Funktion

$$\mathcal{F}\{\sigma(t)\} = \pi\,\delta(\omega) + \frac{1}{\mathrm{j}\omega} \quad (2.278)$$

gegeben.

Zur Kontrolle seien aus den Darstellungen (2.277) und (2.278) durch inverse Fourier-Transformation wieder die Zeitfunktionen berechnet. Aus (2.277) folgt

$$\begin{aligned}
\operatorname{sgn} t &= \frac{1}{2\pi}\mathcal{F}^{-1}\left\{\frac{2}{\mathrm{j}\omega}\right\} = \frac{1}{\mathrm{j}\pi}\int_{-\infty}^{\infty}\frac{1}{\omega}\mathrm{e}^{\mathrm{j}\omega t}\,\mathrm{d}\omega \\
&= \frac{1}{\mathrm{j}\pi}\left[\int_{-\infty}^{0}\frac{1}{\omega}\mathrm{e}^{\mathrm{j}\omega t}\,\mathrm{d}\omega + \int_{0}^{\infty}\frac{1}{\omega}\mathrm{e}^{\mathrm{j}\omega t}\,\mathrm{d}\omega\right] \quad (2.279) \\
&= \frac{1}{\mathrm{j}\pi}\int_{0}^{\infty}\frac{1}{\omega}\left(\mathrm{e}^{\mathrm{j}\omega t}-\mathrm{e}^{-\mathrm{j}\omega t}\right)\mathrm{d}\omega = \frac{2}{\pi}\int_{0}^{\infty}\frac{\sin(\omega t)}{\omega}\,\mathrm{d}\omega,
\end{aligned}$$

wobei an der Stelle $\omega = 0$ für das Integral der *Cauchysche Hauptwert* zu nehmen ist. Das als Ergebnis erhaltene Integral ist das sogenannte *Dirichletsche Integral*

$$\frac{1}{\pi}\int_{0}^{\infty}\frac{\sin(\omega t)}{\omega}\,\mathrm{d}\omega = \begin{cases} \dfrac{1}{2} & \text{für} \quad t > 0, \\ 0 & \text{für} \quad t = 0 \\ -\dfrac{1}{2} & \text{für} \quad t < 0, \end{cases} \quad (2.280)$$

so daß $\operatorname{sgn} t$ die Form (2.273) annimmt, w. z. b. w.

2.4 Spezielle Signale

Entsprechend folgt aus (2.278) mit (2.279)

$$\mathcal{F}^{-1}\left\{\pi\,\delta(\omega) + \frac{1}{j\omega}\right\} = \frac{1}{2} + \frac{1}{2}\operatorname{sgn} t. \qquad (2.281)$$

Das Spektrale Amplitudendichte der Sprungfunktion läßt sich auch herleiten, wenn man — unter Benutzung von (2.279) — von der Darstellung

$$\sigma(t) = \frac{1}{2} + \frac{1}{2\pi}\int_{-\infty}^{\infty}\frac{\sin(\omega t)}{\omega}\,d\omega \qquad (2.282)$$

ausgeht. Die Fourier-Transformation, angewandt auf (2.282), führt auf

$$\begin{aligned}
\mathcal{F}\{\sigma(t)\} &= \pi\,\delta(\omega) + \frac{1}{2\pi}\int_{-\infty}^{\infty}\int_{-\infty}^{\infty}\frac{\sin(\omega' t)}{\omega'}\,e^{-j\omega t}\,d\omega'\,dt \\
&= \pi\,\delta(\omega) + \frac{1}{2\pi}\int_{-\infty}^{\infty}\int_{-\infty}^{\infty}\frac{e^{j\omega' t} - e^{-j\omega' t}}{2j\omega'}\,e^{-j\omega t}\,d\omega'\,dt \qquad (2.283)\\
&= \pi\,\delta(\omega) + \frac{1}{2j}\int_{-\infty}^{\infty}\frac{1}{\omega'}\left[\frac{1}{2\pi}\int_{-\infty}^{\infty}e^{j(\omega'-\omega)t} - e^{-j(\omega'+\omega)t}\,dt\right]d\omega'
\end{aligned}$$

und mit (2.246) auf

$$\mathcal{F}\{\sigma(t)\} = \pi\,\delta(\omega) + \frac{1}{2j}\int_{-\infty}^{\infty}\frac{1}{\omega'}[\delta(\omega'-\omega) - \delta(\omega'+\omega)]\,d\omega'. \qquad (2.284)$$

Das Integral liefert nur für $\omega \neq 0$ einen Beitrag, nämlich $2/\omega$, so daß man wiederum das Ergebnis

$$\mathcal{F}\{\sigma(t)\} = \pi\,\delta(\omega) + \frac{1}{j\omega} \qquad (2.285)$$

also (2.278) erhält.

Schließlich sei festgehalten, daß entsprechende Beziehungen für Signum- und Sprungfunktion im Frequenzbereich gelten, und zwar

$$\mathcal{F}^{-1}\{\operatorname{sgn}\omega\} = \frac{j}{\pi t} \qquad (2.286)$$

und

$$\mathcal{F}^{-1}\{\sigma(\omega)\} = \frac{1}{2}\delta(t) + \frac{j}{2\pi t}. \qquad (2.287)$$

2.4.2 Kausale und analytische Signale

Hilbert-Transformation, kausales und *analytisches Signal* spielen in der Signaltheorie bei der Beschreibung und Analyse von Signalen und Systemen ebenso wie bei der mathematischen Behandlung von Verfahren zur Signalverarbeitung eine wichtige Rolle. Davon soll in den folgenden Abschnitten die Rede sein.

2.4.2.1 Hilbert-Transformation

Die Integraltransformation

$$\mathcal{H}\{x(t)\} = \hat{x}(t) = \frac{1}{\pi} \int_{-\infty}^{\infty} \frac{x(t')}{t-t'} \, dt', \qquad (2.288)$$

die ein reelles Signal $\hat{x}(t)$ einem anderen reellen Signal $x(t)$ zuordnet, bezeichnet man als *Hilbert-Transformation*. $\hat{x}(t)$ heißt die *Hilbert-Transformierte* von $x(t)$. Entsprechend gilt die inverse Zuordnung

$$\mathcal{H}^{-1}\{\hat{x}(t)\} = x(t) = -\frac{1}{\pi} \int_{-\infty}^{\infty} \frac{\hat{x}(t')}{t-t'} \, dt', \qquad (2.289)$$

und man nennt $x(t)$ die *inverse* oder *negative Hilbert-Transformierte* von $\hat{x}(t)$.

Die Integrale (2.288) und (2.289), deren Wert im Sinne des *Cauchyschen Hauptwertes* zu ermitteln ist, sind vom Faltungstyp. Man kann daher auch schreiben

$$\mathcal{H}\{x(t)\} = \hat{x}(t) = \frac{1}{\pi t} * x(t) \qquad (2.290)$$

bzw.

$$\mathcal{H}^{-1}\{\hat{x}(t)\} = x(t) = -\frac{1}{\pi t} * \hat{x}(t). \qquad (2.291)$$

Die Hilbert-Transformierte wird also durch Faltung des Signals $x(t)$ mit der Funktion

$$\frac{1}{\pi t} = h(t) \qquad (2.292)$$

2.4 Spezielle Signale

gebildet, deren Fourier-Transformierte $H(\omega) = \mathcal{F}\{h(t)\}$ gemäß (2.286) durch

$$H(\omega) = \mathcal{F}\left\{\frac{1}{\pi t}\right\} = -\mathrm{j}\,\mathrm{sgn}\,\omega = \begin{cases} \mathrm{j} = \mathrm{e}^{\mathrm{j}\pi/2} & \text{für } \omega < 0, \\ 0 & \text{für } \omega = 0, \\ -\mathrm{j} = \mathrm{e}^{-\mathrm{j}\pi/2} & \text{für } \omega > 0 \end{cases} \quad (2.293)$$

gegeben ist.

Für die Fourier-Transformierte $\hat{X}(\omega)$ der Hilbert-Transformierten $\hat{x}(t)$ nach (2.290) erhält man

$$\hat{X}(\omega) = \mathcal{F}\{\hat{x}(t)\} = \mathcal{F}\left\{\frac{1}{\pi t}\right\} \cdot X(\omega) \quad (2.294)$$

und mit (2.293)

$$\hat{X}(\omega) = -\mathrm{j}\,\mathrm{sgn}\,\omega \cdot X(\omega). \quad (2.295)$$

Die Hilbert-Transformation bewirkt also eine Phasenverschiebung um $\pi/2$ der Spektralanteile mit negativen Frequenzen und um $-\pi/2$ derjenigen mit positiven Frequenzen. Die Hilbert-Transformation läßt sich durch ein lineares Filter realisieren, das die Phase des Signals unabhängig von der Frequenz um $\pi/2$ dreht. Derartige Systeme werden kurz als *Hilbert-Transformatoren* bezeichnet.

Zur Illustration der Hilbert-Transformation mögen die folgenden Beispiele dienen. Weitere „Korrespondenzen", d. h. Funktionen, die durch die Hilbert-Transformation miteinander verknüpft sind, sind in Tabelle 2.6 zusammengestellt [Hah96].

1. Harmonische Schwingung

$$x(t) = x_0 \cos(\omega_0 t + \varphi_0). \quad (2.296)$$

Zur Berechnung der Hilbert-Transformierten geht man am besten von der Fourier-Transformierten der Cosinusfunktion

$$X(\omega) = \pi \left[\mathrm{e}^{\mathrm{j}\varphi_0}\delta(\omega - \omega_0) + \mathrm{e}^{-\mathrm{j}\varphi_0}\delta(\omega + \omega_0)\right] \quad (2.297)$$

aus. Nach (2.290) entspricht die Faltung der Zeitfunktionen zur Bildung der Hilbert-Transformierten einer Multiplikation der zugehörigen Spektralen Amplitudendichten. Die Fourier-Transformierte der Hilbert-Transformierten von (2.296) ergibt sich also in der Form

$$\mathcal{F}\{\mathcal{H}\{x(t)\}\} = X(\omega) \cdot H(\omega) \qquad (2.298)$$

mit $H(\omega)$ gemäß (2.293). Man erhält

$$\begin{aligned}\mathcal{F}\{\mathcal{H}\{x(t)\}\} &= X(\omega) \cdot (-\mathrm{j}\,\mathrm{sgn}\,\omega) \\ &= \pi\left[-\mathrm{j}\,\mathrm{e}^{\mathrm{j}\varphi_0}\delta(\omega - \omega_0) + \mathrm{j}\,\mathrm{e}^{-\mathrm{j}\varphi_0}\delta(\omega + \omega_0)\right] \\ &= \mathcal{F}\{x_0 \sin(\omega_0 t + \varphi_0)\} \end{aligned} \qquad (2.299)$$

und damit

$$\mathcal{H}\{x_0 \cos(\omega_0 t + \varphi_0)\} = x_0 \sin(\omega_0 t + \varphi_0); \qquad (2.300)$$

die Hilbert-Transformierte der Cosinusfunktion ist die Sinusfunktion. In entsprechender Weise findet man

$$\mathcal{H}\{x_0 \sin(\omega_0 t + \varphi_0)\} = -x_0 \cos(\omega_0 t + \varphi_0). \qquad (2.301)$$

Tabelle 2.5: *Eigenschaften der Hilbert-Transformation*

$x(t) = -\dfrac{1}{\pi}\displaystyle\int_{-\infty}^{\infty}\dfrac{\hat{x}(t')}{t-t'}\,\mathrm{d}t'$	$\hat{x}(t) = \dfrac{1}{\pi}\displaystyle\int_{-\infty}^{\infty}\dfrac{x(t')}{t-t'}\,\mathrm{d}t'$
$a_1\,x(t) + a_2\,y(t)$	$a_1\,\hat{x}(t) + a_2\,\hat{y}(t)$
$x(t - t_0)$	$\hat{x}(t - t_0)$
$x(at)$	$\mathrm{sgn}\,a \cdot \hat{x}(at)$
$x(t) * y(t)$	$x(t) * \hat{y}(t) = \hat{x}(t) * y(t)$
$\dfrac{\mathrm{d}^n}{\mathrm{d}t^n}x(t)$	$\dfrac{\mathrm{d}^n}{\mathrm{d}t^n}\hat{x}(t)$
$t \cdot x(t)$	$t \cdot \hat{x}(t) - \dfrac{1}{\pi}\displaystyle\int_{-\infty}^{\infty} x(t')\,\mathrm{d}t'$

2.4 Spezielle Signale

Tabelle 2.6: Korrespondenzen der Hilbert-Transformation

$x(t) = -\dfrac{1}{\pi} \displaystyle\int_{-\infty}^{\infty} \dfrac{\hat{x}(t')}{t-t'}\,\mathrm{d}t'$	$\hat{x}(t) = \dfrac{1}{\pi} \displaystyle\int_{-\infty}^{\infty} \dfrac{x(t')}{t-t'}\,\mathrm{d}t'$
a	0
$\sin(\omega t)$	$-\cos(\omega t)$
$\cos(\omega t)$	$\sin(\omega t)$
$\mathrm{e}^{\mathrm{j}\omega t}$	$-\mathrm{j}\,\mathrm{sgn}\,\omega\,\mathrm{e}^{\mathrm{j}\omega t}$
$\sigma(t+a) - \sigma(t-a)$	$\dfrac{1}{\pi} \ln\left|\dfrac{t+a}{t-a}\right|$
$\dfrac{a}{a^2+t^2}$	$\dfrac{t}{a^2+t^2}$
$\mathrm{si}(at),\quad a>0$	$\dfrac{1-\cos(at)}{at}$
$\dfrac{\cos(at)}{at},\quad a>0$	$-\dfrac{\pi}{a}\delta(t) + \mathrm{si}(at)$
$\mathrm{e}^{-a|t|},\quad a>0$	$\dfrac{1}{\pi}\displaystyle\int_{-\infty}^{\infty} \dfrac{2a}{a^2+\omega^2}\sin(\omega t)\,\mathrm{d}\omega$
$\mathrm{e}^{-a|t|}\,\mathrm{sgn}\,t,\quad a>0$	$-\dfrac{1}{\pi}\displaystyle\int_{-\infty}^{\infty} \dfrac{2\omega}{a^2+\omega^2}\cos(\omega t)\,\mathrm{d}\omega$
$\displaystyle\sum_{n=-\infty}^{\infty} \delta(t-nT)$	$\dfrac{1}{T}\displaystyle\sum_{n=-\infty}^{\infty} \cos\left[\dfrac{\pi}{T}(t-nT)\right]$

2. Symmetrische Exponentialfunktion

$$x(t) = x_0 \, e^{-\alpha |t|}, \qquad \alpha > 0. \qquad (2.302)$$

Geht man wieder von der Beziehung (2.298) mit der Fourier-Transformierten der symmetrischen Exponentialfunktion (2.302)

$$\begin{aligned} X(\omega) &= \int_{-\infty}^{\infty} x_0 \, e^{-\alpha |t|} \, e^{-j\omega t} \, dt \\ &= \int_{-\infty}^{0} x_0 \, e^{(\alpha - j\omega)t} \, dt + \int_{0}^{\infty} x_0 \, e^{-(\alpha + j\omega)t} \, dt \qquad (2.303) \\ &= \frac{x_0}{\alpha - j\omega} + \frac{x_0}{\alpha + j\omega} = 2 x_0 \, \frac{\alpha}{\alpha^2 + \omega^2} \end{aligned}$$

aus, so erhält man

$$\mathcal{F}\{\mathcal{H}\{x(t)\}\} = \frac{2 x_0}{j} \, \frac{\alpha}{\alpha^2 + \omega^2} \, \mathrm{sgn}\,\omega. \qquad (2.304)$$

Inverse Fourier-Transformation liefert schließlich die Hilbert-Transformierte der symmetrischen Exponentialfunktion (2.302)

$$\begin{aligned} \mathcal{H}\{x(t)\} &= \frac{x_0}{j\pi} \int_{-\infty}^{\infty} \frac{\alpha}{\alpha^2 + \omega^2} \, \mathrm{sgn}\,\omega \, e^{j\omega t} \, d\omega \\ &= -\frac{x_0}{j\pi} \int_{-\infty}^{0} \frac{\alpha}{\alpha^2 + \omega^2} \, e^{j\omega t} \, d\omega + \frac{x_0}{j\pi} \int_{0}^{\infty} \frac{\alpha}{\alpha^2 + \omega^2} \, e^{j\omega t} \, d\omega \\ &= -\frac{x_0}{j\pi} \int_{0}^{\infty} \frac{\alpha}{\alpha^2 + \omega^2} \, e^{-j\omega t} \, d\omega + \frac{x_0}{j\pi} \int_{0}^{\infty} \frac{\alpha}{\alpha^2 + \omega^2} \, e^{j\omega t} \, d\omega \\ &= \frac{2 x_0}{\pi} \int_{0}^{\infty} \frac{\alpha}{\alpha^2 + \omega^2} \, \sin(\omega t) \, d\omega. \qquad (2.305) \end{aligned}$$

Das Integral (2.305) muß numerisch ausgewertet werden. Bild 2.27 zeigt den Verlauf der symmetrischen Exponentialfunktion und ihrer Hilbert-Transformierten.

2.4 Spezielle Signale

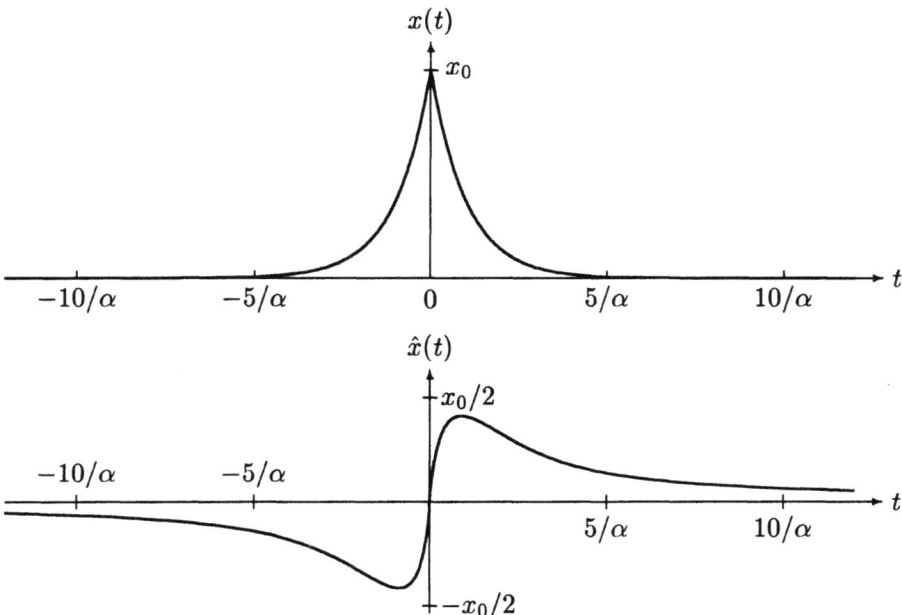

Bild 2.27: Symmetrische Exponentialfunktion (oben) und ihre Hilbert-Transformierte (unten)

2.4.2.2 Hilbert-Transformation des Produkts zweier Signale mit nicht überlappenden Spektralen Amplitudendichten

Sei
$$u(t) = f(t) \cdot g(t) \tag{2.306}$$

bzw.
$$U(\omega) = F(\omega) * G(\omega) \tag{2.307}$$

mit
$$F(\omega) = 0 \quad \text{für} \quad |\omega| > W \tag{2.308}$$

und
$$G(\omega) = 0 \quad \text{für} \quad |\omega| < W, \tag{2.309}$$

d. h. die Spektralen Amplitudendichten der beiden Signale $f(t)$ und $g(t)$ überlappen sich nicht. Dann gilt nach dem *Satz von Bedrosian*

$$\mathcal{H}\{f(t) \cdot g(t)\} = f(t) \cdot \mathcal{H}\{g(t)\}, \tag{2.310}$$

d. h. nur das höherfrequente Signal ist der Hilbert-Transformation zu unterwerfen.

Der Satz von Bedrosian sei am Beispiel des Produkts

$$x(t) = i(t) \cdot \cos(\omega_c t) \qquad (2.311)$$

der niederfrequenten Funktion $i(t)$ und der Trägerschwingung $\cos(\omega_c t)$, das in 2.4.3 betrachtet wird, bewiesen. Vorausgesetzt sei, daß die Spektralen Amplitudendichten

$$I(\omega) = \mathcal{F}\{i(t)\} \qquad (2.312)$$

und

$$\pi[\delta(\omega - \omega_c) + \delta(\omega + \omega_c)] = \mathcal{F}\{\cos(\omega_c t)\} \qquad (2.313)$$

der beiden Funktionen, wie Bild 2.28 veranschaulicht, sich nicht überlappen.

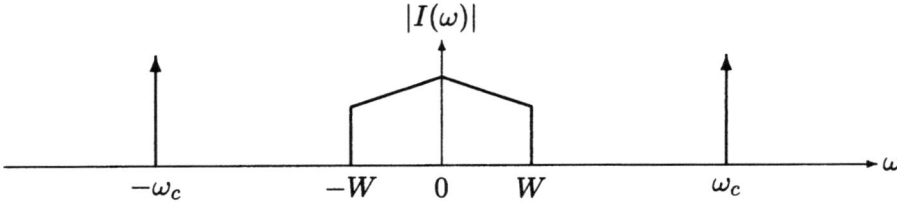

Bild 2.28: *Spektrale Amplitudendichten der Signale des Produkts (2.311)*

Dann lautet die Fourier-Transformierte von $x(t)$

$$\begin{aligned}\mathcal{F}\{x(t)\} = X(\omega) &= \frac{1}{2\pi} I(\omega) * \pi[\delta(\omega - \omega_c) + \delta(\omega + \omega_c)] \\ &= \frac{1}{2} \int_{-\infty}^{\infty} I(\omega')[\delta(\omega - \omega_c - \omega') + \delta(\omega + \omega_c - \omega')] d\omega' \\ &= \frac{1}{2}[I(\omega - \omega_c) + I(\omega + \omega_c)]. \end{aligned} \qquad (2.314)$$

$X(\omega)$ besteht also — wie in Bild 2.29 dargestellt — aus zwei um ω_c und $-\omega_c$ verschobenen Originalspektren. Man kann daher auch schreiben

$$X(\omega) = \begin{cases} \frac{1}{2} I(\omega + \omega_c) & \text{für} \quad \omega < 0, \\ \frac{1}{2} I(\omega - \omega_c) & \text{für} \quad \omega > 0. \end{cases} \qquad (2.315)$$

2.4 Spezielle Signale

Damit erhält man für die Fourier-Transformierte $\hat{X}(\omega)$ der Hilbert-Transformierten $\hat{x}(t)$ von $x(t)$

$$\hat{X}(\omega) = -\mathrm{j}\,\mathrm{sgn}\,\omega \cdot X(\omega) = \begin{cases} \frac{\mathrm{j}}{2} I(\omega + \omega_c) & \text{für} \quad \omega < 0, \\ -\frac{\mathrm{j}}{2} I(\omega - \omega_c) & \text{für} \quad \omega > 0. \end{cases} \quad (2.316)$$

Inverse Fourier-Transformation liefert die gesuchte Hilbert-Transformierte von $x(t)$

$$\hat{x}(t) = \mathcal{H}\{x(t)\} = \frac{\mathrm{j}}{4\pi} \int_{-\infty}^{0} I(\omega + \omega_c)\,\mathrm{e}^{\mathrm{j}\omega t}\mathrm{d}\omega - \frac{\mathrm{j}}{4\pi} \int_{0}^{\infty} I(\omega - \omega_c)\,\mathrm{e}^{\mathrm{j}\omega t}\mathrm{d}\omega$$

$$= \frac{\mathrm{j}}{4\pi} \int_{-\omega_c-W}^{-\omega_c+W} I(\omega + \omega_c)\,\mathrm{e}^{\mathrm{j}\omega t}\mathrm{d}\omega - \frac{\mathrm{j}}{4\pi} \int_{\omega_c-W}^{\omega_c+W} I(\omega - \omega_c)\,\mathrm{e}^{\mathrm{j}\omega t}\mathrm{d}\omega. \quad (2.317)$$

Mit den Variablensubstitutionen $\omega + \omega_c = \omega'$ im ersten Integral und $\omega - \omega_c = \omega'$ im zweiten Integral folgt

$$\hat{x}(t) = \frac{\mathrm{j}}{4\pi} \int_{-W}^{W} I(\omega')\,\mathrm{e}^{\mathrm{j}(\omega'-\omega_c)t}\mathrm{d}\omega' - \frac{\mathrm{j}}{4\pi} \int_{-W}^{W} I(\omega')\,\mathrm{e}^{\mathrm{j}(\omega'+\omega_c)t}\mathrm{d}\omega'. \quad (2.318)$$

Da

$$\frac{1}{2\pi} \int_{-W}^{W} I(\omega')\,\mathrm{e}^{\mathrm{j}\omega' t}\,\mathrm{d}\omega' = i(t), \quad (2.319)$$

also die Fourierdarstellung von $i(t)$ ist, erhält man

$$\hat{x}(t) = \frac{1}{2\mathrm{j}} \left[\mathrm{e}^{\mathrm{j}\omega_c t} - \mathrm{e}^{-\mathrm{j}\omega_c t}\right] i(t) = i(t)\sin(\omega_c t). \quad (2.320)$$

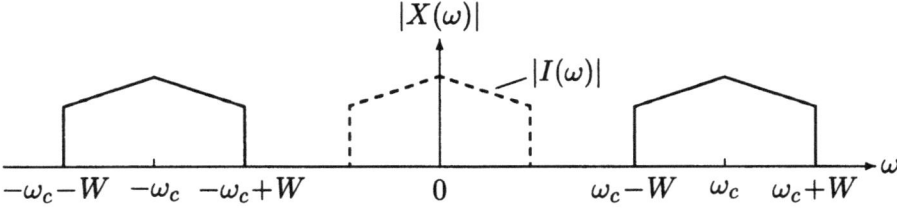

Bild 2.29: *Fourier-Transformierte $X(\omega)$ des Produkts (2.311)*

Die Hilbert-Transformierte des Produktes ist also gleich dem Produkt der niederfrequenten Funktion $i(t)$ und der Hilbert-Transformierten der höherfrequenten, w. z. b. w.

2.4.2.3 Kausale Signale

Signale $x(t)$, die für $t < 0$ identisch verschwinden, werden kausale Signale genannt. Beispiele kausaler Signale sind der in 2.3.3.2 betrachtete Exponentialimpuls oder eine bei $t = 0$ einsetzende gedämpfte harmonische Schwingung

$$x(t) = x_0 \, e^{-\alpha t} \sin(\omega_0 t) \cdot \sigma(t) \qquad (2.321)$$

mit reellem $\alpha > 0$.

Zur Klasse der kausalen Signale gehören auch alle Impulsantwortfunktionen, die lineare, durch gewöhnliche Differentialgleichungen darstellbare Systeme charkterisieren; sie werden in der Systemtheorie eingehend untersucht.

Kausale Signale besitzen eine Spektrale Amplitudendichte, die sich durch Fourier-Transformation ihrer allgemeinen Darstellung

$$x(t) \cdot \sigma(t) \qquad (2.322)$$

ergibt. Man erhält mit Hilfe des Faltungssatzes (2.173) und der Fourier-Transformierten (2.278) der Sprungfunktion $\sigma(t)$

$$\mathcal{F}\{x(t) \cdot \sigma(t)\} = X(\omega) = \frac{1}{2\pi} X(\omega) * \left(\pi \, \delta(\omega) + \frac{1}{j\omega} \right)$$

$$= \frac{1}{2} \int_{-\infty}^{\infty} X(\omega') \, \delta(\omega - \omega') \, d\omega' - \frac{j}{2\pi} \int_{-\infty}^{\infty} \frac{X(\omega')}{\omega - \omega'} \, d\omega'$$

$$= \frac{1}{2} X(\omega) - \frac{j}{2\pi} \int_{-\infty}^{\infty} \frac{X(\omega')}{\omega - \omega'} \, d\omega' \qquad (2.323)$$

und damit die Fourier-Transformierte $X(\omega)$ eines kausalen Signals

$$X(\omega) = -\frac{j}{\pi} \int_{-\infty}^{\infty} \frac{X(\omega')}{\omega - \omega'} \, d\omega'. \qquad (2.324)$$

2.4 Spezielle Signale

Zerlegt man die komplexe Spektrale Amplitudendichte $X(\omega)$ in Real- und Imaginärteil

$$X(\omega) = \operatorname{Re}\{X(\omega)\} + j \operatorname{Im}\{X(\omega)\}, \qquad (2.325)$$

so folgen die fundamentalen Relationen

$$\operatorname{Re}\{X(\omega)\} = \frac{1}{\pi} \int_{-\infty}^{\infty} \frac{\operatorname{Im}\{X(\omega')\}}{\omega - \omega'} \, d\omega' \qquad (2.326)$$

und

$$\operatorname{Im}\{X(\omega)\} = -\frac{1}{\pi} \int_{-\infty}^{\infty} \frac{\operatorname{Re}\{X(\omega')\}}{\omega - \omega'} \, d\omega'. \qquad (2.327)$$

Realteil $\operatorname{Re}\{X(\omega)\}$ und Imaginärteil $\operatorname{Im}\{X(\omega)\}$ der Fourier-Transformierten $X(\omega)$ eines kausalen Signals sind wechselseitig durch die Hilbert-Transformationen (2.288) bzw. (2.289) miteinander verknüpft.

Ein Beispiel soll die Beziehungen illustrieren. Gegeben sei der (einseitige) Exponentialimpuls (2.191)

$$x(t) = x_0 \, e^{-\alpha t} \, \sigma(t), \qquad \alpha > 0 \text{ reell}, \qquad (2.328)$$

mit der Fourier-Transformierten (s. (2.192))

$$X(\omega) = x_0 \left(\frac{\alpha}{\alpha^2 + \omega^2} - j \frac{\omega}{\alpha^2 + \omega^2} \right). \qquad (2.329)$$

Nach (2.327) muß gelten

$$\frac{\omega}{\alpha^2 + \omega^2} = \mathcal{H}\left\{ \frac{\alpha}{\alpha^2 + \omega^2} \right\}. \qquad (2.330)$$

Dies trifft zu, da $\frac{\omega}{\alpha^2+\omega^2}$ und $\frac{\alpha}{\alpha^2+\omega^2}$ ein Hilbert-Transformiertenpaar bilden (s. Tabelle 2.6).

2.4.2.4 Analytische Signale

Fügt man zu einer Signalfunktion $x(t)$ ihre Hilbert-Transformierte $\hat{x}(t) = \mathcal{H}\{x(t)\}$ als Imaginärteil hinzu, so entsteht das sogenannte *analytische Signal*

$$z(t) = x(t) + j\,\hat{x}(t). \qquad (2.331)$$

Mit dieser Konstruktion wird die bisherige Beschränkung auf reelle Signale verlassen und ein komplexes Signal mit besonderen Eigenschaften eingeführt.

Wegen der Äquivalenz der „Fouriervariablen" Zeit und Frequenz entspricht das analytische Signal, dessen Real- und Imaginärteil wechselseitig Hilbert-Transformierte sind, der Spektralen Amplitudendichte des kausalen Signals, also eines Signals, das für negative t identisch null ist. Das bedeutet, daß das analytische Signal $z(t)$ eine Fourier-Transformierte $Z(\omega)$ besitzt, die keine Spektralanteile im Bereich negativer Frequenzen aufweist. Diese Folgerung soll nun bewiesen werden.

Aus (2.331) ergibt sich durch Fourier-Transformation die Spektrale Amplitudendichte

$$Z(\omega) = X(\omega) + j\,\hat{X}(\omega). \tag{2.332}$$

Ersetzt man hier $\hat{X}(\omega)$ mit Hilfe von (2.295), so folgt

$$Z(\omega) = X(\omega) + \operatorname{sgn}\omega\, X(\omega) = \begin{cases} 0 & \text{für } \omega \leq 0, \\ 2\,X(\omega) & \text{für } \omega > 0. \end{cases} \tag{2.333}$$

$Z(\omega)$ ist also einseitig frequenzbegrenzt. Für positive Werte der Frequenz ω stimmt die Spektrale Amplitudendichte des analytischen Signals bis auf den Faktor Zwei mit dem Verlauf des Signalspektrums $X(\omega)$ überein. Die Einführung des analytischen Signals $z(t)$ führt also zur Reduzierung des spektralen Frequenzumfangs von $x(t)$ um die Hälfte. Man bezeichnet daher $z(t)$ auch als Einseitenbandsignal

2.4.3 Schmalbandige Signale

Unter einem *schmalbandigen Signal* oder *Bandpaßsignal* versteht man ein Signal, das von Null verschiedene Spektralanteile nur in der Umgebung einer Frequenz ω_c enthält, wobei ω_c groß gegen die Bandbreite der Spektralen Amplitudendichte ist. Ein derartiges Signal kann allgemein in der Form

$$x(t) = a(t) \cdot \cos\left[\omega_c t + \varphi(t)\right] \tag{2.334}$$

dargestellt werden. ω_c heißt die *Trägerfrequenz* des Signals, $a(t)$ und $\varphi(t)$ bezeichnen die im Vergleich zu ω_c langsam zeitlich veränderliche Amplitude bzw. Phase.

2.4 Spezielle Signale

Mit Hilfe des Additionstheorems für den Cosinus folgt aus (2.334)

$$\begin{aligned}x(t) &= a(t)\cos\varphi(t)\cos(\omega_c t) - a(t)\sin\varphi(t)\sin(\omega_c t)\\ &= i(t)\cos(\omega_c t) - q(t)\sin(\omega_c t)\,.\end{aligned} \qquad (2.335)$$

Die zur Abkürzung eingeführte Funktion

$$i(t) = a(t)\cos\varphi(t) \qquad (2.336)$$

heißt die *Inphasekomponente*, die Funktion

$$q(t) = a(t)\sin\varphi(t) \qquad (2.337)$$

Quadraturkomponente des Signals; häufig werden auch beide Größen Quadraturkomponenten genannt. Bei gegebener Trägerfrequenz ω_c beschreiben sie das schmalbandige Signal $x(t)$ vollständig.

Um Inphase- und Quadraturkomponente aus $x(t)$ zu ermitteln, multipliziert man zunächst $x(t)$ mit den harmonischen Schwingungen

$$\cos(\omega_c t) \qquad \text{bzw.} \qquad -\sin(\omega_c t) \qquad (2.338)$$

der Trägerfrequenz ω_c. Man erhält

$$\begin{aligned}x(t)\cos(\omega_c t) &= i(t)\cos^2(\omega_c t) - q(t)\sin(\omega_c t)\cos(\omega_c t) \qquad (2.339)\\ &= \frac{1}{2}i(t) + \frac{1}{2}i(t)\cos(2\omega_c t) - \frac{1}{2}q(t)\sin(2\omega_c t)\end{aligned}$$

und

$$\begin{aligned}-x(t)\sin(\omega_c t) &= -i(t)\sin(\omega_c t)\cos(\omega_c t) - q(t)\sin^2(\omega_c t) \qquad (2.340)\\ &= -\frac{1}{2}i(t)\sin(2\omega_c t) + \frac{1}{2}q(t) - \frac{1}{2}q(t)\cos(2\omega_c t)\,.\end{aligned}$$

Werden nun die Signalanteile mit Frequenzen $\omega > \omega_c$ — durch „Tiefpaßfilterung" — unterdrückt, so ergeben sich nach Multiplikation mit dem Faktor Zwei unmittelbar Inphase- und Quadraturkomponente:

$$i(t) = 2\,x(t)\cos(\omega_c t) \qquad (2.341)$$

und

$$q(t) = -2\,x(t)\sin(\omega_c t)\,. \qquad (2.342)$$

Aus den Quadraturkomponenten (2.336) und (2.337) gewinnt man das niederfrequente komplexe Signal

$$w(t) = i(t) + \mathrm{j}\,q(t) = a(t)\,\mathrm{e}^{\mathrm{j}\varphi(t)}, \qquad (2.343)$$

das sogenannte *äquivalente Tiefpaßsignal* — auch *komplexe Hüllkurve* genannt. Aus (2.343) folgt die Amplitude $a(t)$ von $x(t)$, die *Hüllkurve*

$$a(t) = |w(t)| = \sqrt{i^2(t) + q^2(t)} \qquad (2.344)$$

und die Phase

$$\varphi(t) = \begin{cases} \arctan\left(\frac{q(t)}{i(t)}\right) & \text{für} \quad i(t) > 0, \\ \arctan\left(\frac{q(t)}{i(t)}\right) + \pi & \text{für} \quad i(t) < 0, \quad q(t) \geq 0, \\ \arctan\left(\frac{q(t)}{i(t)}\right) - \pi & \text{für} \quad i(t) < 0, \quad q(t) < 0, \end{cases} \qquad (2.345)$$

wenn man diese auf den Bereich $-\pi < \varphi(t) \leq \pi$ normiert.

Die *Basisband*-Darstellung eines schmalbandigen Signals mittels der niederfrequenten Größen Inphase- und Quadraturkomponente oder des äquivalenten Tiefpaßsignals ermöglicht oft eine mathematisch einfachere Beschreibung, denn die Spektralen Amplitudendichten von $i(t)$, $q(t)$ und $w(t)$ sind gegenüber der von $x(t)$ um die Trägerfrequenz zum Frequenznullpunkt hin verschoben. Multipliziert man $w(t)$ nach (2.343) mit $\mathrm{e}^{\mathrm{j}\omega_c t}$, so ergibt sich unmittelbar

$$x(t) = \operatorname{Re}\left\{w(t)\,\mathrm{e}^{\mathrm{j}\omega_c t}\right\}. \qquad (2.346)$$

Das äquivalente Tiefpaßsignal $w(t)$ des Signals $x(t)$ läßt sich auch aus dem zu $x(t)$ gehörenden analytischen Signal

$$z(t) = x(t) + \mathrm{j}\,\hat{x}(t) \qquad (2.347)$$

bestimmen, indem man auf die Beziehung

$$w(t) = z(t)\,\mathrm{e}^{-\mathrm{j}\omega_c t} \qquad (2.348)$$

zurückgreift und

$$z(t) = a(t)\,\mathrm{e}^{\mathrm{j}(\omega_c t + \varphi(t))} \qquad (2.349)$$

2.4 Spezielle Signale

beachtet. Die Multiplikation des analytischen Signals mit dem Faktor $\mathrm{e}^{-\mathrm{j}\omega_c t}$ bewirkt nach (2.164) eine Verschiebung der einseitig begrenzten Spektralen Amplitudendichte von $z(t)$ um ω_c zum Frequenznullpunkt hin. Unter der bei den hier betrachteten Bandpaßsignalen definitionsgemäß zutreffenden Voraussetzung, daß die halbe Bandbreite W von $i(t)$ und $q(t)$ kleiner als die Trägerfrequenz ω_c ist, ist die Hilbert-Transformierte von $x(t)$ gemäß (2.335) nach dem Satz von Bedrosian (2.310) durch die Summe

$$\hat{x}(t) = i(t)\sin(\omega_c t) + q(t)\cos(\omega_c t) \qquad (2.350)$$

gegeben. Die Herleitung des ersten Teils der Summe wurde auf Seite 84 ff. bewiesen; der Beweis des zweiten Summanden erfolgt analog, wobei gemäß (2.335) von der Fourier-Transformierten

$$\mathcal{F}\left\{-q(t)\sin(\omega_c t)\right\} = -\frac{1}{2\pi}Q(\omega)*\left(\frac{\pi}{\mathrm{j}}\left[\delta(\omega-\omega_c)-\delta(\omega+\omega_c)\right]\right) \qquad (2.351)$$

mit $\mathcal{F}\{q(t)\} = Q(\omega)$ auszugehen ist. Man erhält

$$\mathcal{H}\left\{-q(t)\sin(\omega_c t)\right\} = q(t)\cdot\mathcal{H}\left\{-\sin(\omega_c t)\right\} = q(t)\cdot\cos(\omega_c t). \qquad (2.352)$$

Zur Kontrolle sei noch $w(t)$ in der Definition (2.343) aus (2.348) unter Berücksichtigung von (2.350) berechnet. Man erhält mit $x(t)$ nach (2.335)

$$\begin{aligned}w(t) &= \left[x(t)+\mathrm{j}\,\hat{x}(t)\right]\mathrm{e}^{-\mathrm{j}\omega_c t}\\ &= \left[i(t)\cos(\omega_c t)-q(t)\sin(\omega_c t)+\mathrm{j}\left[i(t)\sin(\omega_c t)+q(t)\cos(\omega_c t)\right]\right]\mathrm{e}^{-\mathrm{j}\omega_c t}\\ &= \left[i(t)\mathrm{e}^{\mathrm{j}\omega_c t}+\mathrm{j}\,q(t)\mathrm{e}^{\mathrm{j}\omega_c t}\right]\mathrm{e}^{-\mathrm{j}\omega_c t} = i(t)+\mathrm{j}\,q(t)\end{aligned} \qquad (2.353)$$

in Übereinstimmung mit (2.343), w. z. b. w.

2.4.4 Zeitdiskrete Signale

Die bisher betrachteten Signale waren kontinuierliche Funktionen der Zeit mit wertkontinuierlichen oder wertdiskreten Funktionsverläufen. *Zeitdiskrete Signale* — auch *Zeitreihen* genannt — wurden so weit nicht behandelt. Zeitdiskrete Signale sind nur zu gewissen Zeitpunkten t_n definiert, wobei in der Regel ein äquidistantes Zeitraster $\ldots t_{-2}, t_{-1}, t_0, t_1, t_2, \ldots$ mit der Periode $T = t_k - t_{k-1}$ angenommen wird.

Ihre Werte können sowohl einem kontinuierlichen als auch einem diskreten Wertevorrat angehören.

Zeitdiskrete Signale, deren Wertevorrat abzählbar ist, werden kurz als *digitale Signale* bezeichnet. Sie treten bei der Darstellung von Zeichenfolgen wie Texten, Datenreihen oder anderen diskreten Objekten auf. Aber auch die meisten, von ihrer Entstehung her, kontinuierlichen Signale lassen sich — zumindest näherungsweise — mit den Methoden der Abtastung und Quantisierung, die in Kapitel 4 ausführlich untersucht werden, in digitale Signale abbilden. Wählt man für die Werte der digitalen Signale eine duale Zahlendarstellung, so lassen sie sich durch binäre Signale, die nur zwei Wertstufen — z. B. $+1$ und -1 — annehmen, eindeutig darstellen. Binärsignale werden häufig in der Nachrichtenverarbeitung bevorzugt, da sie technisch einfacher zu handhaben sind.

Nach der raschen Entwicklung des Gebiets der digitalen Signalverarbeitung spielen digitale Signale heute eine dominante Rolle. Eine Domäne digitaler Signale ist die Simulation nachrichtenverarbeitender Systeme auf Rechenanlagen. Die dabei benutzten Modelle für Nachrichtenquellen beruhen heute durchweg auf Algorithmen, die originär digital sind. In Kapitel 3 werden derartige stochastische Modellquellen, deren Musterfunktionen durch zeitdiskrete Signale in Form von Zufallszahlenfolgen dargestellt werden, mit ihren Merkmalen eingehend diskutiert.

Wegen der Bedeutung, die zeitdiskreten Signalen in weiten Bereichen der Signaltheorie zukommt, sollen hier einige Grundbegriffe derartiger Signale erläutert werden.

Zeitdiskrete Signale werden durch Folgen $\{x(n)\}$ dargestellt, deren Elemente $x(n)$ kontinuierliche oder diskrete Werte repräsentieren und jeweils im zeitlichen Abstand T aufeinander folgen. n bezeichnet die n-te Stelle in der Folge, also einen Zeitpunkt in der zeitlich geordneten Folge. Für den mathematischen Umgang mit zeitdiskreten Signalen gelten die folgenden Regeln.

Zwei Folgen $\{s_1(n)\}$ und $\{s_2(n)\}$ sind gleich, wenn für alle n Gleichheit der entsprechenden Elemente $s_1(n) = s_2(n)$ gilt.

Die Summe zweier Folgen ergibt sich durch Addition der Folgenelemente mit gleichem Argument n:

$$\{s_1(n)\} + \{s_2(n)\} = \{s_1(n) + s_2(n)\}. \qquad (2.354)$$

2.4 Spezielle Signale

Zwei Folgen $\{s_1(n)\}$ und $\{s_2(n)\}$ werden miteinander multipliziert, indem man jeweils die Elemente mit gleichem Argument multipliziert:

$$\{s_1(n)\} \cdot \{s_2(n)\} = \{s_1(n) \cdot s_2(n)\}. \tag{2.355}$$

Zur Multiplikation einer Folge mit einer Konstanten c wird jedes Element mit c multipliziert:

$$c \cdot \{s(n)\} = \{c \cdot s(n)\}. \tag{2.356}$$

Verschiebung, Translation von $\{s(n)\}$ um $\pm k$ Zeittakte liefert die Folge $\{s(n \pm k)\}$.

Eine Folge heißt *kausal*, wenn

$$s(n) = 0 \qquad \text{für alle } n < 0. \tag{2.357}$$

Eine *endliche Folge* besitzt von Null verschiedene Elemente nur in einem endlichen Argumentbereich.

Diskrete Faltung zweier Folgen heißt für die Elemente

$$\{f(n)\} * \{g(n)\} = \sum_{k=-\infty}^{\infty} f(k)\{g(n-k)\} = \sum_{k=-\infty}^{\infty} \{f(n-k)\}g(k). \tag{2.358}$$

Ist eine der Folgen, z. B. $\{f(k)\}$ kausal, so gilt

$$\{f(n)\} * \{g(n)\} = \sum_{k=0}^{\infty} f(k)\{g(n-k)\} = \sum_{k=-\infty}^{n} \{f(n-k)\}g(k), \tag{2.359}$$

sind beide Folgen kausal, so folgt

$$\{f(n)\} * \{g(n)\} = \sum_{k=0}^{n} f(k)\{g(n-k)\} = \sum_{k=0}^{n} \{f(n-k)\}g(k). \tag{2.360}$$

Zwei wichtige zeitdiskrete Signale, die als Testsignale und zur Darstellung anderer Signale verwendet werden, sind die *Deltafolge* $\delta(n)$ und die *Sprung-* oder *Stufenfolge* $\sigma(n)$.

Als Deltafolge bezeichnet man eine durch die Elemente

$$\delta(n) = \begin{cases} 1 & \text{für} \quad n = 0, \\ 0 & \text{für} \quad n \neq 0 \end{cases} \tag{2.361}$$

oder in verschobener Form durch

$$\delta(n-n_0) = \begin{cases} 1 & \text{für} \quad n = n_0, \\ 0 & \text{für} \quad n \neq n_0 \end{cases} \tag{2.362}$$

definierte Folge. Im Gegensatz zur in 2.4.1.1 besprochenen Deltafunktion $\delta(t)$ ist $\{\delta(n)\}$ ein „normales" Signal, das keiner Sonderbehandlung bedarf.

Mit Hilfe der Deltafolge kann ein beliebiges zeitdiskretes Signal in der Form

$$\{s(n)\} = \sum_{k=-\infty}^{\infty} s(k) \cdot \{\delta(n-k)\} \tag{2.363}$$

dargestellt werden.

Die Sprungfolge $\{\sigma(n)\}$ wird mit der Vorschrift

$$\sigma(n) = \begin{cases} 1 & \text{für} \quad n \geq 0, \\ 0 & \text{für} \quad n < 0 \end{cases} \tag{2.364}$$

für ihre Elemente $\sigma(n)$ definiert.

Zeitdiskrete Signale können durch eine Tabelle, eine Rechenvorschrift, z. B. in Form einer Rekursionsgleichung, oder durch die wertkontinuierlichen oder quantisierten Abtastwerte eines kontinuierlichen Signals definiert werden. Einige Beispiele mögen die unterschiedlichen Bildungsgesetze erläutern.

1. Endliche Zahlenfolgen

   Endliche Folgen werden direkt durch Angabe aller Folgenelemente wie etwa

   $$\{x(n)\} = \left\{\frac{1}{2}, 1, \frac{3}{2}, 2, \frac{5}{2}, 3\right\} \tag{2.365}$$

   oder

   $$\{s(n)\} = \{0, 1, 2, 3, 2, 1, 0\} \tag{2.366}$$

   festgelegt. Auch mit Hilfe der Faltungsrelation (2.358) können Fogen spezifiziert werden. Aus zwei zeitdiskreten Rechteckimpulsen

   $$\{s_1(n)\} = \{s_2(n)\} = \{1, 1, 1\} = \sigma(n) - \sigma(n-3) \tag{2.367}$$

2.4 Spezielle Signale

für $n = 0, 1, 2$ und Null sonst, erhält man den Dreiecksimpuls

$$\{s(n)\} = \{s_1(n)\} * \{s_2(n)\} = \sum_{k=0}^{2} s_1(n-k)\, s_2(k) \qquad (2.368)$$

durch Summation über $k = 0$ bis $k = 2$. Die Faltung liefert für $n < 0$ und $n > 4$ keinen Beitrag; damit folgt für $n = 0, \ldots, 4$

$$\{s(n)\} = \{1, 2, 3, 2, 1\}. \qquad (2.369)$$

2. **Zeitlich unbegrenzte Zahlenfolgen**

Die nächsten zwei Beispiele betreffen zeitdiskrete Signale, die sich aus einer parametrischen Darstellung herleiten, wertkontinuierlich und unbegrenzt oder einseitig begrenzt, d. h. kausal sind.

- Cosinusfolge

  Die Elemente der Folge sind definiert durch die diskreten Werte

  $$x(n) = \cos\left(2\pi \frac{t_i}{\Theta}\right) \qquad \text{für} \qquad t_i = nT, n = 0, \pm 1, \pm 2, \ldots, \qquad (2.370)$$

  die jeweils im zeitlichen Abstand T einer Cosinusschwingung mit der Periode Θ entnommen werden. Beispielsweise erhält man für $T = \Theta/4\pi$ die in Bild 2.30 dargestellt Folge

  $$\{x(n)\} = \left\{\cos\left(\frac{n}{2}\right)\right\}. \qquad (2.371)$$

- Exponentialfolge

  Unter der einseitigen Exponentialfolge versteht man kausale Folgen mit den Elementen

  $$x(n) = \begin{cases} a^n & \text{für} \quad n \geq 0, \\ 0 & \text{für} \quad n < 0, \end{cases} \qquad (2.372)$$

  mit der reellen Basis $0 < a < 1$. Beispiele sind für $a = 1/2$ die Folge

  $$\{x(n)\} = \{2^{-n}\}, \qquad n = 0, 1, \ldots, \qquad (2.373)$$

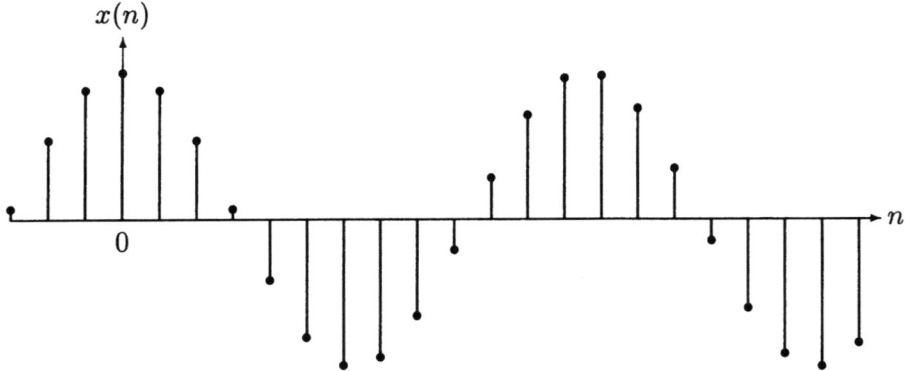

Bild 2.30: *Cosinusfolge*

oder für $a = e^{-\alpha}$

$$\{x(n)\} = \{e^{-\alpha n}\}, \qquad n = 0, 1, \ldots, \qquad (2.374)$$

mit reellem Parameter $\alpha > 0$.

Diese Folgen lassen sich ebenfalls auf ein zeitkontinuierliches Signal, den Exponentialimpuls (2.191), zurückführen.

3. Rekursive Folgen

Verknüpfungen aus verschiedenen Elementen einer Folge, z. B. von der Art

$$s(n) = \frac{1}{2} s(n-1) - \frac{1}{2} s(n-2) \qquad (2.375)$$

oder in nichtlinearer Form

$$s(n+1) = r \cdot s(n) \left[1 - s(n)\right], \qquad (2.376)$$

$$n = 1, 2, \ldots, \qquad 0 \leq s(0) \leq 1, \qquad 0 \leq r \leq 4,$$

bieten ebenfalls die Möglichkeit zur Definition zeitdiskreter Signale. Die durch (2.376) bestimmte Folge beschreibt die Entwicklung einer Population ausgehend von einer anfänglichen Dichte $s(0)$. Die auch als *logistische Abbildung* bekannte Relation (2.376) ist ein wichtiges Beispiel aus der Theorie der nichtlinearen Dynamik. Bild 2.31 zeigt Signalverläufe für unterschiedliche Werte des Parameters r.

2.4 Spezielle Signale

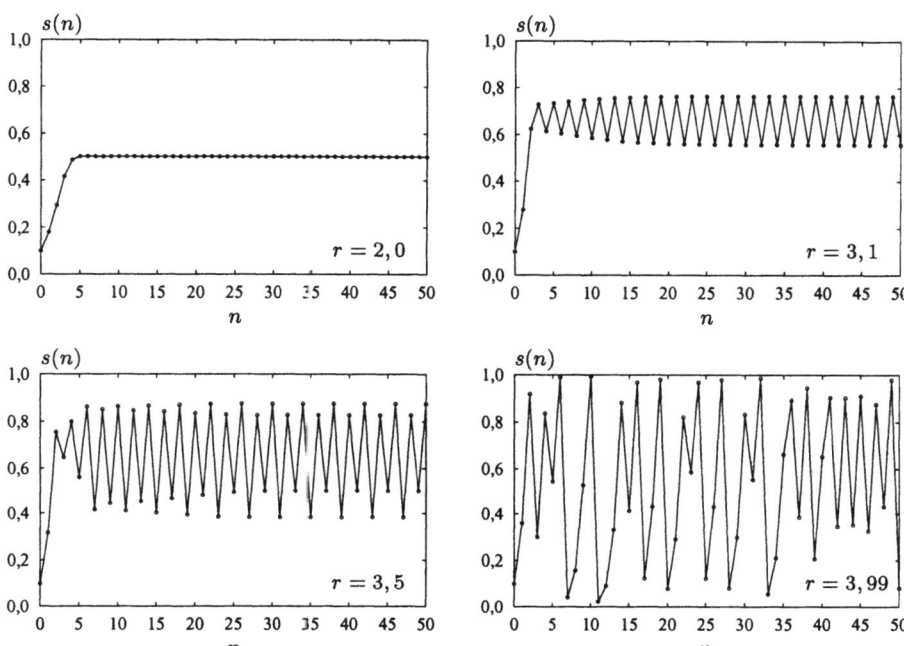

Bild 2.31: Durch die logistische Abbildung (2.376) erzeugte Signalverläufe für verschiedene Werte des Parameters r

4. Eine wichtige Klasse zeitdiskreter Signale bilden die durch periodische Abtastung mit der Periode T zeitkontinuierlicher Signale erzeugten. Die im Abstand T aufeinanderfolgenden „Abtastwerte" $x(nT)$, $n = \ldots, -2, -1, 0, 1, 2, \ldots$, bilden dann die Elemente der Nachrichtenfolge $\{x(n)\}$.

Die Spektrale Amplitudendichte $X(\Omega)$ eines zeitdiskreten Signals $\{x(n)\}$ wird durch die *zeitdiskrete Fourier-Transfomation* (DTFT, *Discrete Time Fourier Transform*)

$$X(\Omega) = \sum_{n=-\infty}^{\infty} x(n)\,\mathrm{e}^{-\mathrm{j}n\Omega} \qquad (2.377)$$

definiert, die der Folge $\{x(n)\}$ die kontinuierliche Spektralfunktion $X(\Omega)$ zuordnet. $\Omega = \omega T$ bezeichnet die auf die „Folgenfrequenz" $1/T$ normierte Frequenz ω.

$X(\Omega)$ ist eine komplexwertige, periodische Funktion mit der Periode 2π. Aus $X(\Omega)$ ergibt sich durch inverse zeitdiskrete Fourier-Transformation

(IDTFT) das zeitdiskrete Signal $\{x(n)\}$ mit den Elementen

$$x(n) = \frac{1}{2\pi} \int_{-\pi}^{\pi} X(\Omega)\, e^{jn\Omega}\, d\Omega. \qquad (2.378)$$

Bild 2.32 zeigt als Beispiel die zeitdiskrete Fourier-Transformierte der Cosinusfolge, Bild 2.33 die des zeitdiskreten Rechteckimpulses.

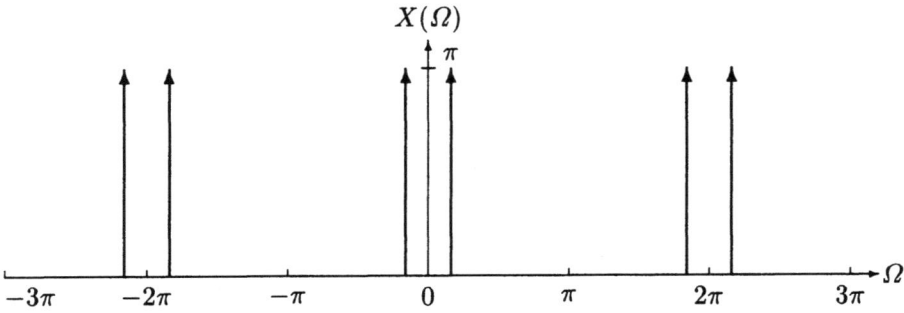

Bild 2.32: *Fourier-Transformierte der Cosinusfolge aus Bild 2.30*

Die beiden Gleichungen (2.377) und (2.378) entsprechen dem Transformationsgleichungspaar (2.128) und (2.127) der Fourier-Transformation zeitkontinuierlicher Signale. Von der zeitdiskreten Fourier-Transformation zu unterscheiden ist die in der digitalen Signalverarbeitung übliche *Diskrete Fourier-Transformation* (DFT), die eine endliche N-elementige Folge $\{x(n)\}$, $n = 0, \ldots, N-1$, in eine endliche Folge aus ebenfalls N Spektralwerten abbildet. Auf die Diskussion der DFT und ihre Realisierung durch „schnelle" Algorithmen wie der FFT (*Fast Fourier Transform*) soll hier nicht eingegangen werden, da zahlreiche Darstellungen in der Literatur zur Verfügung stehen, z. B. aus jüngster Zeit [Kam98].

Den oben definierten zeitdiskreten Signalen lassen sich Stufenfunktionen zuordnen, bei denen der zu einem diskreten Zeitpunkt t_k angenommene Signalwert bis zum nächsten Zeitpunkt t_{k+1} konstant gehalten wird, d. h. man setzt $s(t) = s(k)$ für $k < t \leq k + 1$. Diese aus zeitdiskreten Signalen abgeleiteten — im strengen Sinne zeitkontinuierlichen Signale — werden häufig in Anwendungen, beispielsweise bei der modulierten Übertragung von Signalen, verwendet.

2.4 Spezielle Signale

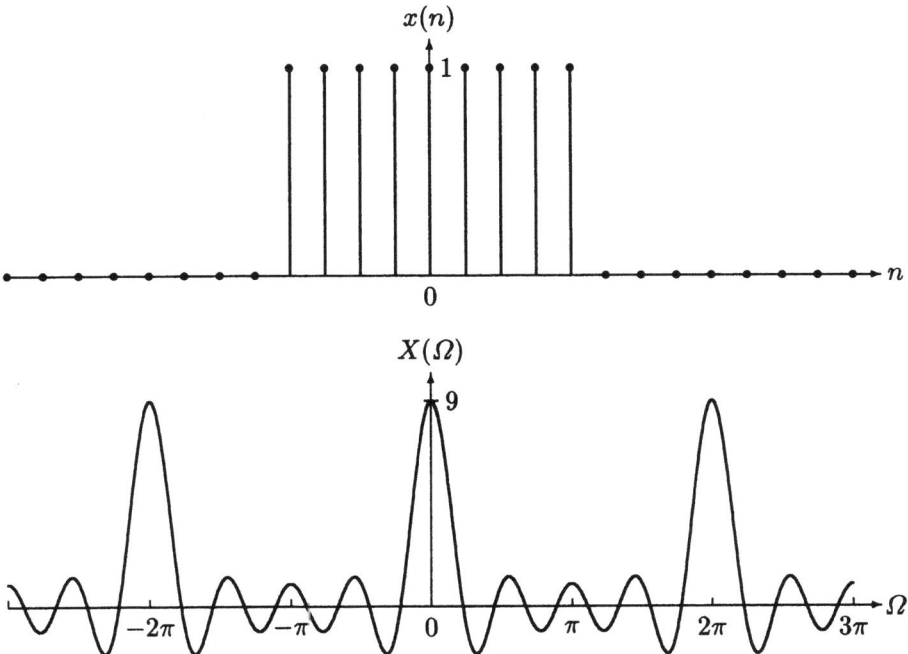

Bild 2.33: *Symmetrischer zeitdiskreter Rechteckimpuls und seine Fourier-Transformierte*

2.4.5 Modulierte Signale

Signale unterliegen bei ihrer Übertragung und Verarbeitung vielfältigen Umwandlungen, beispielsweise um sie an ein vorgegebenes Übertragungsmedium anzupassen, um Übertragungswege mehrfach ausnutzen zu können oder um ihre Empfindlichkeit gegenüber Störeinflüssen zu reduzieren. Häufig werden die informationstragenden Signale, die man auch als Nutzsignale bezeichnet, mit Hilfe eines Trägersignals in einen anderen Frequenzbereich transponiert, wobei zugleich eine Verformung der Spektralen Amplitudendichte des Nutzsignals erfolgen kann.

Eine wichtige Klasse derartiger Signalumwandlungsverfahren bilden die sogenannten *Modulationsverfahren*. Unter *Modulation* versteht man allgemein die Beeinflussung der Parameter des Trägersignals durch das Nutzsignal. Das entstehende Signal heißt moduliertes Signal. Die Rückgewinnung des Nutzsignals aus dem modulierten Signal wird als *Demodulation* bezeichnet.

Von besonderer Bedeutung sind cosinusförmige Trägersignale der Form (2.1)

$$x(t) = x_0 \cos(\omega_c t + \varphi_0), \qquad (2.379)$$

deren Parameter x_0, ω_c und φ_0 einzeln oder gemeinsam zeitlich dem Verlauf des Nutzsignals angepaßt werden; kurz: moduliert werden. Das entstehende modulierte Signal

$$x(t) = a(t) \cos[\psi(t)] \qquad (2.380)$$

wird hier durch die zeitabhängige Amplitude $a(t)$ — die Hüllkurve — und die zeitvariante Phase $\psi(t)$ charakterisiert.

Die Ableitung der Funktion $\psi(t)$ nach der Zeit definiert man als *Momentanfrequenz*

$$\omega(t) = \frac{\mathrm{d}\psi(t)}{\mathrm{d}t}. \qquad (2.381)$$

Ist — wie im Fall der harmonischen Schwingung — $\psi(t)$ eine lineare Funktion der Zeit

$$\psi(t) = \omega_c t + \varphi_0, \qquad (2.382)$$

so liefert die Ableitung die konstante Frequenz ω_c, die als *Trägerfrequenz* bezeichnet wird. Meistens wählt man ω_c groß, verglichen mit der Bandbreite der Spektralen Amplitudendichte des Nutzsignals. Das modulierte Signal ist dann ein schmalbandiges Signal und kann wie in 2.4.3 ausgeführt behandelt werden.

In technischen Anwendungen finden sich viele unterschiedliche Modulationsverfahren, die hier nicht alle besprochen werden können. Die folgenden Ausführungen beschränken sich daher auf Grundtypen modulierter Signale, wobei kontinuierliche und diskrete Nutzsignale und Trägersignale an Beispielen betrachtet werden.

2.4.5.1 Amplitudenmodulation

Bei der Amplitudenmodulation (AM) wird die Amplitude $a(t)$ einer hochfrequenten harmonischen Trägerschwingung (2.379) mit dem Nutzsignal $s(t)$ gesteuert. Das amplitudenmodulierte Signal besitzt im allgemeinen die Form

$$x(t) = [a_0 + s(t)] \cos(\omega_c t) = a_0 [1 + u(t)] \cos(\omega_c t) \qquad (2.383)$$

2.4 Spezielle Signale

mit der positiven Konstante a_0. Häufig wird $|u(t)| \leq 1$ vorausgesetzt. Das Maximum von $u(t)$ wird als *Modulationsgrad* bezeichnet. Ferner ist in der Regel $u(t)$ verglichen mit $\cos(\omega_c t)$ eine langsam veränderliche Zeitfunktion. Die Spektrale Amplitudendichte $U(\omega)$ von $u(t)$ sei frequenzbegrenzt mit der oberen Grenzfrequenz ω_g mit $\omega_g < \omega_c$. Bild 2.34a vermittelt einen Eindruck eines derartigen amplitudenmodulierten Signals.

Besonders übersichtlich ist der in Bild 2.34b dargestellte Signalverlauf, wenn das Nutzsignal $s(t)$ eine Cosinusfunktion ist, also durch

$$s(t) = s_0 \cos(\omega_0 t) \tag{2.384}$$

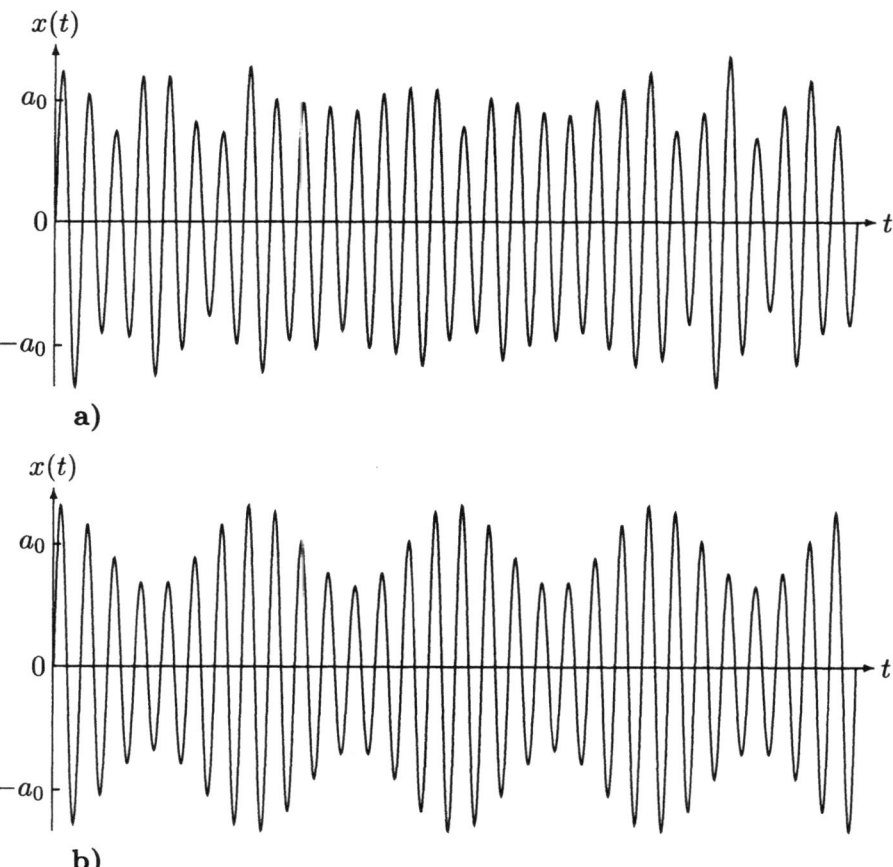

Bild 2.34: *Amplitudenmodulierte Signale*

gegeben ist. Das amplitudenmodulierte Signal besitzt dann die Form

$$x(t) = [a_0 + s_0 \cos(\omega_0 t)] \cos(\omega_c t) = a_0 \left[1 + \frac{s_0}{a_0} \cos(\omega_0 t)\right] \cos(\omega_c t).$$
(2.385)

Das Verhältnis
$$m = \frac{s_0}{a_0} \qquad (2.386)$$

bezeichnet dann den Modulationsgrad, wobei an die Stelle der Forderung $|u(t)| \leq 1$ die Bedingung

$$m \leq 1 \qquad (2.387)$$

tritt. Aus (2.385) erhält man hiermit

$$x(t) = a_0 \cos(\omega_c t) + \frac{a_0 m}{2} (\cos[(\omega_c - \omega_0)t] + \cos[(\omega_c + \omega_0)t]), \quad (2.388)$$

eine Überlagerung von drei Teilschwingungen mit den Frequenzen ω_c, $\omega_c - \omega_0$ und $\omega_c + \omega_0$. In den beiden Fällen in Bild 2.34 oszilliert das modulierte Signal mit der Trägerschwingung zwischen den beiden vom Nutzsignal erzeugten Hüllkurven.

Zur Spektralen Amplitudendichte $X(\omega)$ des modulierten Signals gelangt man durch Fourier-Transformation. Aus (2.383) erhält man

$$\begin{aligned}X(\omega) &= a_0\pi\left[\delta(\omega-\omega_c) + \delta(\omega+\omega_c)\right] + a_0\pi U(\omega) * \left[\delta(\omega-\omega_c) + \delta(\omega+\omega_c)\right]\\ &= a_0\pi\left[\delta(\omega-\omega_c) + \delta(\omega+\omega_c)\right]\\ &\quad + a_0\pi \int_{-\infty}^{\infty} U(\omega')\left[\delta(\omega-\omega_c-\omega') + \delta(\omega+\omega_c-\omega')\right] d\omega' \quad (2.389)\\ &= a_0\pi\left[\delta(\omega-\omega_c) + \delta(\omega+\omega_c)\right] + a_0\pi\left[U(\omega-\omega_c) + U(\omega+\omega_c)\right]\end{aligned}$$

mit $U(\omega) = 0$ für $|\omega| \geq \omega_g$. Die Spektrale Amplitudendichte besteht also aus den „Spektrallinien" der Trägerschwingung und den beiden jeweils um die Trägerfrequenz ω_c nach rechts und nach links verschobenen Spektralfunktionen des Nutzsignals. Bild 2.35 veranschaulicht den Sachverhalt anhand der Darstellung der Beträge der Spektralen Amplitudendichten. Man erkennt, daß $X(\omega)$ zwei um ω_c bzw. $-\omega_c$ jeweils „symmetrisch" angeordnete Spektralbereiche — Seitenbänder genannt — besitzt.

2.4 Spezielle Signale

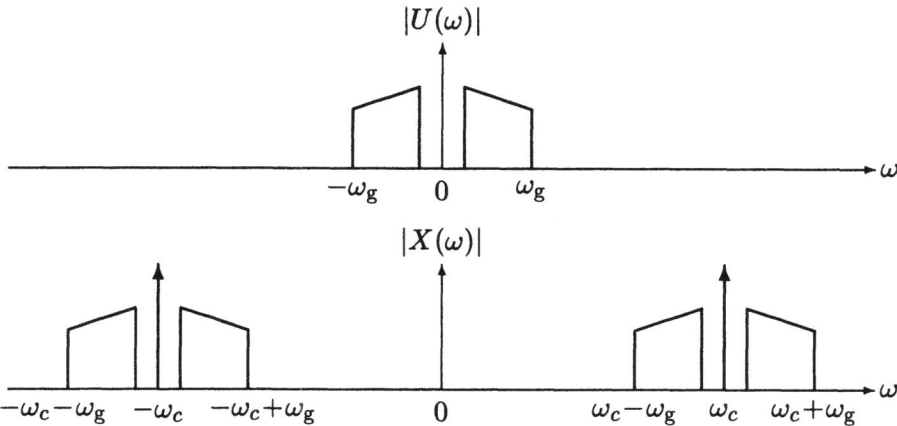

Bild 2.35: *Beträge der Spektralen Amplitudendichten $U(\omega)$ und $X(\omega)$ eines mit $u(t)$ amplitudenmodulierten Signals $x(t)$ gemäß (2.383)*

Die Demodulation kann durch Bestimmung der Hüllkurve $a(t)$ des modulierten Signals $x(t)$ und anschließende Extraktion des Nutzsignals erfolgen. Die Hüllkurve ergibt sich gemäß (2.344) aus der Inphase- und Quadraturkomponente, die wiederum aus $x(t)$, wie in Abschnitt 2.4.3 beschrieben, durch Multiplikation mit den harmonischen Schwingungen $\cos(\omega_k t)$ bzw. $-\sin(\omega_k t)$ hervorgehen. Hierbei braucht ω_k nicht mit ω_c übereinzustimmen. Der konstante Amplitudenanteil a_0 ermöglicht bei der Demodulation eine verzerrungsfreie Rückgewinnung des Nutzsignals aus der Hüllkurve, sofern zu jedem Zeitpunkt die Bedingung

$$a_0 + s(t) \geq 0 \tag{2.390}$$

erfüllt ist.

Amplitudenmodulation ist prinzipiell auch für kleinere Werte von a_0, insbesondere auch für $a_0 = 0$, möglich. Hierbei muß zur verzerrungsfreien Rückgewinnung von $s(t)$ allerdings ein anderes Verfahren verwendet werden, bei dem eine zur Trägerschwingung frequenz- und phasengleiche Schwingung $\cos(\omega_c t)$ benötigt wird. Multipliziert man das modulierte Signal $x(t)$ mit dieser Schwingung $\cos(\omega_c t)$, so folgt mit dem Additionstheorem $\cos^2 \alpha = \frac{1}{2}[1 + \cos(2\alpha)]$ das Signal

$$\begin{aligned} r(t) &= x(t) \cdot \cos(\omega_c t) = [a_0 + s(t)] \cos^2(\omega_c t) \\ &= \frac{a_0 + s(t)}{2} + \frac{a_0 + s(t)}{2} \cos(2\omega_c t) \, . \end{aligned} \tag{2.391}$$

Durch Unterdrückung des hochfrequenten Signalanteils kann hieraus das Nutzsignal gewonnen werden. Eine derartiges Verfahren, bei dem eine frequenz- und phasengleiche Schwingung benötigt wird, wird als *kohärente Demodulation* bezeichnet. Sie erfordert aufwendige Maßnahmen zur Synchronisation von Trägerschwingung und Schwingung des Empfängers. Auf die Synchronisationsmaßnahmen kann bei inkohärenten Verfahren, wie der oben erwähnten Hüllkurvendemodulation, verzichtet werden. In Bild 2.36 sind die entsprechenden Signale bei kohärenter Demodulation im Falle $a = 0$ und bei inkohärenter Demodulation für $a_0 \neq 0$ dargestellt.

2.4.5.2 Phasen- und Frequenzmodulation

Phasen- und Frequenzmodulation gehören zu den Winkelmodulationsverfahren, wobei der Frequenzmodulation die größere praktische Bedeutung zukommt. Bei ihnen ist das Argument, der „Winkel", $\psi(t)$ eines cosinusförmigen Trägersignals

$$x(t) = A \cos\left[\psi(t)\right] = A \cos\left[\psi(s(t))\right] \qquad (2.392)$$

eine streng monotone Funktion der Zeit und vom Nutzsignal $s(t)$ abhängig. Der positive Faktor A bleibt dabei konstant. Der Zusammenhang zwischen $x(t)$ und $s(t)$ ist hier nichtlinear. Die zeitliche Ableitung des Winkels

$$\dot{\psi}(t) = \frac{\mathrm{d}\psi(t)}{\mathrm{d}t} = \omega(t) > 0 \qquad (2.393)$$

gibt wieder die sogenannte Momentan- oder Augenblicksfrequenz an.

Ändert sich die Phase von $x(t)$ im Takt des Nutzsignals entsprechend

$$\psi(t) = \omega_c t + k \cdot s(t), \qquad (2.394)$$

so spricht man von *Phasenmodulation* (PM), wobei ω_c wieder die Trägerfrequenz bezeichnet und k eine positive reelle Konstante bedeutet. Das phasenmodulierte oder PM-Signal besitzt dann also die Form

$$x(t) = A \cos\left[\omega_c t + k \cdot s(t)\right]. \qquad (2.395)$$

Die Variationsbreite der Phasenschwankung wird durch den Ausdruck $k \cdot s(t)$ bestimmt. Geht man davon aus, daß das Nutzsignal $s(t)$ um den Mittelwert Null schwankt, so ist die Variationsbreite durch $\Delta\psi = k \left|s(t)\right|$ gegeben.

2.4 Spezielle Signale

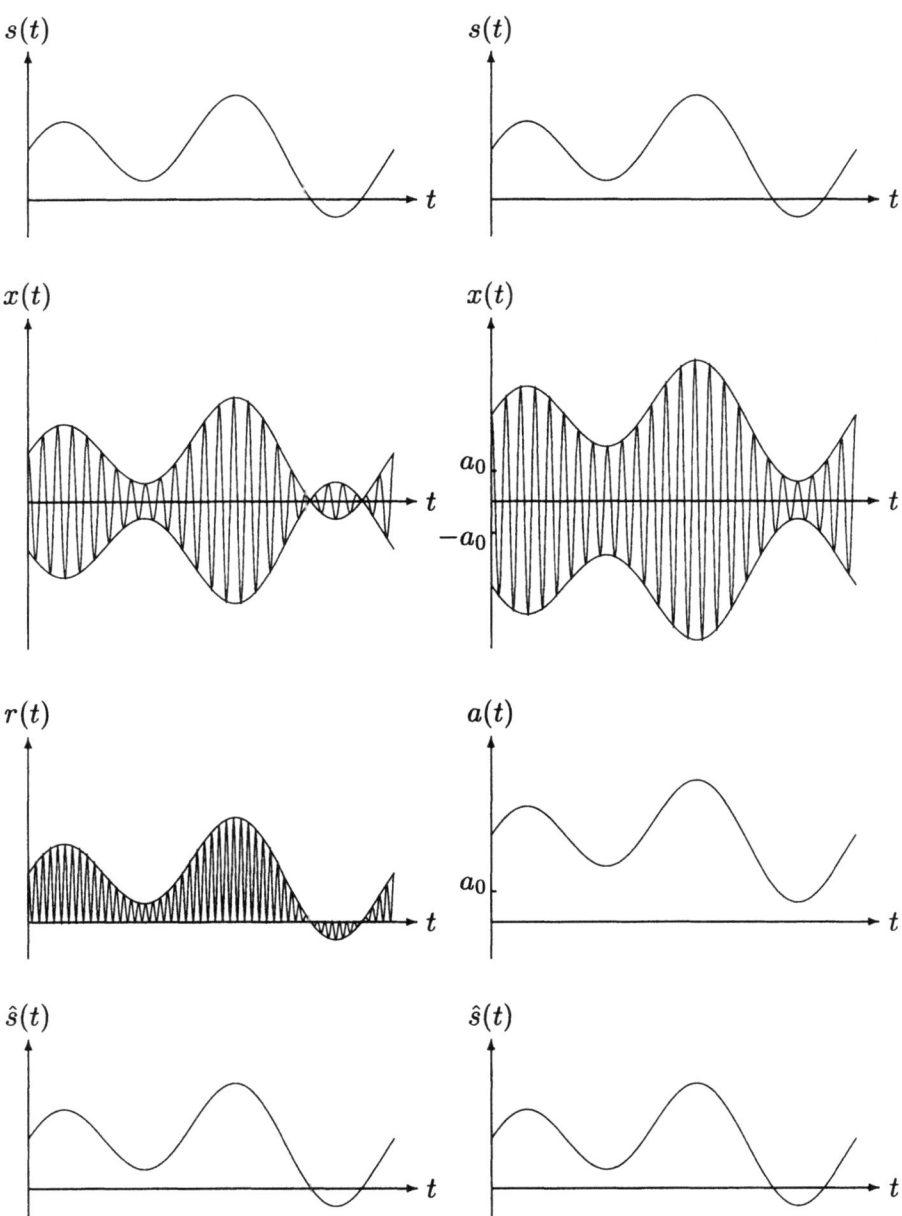

Bild 2.36: *Nutzsignal $s(t)$, amplitudenmoduliertes Signal $x(t)$, Signal zur Rückgewinnung $r(t)$ und demoduliertes Signal $\hat{s}(t)$ bei kohärenter Demodulation im Falle $a_0 = 0$ (linke Seite) sowie bei inkohärenter Demodulation (rechte Seite)*

Für die Momentanfrequenz eines PM-Signals gilt nach (2.393)

$$\omega(t) = \omega_c + k\,\frac{\mathrm{d}s(t)}{\mathrm{d}t}. \qquad (2.396)$$

Im Spezialfall einer harmonischen Schwingung

$$s(t) = s_0 \cos(\omega_0 t) \qquad (2.397)$$

als Nutzsignal gilt

$$\psi(t) = \omega_c t + k s_0 \cos(\omega_0 t) \qquad (2.398)$$

und

$$\omega(t) = \omega_c - k s_0 \omega_0 \sin(\omega_0 t). \qquad (2.399)$$

Das Produkt $k \cdot s_0$ in (2.398) beschreibt den *Phasenhub* und $k s_0 \omega_0$ in (2.399) den von ω_0 abhängigen *Frequenzhub*, also den Variationsbereich von Phase bzw. Frequenz.

Frequenzmodulation (FM) liegt vor, wenn sich die Momentanfrequenz

$$\omega(t) = \dot{\psi}(t) = \omega_c + k \cdot s(t) \qquad (2.400)$$

im Takt des Nutzsignals $s(t)$ ändert. Für den Winkel $\psi(t)$ erhält man allgemein

$$\psi(t) = \int_{-\infty}^{t} \dot{\psi}(t')\,\mathrm{d}t' = \omega_c t + k \int_{-\infty}^{t} s(t')\,\mathrm{d}t' \qquad (2.401)$$

oder mit der Abkürzung

$$y(t) = k \int_{-\infty}^{t} s(t')\,\mathrm{d}t' \qquad (2.402)$$

$$\psi(t) = \omega_c t + y(t). \qquad (2.403)$$

Das frequenzmodulierte Signal besitzt dann allgemein die Form

$$x(t) = A \cos[\omega_c t + y(t)]. \qquad (2.404)$$

Im Spezialfall der harmonischen Schwingung $s(t) = s_0 \cos(\omega_0 t)$ ergibt sich die Momentanfrequenz

$$\omega(t) = \omega_c + k s_0 \cos(\omega_0 t) = \omega_c + \Delta\omega \cos(\omega_0 t) \qquad (2.405)$$

2.4 Spezielle Signale

mit dem Frequenzhub $\Delta\omega = k \cdot s_0$, der in diesem Fall unabhängig von ω_0 ist, und der Winkel

$$\psi(t) = \omega_c t + \frac{ks_0}{\omega_0} \sin(\omega_0 t). \qquad (2.406)$$

Der Phasenhub ist hier ks_0/ω_0, also abhängig von ω_0; er wird als *Modulationsindex* bezeichnet. Die Darstellung des frequenzmodulierten Signals lautet damit

$$x(t) = A \cos\left(\omega_c t + \frac{ks_0}{\omega_0} \sin(\omega_0 t)\right). \qquad (2.407)$$

Ändert sich das Nutzsignal $s(t)$ nur langsam im Vergleich zu $\omega_c t$, so kann ebenso ein phasenmoduliertes wie auch ein frequenzmoduliertes Signal in guter Näherung als ein sinusförmiges Signal aufgefaßt werden, dessen Frequenz sich von Periode zu Periode geringfügig verändert. Ein Vergleich von (2.395) und (2.404) zeigt ferner, daß das PM-Signal des integrierten Nutzsignals $s(t)$ dem FM-Signal von $s(t)$ entspricht. Umgekehrt stimmt das FM-Signal des differenzierten Nutzsignals mit dem PM-Signal von $s(t)$ überein. Aus diesem Grund ist es nicht möglich, allein aus der Form des modulierten Signals zu schließen, ob es sich um ein FM- oder PM-Signal handelt.

Bild 2.37 zeigt am Beispiel eines im Intervall $0 < t < T$ gleichmäßig ansteigenden und sonst konstanten Nutzsignals die zugehörigen PM- und FM-Signale sowie den Verlauf ihrer Momentanfrequenzen.

Die Spektrale Amplitudendichte eines frequenzmodulierten Signals läßt sich im allgemeinen Fall nicht geschlossen herleiten. Anhand zweier Sonderfälle soll daher das spektrale Verhalten erläutert werden.

1. Der Phasenhub sei klein, es gelte also $|y(t)| \ll 1$. Für das Signal aus (2.404)

$$\begin{aligned} x(t) &= A \cos[\omega_c t + y(t)] \\ &= A \cos(\omega_c t) \cos y(t) - A \sin(\omega_c t) \sin y(t) \end{aligned} \qquad (2.408)$$

erhält man also mit $|y(t)| \ll 1$, wegen $\cos y(t) \approx 1$ und $\sin y(t) \approx y(t)$,

$$x(t) = A \cos(\omega_c t) - A y(t) \sin(\omega_c t). \qquad (2.409)$$

Das frequenzmodulierte Signal ähnelt also der Form (2.383) des amplitudenmodulierten Signals mit dem Unterschied, daß im zweiten Summanden $-\sin(\omega_c t)$ statt $\cos(\omega_c t)$ steht.

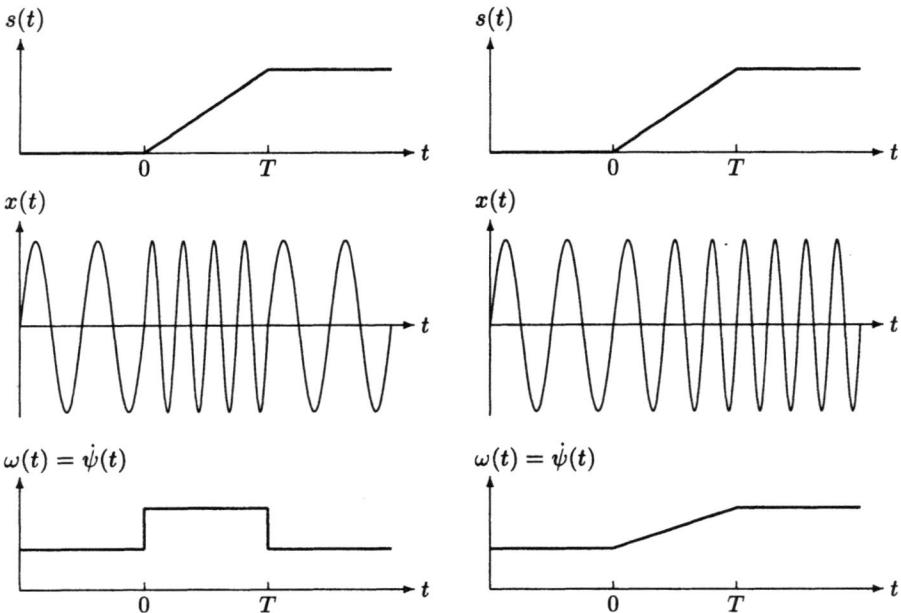

Bild 2.37: *Beispiel zur Phasenmodulation (linke Seite) und Frequenzmodulation (rechte Seite)*

Fourier-Transformation führt auf

$$X(\omega) = A\pi\left[\delta(\omega-\omega_c)+\delta(\omega+\omega_c)\right] - \frac{A\pi}{j} Y(\omega)*[\delta(\omega-\omega_c)-\delta(\omega+\omega_c)], \quad (2.410)$$

wobei die Fourier-Transformierte $Y(\omega)$ von $y(t)$ mit der Spektralen Amplitudendichte $S(\omega)$ des modulierenden Signals $s(t)$ durch die Beziehung

$$Y(\omega) = \frac{1}{j\omega} S(\omega) \qquad (2.411)$$

verknüpft ist. Aus (2.410) folgt unter Berücksichtigung von (2.411)

$$\begin{aligned}X(\omega) &= A\pi\left[\delta(\omega-\omega_c)+\delta(\omega+\omega_c)\right] \\ &\quad + A\pi\left(\frac{S(\omega-\omega_c)}{\omega-\omega_c} - \frac{S(\omega+\omega_c)}{\omega+\omega_c}\right).\end{aligned} \qquad (2.412)$$

Die Spektrale Amplitudendichte (2.412) unterscheidet sich also deutlich von der des amplitudenmodulierten Signals.

2.4 Spezielle Signale

Ist $s(t)$ frequenzbegrenzt mit einer Spektralen Amplitudendichte $S(\omega) = 0$ für $|\omega| \geq \omega_g$ und ist $\omega_c > \omega_g$, liegt also ein im Sinne von 2.4.3 schmalbandiges Signal vor, so ergibt sich eine Spektrale Amplitudendichte mit zwei Seitenbändern um die Trägerfrequenz ω_c. Die Spektrale Amplitudendichte des frequenzmodulierten Signals besitzt dann bei kleinem Phasenhub eine ähnliche Form mit gleicher Frequenzbandbreite wie das des amplitudenmodulierten Signals. Diese Eigenschaft geht bei großem Phasenhub verloren.

2. Das Nutzsignal sei eine Cosinusschwingung der Form

$$s(t) = s_0 \cos(\omega_0 t). \tag{2.413}$$

Mit der Abkürzung

$$\Delta\omega = k\, s_0, \tag{2.414}$$

dem Frequenzhub, erhält man für das frequenzmodulierte Signal (2.407) den Ausdruck

$$x(t) = A\cos(\omega_c t)\cos\left(\frac{\Delta\omega}{\omega_0}\sin(\omega_0 t)\right) - A\sin(\omega_c t)\sin\left(\frac{\Delta\omega}{\omega_0}\sin(\omega_0 t)\right). \tag{2.415}$$

Die darin vorkommenden Terme der Form $\cos(z\sin\vartheta)$ und $\sin(z\sin\vartheta)$ lassen sich in Fourierreihen

$$\cos(z\sin\vartheta) = J_0(z) + 2\sum_{n=1}^{\infty} J_{2n}(z)\cos(2n\vartheta) \tag{2.416}$$

und

$$\sin(z\sin\vartheta) = 2\sum_{n=0}^{\infty} J_{2n+1}(z)\sin[(2n+1)\vartheta] \tag{2.417}$$

entwickeln, deren Koeffizienten die *Besselfunktionen erster Art n-ter Ordnung* $J_n(z)$ sind ([Abr70]361). Damit nimmt das modulierte Signal die Gestalt

$$x(t) = A \cdot J_0\left(\frac{\Delta\omega}{\omega_0}\right)\cos(\omega_c t) + A\sum_{n=1}^{\infty} J_{2n}\left(\frac{\Delta\omega}{\omega_0}\right) 2\cos(\omega_c t)\cos(2n\omega_0 t)$$

$$- A\sum_{n=0}^{\infty} J_{2n+1}\left(\frac{\Delta\omega}{\omega_0}\right) 2\sin(\omega_c t)\sin[(2n+1)\omega_0 t] \tag{2.418}$$

an. Mit den Additionstheoremen
$$2\cos\alpha\cos\beta = \cos(\alpha-\beta) + \cos(\alpha+\beta) \qquad (2.419)$$
und
$$2\sin\alpha\sin\beta = \cos(\alpha-\beta) - \cos(\alpha+\beta) \qquad (2.420)$$
folgt weiter

$$x(t) = A \cdot J_0\left(\frac{\Delta\omega}{\omega_0}\right)\cos(\omega_c t)$$

$$+ A\sum_{n=1}^{\infty} J_{2n}\left(\frac{\Delta\omega}{\omega_0}\right)\Big(\cos[(\omega_c - 2n\omega_0)t] + \cos[(\omega_c + 2n\omega_0)t]\Big) \qquad (2.421)$$

$$- A\sum_{n=0}^{\infty} J_{2n+1}\left(\frac{\Delta\omega}{\omega_0}\right)\Big(\cos[(\omega_c - (2n+1)\omega_0)t] - \cos[(\omega_c + (2n+1)\omega_0)t]\Big)$$

und, nach Zusammenfassung der Summen,

$$\begin{aligned} x(t) &= A \cdot J_0\left(\frac{\Delta\omega}{\omega_0}\right)\cos(\omega_c t) + A\sum_{n=1}^{\infty} J_n\left(\frac{\Delta\omega}{\omega_0}\right)\cos[(\omega_c + n\omega_0)t] \\ &\quad + A\sum_{n=1}^{\infty}(-1)^n J_n\left(\frac{\Delta\omega}{\omega_0}\right)\cos[(\omega_c - n\omega_0)t] \\ &= A \cdot J_0\left(\frac{\Delta\omega}{\omega_0}\right)\cos(\omega_c t) \qquad (2.422) \\ &\quad + A\sum_{n=1}^{\infty} J_n\left(\frac{\Delta\omega}{\omega_0}\right)\Big(\cos[(\omega_c + n\omega_0)t] + (-1)^n\cos[(\omega_c - n\omega_0)t]\Big). \end{aligned}$$

Das FM-Signal zu $s(t) = s_0 \cos(\omega_0 t)$ besitzt also ein zu beiden Seiten der Trägerfrequenz unendlich ausgedehntes Linienspektrum. Der Abstand der verschiedenen Seitenfrequenzen zur Trägerfrequenz ω_c entspricht jeweils verschiedenen Vielfachen der Frequenz ω_0 des Nutzsignals.

Die von den Besselfunktionen J_n bestimmten Amplituden zu den Seitenfrequenzen gerader Ordnung besitzen hierbei jeweils gleiche Vorzeichen, die ungerader Ordnung jeweils entgegengesetzte Vorzeichen. Bild 2.38 gibt das Linienspektrum für die beiden Werte des Modulationsindexes $\Delta\omega/\omega_0 = 1$ und $\Delta\omega/\omega_0 = 5$ wieder.

2.4 Spezielle Signale

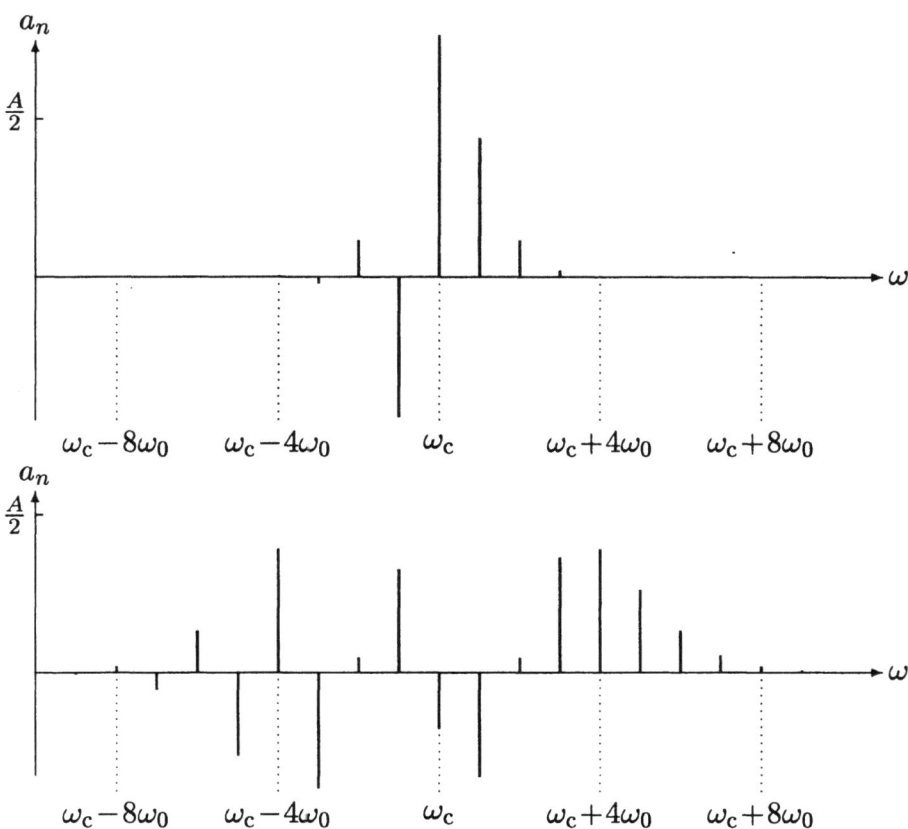

Bild 2.38: *Spektrum des FM-Signals (2.407) für $\Delta\omega/\omega_0 = 1$ (oberes Bild) und $\Delta\omega/\omega_0 = 5$ (unteres Bild)*

Anhand dieser Darstellung läßt sich erkennen, daß die Amplituden der Seitenfrequenzen für große Werte von n rasch abfallen. Das Spektrum besteht im wesentlichen aus $\frac{\Delta\omega}{\omega_0} + 1$ jeweils rechts und links der Trägerfrequenz angeordneten Spektrallinien. Der Bandbreitenbedarf eines FM-Signals kann daher näherungsweise durch $2\omega_0(\frac{\Delta\omega}{\omega_0} + 1)$, die sogenannte *Carson-Bandbreite*, angegeben werden. Er ist somit etwa $(\frac{\Delta\omega}{\omega_0} + 1)$-mal so groß wie bei der Amplitudenmodulation.

Die Demodulation eines frequenzmodulierten Signals kann durch Differentiation und anschließende Bestimmung der Hüllkurve des FM-Signals erfolgen. Aufgrund der Kettenregel besitzt die erste Ableitung eines frequenzmodulierten Signals $x(t) = \cos[\psi(t)]$ die Gestalt

$$\frac{\mathrm{d}x(t)}{\mathrm{d}t} = -\frac{\mathrm{d}\psi(t)}{\mathrm{d}t} \sin[\psi(t)], \qquad (2.423)$$

deren Hüllkurve $\mathrm{d}\psi(t)/\mathrm{d}t = \omega(t)$ der Momentanfrequenz entspricht. Nach (2.400) ist diese nach Abtrennen der Konstanten direkt dem Nutzsignal $s(t)$ proportional. Eine derartige Anordnung zur Demodulation eines frequenzmodulierten Signals wird FM-Diskriminator genannt.

Frequenzmodulierte Signale spielen in der Praxis zur Übertragung von Sprach-, Ton- und Bildnachrichten beim UKW-Rundfunk (oder auch beim Fernsehrichtfunk) eine wichtige Rolle. Kenndaten der UKW-Signale sind: $\omega_c/2\pi = 87,5\ldots 108\,\mathrm{MHz}$, Frequenzhub $\Delta\omega = \pm 75\,\mathrm{kHz}$, Nutzsignalbandbreite: 30 Hz bis 15 kHz, Modulationsindex $\eta = 5\ldots 2500$, Modulationsgrad $m_\mathrm{F} = \Delta\omega/\omega_c = 0,075\,\%$. Ein Merkmal frequenzmodulierter Signale ist ihre Unempfindlichkeit gegenüber durch Störungen verursachte Amplitudenschwankungen.

2.4.5.3 Digitale Modulation cosinusförmiger Trägersignale

Häufig ist eine direkte Verarbeitung digitaler Signale bei tiefen Frequenzen im originalen Frequenzbereich nicht möglich. Dies gilt insbesondere bei der drahtlosen Übertragung digitaler Signale. In diesen Fällen müssen die niederfrequenten digitalen *Basisband*-Signale durch entsprechende Modulationsverfahren in höhere Frequenzbereiche umgesetzt werden. Im folgenden sollen einige der heute üblichen Verfahren der *digitalen Modulation* eines cosinusförmigen, — bezogen auf die Bandbreite des Signals hochfrequenten — Trägersignals betrachtet werden.

Prinzipiell beruhen die Verfahren auf den gleichen Ansätzen wie die zuvor besprochenen analogen Verfahren der Beeinflussung der Trägersignalparameter durch das Nutzsignal, das hier durch eine Folge von diskreten Nachrichtenelementen, die im zeitlichen Abstand T aufeinanderfolgen, gegeben ist. Ein derartiges Nutzsignal verändert die Parameter Amplitude und Winkel des schmalbandigen Trägersignals

$$x(t) = a(t) \cdot \cos[\omega_c t + \varphi(t)] \qquad (2.424)$$

jeweils nach Ablauf der Zeitspanne T sprunghaft, so daß eine Folge endlicher Cosinusschwingungen der Dauer T mit den jeweils durch das Nutzsignal bestimmten Parameterwerten entsteht. Dieses Signal bildet das digital modulierte Signal.

2.4 Spezielle Signale

Die mathematische Beschreibung derartiger Signale kann sich auf die in 2.4.3 und 2.4.4 getroffenen Feststellungen stützen. Ausgangspunkt sei die Darstellung

$$x(t) = \text{Re}\left\{w(t)\,e^{j\omega_c t}\right\}, \qquad (2.425)$$

die das modulierte Signal durch die komplexe Hüllkurve, das äquivalente Tiefpaßsignal,

$$w(t) = a(t)\,e^{j\varphi(t)} \qquad (2.426)$$

und die Trägerschwingung mit der Frequenz ω_c ausdrückt.

Geht man davon aus, daß die Nutzsignalfolge aus M unterschiedlichen Elementen gebildet wird, so besteht das modulierte Signal $x(t)$ aus ebenfalls M unterschiedlichen, endlichen Abschnitten harmonischer Schwingungsformen $x_m(t)$, die durch M komplexe Hüllkurvensignale $w_m(t)$, $m = 1, \ldots, M$, beschrieben werden können.

Im Falle der digitalen Amplitudenmodulation, die als *Pulsamplitudenmodulation* (PAM, *amplitude shift keying*, ASK) bezeichnet wird, unterscheiden sich die einzelnen Schwingungsformen allein durch ihre Amplituden und man erhält die Basisband-Teilsignale

$$w_m(t) = A_m, \qquad (2.427)$$

die häufig noch zusätzlich mit einem reellen impulsförmigen Signal $u(t)$ multipliziert werden; $u(t)$ ermöglicht eine Beeinflussung der Bandbreite der Spektralen Amplitudendichte. Einige gebräuchliche, auf die Symboldauer T begrenzte Impulsformen sind: Rechteckimpuls, Dreiecksimpuls, Gaußimpuls, Sinushalbwelle.

Damit ergeben sich die Teilträgersignale

$$x_m(t) = \text{Re}\left\{A_m\,u(t)\,e^{j\omega_c t}\right\} = A_m\,u(t)\cos(\omega_c t). \qquad (2.428)$$

Die Werte A_m werden in der Regel so gewählt, daß sie äquidistant und symmetrisch zum Amplitudennullpunkt liegen. Bei binärer PAM besteht das modulierte Signal $x(t)$ aus den beiden Trägerschwingungen

$$x_1(t) = A\,u(t)\cos(\omega_c t) \qquad (2.429)$$

und

$$x_2(t) = -A\,u(t)\cos(\omega_c t) = -x_1(t), \qquad (2.430)$$

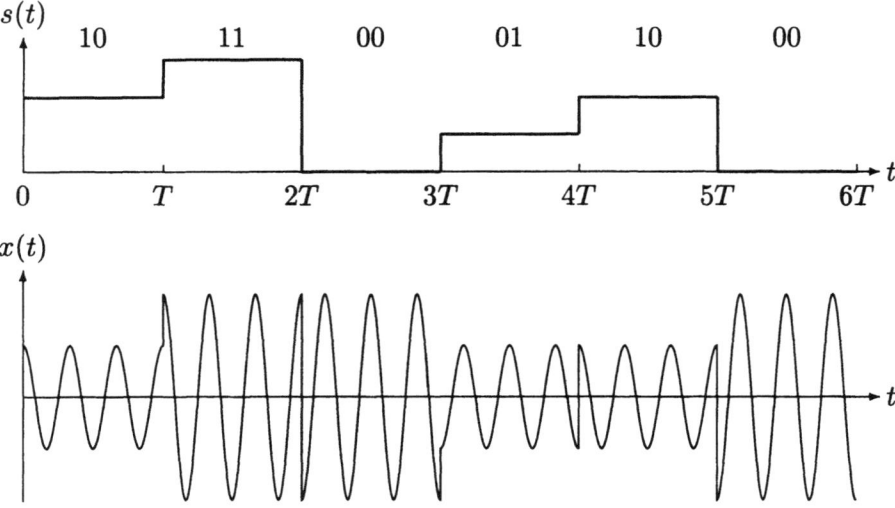

Bild 2.39: *Vierstufiges PAM-Signal*

die jeweils während einer Zeitspanne T präsent sind. Als Beispiel zeigt Bild 2.39 ein vierstufiges PAM-Signal mit dem zugehörigen Basisbandsignal. Die vier Stufen sind durch Binärzahlen 00, 01, 10 und 11 gekennzeichnet.

Beim *Phasenumtastverfahren* (PSK, *phase shift keying*) werden den M Symbolen der Nachrichtenfolge die verschiedenen Phasen

$$\varphi_m = 2\pi \frac{m-1}{M}, \qquad m = 1, \ldots, M, \tag{2.431}$$

zugeordnet. Die Teilträgersignale besitzen dann die Form (mit $A = 1$)

$$\begin{aligned} x_m(t) &= \text{Re}\left\{ u(t)\, e^{j\varphi_m}\, e^{j\omega_c t} \right\} \tag{2.432} \\ &= u(t) \cos\left(\omega_c t + 2\pi \frac{m-1}{M} \right), \qquad m = 1, \ldots, M. \end{aligned}$$

Ist $u(t) = 1$ im Intervall $kT \leq t < (k+1)T$, so hat das PSK-Signal eine konstante Amplitude. Für eine binäre Nachrichtenfolge aus den Wertstufen 0 und 1 besteht das modulierte Trägersignal aus den beiden Teilschwingungen

$$x_1(t) = \cos(\omega_c t) \tag{2.433}$$

und

$$x_2(t) = \cos(\omega_c t + \pi) = -\cos(\omega_c t) = -x_1(t). \tag{2.434}$$

2.4 Spezielle Signale

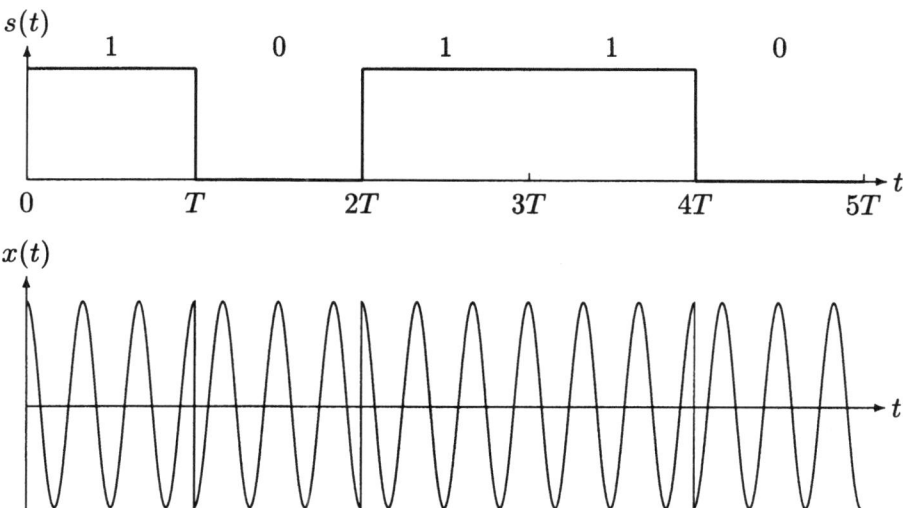

Bild 2.40: *Binäres PSK-Signal*

Bild 2.40 gibt ein Beispiel eines derartigen Signals.

Werden die M Elemente eines digitalen Signals durch die um $\pm\frac{m}{2}\Delta\omega$ veränderten Frequenzen $\omega_m = \omega_c \pm \frac{m}{2}\Delta\omega$ der harmonischen Trägerschwingung ω_c dargestellt, so spricht man von *Frequenzumtastung* (FSK, *frequency shift keying*). Die Frequenzen ω_m sind so gewählt, daß die Differenzen zwischen je zwei benachbarten Frequenzen gleich sind. Dieses Verfahren entspricht der Frequenzmodulation bei kontinuierlichen Signalen.

Die Teilträgersignale lauten in diesem Falle

$$x_m(t) = \cos\left(\omega_c t \pm \frac{m}{2}\Delta\omega\, t\right), m = 1, \ldots, M. \tag{2.435}$$

Bei geeigneter Wahl des Frequenzabstandes $\Delta\omega$ werden die Signale x_m orthogonal zueinander. In Bild 2.41 ist das modulierte Signal im Falle einer binären FSK dargestellt.

Die Realisierung des FSK-Verfahrens erfordert M Oszillatoren, die im Takt der Nachrichtenfolge sprunghaft umgeschaltet werden müssen. Dies führt zu einer merklichen Erhöhung der Bandbreite des modulierten Signals. Dieser Nachteil wird durch das weiterentwickelte CPFSK-Verfahren (von *continuous phase frequency shift keying*) vermieden. Es

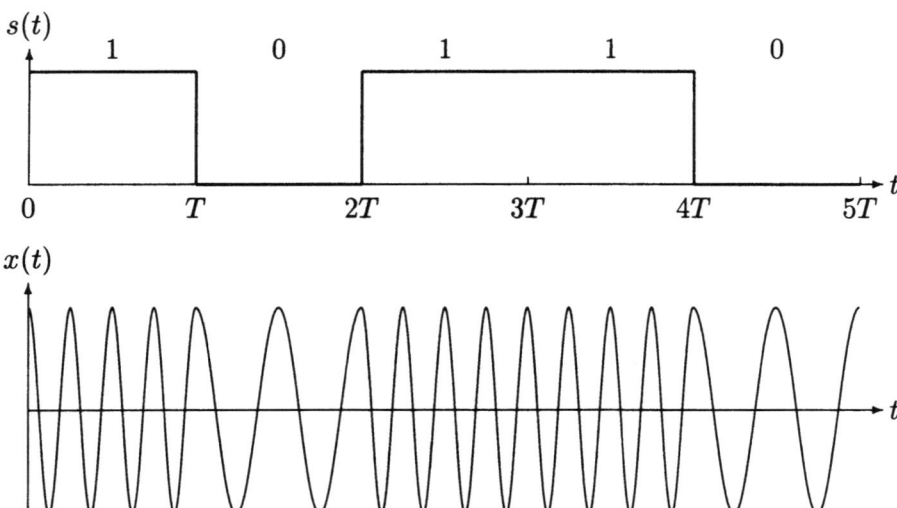

Bild 2.41: *Binäres FSK-Signal*

führt zu einem kontinuierlichen Phasenverlauf an den Grenzen der Symbolintervalle beim Umschalten der Frequenz (Näheres siehe [Pro89]172).

Neben den hier skizzierten gibt es eine Reihe weiterer digitaler Modulationsverfahren — wie die *differentielle Phasenumtastung* (DPSK), die *Quadratur-Pulsamplitudenmodulation* (QAM) oder das MSK-Verfahren (von *minimum shift keying*) — auf die hier nicht näher eingegangen werden kann (siehe z. B. [Pro89]94).

Eine vergleichende Bewertung der verschiedenen Modulationsverfahren erfordert eine genaue Analyse des Bandbreitenbedarfs der modulierten Signale pro Nachrichtensymbol, der Störempfindlichkeit bei gestörter Übertragung derartiger Signale und des Realisierungsaufwands.

3 Stochastische Signale

3.1 Einleitung

Stochastische Signale sind Musterfunktionen oder Realisierungen eines Stochastischen Prozesses, der mit den Methoden der Wahrscheinlichkeitstheorie mathematisch beschrieben werden kann. In einem Experiment offenbart der Prozeß jeweils eine bestimmte Musterfunktion, die zufällig aus dem Ensemble aller möglichen Musterfunktionen ausgewählt wird. Ein derartiges Experiment wird daher als Zufallsexperiment bezeichnet. Mit der durch das Zufallsexperiment getroffenen Auswahl ist die Musterfunktion als Funktion der Zeit t für den gesamten Definitionsbereich von t bekannt.

Die Physik kennt eine Reihe von Schwankungserscheinungen, die als Stochastische Prozesse angesehen werden können. Bekannte Vertreter derartiger Erscheinungen sind die *Brownsche Bewegung* und das *Thermische Rauschen* elektrischer ohmscher Leiter. Die thermische Bewegung der Elektronen in einem solchen Leiter erzeugt aufgrund ihrer vielfältigen Wechselwirkungen und der damit verbundenen zeitlich veränderlichen Verteilung der Ladungsträger zwischen seinen Enden meßbare Spannungsschwankungen, deren zeitlicher Verlauf prinzipiell nicht vorhergesagt werden kann. Dennoch unterliegt dieses physikalische System, das durch die thermodynamische Temperatur T und den ohmschen Widerstand R definiert wird, in seinem dynamischen Verhalten statistischen Gesetzmäßigkeiten. Wenn auch a priori vor der Messung der Spannungsschwankungen an einem Widerstand ihr spezieller zeitlicher Verlauf nicht bekannt ist, so bilden alle möglichen Zeitfunktionen ein Ensemble von Musterfunktionen eines wohldefinierten Stochastischen Prozesses. Ein einzelner Meßvorgang, der in diesem Sinne als Zufallsexperiment aufzufassen ist, wählt eine spezielle Musterfunktion aus.

Hier soll auf die physikalischen Schwankungserscheinungen nicht näher eingegangen werden; ihnen ist ein eigenes Kapitel 3.10.6 gewidmet.

Neben den bisher angesprochenen „natürlichen" Stochastischen Prozessen spielen Stochastische Prozesse als Modelle in der Signaltheorie, der mathematischen Behandlung von Nachrichtenquellen und Nachrichtenkanälen, heute eine bedeutende Rolle. Dabei steht nicht die Darstellung einzelner Signalfunktionen — wie in Kapitel 2 — im Vordergrund, sondern die Beschreibung einer Klasse von Signalfunktionen mit gewissen gemeinsamen Eigenschaften. Im Unterschied zu den „natürlichen" Zufallsprozessen, bei denen die Verläufe der Musterfunktionen des Ensembles nicht bekannt sind, wird bei den Modellen auf die Berücksichtigung bestimmter Parameter oder Merkmale der Scharmitglieder bewußt verzichtet, da sie für die Lösung der relevanten Probleme nicht benötigt werden; man begnügt sich — im Interesse einer vereinfachten, modellhaften Beschreibung — also mit einer pauschalen Beschreibung der Signalklasse.

Ein Beispiel möge diesen Modellansatz verdeutlichen. Beim Entwurf und der Optimierung von Übertragungsverfahren für Sprachsignale wäre es nicht zweckmäßig, einzelne bestimmte Realisierungen sprachlicher Äußerungen — etwa eines ausgewählten Sprechers — mit ihren speziellen Ausprägungen zugrundezulegen. Vielmehr wird man sich auf allgemeine Signalmerkmale, die für die Klasse der Sprachsignale insgesamt charakteristisch und damit allen Musterfunktionen der Klasse eigen sind, stützen, um zu einem universellen Sprachübertragungsverfahren zu gelangen. In einem späteren Abschnitt dieses Kapitels wird ein entsprechendes Modell eines Stochastischen Prozesses zur Beschreibung von Sprachsignalen vorgestellt und näher diskutiert.

3.2 Grundbegriffe: Zufallsexperiment, Ergebnis, Ereignis, Wahrscheinlichkeit, Zufallsvariable

Zunächst seien die Grundbegriffe der Wahrscheinlichkeitstheorie zusammengestellt. Ein Zufallsexperiment ist — im Gegensatz zum deterministischen Experiment — dadurch charakterisiert, daß auch unter gleichen Versuchsbedingungen der Versuchsausgang a priori ungewiß ist und unterschiedliche Versuchsergebnisse eintreten können. Das im (gedachten) Zufallsexperiment erhaltene *Ergebnis* ω_i erscheint als Realisierung aus der Menge der möglichen Ergebnisse, der *Ergebnismenge* oder des *Ergebnisraums* Ω. Man sagt auch: Im Zufallsexperiment prägt sich ein bestimmtes Merkmal des Zufallsmechanismus aus.

3.2 Grundbegriffe

Um zu einer wahrscheinlichkeitstheoretischen Bewertung des Zufallsergebnisses zu kommen, muß man die Ergebnisse ω_i des Ergebnisraums Ω in meßbare Teilmengen, die *Ereignisse* A_i, zusammenfassen. Die A_i sind (Mengen-) Elemente des *Ereignisraums* oder *Ereignisfeldes* $\mathcal{A}$. $\mathcal{A}$ enthält, neben den gewählten Teilmengen, die Ergebnismenge Ω, das *sichere Ereignis*, und alle Mengen, die durch die Bildung von Vereinigung $\cup$, Durchschnitt $\cap$ und Negation $\overline{A_i}$ der Elemente A_i einschließlich der leeren Menge, dem *unmöglichen Ereignis* $\emptyset$, entstehen. Einen derartigen Ereignisraum bezeichnet man als σ-Algebra über Ω.

Es sei angemerkt, daß ein Ergebnis zu mehreren Ereignissen gehören kann. Während das Zufallsexperiment stets nur ein Ergebnis hat, kann es mehrere Ereignisse erzeugen. Die Teilmenge A_i läßt keinen Rückschluß auf ein bestimmtes Ergebnis ω_i zu. Andererseits kann ein Ereignis A_i nur ein einziges Ergebnis enthalten; ein solches Ereignis heißt *Elementarereignis*. Schließlich bezeichnet man zwei Ereignisse, die kein gemeinsames Ergebnis enthalten, als disjunkt.

Die bisher betrachteten Definitionen sind unmittelbar verständlich, wenn es sich um endlich viele Ergebnisse — mit dem typischen Beispiel des Würfelspiels — handelt. Das Ereignisfeld ist dann durch die Potenzmenge der Ergebnisse bestimmt. Im Falle kontinuierlich verteilter Ergebnisse — wie bei der oben erwähnten Spannung eines „rauschenden" Widerstandes — kann die Abzählbarkeit der Ergebnisse durch Quantisierung des Ergebnisraums erreicht werden; man faßt jeweils einen gewissen Bereich der Meßergebnisse in einem Quantisierungsintervall zusammen. Die Wahl der Größe der Quantisierungsintervalle kann sich am physikalischen Auflösungsvermögen der Meßmethode orientieren oder auch gewisse Vergröberungen berücksichtigen.

Erfüllen die Ereignisse die genannten Bedingungen der σ-Algebra, so läßt sich jedem Ereignis A_i die Wahrscheinlichkeit $P(A_i)$ zuordnen. Die Wahrscheinlichkeiten $P(A_i)$ sind reelle Zahlen aus dem Intervall $[0, 1]$, die ihrerseits durch bestimmte von Kolmogoroff angegebene Axiome definiert sind. Sie lauten

1. $\quad P(A_i) \geq 0,$ \hfill (3.1)

2. $\quad P(\Omega) = 1,$ \hfill (3.2)

3. $\quad P(A_i \cup A_j) = P(A_i) + P(A_j), \quad \text{falls} \quad A_i \cap A_j = \emptyset.$ \hfill (3.3)

Aus diesen Axiomen folgt

$$P(\overline{\Omega}) = P(\emptyset) = 0, \qquad (3.4)$$

$$P(A_i \cup A_j) = P(A_i) + P(A_j) - P(A_i \cap A_j), \qquad (3.5)$$

falls A_i und A_j nicht disjunkt sind.

Die axiomatische Einführung der Wahrscheinlichkeit liefert keine Meßvorschrift, die es erlaubt, die Wahrscheinlichkeit experimentell zu bestimmen. Hier ist man auf Schätzungen angewiesen, die auf der Messung der *relativen Häufigkeit* beruhen, mit der ein bestimmtes Ereignis beobachtet wird. Sei n_A die Anzahl des bei N Ausführungen des Zufallsexperimentes beobachteten Ereignisses A, so wird der Quotient n_A/N als Schätzwert für die zugeordnete Wahrscheinlichkeit angesehen. Dabei geht man von der Erwartung aus, daß mit wachsender Anzahl von Versuchen n_A/N gegen einen festen Wert konvergiert.

Eine quantitative wahrscheinlichkeitstheoretische Bewertung eines Zufallsexperimentes wird durch die Definition einer *Zufallsvariablen* ermöglicht, wobei hier nur reelle Zufallsvariablen betrachtet werden sollen. Die Zufallsvariable ist eine Funktion $\xi(\omega)$, die jedem Ergebnis ω des Zufallsexperimentes eine reelle Zahl ξ zuordnet. Damit gilt, daß für jeden Wert x die durch die Bedingung $\xi(\omega) \leq x$ definierte Menge der Ergebnisse ein Ereignis ist, also Element des Ereignisraumes $\mathcal{A}$ ist, dem eine gewisse Wahrscheinlichkeit zukommt. Man schreibt

$$\{\omega | \xi(\omega) \leq x\} \in \mathcal{A} \qquad \text{für alle reellen } x. \qquad (3.6)$$

Die Wahrscheinlichkeit für das Eintreten von (3.6) erscheint in der Form

$$P(\{\omega | \xi(\omega) \leq x\}). \qquad (3.7)$$

Es gilt, daß die Wahrscheinlichkeit eines Ereignisses gleich Null ist, das durch Ergebnisse mit $\xi = -\infty$ oder $\xi = +\infty$ gebildet wird.

Im allgemeinen ist $\xi(\omega)$ keine umkehrbar eindeutige Funktion, so daß man aus einem speziellen Wert von ξ nicht das zugehörige Ergebnis ω bestimmen kann. Den Wert, den die Zufallsvariable für ein bestimmtes Argument annimmt, bezeichnet man als *Realisierung* der Zufallsvariablen. Eine Zufallsvariable kann einen diskreten oder einen kontinuierlichen Wertevorrat besitzen; man spricht daher von diskreten oder kontinuierlichen Zufallsvariablen. Ist die Ergebnismenge Ω abzählbar, so ist

ξ stets eine diskrete Zufallsvariable. Den Ergebnissen eines Zufallsexperimentes können jeweils auch zwei — beispielsweise $\xi(\omega)$ und $\eta(\omega)$ — oder mehrere Zufallsvariable zugeordnet werden.

Der Ausdruck „Zufallsvariable" ist im Wortsinne eigentlich irreführend, da es sich um eine wohldefinierte Funktion handelt, der nichts Zufälliges anhaftet. Zufällig ist nur das Eintreten eines speziellen Wertes ω_i als Ergebnis des Zufallsexperimentes.

3.3 Wahrscheinlichkeitsverteilung, Wahrscheinlichkeitsverteilungsdichte

Das durch (3.7) definierte Ereignis mit der Wahrscheinlichkeit

$$D_\xi(x) = P(\{\omega | \xi(\omega) \leq x\}) \tag{3.8}$$

ist eine nicht abnehmende, positivwertige, auf den Wertebereich $[0, 1]$ beschränkte Funktion von x. Sie wird als *Wahrscheinlichkeitsverteilungsfunktion* bezeichnet. Sie existiert auch für Werte x, die ξ nicht annimmt. Bei kontinuierlichen Zufallsvariablen verläuft $D_\xi(x)$ stetig; bei diskreten Zufallsvariablen weist $D_\xi(x)$ Sprünge an den diskreten Stellen $x = x_i$, die den diskreten Ergebnissen ω_i entsprechen, auf. Für das unmögliche Ereignis, dem $x = -\infty$ entspricht, ist

$$D_\xi(-\infty) = 0; \tag{3.9}$$

für das sichere Ereignis, dem $x = +\infty$ entspricht, ist

$$D_\xi(+\infty) = 1. \tag{3.10}$$

Ist $D_\xi(x)$ als Funktion von x differenzierbar, so definiert der Differentialquotient

$$p_\xi(x) = \frac{\mathrm{d}D_\xi(x)}{\mathrm{d}x} \tag{3.11}$$

die positivwertige *Wahrscheinlichkeitsdichtefunktion* — oder kurz *Dichte* — der Zufallsvariablen. Umgekehrt bestimmt die Dichte gemäß

$$D_\xi(x) = \int_{-\infty}^{x} p_\xi(x')\,\mathrm{d}x' \tag{3.12}$$

die Verteilungsfunktion.

Ist eine Zufallsvariable η durch eine stetig differenzierbare Funktion

$$\eta = g(\xi) \tag{3.13}$$

gegeben, so erhält man die Wahrscheinlichkeitsdichte $p_\eta(y)$ der Zufallsvariablen η aus der Dichte $p_\xi(x)$ der Zufallsvariablen ξ durch die Bedingung, daß die Wahrscheinlichkeit $P(A)$ eines Ereignisses A unabhängig davon ist, welche Wertemengen die Zufallsvariablen ξ bzw. η diesem Ereignis zuordnen. Insbesondere muß für eine stetige Zufallsvariable ξ gelten

$$P(\{\omega | y \leq \eta(\omega) \leq y + \mathrm{d}y\}) = P(\{\omega | x \leq \xi(\omega) \leq x + \mathrm{d}x\}), \quad y = g(x), \tag{3.14}$$

und damit für eine streng monotone Funktion $g(x)$

$$p_\eta(y)\,|\mathrm{d}y| = p_\xi(x)\,|\mathrm{d}x|, \qquad y = g(x). \tag{3.15}$$

Daraus ergibt sich für die transformierte Dichte $p_\eta(y)$

$$p_\eta(y) = \frac{p_\xi(x)}{\left|\frac{\mathrm{d}y}{\mathrm{d}x}\right|} = \frac{p_\xi(x)}{|g'(x)|}, \qquad y = g(x), \tag{3.16}$$

mit der Ableitung $g'(x)$ der Funktion $g(x)$. Gehören zu einem festen Wert y mehrere Werte $x_1, \ldots, x_n$ (s. Bild 3.1), so folgt entsprechend

$$p_\eta(y)\,|\mathrm{d}y| = \sum_{i=1}^{n} p_\xi(x_i)\,|\mathrm{d}x_i| \tag{3.17}$$

und daraus

$$p_\eta(y) = \sum_{i=1}^{n} \frac{p_\xi(x_i)}{|g'(x_i)|}, \qquad y = g(x_i), \quad i = 1, \ldots, n. \tag{3.18}$$

Sind zwei Zufallsvariable ξ und η über der Ergebnismenge definiert, so ist — in Analogie zu (3.6) — das *Verbundereignis* durch

$$\{\omega | \xi(\omega) \leq x\} \cap \{\omega | \eta(\omega) \leq y\} \tag{3.19}$$

beschrieben. Die Wahrscheinlichkeit für das gemeinsame Auftreten sowohl von $\xi \leq x$ als auch $\eta \leq y$ ist eine Funktion der beiden Variablen x und y und wird als (*zweidimensionale*) *gemeinsame Verteilungsfunktion*

$$D_{\xi\eta}(x,y) = P(\{\omega | \xi(\omega) \leq x\} \cap \{\omega | \eta(\omega) \leq y\}) \tag{3.20}$$

3.3 Wahrscheinlichkeitsverteilung, Wahrscheinlichkeitsdichte

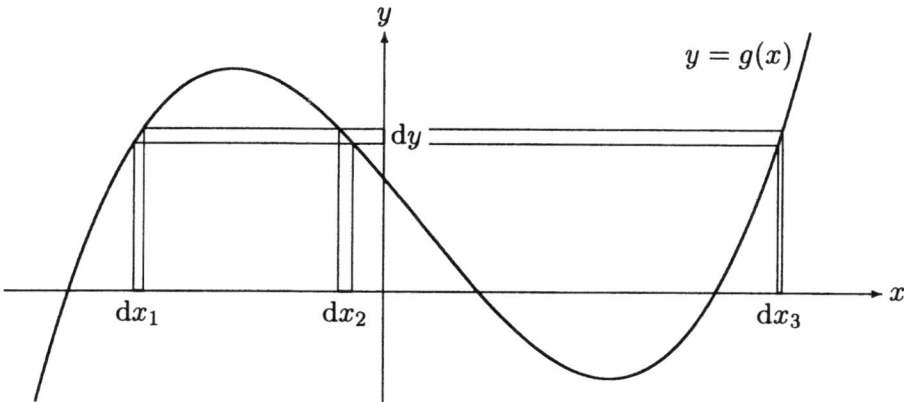

Bild 3.1: Zur Berechnung der Wahrscheinlichkeitsdichte $p_\eta(y)$ der Zufallsvariablen $\eta = g(\xi)$ aus $p_\xi(x)$

bezeichnet. Setzt man die Existenz voraus, so folgt die (*zweidimensionale*) *gemeinsame Verteilungsdichte* aus (3.20) durch Differentiation

$$p_{\xi\eta}(x,y) = \frac{\partial^2 D_{\xi\eta}(x,y)}{\partial x \partial y}. \tag{3.21}$$

Aus (3.21) erhält man umgekehrt die Verteilungsfunktion

$$D_{\xi\eta}(x,y) = \int_{-\infty}^{y} \int_{-\infty}^{x} p_{\xi\eta}(x',y')\,dx'\,dy' \tag{3.22}$$

durch Integration. Die Integration über jeweils nur eine Variable liefert die sogenannten *Randdichten*

$$p_\xi(x) = \int_{-\infty}^{\infty} p_{\xi\eta}(x,y)\,dy, \tag{3.23}$$

$$p_\eta(y) = \int_{-\infty}^{\infty} p_{\xi\eta}(x,y)\,dx. \tag{3.24}$$

Aus (3.22) ergeben sich in Verbindung mit (3.23) und (3.24) die Relationen

$$D_{\xi\eta}(x,+\infty) = D_\xi(x), \tag{3.25}$$

$$D_{\xi\eta}(+\infty, y) = D_\eta(y), \tag{3.26}$$

$$D_{\xi\eta}(x, -\infty) = D_{\xi\eta}(-\infty, y) = 0, \tag{3.27}$$

$$D_{\xi\eta}(+\infty, +\infty) = 1. \tag{3.28}$$

Die beiden Zufallsvariablen heißen *statistisch unabhängig*, wenn

$$p_{\xi\eta}(x, y) = p_\xi(x) \cdot p_\eta(y) \tag{3.29}$$

gilt, die gemeinsame Wahrscheinlichkeitsdichtefunktion durch das Produkt der beiden Randdichten dargestellt werden kann. Entsprechend gilt in diesem Fall statistischer Unabhängigkeit

$$D_{\xi\eta}(x, y) = D_\xi(x) \cdot D_\eta(y). \tag{3.30}$$

Die weitere Diskussion der Verteilungsfunktionen und Verteilungsdichtefunktionen und einiger von ihnen abgeleiteter Größen — auch für den Fall von mehr als zwei Zufallsvariablen — sei hier zurückgestellt. Sie soll in Kapitel 3.5 wieder aufgenommen werden.

3.4 Zufallsprozesse

Mit den in 3.2 eingeführten Festlegungen kann ein *Stochastischer Prozeß* oder *Zufallsprozeß* wie folgt definiert werden: Unter einem Zufallsprozeß sei eine Funktion $\xi(\omega, t)$ verstanden, die jedem Ergebnis ω aus der Ergebnismenge Ω eines Zufallsexperimentes eindeutig eine reelle Zeitfunktion derart zuordnet, daß $\xi(\omega, t)$ für jeden Zeitpunkt t aus einem gegebenen Zeitbereich T_ξ eine Zufallsvariable ist. Ein Zufallsprozeß ist also eine Funktion von zwei Parametern, wobei durch das nicht vorhersagbare Ergebnis ω eines Zufallsexperimentes eine Zeitfunktion als Musterfunktion des Prozesses für alle t aus T_ξ bestimmt wird.

Während $\xi(\omega, t)$ für variable ω und t den Zufallsprozeß mit allen Musterfunktionen beschreibt, bezeichnet $\xi(\omega, t)$ für einen bestimmten Wert ω eine einzelne Musterfunktion, also eine normale Zeitfunktion. Wählt man t fest, so ist $\xi(\omega, t)$ eine Zufallsvariable. Sind beide Parameter ω und t festgelegt, so bedeutet $\xi(\omega, t)$ einen bestimmten Zahlenwert, den Wert einer bestimmten Musterfunktion zu einem festen Zeitpunkt.

Die für Zufallsvariablen eingeführten Definitionen lassen sich direkt auf Zufallsprozesse übertragen, wenn das Verhalten der Prozesse für feste

3.4 Zufallsprozesse

Zeitpunkte betrachtet wird. Für die (eindimensionale) Wahrscheinlichkeitsverteilungsfunktion erhält man so anstatt (3.8)

$$D_\xi(x, t_1) = P(\{\omega | \xi(\omega, t_1) \leq x\}), \qquad (3.31)$$

wobei der Parameter $t = t_1$ der durch das Zufallsexperiment fest vorgegebene Zeitpunkt ist. Entsprechend gilt für die Wahrscheinlichkeitsdichtefunktion

$$p_\xi(x, t_1) = \frac{\partial D_\xi(x, t_1)}{\partial x} \qquad (3.32)$$

mit der Umkehrung

$$D_\xi(x, t_1) = \int_{-\infty}^{x} p_\xi(x', t_1)\, \mathrm{d}x'. \qquad (3.33)$$

Für das sichere Ereignis ergibt sich

$$D_\xi(+\infty, t_1) = \int_{-\infty}^{\infty} p_\xi(x', t_1)\, \mathrm{d}x' = 1; \qquad (3.34)$$

demgegenüber bedeutet

$$D_\xi(-\infty, t_1) = 0 \qquad (3.35)$$

das unmögliche Ereignis. Die Größen $D_\xi(x,t)$ und $p_\xi(x,t)$ sind — wie die Argumentlisten ausdrücken — nicht nur Funktionen von x, sondern auch vom Parameter t, d. h. wählt man anstelle des Zeitpunkts t_1 der Zeit t einen anderen Zeitpunkt, so ergeben sich im allgemeinen andere Funktionsverläufe.

Die Analyse eines Zufallsprozesses zu zwei verschiedenen festen Zeitpunkten t_1 und t_2 führt — entsprechend (3.20) — auf die gemeinsame (zweidimensionale) Wahrscheinlichkeitsverteilung

$$D_{\xi_1\xi_2}(x_1, x_2, t_1, t_2) = P(\{\omega | \xi(\omega, t_1) \leq x_1\} \cap \{\omega | \xi(\omega, t_2) \leq x_2\}) \qquad (3.36)$$

mit $\xi_1 = \xi(\omega, t_1)$ und $\xi_2 = \xi(\omega, t_2)$. Entsprechend folgt aus (3.36) die gemeinsame (zweidimensionale) Wahrscheinlichkeitsdichtefunktion

$$p_{\xi_1\xi_2}(x_1, x_2, t_1, t_2) = \frac{\partial^2 D_{\xi_1\xi_2}(x_1, x_2, t_1, t_2)}{\partial x_1 \partial x_2} \qquad (3.37)$$

und damit

$$D_{\xi_1\xi_2}(x_1, x_2, t_1, t_2) = \int_{-\infty}^{x_2} \int_{-\infty}^{x_1} p_{\xi_1\xi_2}(x_1', x_2', t_1, t_2) \, \mathrm{d}x_1' \, \mathrm{d}x_2'. \quad (3.38)$$

Die durch (3.36) und (3.37) definierten Größen hängen wiederum im allgemeinen von den gewählten Zeitpunkten t_1 und t_2 ab.

Die Dichtefunktionen der einzelnen Zufallsvariablen, die Randdichten, gewinnt man durch Integration der zweidimensionalen Dichten über die jeweils andere Zufallsvariable, also

$$p_{\xi_1}(x_1, t_1) = \int_{-\infty}^{\infty} p_{\xi_1\xi_2}(x_1, x_2, t_1, t_2) \, \mathrm{d}x_2 \quad (3.39)$$

und

$$p_{\xi_2}(x_2, t_2) = \int_{-\infty}^{\infty} p_{\xi_1\xi_2}(x_1, x_2, t_1, t_2) \, \mathrm{d}x_1. \quad (3.40)$$

Die statistische Unabhängigkeit der Zufallsvariablen ξ_1 und ξ_2 drückt sich in der Möglichkeit der Faktorisierung der Funktionen (3.37) und (3.38) aus. In diesem Fall gilt

$$p_{\xi_1\xi_2}(x_1, x_2, t_1, t_2) = p_{\xi_1}(x_1, t_1) \cdot p_{\xi_2}(x_2, t_2) \quad (3.41)$$

bzw.

$$D_{\xi_1\xi_2}(x_1, x_2, t_1, t_2) = D_{\xi_1}(x_1, t_1) \cdot D_{\xi_2}(x_2, t_2). \quad (3.42)$$

Die Formulierung höherdimensionaler Verteilungs- und Dichtefunktionen kann in entsprechender Weise für mehr als zwei Zeitpunkte erfolgen. Man schreibt sie allgemein in der Form $p_{\boldsymbol{\xi}}(\boldsymbol{x}, \boldsymbol{t})$ bzw. $D_{\boldsymbol{\xi}}(\boldsymbol{x}, \boldsymbol{t})$; $\boldsymbol{\xi} = (\xi_1, \ldots, \xi_n)$ steht für die Zusammenfassung der n Zufallsvariablen $\xi_1, \ldots, \xi_n$; $\boldsymbol{t} = (t_1, \ldots, t_n)$ für die zugehörigen Zeitpunkte $t_1, \ldots, t_n$ und $\boldsymbol{x} = (x_1, \ldots, x_n)$ für die n Werte $x_1, \ldots, x_n$. Von besonderem Interesse sind höherdimensionale Dichten für äquidistant gewählte Zeitpunkte. Diese Dichten ermöglichen mit wachsender Dimension eine immer detailliertere Charakterisierung eines Zufallsprozesses, wie sie für praktische Anwendungen der Signaltheorie häufig erforderlich ist. Beispiele werden in einem späteren Kapitel besprochen werden.

3.4 Zufallsprozesse

Die hier eingeführten mehrdimensionalen Wahrscheinlichkeitsverteilungen und Wahrscheinlichkeitsdichten für zwei und mehr Zufallsvariablen, die das Verhalten eines einzigen Zufallsprozesses zu verschiedenen Zeitpunkten charakterisieren, können auch zur Beschreibung mehrerer verschiedener Zufallsprozesse $\xi(\omega,t)$, $\eta(\omega,t)$, $\zeta(\omega,t)$, zu jeweils einem Zeitpunkt herangezogen werden, wenn man in den entsprechenden Darstellungen ξ_1 durch ξ, ξ_2 durch η usw. ersetzt. Die Zeitpunkte können überdies für die einzelnen Prozesse auch unterschiedlich gewählt werden. Im Zufallsexperiment wird jeweils eine Musterfunktion eines jeden Prozesses bestimmt.

Diese erweiterte Interpretation der Bedeutung der Zufallsvariablen gilt auch für die Definition der statistischen Unabhängigkeit von Zufallsvariablen. Die Beziehungen

$$p_{\xi\eta}(x,y,t_1,t_2) = p_\xi(x,t_1) \cdot p_\eta(y,t_2) \tag{3.43}$$

bzw.

$$D_{\xi\eta}(x,y,t_1,t_2) = D_\xi(x,t_1) \cdot D_\eta(y,t_2). \tag{3.44}$$

definieren dann die statistische Unabhängigkeit der beiden Zufallsprozesse ξ und η zu den zugehörigen Zeitpunkten t_1 und t_2. Dabei ist zu beachten, daß Unabhängigkeit zwischen zwei Prozessen nur für gewisse Zeitpunkte oder aber auch für beliebige t_1, t_2 bestehen kann. In der Praxis ist der letztere Fall dann gegeben, wenn die Prozesse ξ und η zwei unabhängige Zufallsmechanismen repräsentieren wie etwa eine *Nutzsignal-* und eine *Störsignal*-Quelle.

Zur Charakterisierung eines Zufallsprozesses kann auch die Dichte $p_{\xi_2|\xi_1}(x_2,t_2|x_1,t_1)$ der *bedingten Wahrscheinlichkeit* für das Auftreten eines Ereignisses zu einem bestimmten Zeitpunkt t_2 unter der Bedingung, daß zum Zeitpunkt t_1 ein gewisses Ereignis eingetreten ist, herangezogen werden. Sie ist als Quotient

$$p_{\xi_2|\xi_1}(x_2,t_2|x_1,t_1) = \frac{p_{\xi_1\xi_2}(x_1,x_2,t_1,t_2)}{p_{\xi_1}(x_1,t_1)} \tag{3.45}$$

aus gemeinsamer Wahrscheinlichkeitsdichte und der Dichte der Wahrscheinlichkeit für das bekannte, bereits beobachtete Ereignis definiert. Entsprechend gilt

$$p_{\xi_1|\xi_2}(x_1,t_1|x_2,t_2) = \frac{p_{\xi_1\xi_2}(x_1,x_2,t_1,t_2)}{p_{\xi_2}(x_2,t_2)}. \tag{3.46}$$

Setzt man $p_{\xi_1\xi_2}(x_1, x_2, t_1, t_2)$ aus (3.46) in (3.45) ein, so erhält man den Zusammenhang

$$p_{\xi_2|\xi_1}(x_2, t_2|x_1, t_1) = \frac{p_{\xi_1|\xi_2}(x_1, t_1|x_2, t_2) \cdot p_{\xi_2}(x_2, t_2)}{p_{\xi_1}(x_1, t_1)}, \qquad (3.47)$$

der als *Bayes-Regel* bekannt ist.

Bedingte Dichten oder die zugehörigen Verteilungen, die durch Integration aus den Dichten gewonnen werden können, beschreiben insbesondere die einem Zufallsprozeß inhärenten statistischen Abhängigkeiten. Sie vermitteln Einsichten in die „Gedächtnisstruktur" eines Zufallsprozesses. Ein Zufallsprozeß heißt beispielsweise *gedächtnisfrei*, wenn

$$p_{\xi_2|\xi_1}(x_2, t_2|x_1, t_1) = p_{\xi_2}(x_2, t_2) \qquad (3.48)$$

gilt, d. h. wenn das durch ξ_2, t_2 charakterisierte Ereignis von der Bedingung nicht abhängt. Der Vergleich von (3.48) mit (3.45) zeigt, daß dieser Fall vorliegt, falls

$$p_{\xi_1\xi_2}(x_1, x_2, t_1, t_2) = p_{\xi_1}(x_1, t_1) \cdot p_{\xi_2}(x_2, t_2) \qquad (3.49)$$

ist, also gemäß (3.43) statistische Unabhängigkeit besteht.

Das Konzept der bedingten Wahrscheinlichkeitsdichten kann auf den Fall mehrerer Zufallsvariablen und mehrerer Bedingungen verallgemeinert werden. Seien $\xi_1, \xi_2, \ldots, \xi_k$ die Zufallsvariablen, die die Bedingung beschreiben, und seien $\xi_{k+1}, \xi_{k+2}, \ldots, \xi_n$ die Zufallsvariablen, deren Realisierung im Zufallsexperiment betrachtet wird, so definiert der Ausdruck

$$p_{\xi_n\ldots\xi_{k+1}|\xi_k\ldots\xi_1}(x_n, \ldots, x_{k+1}|x_k, \ldots, x_1) = \frac{p_{\xi_1\ldots\xi_n}(x_1, \ldots, x_n)}{p_{\xi_1\ldots\xi_k}(x_1, \ldots, x_k)} \qquad (3.50)$$

die entsprechende bedingte Wahrscheinlichkeitsdichte; zur Vereinfachung der Schreibweise wurden die zugehörigen Beobachtungszeitpunkte in den Argumentlisten weggelassen.

3.4.1 Stationärer Zufallsprozeß

Bisher haben wir über die Zeitabhängigkeit eines Zufallsprozesses und damit seiner Musterfunktionen keine einschränkenden Annahmen gemacht. Die in (3.31) definierte Verteilungsfunktion $D_\xi(x, t_1)$ und Dichte

3.4 Zufallsprozesse

$p_\xi(x, t_1)$ sind also Funktionen — außer von x — auch von t; sie können also je nach Wahl des Zeitpunktes t_1 jeweils andere Verläufe aufweisen. Das läßt es zu, daß der Charakter des Prozesses sich mit der Zeit ändern kann. Das gleiche gilt für die von der Dichte abgeleiteten Größen und für die mehrdimensionalen Verteilungsfunktionen und Dichten, die von mehreren Zeitpunkten abhängen.

Es gibt aber Zufallsprozesse, deren statistische Merkmale zeitlich unveränderlich sind, obgleich ihre Musterfunktionen unterschiedlich verlaufen. Diese bilden die Klasse der *stationären Zufallsprozesse*. Ein *streng* oder *im engeren Sinne* stationärer Zufallsprozeß zeichnet sich durch die Eigenschaft aus, daß seine statistischen Beschreibungsgrößen invariant gegen eine Verschiebung des Zeitnullpunktes sind. Für beliebige Werte τ besitzen also die Prozesse $\xi(t)$ und $\xi(t + \tau)$ die gleichen statistischen Merkmale. Das bedeutet z. B. für die eindimensionale Dichte $p_\xi(x, t)$, daß diese unabhängig von t ist. Allgemein kann man mit $\tau = t_2 - t_1$ schreiben

$$p_{\xi_1\ldots\xi_n}(x_1, \ldots, x_n, t_1, \ldots, t_n)$$
$$= p_{\xi_1\ldots\xi_n}(x_1, \ldots, x_n, t_2 - t_1, t_3 - t_1, \ldots, t_n - t_1). \quad (3.51)$$

Die mehrdimensionalen Dichten sind Funktionen nur der Zeitdifferenzen $t_k - t_1$, $k = 2, 3, \ldots, n$. Speziell für $n = 2$ gilt

$$p_{\xi_1\xi_2}(x_1, x_2, t_1, t_2) = p_{\xi_1\xi_2}(x_1, x_2, \tau). \quad (3.52)$$

Entsprechende Aussagen treffen für die im nächsten Kapitel 3.5 erklärten Erwartungswerte zu. Besteht die Invarianz gegen eine Zeitverschiebung nur für die Erwartungswerte erster und zweiter Ordnung, so spricht man von einem *schwach* oder *im weiteren Sinne* stationären Zufallsprozeß.

Zu den stationären Zufallsprozessen gehört beispielsweise das Thermische Rauschen, sofern die Temperatur T und der Widerstand R konstant gehalten werden, sowie andere in Kapitel 3.10 behandelte physikalische Schwankungserscheinungen und Stochastische Modellprozesse.

Da sich die Aussage der Stationarität auf das Verhalten des Zufallsprozesses bezieht, also das Verhalten des Ensembles der Musterfunktionen beschreibt, ist sie in der Praxis selten „experimentell" nachzuweisen. Eine Ausnahme bilden stationäre Zufallsprozesse, die zusätzlich auch ergodisch sind (s. Kapitel 3.8).

Schließlich soll noch der Fall zweier Zufallsprozesse $\xi(\omega,t)$ und $\eta(\omega,t)$ betrachtet werden, deren Musterfunktionen jeweils Ergebnisse ω eines Zufallsexperimentes sind. Zwei derartige Zufallsprozesse nennt man *verbunden stationär*, wenn beide einzeln stationär sind und ihre gemeinsamen statistischen Eigenschaften invariant gegenüber der Wahl des Zeitnullpunktes sind.

3.5 Erwartungswerte eines Zufallsprozesses $\xi(t)$

Für die folgenden Betrachtungen sei eine vereinfachte Schreibweise gewählt. Während bisher für Zufallsprozesse der Parameter Zeit in den Argumentlisten der Größen explizit angegeben wurde, soll er — da wir ohnehin stets Zufallsprozesse und ihre Beschreibungsgrößen betrachten — von hier an nicht mehr mitgeführt werden. Die Variablen ξ_i bzw. x_i bedeuten dabei immer $\xi(t_i)$ bzw. $x(t_i)$, betreffen also den gleichen Prozeß. Die Zeit steckt implizit in der Definition der entsprechenden Variablen.

Die n-dimensionalen Wahrscheinlichkeitsverteilungen oder Wahrscheinlichkeitsdichtefunktionen liefern bei zunehmend größeren Werten n eine zunehmend genauere Beschreibung des Zufallsprozesses. Allerdings wächst die Komplexität der mathematischen Behandlung mit wachsendem n rasch an, so daß auch einfachere Kenngrößen zur Prozeßcharakterisierung benötigt werden. Zu diesen Größen gehören die *Erwartungswerte*.

Erwartungswerte der Zufallsprozesse sind Ensemblemittelwerte bei festen Zeitpunkten t, man behandelt also das „mittlere Verhalten" der Realisierungen des Prozesses, d. h. man mittelt bei fixem t über die durch Zufallsvariablen beschriebenen Ergebnisse von unter gleichen Bedingungen durchgeführten Zufallsexperimenten. Die Ensemblemittelwerte sind damit im allgemeinen Funktionen der Zeitpunkte. Sei $g(\boldsymbol{\xi})$ eine — weitgehend beliebige — Funktion von n Zufallsvariablen $\xi_1, \ldots, \xi_n$, so ist $g(\boldsymbol{\xi})$ ebenfalls eine Zufallsvariable und definiert — Existenz vorausgesetzt —

$$E\left\{g(\boldsymbol{\xi})\right\} = \int_{-\infty}^{\infty} \cdots \int_{-\infty}^{\infty} g(\boldsymbol{x})\, p_{\boldsymbol{\xi}}(\boldsymbol{x})\, \mathrm{d}\boldsymbol{x}, \qquad (3.53)$$

den Erwartungswert von $g(\boldsymbol{\xi})$. Die Existenz von (3.53) ist gesichert, wenn g zur Klasse der *Baireschen Funktionen* gehört (s. [Fel68]II,104).

3.5 Erwartungswerte eines Zufallsprozesses $\xi(t)$

Für eine einzige Zufallsvariable ξ sollen nun die speziellen Erwartungswerte von $g(\xi) = \xi^n$ und $g(\xi) = e^{jv\xi}$, für zwei Zufallsvariablen ξ_1 und ξ_2 von $g(\xi_1, \xi_2) = \xi_1^n \xi_2^k$ und $g(\xi_1, \xi_2) = e^{j(v_1\xi_1 + v_2\xi_2)}$, die von allgemeiner Bedeutung sind, betrachtet werden. Sie sind im allgemeinen Funktionen der Zeit, jedoch zeitunabhängig, wenn der Zufallsprozeß $\xi(t)$ stationär ist.

3.5.1 Momente n-ter Ordnung

Der Erwartungswert

$$m_{n\xi} = E\{\xi^n\} = \int_{-\infty}^{\infty} x^n p_\xi(x)\,dx \qquad (3.54)$$

heißt *Moment n-ter Ordnung*. Für gerade Funktionen $p_\xi(x) = p_\xi(-x)$ verschwinden alle Momente ungerader Ordnung.

$E\{\xi\} = a_\xi$ bedeutet den linearen, $E\{\xi^2\} = s_\xi^2$ den quadratischen Ensemble-Mittelwert. Ist $a_\xi \neq 0$, bezieht man alle weiteren Momente häufig auf den linearen Mittelwert a_ξ. Die Größen

$$\mu_{n\xi} = E\{(\xi - a_\xi)^n\} = \int_{-\infty}^{\infty} (x - a_\xi)^n p_\xi(x)\,dx \qquad (3.55)$$

werden als *Zentralmomente* bezeichnet. Das Zentralmoment zweiter Ordnung, die *Varianz*

$$\sigma_\xi^2 = E\left\{(\xi - a_\xi)^2\right\} = \int_{-\infty}^{\infty} (x - a_\xi)^2 p_\xi(x)\,dx, \qquad (3.56)$$

ist ein Maß für die Streuung der Zufallsvariablen um ihren linearen Mittelwert. $\sigma_\xi = +\sqrt{\sigma_\xi^2}$ heißt *Streuung* oder *Standardabweichung*.

Zwischen den Zentralmomenten und den Momenten bestehen die Beziehungen

$$\mu_{n\xi} = \sum_{k=0}^{n} (-1)^k \binom{n}{k} a_\xi^k m_{(n-k)\xi} \qquad (3.57)$$

und
$$m_{n\xi} = \sum_{k=0}^{n} \binom{n}{k} \mu_{k\xi} a_\xi^{n-k}. \tag{3.58}$$

Für spezielle Ordnungszahlen gilt

$$\mu_{1\xi} = 0, \tag{3.59}$$
$$\sigma_\xi^2 = s_\xi^2 - a_\xi^2, \tag{3.60}$$
$$\mu_{3\xi} = m_{3\xi} - 3a_\xi s_\xi^2 + 2a_\xi^3, \tag{3.61}$$
$$m_{3\xi} = \mu_{3\xi} + 3a_\xi \sigma_\xi^2 + a_\xi^3. \tag{3.62}$$

3.5.2 Kreuzmomente

Als *Kreuzmoment* der Ordnung (n,k) bezeichnet man den Erwartungswert

$$E\left\{\xi_1^n \xi_2^k\right\} = \int_{-\infty}^{\infty} \int_{-\infty}^{\infty} x_1^n x_2^k \, p_{\xi_1 \xi_2}(x_1, x_2) \, dx_1 \, dx_2 \tag{3.63}$$

und als *Kreuzzentralmoment*

$$E\left\{(\xi_1 - a_{\xi_1})^n (\xi_2 - a_{\xi_2})^k\right\} \tag{3.64}$$
$$= \int_{-\infty}^{\infty} \int_{-\infty}^{\infty} (x_1 - a_{\xi_1})^n (x_2 - a_{\xi_2})^k \, p_{\xi_1 \xi_2}(x_1, x_2) \, dx_1 \, dx_2.$$

3.5.3 Autokorrelationsfunktion, Autokovarianzfunktion

Die einfachste nichtlineare Verknüpfung zweier Zufallsvariablen $\xi_1 = \xi(t_1)$ und $\xi_2 = \xi(t_2)$ ist das Kreuzmoment der Ordnung $(1,1)$, die *Autokorrelationsfunktion*

$$\psi_{\xi_1 \xi_2}(t_1, t_2) = E\{\xi_1 \xi_2\} = \int_{-\infty}^{\infty} \int_{-\infty}^{\infty} x_1 x_2 \, p_{\xi_1 \xi_2}(x_1, x_2) \, dx_1 \, dx_2. \tag{3.65}$$

3.5 Erwartungswerte eines Zufallsprozesses $\xi(t)$

Das Kreuzzentralmoment der Ordnung $(1,1)$, die *Autokovarianzfunktion* ist nach (3.64) durch

$$\chi_{\xi_1\xi_2}(t_1,t_2) = E\left\{(\xi_1 - a_{\xi_1})(\xi_2 - a_{\xi_2})\right\}$$

$$= \int_{-\infty}^{\infty}\int_{-\infty}^{\infty} (x_1 - a_{\xi_1})(x_2 - a_{\xi_2})\, p_{\xi_1\xi_2}(x_1,x_2)\,\mathrm{d}x_1\,\mathrm{d}x_2$$

$$= \psi_{\xi_1\xi_2}(t_1,t_2) - a_{\xi_1}a_{\xi_2} \qquad (3.66)$$

gegeben.

Autokorrelations- und Autokovarianzfunktion sind im allgemeinen Funktionen der beiden Zeitpunkte; im Falle eines stationären Zufallsprozesses $\xi(t)$ mit $\xi_1 = \xi(t_1)$ und $\xi_2 = \xi(t_2)$ hängen sie nur von der Zeitdifferenz $t_2 - t_1 = \tau$ ab.

Einige Eigenschaften der Autokorrelationsfunktion stationärer Zufallsprozesse

$$\psi_{\xi\xi}(\tau) = E\left\{\xi(t)\,\xi(t+\tau)\right\} \qquad (3.67)$$

sollen hier noch zusammengestellt und besprochen werden.

1. Die Autokorrelationsfunktion ist eine gerade Funktion ihres Arguments,

$$\psi_{\xi\xi}(\tau) = \psi_{\xi\xi}(-\tau), \qquad (3.68)$$

wie direkt aus ihrer Definition folgt.

2. Der Wert der Autokorrelationsfunktion für $\tau = 0$,

$$\psi_{\xi\xi}(0) = E\left\{\xi^2\right\}, \qquad (3.69)$$

ist gleich dem Moment zweiter Ordnung und ein Maß für die mittlere „Leistung" des Prozesses.

3. Die Autokorrelationsfunktion weist ihren Maximalwert bei $\tau = 0$ auf; es gilt also

$$|\psi_{\xi\xi}(\tau)| \leq \psi_{\xi\xi}(0). \qquad (3.70)$$

Bildet man nämlich

$$E\left\{[\xi(t) \pm \xi(t+\tau)]^2\right\} \qquad (3.71)$$

$$= E\left\{\xi^2(t)\right\} \pm 2\,E\left\{\xi(t)\,\xi(t+\tau)\right\} + E\left\{\xi^2(t+\tau)\right\} \geq 0,$$

so folgt $\psi(0) \pm 2\psi(\tau) + \psi(0) \geq 0$ und damit (3.70).

4. Die Autokorrelationsfunktion $\psi_{\dot\xi\dot\xi}(\tau)$ der Ableitung $\dot\xi(t)$, d. h. des Prozesses, dessen Musterfunktionen die Ableitungen der jeweiligen Musterfunktionen von $\xi(t)$ sind, lautet

$$\psi_{\dot\xi\dot\xi}(\tau) = -\frac{d^2\psi_{\xi\xi}(\tau)}{d\tau^2}; \qquad (3.72)$$

entsprechend gilt für den n-ten Differentialquotienten $\xi^{(n)}(t)$ von $\xi(t)$

$$\psi_{\xi^{(n)}\xi^{(n)}}(\tau) = (-1)^n \frac{d^{2n}\psi_{\xi\xi}(\tau)}{d\tau^{2n}}. \qquad (3.73)$$

Bei der Analyse stationärer Prozesse erweist es sich häufig als zweckmäßig, anstelle der Autokorrelationsfunktion $\psi_{\xi\xi}(\tau)$ die auf deren Maximum bezogene *normierte Autokorrelationsfunktion*

$$\rho_{\xi\xi}(\tau) = \frac{\psi_{\xi\xi}(\tau)}{\psi_{\xi\xi}(0)} \qquad (3.74)$$

zu verwenden. Offensichtlich gilt

$$-1 \le \rho_{\xi\xi}(\tau) \le 1. \qquad (3.75)$$

Die Autokovarianzfunktion $\chi(t_1, t_2)$ nimmt für einen stationären Zufallsprozeß die Form

$$\chi_{\xi\xi}(\tau) = \psi_{\xi\xi}(\tau) - a_\xi^2 \qquad (3.76)$$

an. Aus der Ungleichung (3.70) folgt sofort eine analoge Beziehung für die Autokovarianzfunktion. Man definiert deshalb entsprechend die *normierte Autokovarianzfunktion* durch

$$\tilde\rho_{\xi\xi}(\tau) = \frac{\chi_{\xi\xi}(\tau)}{\chi_{\xi\xi}(0)} \qquad (3.77)$$

mit

$$-1 \le \tilde\rho_{\xi\xi}(\tau) \le 1. \qquad (3.78)$$

Ist der Prozeß mittelwertfrei, so sind $\chi_{\xi\xi}(\tau)$ und $\psi_{\xi\xi}(\tau)$ und somit auch $\rho_{\xi\xi}(\tau)$ und $\tilde\rho_{\xi\xi}(\tau)$ identisch.

3.5.4 Charakteristische Funktion

Der spezielle Erwartungswert

$$\Phi_\xi(v) = E\left\{e^{jv\xi}\right\} = \int_{-\infty}^{\infty} e^{jvx} p_\xi(x)\,dx = \mathcal{F}\left\{p_\xi(-x)\right\} \qquad (3.79)$$

als Funktion des reellen Parameters v heißt *Charakteristische Funktion* des Zufallsprozesses. Sie spielt in der Theorie Stochastischer Prozesse eine besondere Rolle.

Die Charakteristische Funktion ist die Fourier-Transformierte $\mathcal{F}\{p_\xi(-x)\}$ der an der Ordinate gespiegelten Verteilungsdichte $p_\xi(x)$ und stellt damit die Verteilungsdichtefunktion durch

$$p_\xi(x) = \frac{1}{2\pi} \int_{-\infty}^{\infty} \Phi_\xi(v) e^{-jvx}\,dv = \mathcal{F}^{-1}\left\{\Phi_\xi(-v)\right\} \qquad (3.80)$$

dar. Das Integral (3.79) existiert immer, da $p_\xi(x)$ absolut integrierbar ist. Häufig ist es einfacher, zunächst die Charakteristische Funktion zu bestimmen und dann durch Fourier-Transformation die Wahrscheinlichkeitsdichte herzuleiten.

Aus der Definition ergeben sich die folgenden Eigenschaften von $\Phi(v)$:

$$\Phi(0) = 1, \qquad (3.81)$$

$$|\Phi(v)| \leq 1, \qquad (3.82)$$

denn es gilt

$$|\Phi(v)| \leq \int_{-\infty}^{\infty} \left|e^{jvx}\right| p_\xi(x)\,dx = \int_{-\infty}^{\infty} p_\xi(x)\,dx = 1. \qquad (3.83)$$

Aus der Charakteristischen Funktion erhält man die Momente durch Differentiation. Da Differentiationen oft einfacher durchzuführen sind als Integrationen, wird man bevorzugt von der Charakteristischen Funktion ausgehen. Bildet man die n-te Ableitung von $\Phi_\xi(v)$ nach v,

$$\frac{d^n \Phi_\xi(v)}{dv^n} = j^n \int_{-\infty}^{\infty} x^n e^{jvx} p_\xi(x)\,dx, \qquad (3.84)$$

und setzt man $v = 0$, so folgt

$$\left.\frac{\mathrm{d}^n \Phi_\xi(v)}{\mathrm{d} v^n}\right|_{v=0} = \mathrm{j}^n \int_{-\infty}^{\infty} x^n p_\xi(x) \, \mathrm{d}x = \mathrm{j}^n E\{\xi^n\} = \mathrm{j}^n m_{n\xi} \qquad (3.85)$$

und, wenn man nach $m_{n\xi}$ auflöst,

$$m_{n\xi} = (-\mathrm{j})^n \left.\frac{\mathrm{d}^n \Phi_\xi(v)}{\mathrm{d} v^n}\right|_{v=0}. \qquad (3.86)$$

Zur Bestimmung des Momentes n-ter Ordnung ist also nur die n-fache Ableitung der Charakteristischen Funktion bei $v = 0$ zu nehmen. Da die Zentralmomente nach (3.57) aus den Momenten berechnet werden können, lassen sie sich ebenfalls durch Ableitungen der Charakteristischen Funktion gewinnen. Man sagt, die Charakteristische Funktion ist *momenterzeugend*.

Falls die Momente (3.54) existieren, läßt sich die Charakteristische Funktion durch die Momente darstellen. Man erhält die Reihenentwicklung

$$\Phi_\xi(v) = \sum_{n=0}^{\infty} \frac{v^n}{n!} \left.\frac{\mathrm{d}^n \Phi_\xi(v)}{\mathrm{d} v^n}\right|_{v=0} = \sum_{n=0}^{\infty} \frac{(\mathrm{j}v)^n}{n!} m_{n\xi}. \qquad (3.87)$$

Damit ist es auch möglich, die Verteilungsdichte $p_\xi(x)$ durch die Momente darzustellen. Trägt man (3.87) in (3.80) ein, so folgt die Darstellung

$$p_\xi(x) = \frac{1}{2\pi} \int_{-\infty}^{\infty} \mathrm{e}^{-\mathrm{j}vx} \sum_{n=0}^{\infty} \frac{(\mathrm{j}v)^n}{n!} m_{n\xi} \, \mathrm{d}v. \qquad (3.88)$$

Existieren also alle Momente, so bestimmen sie sowohl die Charakteristische Funktion als auch die Verteilungsdichtefunktion eindeutig.

Die Funktion

$$\Psi_\xi(v) = \ln \Phi_\xi(v) \qquad (3.89)$$

bezeichnet man als *Zweite Charakteristische Funktion*. Entwickelt man $\Psi_\xi(v)$ in eine Potenzreihe, so erhält man

$$\Psi_\xi(v) = \sum_{n=0}^{\infty} \frac{(\mathrm{j}v)^n}{n!} \kappa_{n\xi} \qquad (3.90)$$

3.5 Erwartungswerte eines Zufallsprozesses $\xi(t)$

mit den Entwicklungskoeffizienten

$$\kappa_{n\xi} = (-j)^n \left.\frac{d^n [\ln \Phi_\xi(v)]}{dv^n}\right|_{v=0}. \tag{3.91}$$

Die Koeffizienten $\kappa_{n\xi}$ werden als *Kumulanten* bezeichnet. Sie sind mit den Momenten eineindeutig verknüpft, so daß eine der Größen aus der jeweils anderen berechnet werden kann. Beispielsweise gilt, wobei im Interesse einer übersichtlicheren Schreibweise der Index ξ zur Bezeichnung des Zufallsprozesses hier weggelassen wurde,

$$\kappa_1 = a, \tag{3.92}$$

$$\kappa_2 = s^2 - a^2 = \sigma^2, \tag{3.93}$$

$$\kappa_3 = m_3 - 3as^2 + 2a^2, \tag{3.94}$$

$$\kappa_4 = m_4 - 3s^4 - 4am_3 + 12a^2s^2 - 6a^4 \tag{3.95}$$

und

$$s^2 = \kappa_2 + \kappa_1^2, \tag{3.96}$$

$$m_3 = \kappa_3 + 3\kappa_1\kappa_2 + \kappa_1^3, \tag{3.97}$$

$$m_4 = \kappa_4 + 3\kappa_2^2 + 4\kappa_1\kappa_3 + 6\kappa_1^2\kappa_2 + \kappa_1^4. \tag{3.98}$$

Als Beispiel für die vorteilhafte Verwendung der Charakteristischen Funktion soll die Verteilungsdichte der Summe $\eta = \xi_1 + \xi_2$ zweier statistisch unabhängiger Zufallsvariablen bestimmt werden. Per definitionem ist

$$\begin{aligned}
\Phi_\eta(v) &= E\left\{e^{jv(\xi_1+\xi_2)}\right\} = E\left\{e^{jv\xi_1} \cdot e^{jv\xi_2}\right\} \\
&= \int_{-\infty}^{\infty}\int_{-\infty}^{\infty} e^{jv\xi_1} e^{jv\xi_2} p_{\xi_1\xi_2}(x_1,x_2)\, dx_1\, dx_2 \\
&= \int_{-\infty}^{\infty}\int_{-\infty}^{\infty} e^{jv\xi_1} e^{jv\xi_2} p_{\xi_1}(x_1)\, p_{\xi_2}(x_2)\, dx_1\, dx_2 \quad (3.99)\\
&= \Phi_{\xi_1}(v) \cdot \Phi_{\xi_2}(v).
\end{aligned}$$

Die Charakteristische Funktion ist also gleich dem Produkt der Charakteristischen Funktionen der einzelnen Variablen. Die Verteilungsdichte $p_\eta(y)$ ergibt sich daraus mit dem Faltungssatz der Fourier-Transformation in der Form

$$p_\eta(y) = \int_{-\infty}^{\infty} p_{\xi_1}(x_1)\, p_{\xi_2}(y - x_1)\, \mathrm{d}x_1. \tag{3.100}$$

Für stationäre Zufallsprozesse ist $p_\eta(y)$ unabhängig von der Zeit.

3.5.5 Zweidimensionale Charakteristische Funktion

Die zweidimensionale Charakteristische Funktion

$$\Phi_{\xi_1\xi_2}(v_1, v_2) = E\left\{\mathrm{e}^{\mathrm{j}(v_1\xi_1 + v_2\xi_2)}\right\}$$

$$= \int_{-\infty}^{\infty}\int_{-\infty}^{\infty} \mathrm{e}^{\mathrm{j}(v_1 x_1 + v_2 x_2)}\, p_{\xi_1\xi_2}(x_1, x_2)\, \mathrm{d}x_1\, \mathrm{d}x_2 \tag{3.101}$$

ist die zweidimensionale Fourier-Transformierte der zweidimensionalen Wahrscheinlichkeitsdichte, die ihrerseits aus $\Phi_{\xi_1\xi_2}(v_1, v_2)$ durch inverse zweidimensionale Fourier-Transformation hervorgeht

$$p_{\xi_1\xi_2}(x_1, x_2) = \frac{1}{(2\pi)^2} \int_{-\infty}^{\infty}\int_{-\infty}^{\infty} \Phi_{\xi_1\xi_2}(v_1, v_2)\, \mathrm{e}^{-\mathrm{j}(v_1 x_1 + v_2 x_2)}\, \mathrm{d}v_1\, \mathrm{d}v_2. \tag{3.102}$$

Die Charakteristische Funktion (3.101) ist gleich 1 für $v_1 = v_2 = 0$

$$\Phi_{\xi_1\xi_2}(0,0) = 1 \tag{3.103}$$

und beschränkt

$$|\Phi_{\xi_1\xi_2}(v_1, v_2)| \leq 1. \tag{3.104}$$

Ferner folgt unmittelbar aus der Definition

$$\Phi_{\xi_1\xi_2}(v_1,0) = \int_{-\infty}^{\infty}\int_{-\infty}^{\infty} e^{jv_1x_1} p_{\xi_1\xi_2}(x_1,x_2)\,dx_1\,dx_2$$

$$= \int_{-\infty}^{\infty} e^{jv_1x_1} \underbrace{\left[\int_{-\infty}^{\infty} p_{\xi_1\xi_2}(x_1,x_2)\,dx_2\right]}_{p_{\xi_1}(x_1)} dx_1 \quad (3.105)$$

$$= \Phi_{\xi_1}(v_1);$$

analog gilt
$$\Phi_{\xi_1\xi_2}(0,v_2) = \Phi_{\xi_2}(v_2). \quad (3.106)$$

Während man die eindimensionale Dichte durch Integration aus der zweidimensionalen Dichte bestimmen muß, folgt die eindimensionale Charakteristische Funktion aus der zweidimensionalen Charakteristischen Funktion einfach durch Nullsetzen von v_2. Die Randdichten lassen sich also bei Kenntnis der Charakteristischen Funktion einfach ermitteln.

Auch im Falle der zweidimensionalen Charakteristischen Funktion erhält man die Momente durch Differentiation. $(n+m)$-fache Differentiation von $\Phi_{\xi_1\xi_2}(v_1,v_2)$ nach v_1 bzw. v_2 ergibt entsprechend (3.84)

$$\frac{\partial^{n+m}\Phi_{\xi_1\xi_2}(v_1,v_2)}{\partial v_1^n \partial v_2^m} = j^{n+m}\int_{-\infty}^{\infty}\int_{-\infty}^{\infty} x_1^n x_2^m e^{j(v_1x_1+v_2x_2)}\,dx_1\,dx_2 \quad (3.107)$$

und wieder für $v_1 = v_2 = 0$

$$E\{\xi_1^n \xi_2^m\} = (-j)^{n+m} \left.\frac{\partial^{n+m}\Phi_{\xi_1\xi_2}(v_1,v_2)}{\partial v_1^n \partial v_2^m}\right|_{v_1=v_2=0}. \quad (3.108)$$

Ferner kann die Charakteristische Funktion — wie im eindimensionalen Fall — durch eine Reihenentwicklung nach den Verbundmomenten dargestellt werden, indem man in (3.101) die Exponentialfunktion in eine Potenzreihe entwickelt

$$\Phi_{\xi_1\xi_2}(v_1,v_2) = \int_{-\infty}^{\infty}\int_{-\infty}^{\infty} \sum_{n=0}^{\infty}\frac{(jv_1x_1)^n}{n!}\sum_{m=0}^{\infty}\frac{(jv_2x_2)^m}{m!} p_{\xi_1\xi_2}(x_1,x_2)\,dx_1\,dx_2.$$
$$(3.109)$$

Vertauscht man nun Summationen und Integrationen, so folgt

$$\Phi_{\xi_1\xi_2}(v_1, v_2) = \sum_{n=0}^{\infty}\sum_{m=0}^{\infty} \frac{(jv_1)^n}{n!} \frac{(jv_2)^m}{m!} \underbrace{\int_{-\infty}^{\infty}\int_{-\infty}^{\infty} x_1^n\, x_2^m\, p_{\xi_1\xi_2}(x_1, x_2)\, dx_1\, dx_2}_{= E\{\xi_1^n \xi_2^m\}}.$$

(3.110)

Im allgemeinen sind die zweidimensionalen Größen auch von den gewählten Zeitpunkten t_1 und t_2 abhängig; ist $\xi(t)$ stationär, so besteht nur eine Abhängigkeit bezüglich der Zeitdifferenz $t_2 - t_1 = \tau$.

Sind ξ_1 und ξ_2 voneinander statistisch unabhängig, so gilt wegen $p_{\xi_1\xi_2}(x_1, x_2) = p_{\xi_1}(x_1) \cdot p_{\xi_2}(x_2)$

$$\begin{aligned}\Phi_{\xi_1\xi_2}(v_1, v_2) &= \int_{-\infty}^{\infty}\int_{-\infty}^{\infty} e^{jv_1 x_1}\, p_{\xi_1}(x_1)\, e^{jv_2 x_2}\, p_{\xi_2}(x_2)\, dx_1\, dx_2 \\ &= \Phi_{\xi_1}(v_1) \cdot \Phi_{\xi_2}(v_2).\end{aligned}$$

(3.111)

Die Charakteristische Funktion spaltet also — analog zum Verhalten der Dichten — in ein Produkt zweier eindimensionaler Charakteristischer Funktionen auf.

3.6 Erwartungswerte zweier Zufallsprozesse $\xi(t)$ und $\eta(t)$

Die in 3.5.2 gegebene Definition der Kreuzmomente gilt entsprechend auch für Zufallsvariable, die zwei verschiedenen, über derselben Ergebnismenge definierten Prozessen $\xi(t)$ und $\eta(t)$ zugehören. Man ersetzt ξ_1 durch $\xi = \xi(t_1)$ und ξ_2 durch $\eta = \eta(t_2)$ und erhält für die Kreuzmomente der Ordnung (n, k)

$$E\{\xi^n \eta^k\} = \int_{-\infty}^{\infty}\int_{-\infty}^{\infty} x^n y^k p_{\xi\eta}(x, y)\, dx\, dy \quad (3.112)$$

3.6 Erwartungswerte zweier Zufallsprozesse $\xi(t)$ und $\eta(t)$

anstelle von (3.63) und

$$E\left\{(\xi - a_\xi)^n (\eta - a_\eta)^k\right\} \qquad (3.113)$$

$$= \int_{-\infty}^{\infty} \int_{-\infty}^{\infty} (x - a_\xi)^n (y - a_\eta)^k \, p_{\xi\eta}(x,y) \, dx \, dy$$

anstelle von (3.64) als Kreuzzentralmomente.

Von besonderer Bedeutung sind die *Kreuzkorrelationsfunktion*

$$\psi_{\xi\eta}(t_1, t_2) = E\{\xi\eta\} = \int_{-\infty}^{\infty} \int_{-\infty}^{\infty} xy \, p_{\xi\eta}(x,y) \, dx \, dy \qquad (3.114)$$

und die *Kreuzkovarianzfunktion*

$$\chi_{\xi\eta}(t_1, t_2) = E\{(\xi - a_\xi)(\eta - a_\eta)\} \qquad (3.115)$$

$$= \int_{-\infty}^{\infty} \int_{-\infty}^{\infty} (x - a_\xi)(y - a_\eta) \, p_{\xi\eta}(x,y) \, dx \, dy.$$

Mit der Kreuzkorrelationsfunktion $E\{\xi(t_1)\eta(t_2)\}$ lassen sich zwei spezielle Klassen von Zufallsprozessen definieren.

1. Zwei Zufallsprozesse $\xi(t)$ und $\eta(t)$ heißen *unkorreliert*, wenn für alle $t_1 \in T_1$ und $t_2 \in T_2$

$$E\{\xi(t_1)\eta(t_2)\} = E\{\xi(t_1)\} \cdot E\{\eta(t_2)\} \qquad (3.116)$$

gilt.

2. Sie sind *orthogonal*, wenn für alle $t_1 \in T_1$ und $t_2 \in T_2$

$$E\{\xi(t_1)\eta(t_2)\} = 0 \qquad (3.117)$$

gilt.

Verschwindet bei einem der beiden unkorrelierten Prozesse der lineare Erwartungswert, so sind sie offensichtlich auch orthogonal.

Sind beide Zufallsprozesse verbunden stationär, so sind $\psi_{\xi\eta}(t_1,t_2)$ und $\chi_{\xi\eta}(t_1,t_2)$ nur von der Zeitdifferenz $t_2 - t_1 = \tau$ abhängig.

Die Kreuzkorrelationsfunktion $\psi_{\xi\eta}(t_1,t_2)$ besitzt die Eigenschaften

$$\psi_{\xi\eta}(t_1,t_2) = \psi_{\eta\xi}(t_2,t_1) \tag{3.118}$$

und

$$|\psi_{\xi\eta}(t_1,t_2)| \leq \sqrt{\psi_{\xi\xi}(t_1) \cdot \psi_{\eta\eta}(t_2)}. \tag{3.119}$$

Die Abschätzung (3.119) ergibt sich aus dem Ansatz

$$E\left\{\left[\frac{\xi}{\sqrt{\psi_{\xi\xi}(t_1)}} \pm \frac{\eta}{\sqrt{\psi_{\eta\eta}(t_2)}}\right]^2\right\} \tag{3.120}$$

$$= E\left\{\frac{\xi^2}{\psi_{\xi\xi}(t_1)}\right\} \pm 2\frac{E\{\xi\eta\}}{\sqrt{\psi_{\xi\xi}(t_1)\psi_{\eta\eta}(t_2)}} + E\left\{\frac{\eta^2}{\psi_{\eta\eta}(t_2)}\right\},$$

also

$$1 \pm 2\frac{\psi_{\xi\eta}(t_1,t_2)}{\sqrt{\psi_{\xi\xi}(t_1)\psi_{\eta\eta}(t_2)}} + 1 \geq 0. \tag{3.121}$$

Als *normierte Kreuzkorrelationsfunktion* wird die Funktion

$$\rho_{\xi\eta}(t_1,t_2) = \frac{\psi_{\xi\eta}(t_1,t_2)}{\sqrt{\psi_{\xi\xi}(t_1)\psi_{\eta\eta}(t_2)}} \tag{3.122}$$

bezeichnet. Die *normierte Kreuzkovarianzfunktion* ist durch

$$\tilde{\rho}_{\xi\eta}(t_1,t_2) = \frac{\chi_{\xi\eta}(t_1,t_2)}{\sqrt{\chi_{\xi\xi}(t_1)\chi_{\eta\eta}(t_2)}} \tag{3.123}$$

definiert. Es gelten die Beziehungen

$$-1 \leq \rho_{\xi\eta}(t_1,t_2) \leq 1, \tag{3.124}$$

$$-1 \leq \tilde{\rho}_{\xi\eta}(t_1,t_2) \leq 1, \tag{3.125}$$

wie aus (3.119) folgt.

3.7 Zeitmittelwerte

Die bisher behandelten Mittelwerte der Zufallsprozesse $\xi(\omega,t)$, die Erwartungswerte, betrafen das gesamte Ensemble der Musterfunktionen des Zufallsprozesses. Sie werden daher auch als *Ensemblemittelwerte* bezeichnet. Der Parameter t bzw. die betrachteten Werte t_i von t waren dabei als konstant angenommen. Ergebnisse der Erwartungswertbildung waren Größen, die im allgemeinen von der Zeit t bzw. den Zeitpunkten t_i oder deren Differenzen abhängig sind.

Mittelwertbildung über die Zeit — wie bei determinierten Signalen üblich — bedeutet bei Zufallsprozessen $\xi(\omega,t)$ die Mittelung über eine ausgewählte, durch den Parameter ω_i charakterisierte Musterfunktion. Der Parameter ω wird hier also als fest angenommen. Das Ergebnis ist im allgemeinen abhängig von ω. Die Zeitmittelwerte verschiedener Musterfunktionen sind daher im allgemeinen voneinander verschieden.

Beispiele für Zeitmittelwerte sind der *lineare Mittelwert*

$$a_{\omega_i} = \lim_{T\to\infty} \frac{1}{2T} \int_{-T}^{T} \xi(\omega_i,t)\,dt, \tag{3.126}$$

der quadratische Mittelwert

$$s_{\omega_i}^2 = \lim_{T\to\infty} \frac{1}{2T} \int_{-T}^{T} [\xi(\omega_i,t)]^2\,dt, \tag{3.127}$$

die Varianz

$$\sigma_{\omega_i}^2 = \lim_{T\to\infty} \frac{1}{2T} \int_{-T}^{T} [\xi(\omega_i,t) - a_{\omega_i}]^2\,dt, \tag{3.128}$$

die Autokorrelationsfunktion

$$\psi_{\omega_i}(\tau) = \lim_{T\to\infty} \frac{1}{2T} \int_{-T}^{T} \xi(\omega_i,t)\,\xi(\omega_i,t+\tau)\,dt \tag{3.129}$$

und die Autokovarianzfunktion

$$\chi_{\omega_i}(\tau) = \lim_{T\to\infty} \frac{1}{2T} \int_{-T}^{T} [\xi(\omega_i,t) - a_{\omega_i}][\xi(\omega_i,t+\tau) - a_{\omega_i}]\,dt. \tag{3.130}$$

3.8 Ergodizität

Ein stationärer Zufallsprozeß $\xi(\omega,t)$ heißt *streng ergodisch*, wenn seine Ensemblemittelwerte mit den entsprechenden Zeitmittelwerten übereinstimmen; mit der Wahrscheinlichkeit Eins ist dann jede Musterfunktion $\xi(\omega_i,t)$ repräsentativ für den gesamten Zufallsprozeß. Gilt dieser Sachverhalt nur für die Mittelwerte erster und zweiter Ordnung, so bezeichnet man den Zufallsprozeß als *schwach ergodisch*.

Die Bedeutung dieser als *Ergodentheorem* bezeichneten Aussage ist sehr weitreichend, da sie besagt, daß die statistischen Eigenschaften eines solchen Zufallsprozesses aus einer einzigen Musterfunktion bestimmt werden können. Für praktische Anwendungen ist sie allerdings in der Regel nur von geringem Wert, da sich die Äquivalenz von Ensemblemittelwert und Zeitmittelwert höchstens in Ausnahmefällen beweisen läßt. Die Ergodizität spielt daher vielfach die Rolle einer nützlichen Annahme, die die experimentelle Analyse und mathematische Beschreibung eines realen Stochastischen Prozesses überhaupt erst ermöglicht ([Mid60]62).

Für streng ergodische stationäre Prozesse gilt demnach generell

$$E\{g(\boldsymbol{\xi})\} = \lim_{T\to\infty} \frac{1}{2T} \int_{-T}^{T} g\big(\boldsymbol{\xi}(\omega_i,t)\big)\,\mathrm{d}t, \qquad (3.131)$$

d. h. der Erwartungswert der Zufallsvariablen $g(\boldsymbol{\xi})$ ist gleich dem zeitlichen Mittelwert über ein beliebiges Ergebnis ω_i, also eine beliebige Musterfunktion $\xi(\omega_i,t)$.

Von besonderem Interesse sind die Beziehungen

$$E\{\xi\} = \lim_{T\to\infty} \frac{1}{2T} \int_{-T}^{T} \xi(\omega_i,t)\,\mathrm{d}t, \qquad (3.132)$$

$$E\{\xi^2\} = \lim_{T\to\infty} \frac{1}{2T} \int_{-T}^{T} \xi^2(\omega_i,t)\,\mathrm{d}t \qquad (3.133)$$

und — mit den Abkürzungen $\xi_1 = \xi(\omega,t)$ und $\xi_2 = \xi(\omega,t+\tau)$ —

$$E\{\xi_1\xi_2\} = \lim_{T\to\infty} \frac{1}{2T} \int_{-T}^{T} \xi(\omega_i,t)\,\xi(\omega_i,t+\tau)\,\mathrm{d}t = \psi_{\xi\xi}(\tau). \qquad (3.134)$$

3.9 Leistungsdichtespektrum

Als *Leistungsdichtespektrum, Spektrale Leistungsdichte* oder kurz *Leistungsdichte* $S_{\xi\xi}(\omega)$ eines mindestens schwach stationären Zufallsprozesses $\xi(t)$ definiert man die Fourier-Transformierte der Autokorrelationsfunktion $\psi_{\xi\xi}(\tau)$ in der Form

$$S_{\xi\xi}(\omega) = \int_{-\infty}^{\infty} \psi_{\xi\xi}(\tau)\,\mathrm{e}^{-\mathrm{j}\omega\tau}\mathrm{d}\tau. \qquad (3.135)$$

Daraus ergibt sich durch inverse Fourier-Transformation für die Autokorrelationsfunktion die Darstellung

$$\psi_{\xi\xi}(\tau) = \frac{1}{2\pi}\int_{-\infty}^{\infty} S_{\xi\xi}(\omega)\,\mathrm{e}^{\mathrm{j}\omega\tau}\mathrm{d}\omega. \qquad (3.136)$$

Die Existenz der Spektralen Leistungsdichte setzt für die Autokorrelationsfunktion absolute Integrierbarkeit voraus. Die beiden Beziehungen (3.135) und (3.136) werden als *Wiener-Khintchine-Relationen* bezeichnet.

Für reelle Zufallsprozesse ist $\psi_{\xi\xi}(\tau)$ eine reelle und gerade Funktion von τ. Damit ist auch $S_{\xi\xi}(\omega)$ eine reelle und gerade Funktion von ω,

$$S_{\xi\xi}(\omega) = S_{\xi\xi}(-\omega), \qquad (3.137)$$

und man kann (3.135) auch in der Form

$$S_{\xi\xi}(\omega) = \int_{-\infty}^{\infty} \psi_{\xi\xi}(\tau)\cos(\omega\tau)\,\mathrm{d}\tau = 2\int_{0}^{\infty} \psi_{\xi\xi}(\tau)\cos(\omega\tau)\,\mathrm{d}\tau \qquad (3.138)$$

schreiben. Für die mittlere „Leistung" (3.69) des Prozesses folgt schließlich aus (3.136) die Beziehung

$$\psi_{\xi\xi}(0) = E\{\xi^2\} = \frac{1}{2\pi}\int_{-\infty}^{\infty} S_{\xi\xi}(\omega)\,\mathrm{d}\omega \geq 0. \qquad (3.139)$$

Sie ist auch durch das Integral über $S_{\xi\xi}(\omega)$ gegeben. Daher interpretiert man $S_{\xi\xi}(\omega)$ als Leistungsdichte mit $S_{\xi\xi}(\omega)\,\mathrm{d}\omega$ als den Leistungsbeitrag im infinitesimalen Frequenzintervall der Breite $\mathrm{d}\omega$.

Da das Integral über jedes endliche Frequenzintervall den darin enthaltenen Leistungsanteil liefert und dieser positiv sein muß, ergibt sich die Forderung, daß nicht nur das Integral über $S_{\xi\xi}(\omega) \geq 0$ sein muß, sondern auch für die Dichte selbst

$$S_{\xi\xi}(\omega) \geq 0 \qquad (3.140)$$

gilt.

Eine Herleitung der Beziehung (3.135) für das Leistungsdichtespektrum eines stationären Zufallsprozesses entsprechend dem Vorgehen bei determinierten Signalen — s. Kapitel 2 — ist nicht möglich, da man sich auf die Eigenschaften einer einzelnen Musterfunktion, deren Fourier-Transformierte nicht existieren muß, nicht stützen kann. Vielmehr kann nur von Erwartungswerten des Prozesses ausgegangen werden. Sei

$$X_T(\omega) = \int_{-T}^{T} x(t)\,e^{-j\omega t} dt \qquad (3.141)$$

die Fourier-Transformierte eines endlichen Ausschnittes der Dauer $2T$ einer Musterfunktion und bildet man den Erwartungswert des Produktes

$$\frac{1}{2T} X_T(\omega) \cdot X_T(-\omega) \qquad (3.142)$$

so erhält man

$$E\left\{\frac{1}{2T}|X_T(\omega)|^2\right\} = E\left\{\frac{1}{2T} X_T(\omega) X_T(-\omega)\right\} \qquad (3.143)$$

$$= E\left\{\frac{1}{2T} \int_{-T}^{T} x(t)\,e^{-j\omega t} dt \int_{-T}^{T} x(t')\,e^{j\omega t'} dt'\right\}.$$

Da sich die Erwartungswertbildung auf die Musterfunktionen $x(t)$ bezieht, kann man weiter schreiben

$$E\left\{\frac{1}{2T}|X_T(\omega)|^2\right\} = \frac{1}{2T} \int_{-T}^{T}\int_{-T}^{T} E\{x(t)\,x(t')\}\,e^{-j\omega(t-t')} dt\,dt'$$

$$= \frac{1}{2T} \int_{-T}^{T}\int_{-T}^{T} \psi_{\xi\xi}(t-t')\,e^{-j\omega(t-t')} dt\,dt'. \qquad (3.144)$$

3.9 Leistungsdichtespektrum

Die Substitution $t - t' = \tau$, mit der das quadratische Integrationsgebiet in ein rautenförmiges gemäß Bild 3.2 transformiert wird, führt auf

$$E\left\{\frac{1}{2T}|X_T(\omega)|^2\right\} = \frac{1}{2T}\int_{\tau=0}^{2T}\int_{t=\tau-T}^{T}\psi_{\xi\xi}(\tau)\,e^{-j\omega\tau}\,dt\,d\tau$$

$$+ \frac{1}{2T}\int_{\tau=-2T}^{0}\int_{t=-T}^{\tau+T}\psi_{\xi\xi}(\tau)\,e^{-j\omega\tau}\,dt\,d\tau$$

$$= \int_{0}^{2T}\left(1 - \frac{\tau}{2T}\right)\psi_{\xi\xi}(\tau)\,e^{-j\omega\tau}\,d\tau \qquad (3.145)$$

$$+ \int_{-2T}^{0}\left(1 + \frac{\tau}{2T}\right)\psi_{\xi\xi}(\tau)\,e^{-j\omega\tau}\,d\tau$$

$$= \int_{-2T}^{2T}\left(1 + \frac{|\tau|}{2T}\right)\psi_{\xi\xi}(\tau)\,e^{-j\omega\tau}\,d\tau.$$

Bildet man nun den Grenzwert $T \to \infty$ und setzt dabei voraus, daß das Integral

$$\int_{-2T}^{2T}|\tau|\,\psi_{\xi\xi}(\tau)\,e^{-j\omega\tau}\,d\tau \qquad (3.146)$$

beschränkt ist, so folgt

$$\lim_{T\to\infty}E\left\{\frac{1}{2T}|X_T(\omega)|^2\right\} = \lim_{T\to\infty}\int_{-2T}^{2T}\psi_{\xi\xi}(\tau)\,e^{-j\omega\tau}\,d\tau \qquad (3.147)$$

$$+ \lim_{T\to\infty}\frac{1}{2T}\int_{-2T}^{2T}|\tau|\,\psi_{\xi\xi}(\tau)\,e^{-j\omega\tau}\,d\tau.$$

Das zweite Integral verschwindet im Limes $T \to \infty$. Damit erhält man in gewisser Analogie zur früheren Definition (2.213) der Leistungsdichte

$$\lim_{T\to\infty}E\left\{\frac{1}{2T}|X_T(\omega)|^2\right\} = S_{\xi\xi}(\omega) \qquad (3.148)$$

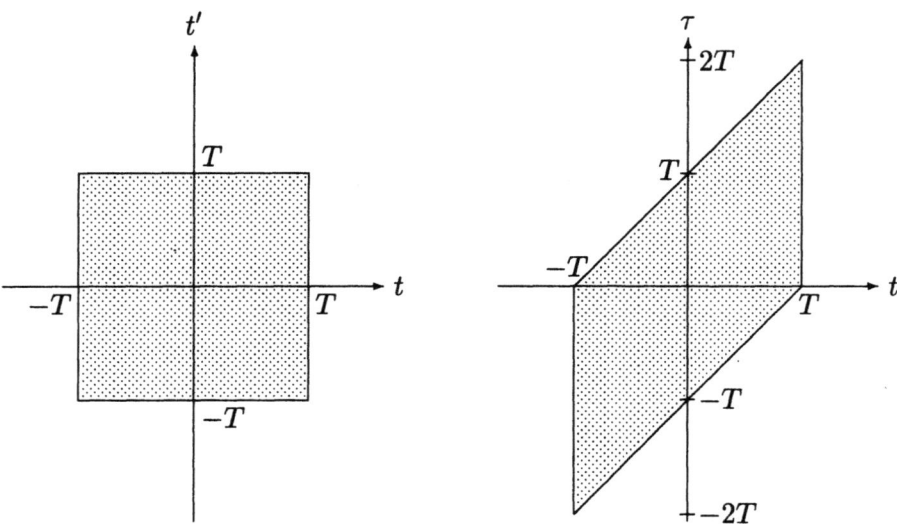

Bild 3.2: *Integrationsgebiet in (3.144) (linkes Bild) und in (3.145) (rechtes Bild)*

die Darstellung

$$S_{\xi\xi}(\omega) = \int\limits_{-\infty}^{\infty} \psi_{\xi\xi}(\tau)\,e^{-j\omega\tau}\,d\tau. \tag{3.149}$$

Aus (3.148) entnimmt man auch die Gültigkeit von (3.140): $S_{\xi\xi}(\omega) \geq 0$.

Der wesentliche Punkt bei dieser Herleitung — und darin besteht ihre Rechtfertigung — ist, daß Integration und Grenzwertbildung nicht vertauscht werden, sondern erst nach Erwartungswertbildung und Ausführung der Integration der Grenzübergang $T \to \infty$ durchgeführt wird.

Schließlich sei noch auf zwei Beziehungen zwischen Autokorrelationsfunktion und Leistungsdichtespektrum hingewiesen, die für einige Anwendungen interessant sind und unmittelbar aus den Wiener-Khintchine-Relationen folgen. Sie betreffen die Differentialquotienten

$$\zeta(t) = \frac{d^n \xi(t)}{dt^n} \tag{3.150}$$

3.9 Leistungsdichtespektrum

eines stationären Zufallsprozesses $\xi(t)$ mit der Leistungsdichte $S_{\zeta\zeta}(\omega)$ und sein Produkt

$$\gamma(t) = \xi(t)\,e^{\pm j\omega_0 t} \tag{3.151}$$

mit der Funktion $e^{\pm j\omega_0 t}$. Zum Prozeß (3.150) gehört die Leistungsdichte

$$S_{\zeta\zeta}(\omega) = \omega^{2n} S_{\xi\xi}(\omega), \tag{3.152}$$

während für (3.151)

$$S_{\gamma\gamma}(\omega) = S_{\xi\xi}(\omega \pm \omega_0) \tag{3.153}$$

gilt.

Sind $\xi(t)$ und $\eta(t)$ zwei verbunden stationäre Zufallsprozesse, so definiert man als Fourier-Transformierte der Kreuzkorrelationsfunktion $\psi_{\xi\eta}(\tau)$ das *Kreuzleistungsdichtespektrum*

$$S_{\xi\eta}(\omega) = \int_{-\infty}^{\infty} \psi_{\xi\eta}(\tau)\,e^{-j\omega\tau}\,d\tau. \tag{3.154}$$

Die inverse Fourier-Transformation ergibt daraus für die Kreuzkorrelationsfunktion die Darstellung

$$\psi_{\xi\eta}(\tau) = \frac{1}{2\pi} \int_{-\infty}^{\infty} S_{\xi\eta}(\omega)\,e^{j\omega\tau}\,d\omega \tag{3.155}$$

mit

$$\psi_{\xi\eta}(0) = E\{\xi(t)\eta(t)\} = \frac{1}{2\pi} \int_{-\infty}^{\infty} S_{\xi\eta}(\omega)\,d\omega. \tag{3.156}$$

Aus der Definition (3.154) ergibt sich unmittelbar

$$S_{\xi\eta}(\omega) = S_{\xi\eta}(-\omega). \tag{3.157}$$

3.10 Spezielle Zufallsprozesse

In diesem Abschnitt sollen exemplarisch einige Zufallsprozesse mit ihren Eigenschaften vorgestellt werden, die natürliche Schwankungserscheinungen beschreiben oder als Modelle komplexer Nachrichtenquellen oder Übertragungssysteme eine statistische analytische Behandlung ermöglichen. Unter diesen Zufallsprozessen spielt der *Gaußsche Zufallsprozeß* eine zentrale Rolle, nicht nur, weil er den stochastischen Charakter vieler physikalischer Mechanismen zutreffend darstellt, sondern auch, weil zahlreiche andere Zufallsprozesse sich auf nichtlineare Verknüpfungen Gaußscher Zufallsprozesse zurückführen lassen.

3.10.1 Gaußscher Zufallsprozeß

Ein Gaußscher Zufallsprozeß $\xi(\omega, t)$ ist dadurch ausgezeichnet, daß für eine beliebige endliche Dimension n die gemeinsamen Verteilungsdichtefunktionen

$$p_{\boldsymbol{\xi}}(\mathbf{x}) = \frac{1}{\sqrt{(2\pi)^n \det \mathbf{M}}} \exp\left(-\frac{1}{2} Q(x_1, \ldots, x_n)\right) \qquad (3.158)$$

der Zufallsvariablen $\xi_1 = \xi(\omega, t_1), \ldots, \xi_n = \xi(\omega, t_n)$ Exponentialfunktionen einer positiv definiten quadratischen Form

$$\begin{aligned}
Q(x_1, \ldots, x_n) &= (\mathbf{x} - \mathbf{a})^{\mathrm{T}} \mathbf{M}^{-1} (\mathbf{x} - \mathbf{a}) \qquad (3.159)\\
&= \frac{1}{\det \mathbf{M}} \sum_{i=1}^{n} \sum_{k=1}^{n} M_{ik} (x_i - a_{\xi_i})(x_k - a_{\xi_k})
\end{aligned}$$

von $\xi_1, \ldots, \xi_n$ sind. $\mathbf{x}$ bezeichnet den Spaltenvektor mit den Komponenten $x_1, \ldots, x_n$, $\mathbf{x}^{\mathrm{T}} = (x_1, \ldots, x_n)$ den transponierten Vektor zu $\mathbf{x}$, $\mathbf{a}$ ist der Spaltenvektor der Erwartungswerte mit den Komponenten $E\{\xi_1\}, \ldots, E\{\xi_n\}$. $\mathbf{M}$ steht für die symmetrische n-reihige Kovarianzmatrix

$$\mathbf{M} = \begin{pmatrix} \chi_{\xi_1 \xi_1}(t_1, t_1) & \chi_{\xi_1 \xi_2}(t_1, t_2) & \cdots & \chi_{\xi_1 \xi_n}(t_1, t_n) \\ \chi_{\xi_2 \xi_1}(t_2, t_1) & \chi_{\xi_2 \xi_2}(t_2, t_2) & \cdots & \chi_{\xi_2 \xi_n}(t_2, t_n) \\ \vdots & \vdots & \ddots & \vdots \\ \chi_{\xi_n \xi_1}(t_n, t_1) & \chi_{\xi_n \xi_2}(t_n, t_2) & \cdots & \chi_{\xi_n \xi_n}(t_n, t_n) \end{pmatrix} \qquad (3.160)$$

3.10 Spezielle Zufallsprozesse

mit den Elementen $\chi_{\xi_i \xi_k}(t_i, t_k)$ gemäß (3.66). $\mathbf{M}^{-1}$ ist die dazu inverse Matrix; det $\mathbf{M}$ bezeichnet die Determinante von $\mathbf{M}$, M_{ik} die Adjunkte, d. h. die mit $(-1)^{i+k}$ multiplizierte Unterdeterminante der Matrix, die aus $\mathbf{M}$ durch Streichen der i-ten Zeile und der k-ten Spalte hervorgeht. Mit Hilfe der Matrix der Adjunkten (M_{ik}) läßt sich die inverse Matrix in der Form

$$\mathbf{M}^{-1} = \frac{1}{\det \mathbf{M}} \begin{pmatrix} M_{11} & M_{12} & \cdots & M_{1n} \\ M_{21} & M_{22} & \cdots & M_{2n} \\ \vdots & \vdots & \ddots & \vdots \\ M_{n1} & M_{n2} & \cdots & M_{nn} \end{pmatrix} \quad (3.161)$$

ausdrücken.

Wie aus (3.158), (3.159) und (3.160) ersichtlich ist, wird die Gaußdichte durch die Erwartungswerte erster und zweiter Ordnung, also durch Mittelwerte $E\{\xi_i\}$, $i = 1, \ldots, n$, und Autokorrelationsfunktionen $E\{\xi_i \xi_k\}$, $i, k = 1, \ldots, n$, vollständig bestimmt.

Gaußprozesse sind auch dadurch ausgezeichnet, daß jede Linearkombination Gaußscher Zufallsvariablen wieder eine Gaußsche Zufallsvariable ist. Man sagt: Ein Gaußprozeß ist invariant gegen lineare Transformationen. Allerdings ändert sich dabei seine Autokovarianzmatrix.

Zum Beweis dieser Aussage geht man von der n-dimensionalen Gaußdichte

$$p_\xi(\mathbf{x}) = \frac{1}{\sqrt{(2\pi)^n \det \mathbf{M}}} \exp\left(-\frac{1}{2}(\mathbf{x} - \mathbf{a})^\mathrm{T} \mathbf{M}^{-1} (\mathbf{x} - \mathbf{a})\right) \quad (3.162)$$

aus. Eine lineare Transformation mit der quadratischen Transformationsmatrix $\mathbf{B}$ bildet den Variablenvektor $\mathbf{x}$ in einen Vektor $\mathbf{y}$ der transformierten Variablen ab; es gilt also

$$\mathbf{y} = \mathbf{B}\mathbf{x} \quad (3.163)$$

und damit

$$\mathbf{x} = \mathbf{B}^{-1}\mathbf{y} \quad \text{und} \quad \mathbf{x}^\mathrm{T} = \mathbf{y}^\mathrm{T} \left(\mathbf{B}^{-1}\right)^\mathrm{T}. \quad (3.164)$$

Ersetzt man in (3.162) $\mathbf{x}$ durch $\mathbf{y}$, so folgt die transformierte Dichte

$$p_\eta(\mathbf{y}) = \frac{1}{\sqrt{(2\pi)^n \det\left(\mathbf{B}\mathbf{M}\mathbf{B}^\mathrm{T}\right)}} \exp\left(-\frac{1}{2}(\mathbf{y} - \mathbf{B}\mathbf{a})^\mathrm{T} \left(\mathbf{B}\mathbf{M}\mathbf{B}^\mathrm{T}\right)^{-1}(\mathbf{y} - \mathbf{B}\mathbf{a})\right).$$

$$(3.165)$$

$p_\eta(\mathbf{y})$ ist also ebenso eine n-dimensionale Gaußdichte mit der transformierten Autokovarianzmatrix $\mathbf{BMB}^T$ und dem Vektor der Erwartungswerte $\mathbf{Ba}$.

Vereinfachungen der allgemeinen Darstellung (3.158) ergeben sich, wenn der Prozeß $\xi(t)$ stationär ist und die linearen Erwartungswerte verschwinden, also $E\{\xi_i\} = 0$ für alle i gilt. In diesem Falle tritt an die Stelle der Kovarianzmatrix die Korrelationsmatrix

$$\mathbf{M} = \begin{pmatrix} \psi_{\xi_1\xi_1}(0) & \psi_{\xi_1\xi_2}(t_2-t_1) & \cdots & \psi_{\xi_1\xi_n}(t_n-t_1) \\ \psi_{\xi_2\xi_1}(t_2-t_1) & \psi_{\xi_2\xi_2}(0) & \cdots & \psi_{\xi_2\xi_n}(t_n-t_2) \\ \vdots & \vdots & \ddots & \vdots \\ \psi_{\xi_n\xi_1}(t_n-t_1) & \psi_{\xi_n\xi_2}(t_n-t_2) & \cdots & \psi_{\xi_n\xi_n}(0) \end{pmatrix}. \quad (3.166)$$

Werden überdies die Zeitpunkte $t_1,\ldots,t_n$ äquidistant gewählt, so sind alle Elemente von $\mathbf{M}$ auf Parallelen zur Hauptdiagonalen gleich und $\mathbf{M}$ geht in eine streifensymmetrische Matrix, eine sogenannte *Toeplitz-Matrix*, über.

Zur Illustration seien die Dichten für die Fälle $n = 1$ und $n = 2$ angegeben.

Für $n = 1$ erhält man die Verteilungsdichtefunktion

$$p_\xi(x) = \frac{1}{\sqrt{2\pi}\,\sigma_\xi} \exp\left(-\frac{(x-a_\xi)^2}{2\sigma_\xi^2}\right) \quad (3.167)$$

und die Verteilungsfunktion

$$\begin{aligned}D_\xi(x) &= \frac{1}{\sqrt{2\pi}\,\sigma_\xi} \int_{-\infty}^{x} \exp\left(-\frac{(x-a_\xi)^2}{2\sigma_\xi^2}\right) \mathrm{d}x \quad (3.168)\\ &= \frac{1}{2} + \sigma_\xi\sqrt{\frac{\pi}{2}}\,\mathrm{erf}\left(\frac{x-a_\xi}{\sqrt{2}\,\sigma_\xi}\right) \qquad \text{für} \quad x \geq a_\xi;\end{aligned}$$

$\mathrm{erf}(x)$ bezeichnet das *Gaußsche Fehlerintegral*, $a_\xi = E\{\xi\}$ und $\sigma_\xi^2 = E\{(\xi-a_\xi)^2\}$. $2\sigma_\xi$ ist die zwischen den Wendepunkten der Dichte gemessene Breite der Gaußdichte. $p_\xi(x)$ ist eine gerade Funktion in x bezüglich $x = a_\xi$. In den Bildern 3.3 und 3.4 sind die Verläufe von Dichte $p_\xi(x)$ und Verteilungsfunktion $D_\xi(x)$ für $a_\xi = 0$ dargestellt.

3.10 Spezielle Zufallsprozesse   153

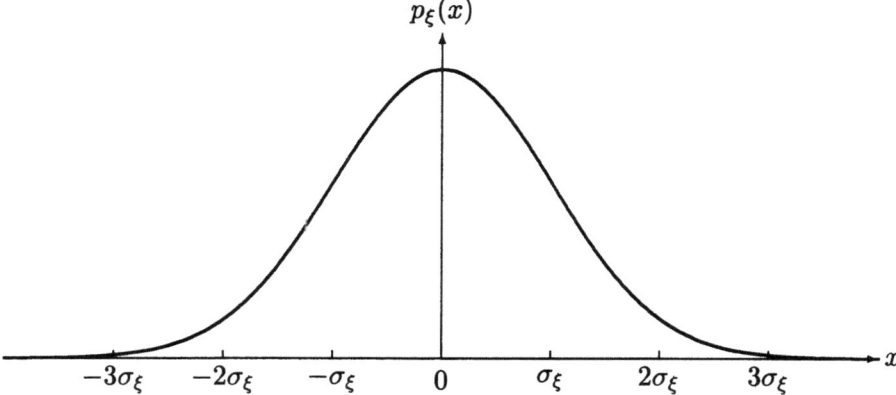

Bild 3.3: Gaußdichte

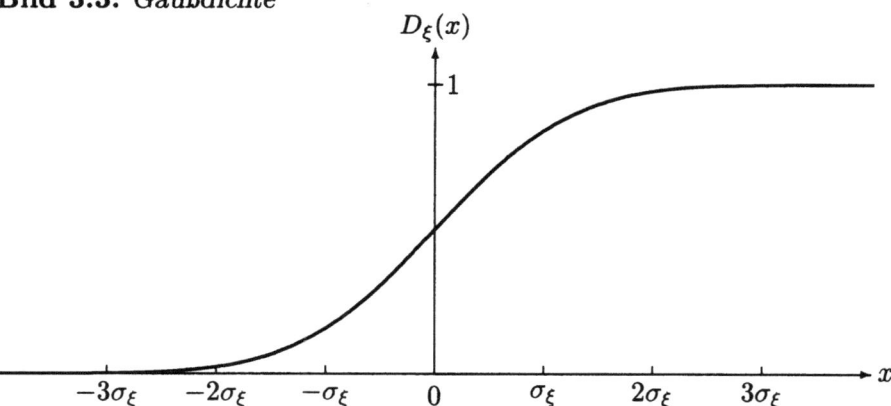

Bild 3.4: Gaußverteilungsfunktion

Für die Zentralmomente $E\{(\xi - a_\xi)^n\}$ folgt nach (3.55)

$$\mu_{n\xi} = \begin{cases} \sigma_\xi^n \left(1 \cdot 3 \cdot 5 \cdot \ldots \cdot (n-1)\right) & \text{für} \quad n \text{ gerade,} \\ 0 & \text{für} \quad n \text{ ungerade.} \end{cases} \quad (3.169)$$

Die Charakteristische Funktion lautet schließlich

$$\Phi_\xi(v) = \exp\left(\mathrm{j} a_\xi v - \frac{\sigma_\xi^2 v^2}{2}\right). \quad (3.170)$$

Im Fall $n = 2$ ergibt sich

$$\mathbf{M} = \begin{pmatrix} \chi_{11} & \chi_{12} \\ \chi_{21} & \chi_{22} \end{pmatrix}, \quad (3.171)$$

wobei gemäß (3.115) kurz χ_{ik} für $\chi_{\xi_i\xi_k}(t_i, t_k)$ steht,

$$\det \mathbf{M} = \chi_{11}\chi_{22} - \chi_{12}\chi_{21} \tag{3.172}$$

und die Matrix der Adjunkten

$$(M_{ik}) = \begin{pmatrix} \chi_{22} & -\chi_{21} \\ -\chi_{12} & \chi_{11} \end{pmatrix}. \tag{3.173}$$

Daraus folgt

$$Q = \frac{\chi_{22}(x_1-a_1)^2 - 2\chi_{12}(x_1-a_1)(x_2-a_2) + \chi_{11}(x_2-a_2)^2}{\chi_{11}\chi_{22} - \chi_{12}\chi_{21}}, \tag{3.174}$$

worin $a_1 = E\{\xi_1\}$, $a_2 = E\{\xi_2\}$ bedeuten sowie per definitionem $\chi_{12} = \chi_{21}$ gilt. Unter Beachtung von

$$\tilde{\rho}_{12} = \tilde{\rho}_{\xi_1\xi_2} = \frac{\chi_{\xi_1\xi_2}(t_1,t_2)}{\sqrt{\chi_{\xi_1\xi_1}(t_1,t_1)\chi_{\xi_2\xi_2}(t_2,t_2)}} = \frac{\chi_{12}}{\sqrt{\chi_{11}\chi_{22}}} \tag{3.175}$$

findet man

$$Q = \frac{\chi_{22}(x_1-a_1)^2 - 2\sqrt{\chi_{11}\chi_{22}}\,\tilde{\rho}_{12}(x_1-a_1)(x_2-a_2) + \chi_{11}(x_2-a_2)^2}{\chi_{11}\chi_{22} - \chi_{11}\chi_{22}\tilde{\rho}_{12}^2}$$

$$= \frac{1}{1-\tilde{\rho}_{12}^2}\left[\frac{(x_1-a_1)^2}{\chi_{11}} - \frac{2\tilde{\rho}_{12}(x_1-a_1)(x_2-a_2)}{\sqrt{\chi_{11}\chi_{22}}} + \frac{(x_2-a_2)^2}{\chi_{22}}\right]. \tag{3.176}$$

Damit lautet die zweidimensionale Gaußdichte — wenn man $\chi_{11} = \sigma_1^2$ und $\chi_{22} = \sigma_2^2$ setzt —

$$p_{\xi_1\xi_2}(x_1,x_2) = \frac{1}{2\pi\sigma_1\sigma_2\sqrt{1-\tilde{\rho}_{12}^2}} \tag{3.177}$$

$$\times \exp\left[-\frac{1}{2(1-\tilde{\rho}_{12}^2)}\left(\frac{(x_1-a_1)^2}{\sigma_1^2} - \frac{2\tilde{\rho}_{12}(x_1-a_1)(x_2-a_2)}{\sigma_1\sigma_2} + \frac{(x_2-a_2)^2}{\sigma_2^2}\right)\right].$$

Die Dichtefunktion (3.177) wird also allein durch die Kovarianzfunktion $\tilde{\rho}_{\xi_1\xi_2}(t_1,t_2)$ bestimmt. Ihr Maximum liegt bei $(x_1 = a_1, x_2 = a_2)$, die Linien konstanter Dichte sind Ellipsen. Eine genaue Diskussion der Form folgt ab Seite 156.

An Stellen (t_1,t_2), an denen die Kovarianzfunktion verschwindet, besteht zwischen den Variablen ξ_1 und ξ_2 statistische Unabhängigkeit, da

3.10 Spezielle Zufallsprozesse

(3.177) — wie man unmittelbar einsieht — durch ein Produkt der eindimensionalen Dichten dargestellt wird

$$p_{\xi_1\xi_2}(x_1, x_2) = \frac{1}{\sqrt{2\pi}\sigma_1} \exp\left(-\frac{(x_1-a_1)^2}{2\sigma_1^2}\right) \cdot \frac{1}{\sqrt{2\pi}\sigma_2} \exp\left(-\frac{(x_2-a_2)^2}{2\sigma_2^2}\right)$$
$$= p_{\xi_1}(x_1) \cdot p_{\xi_2}(x_2). \tag{3.178}$$

3.10.1.1 Stationärer Gaußprozeß

Für die weitere Diskussion wird ein mittelwertfreier stationärer Gaußprozeß angenommen. Die n-dimensionale Dichte (3.162) nimmt dann die Gestalt

$$p_{\boldsymbol{\xi}}(\mathbf{x}) = \frac{1}{\sqrt{(2\pi)^n \det \mathbf{M}}} \exp\left(-\frac{1}{2}\mathbf{x}^T \mathbf{M}^{-1} \mathbf{x}\right) \tag{3.179}$$

an, und die zugehörige Charakteristische Funktion lautet

$$\Phi_{\boldsymbol{\xi}}(\mathbf{v}) = \exp\left(-\frac{1}{2}\mathbf{v}^T \mathbf{M} \mathbf{v}\right). \tag{3.180}$$

Die Bedeutung der einzelnen Größen in (3.179) und (3.180) — entsprechend den früheren Definitionen — und einiger künftig verwendeter Abkürzungen sei hier zusammengestellt:

$\boldsymbol{\xi}$ Spaltenvektor der Zufallsvariablen mit den n Komponenten $\xi_1, \ldots, \xi_n$

$\mathbf{x}$ Spaltenvektor der n Werte $x_1, \ldots, x_n$ von $\boldsymbol{\xi}$

$\mathbf{v}$ Spaltenvektor der n Parameter $v_1, \ldots, v_n$

$\mathbf{x}^T$ transponierter Vektor zu $\mathbf{x}$, also der zugehörige Zeilenvektor

$\xi_i = \xi(t_i)$

$\psi_{\xi_i\xi_k}(t_i, t_k) = \psi_{\xi_i\xi_k}(t_k - t_i) = \psi_{ik}$

$\psi_{\xi_i\xi_i}(t_i, t_i) = \psi_{\xi_i\xi_k}(0) = \sigma_{\xi_i}^2$, speziell $\sigma^2 = \psi_0$

$\mathbf{M} = (\psi_{ik})$, Autokorrelationsmatrix mit den Elementen ψ_{ik}

$M = \det \mathbf{M}$

M_{ik} Adjunkte zu ψ_{ik} in $\mathbf{M}$

(M_{ik}) Matrix der Adjunkten

$\mathbf{M}^{-1} = (M_{ik})/\det \mathbf{M}$, inverse Matrix zu $\mathbf{M}$

$\rho_{\xi_i\xi_k}(t_i, t_k) = \rho_{ik}$, speziell $\rho_{\xi_1\xi_2}(\tau) = \rho(\tau) = \rho$

Aus (3.179) und (3.180) erhält man für $n = 1$ die Dichte

$$p_\xi(x) = \frac{1}{\sqrt{2\pi\psi_0}} \exp\left(-\frac{x^2}{2\psi_0}\right) \qquad (3.181)$$

und die Charakteristische Funktion

$$\Phi_\xi(v) = \exp\left(-\frac{1}{2}\psi_0 v^2\right). \qquad (3.182)$$

Wie bereits in Kapitel 2 erwähnt, bleibt der Funktionstyp bei der Fourier-Transformation erhalten. Die Breite der Gaußfunktion wird durch ψ_0 bestimmt; eine „schmale" Gaußdichte entspricht einer „breiten" Charakteristischen Funktion. Die aus (3.181) oder (3.182) bestimmten Momente $E\{\xi^n\}$ stimmen mit denen in (3.169) überein.

Ein wichtiges Merkmal Gaußscher Zufallsvariablen ist die Wahrscheinlichkeit $P(|\xi| \geq x)$ dafür, daß ξ eine gewisse Schranke x überschreitet bzw. $-x$ unterschreitet. Aus der Dichte (3.167) ergibt sich unmittelbar

$$P(|\xi|) = 2\int_x^\infty p_\xi(x)\,\mathrm{d}x = 1 - \mathrm{erf}\left(\frac{x}{\sigma_x\sqrt{2}}\right). \qquad (3.183)$$

Mit den Zahlenwerten

x	$\sigma\sqrt{2}$	σ	3σ	3σ	4σ
$\mathrm{erf}\left(\frac{x}{\sigma_x\sqrt{2}}\right)$	0,8427	0,682	0,954	0,997	0,9999

stellt man fest, daß die Wahrscheinlichkeit für betragsmäßig große Werte bei Gaußschen Variablen rasch abnimmt.

Im Fall $n = 2$ ergibt sich aus (3.179) für die zweidimensionale Dichte die Darstellung

$$p_{\xi_1\xi_2}(x_1, x_2) = \frac{1}{2\pi\psi_0\sqrt{1-\rho^2(\tau)}} \exp\left(-\frac{x_1^2 - 2\rho(\tau)x_1 x_2 + x_2^2}{2\psi_0[1-\rho^2(\tau)]}\right). \qquad (3.184)$$

Die gemeinsame Dichte (3.184) hängt also außer von x_1 und x_2 vom Parameter $\rho(\tau)$ und damit von τ ab. Die Bilder 3.5 und — in perspektivischer Darstellung — 3.6 vermitteln einen Eindruck von den Funktionsverläufen für unterschiedliche Parameterwerte $\rho(\tau)$.

Die durch (3.184) gegebene Funktion, die durch eine Fläche über der (x_1, x_2)-Ebene repräsentiert wird, soll nun an Hand der Schnittkurven mit Ebenen senkrecht und parallel zur (x_1, x_2)-Ebene diskutiert werden.

3.10 Spezielle Zufallsprozesse

1. Es sei $x_2 = 0$, die Schnittkurve über der x_1-Achse ist dann eine Gaußkurve

$$p_{\xi_1\xi_2}(x_1, 0) = \frac{1}{2\pi\psi_0\sqrt{1-\rho^2(\tau)}} \exp\left(-\frac{x_1^2}{2\psi_0[1-\rho^2(\tau)]}\right) \quad (3.185)$$

mit der Varianz $\psi_0[1-\rho^2(\tau)]$; das gleiche Ergebnis erhält man auch mit $x_1 = 0$

$$p_{\xi_1\xi_2}(0, x_2) = \frac{1}{2\pi\psi_0\sqrt{1-\rho^2(\tau)}} \exp\left(-\frac{x_2^2}{2\psi_0[1-\rho^2(\tau)]}\right) \quad (3.186)$$

für die Abhängigkeit von x_2.

2. Normalebenen durch den Ursprung, also für $x_2 = \alpha x_1$ mit reellem α, schneiden die Dichte mit Konturen

$$p_{\xi_1\xi_2}(x_1, \alpha x_1) = \frac{1}{2\pi\psi_0\sqrt{1-\rho^2(\tau)}} \exp\left(-\frac{x_1^2[1-2\alpha\rho(\tau)+\alpha^2]}{2\psi_0[1-\rho^2(\tau)]}\right), \quad (3.187)$$

die wiederum Gaußfunktionen sind, deren Breite durch die Varianz

$$\frac{\psi_0[1-\rho^2(\tau)]}{1-2\alpha\rho(\tau)+\alpha^2} \quad (3.188)$$

bestimmt wird.

3. Die Schnitte mit Ebenen parallel zur (x_1, x_2)-Ebene, die sogenannten „Höhenlinien" sind durch die Bedingung

$$x_1^2 - 2\rho(\tau)x_1x_2 + x_2^2 = c \quad (3.189)$$

mit der positiven Konstante c charakterisiert.

Die quadratische Form (3.189) hat das Koeffizientenschema einer Matrix

$$(a_{ik}) = \begin{pmatrix} 1 & -\rho & 0 \\ -\rho & 1 & 0 \\ 0 & 0 & -c \end{pmatrix} \quad (3.190)$$

mit der Determinante $A = -c(1-\rho^2)$. Da die Adjunkte $A_{33} = (1-\rho^2)$ zu a_{33} für $|\rho| < 1$ positiv ist und sgn $a_{11} \neq$ sgn A ist, liegt für alle Werte $|\rho| < 1$ und damit für alle $\tau \neq 0$ eine Ellipse vor. Die Höhenlinien sind also im allgemeinen Ellipsen. Ist $\rho^2 = 1$, so

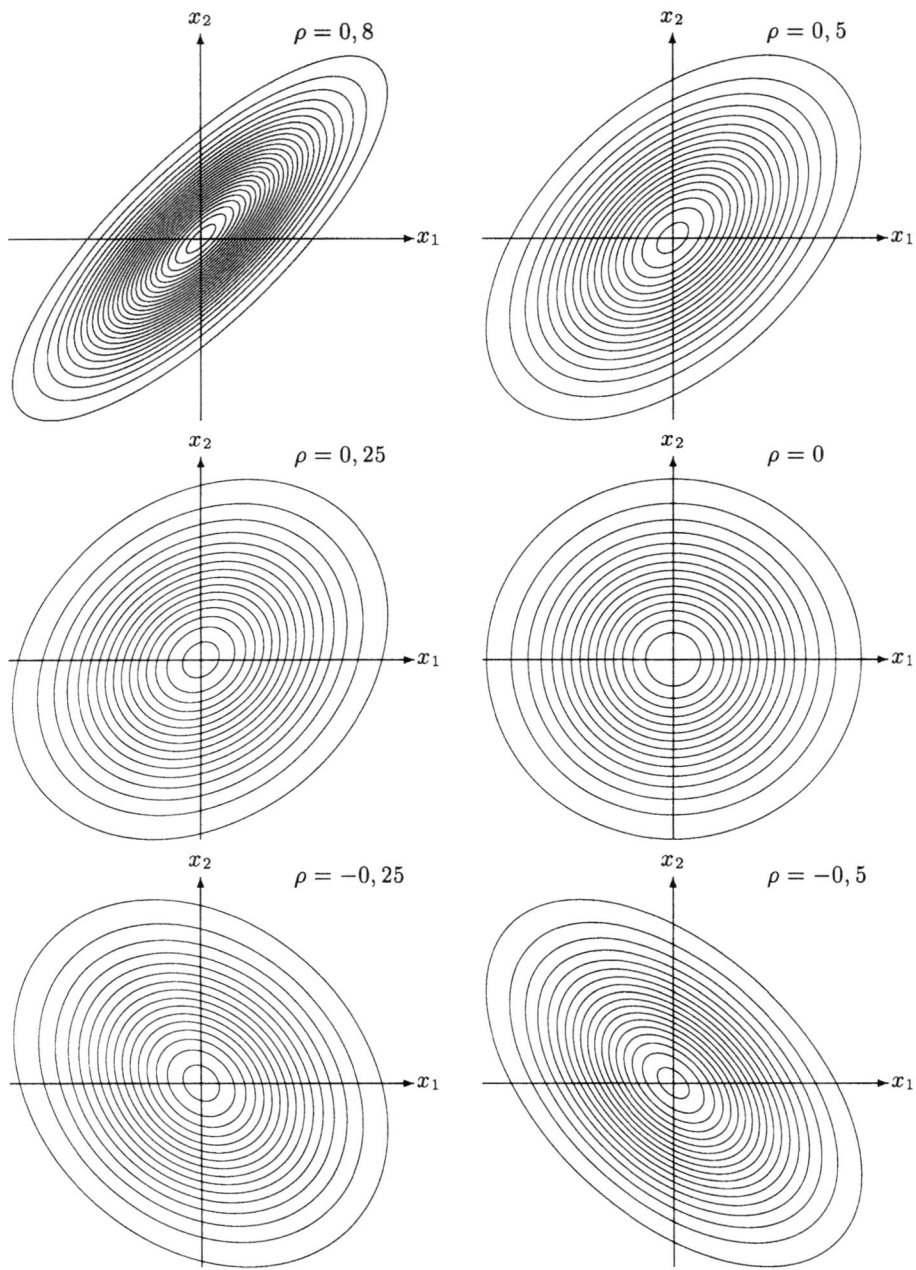

Bild 3.5: „Höhenlinien" $p_{\xi_1\xi_2}(x_1, x_2) = c_i$, $c_i = 0,01 \cdot i$ von außen nach innen, der zweidimensionalen Gaußdichte (3.184) für verschiedene Parameterwerte $\rho(\tau)$

3.10 Spezielle Zufallsprozesse

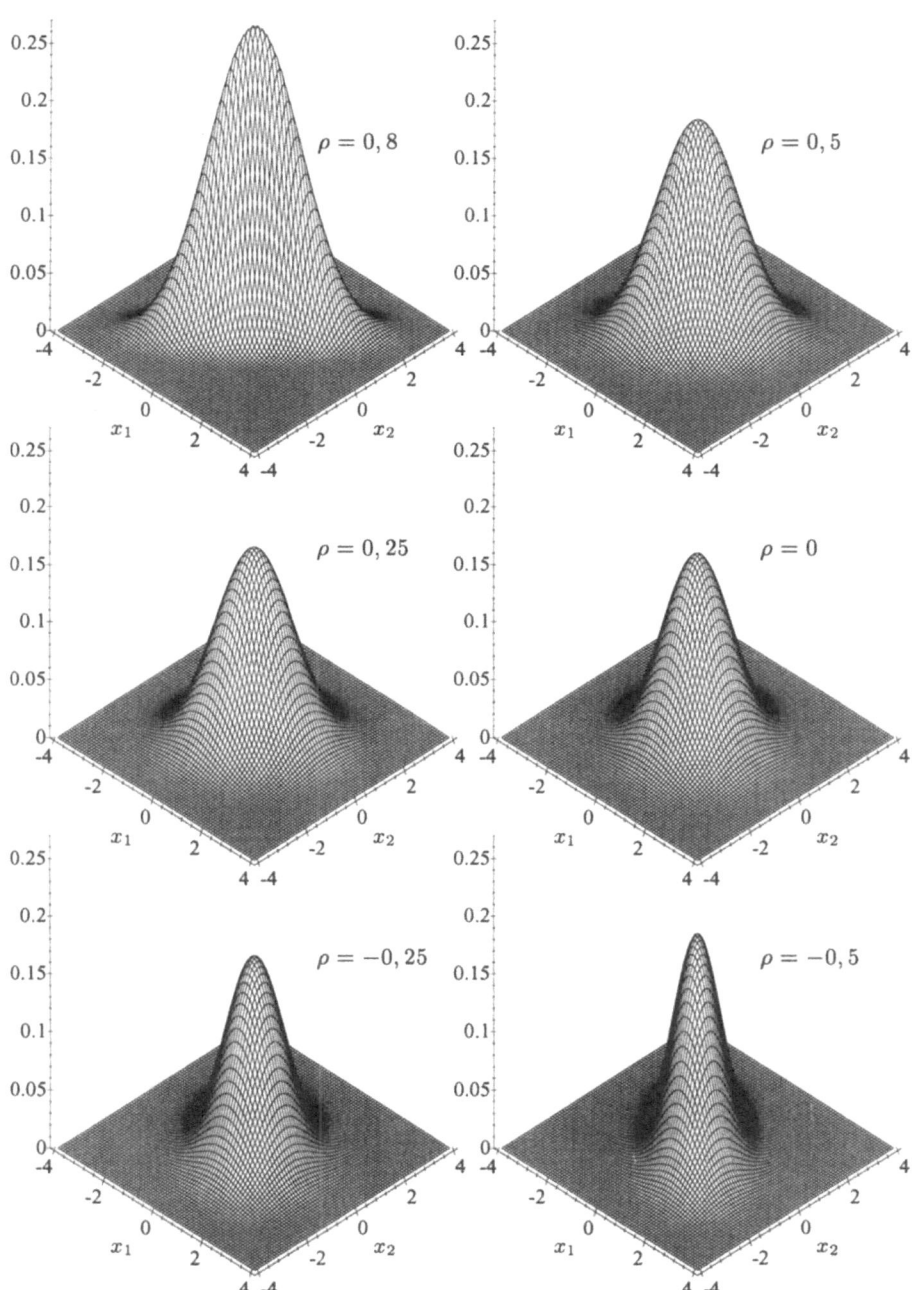

Bild 3.6: Zweidimensionale Gaußdichte $p_{\xi_1\xi_2}(x_1, x_2)$ für verschiedene Parameterwerte $\rho(\tau)$

entartet die Ellipse zur Geraden $x_2 = x_1$ bzw. $x_2 = -x_1$, für $\rho = 0$ liegen Kreise vor.

Zur Bestimmung von Form und Lage der Ellipse ist (3.189) auf Hauptachsen zu transformieren. Hierzu führt man anstelle der Koordinaten (x_1, x_2) mit Hilfe der Beziehungen

$$x_1 = b_{11}y_1 + b_{12}y_2 \qquad (3.191)$$
$$x_2 = b_{21}y_1 + b_{22}y_2 \qquad (3.192)$$

die neuen Koordinaten (y_1, y_2) ein. Setzt man (3.191) und (3.192) in (3.189) ein, so erhält man

$$\left(b_{11}^2 - 2\rho\, b_{11}b_{21} + b_{21}^2\right) y_1^2$$
$$+ 2\left(b_{11}b_{12} - \rho\, b_{12}b_{21} - \rho\, b_{11}b_{22} + b_{21}b_{22}\right) y_1 y_2 \qquad (3.193)$$
$$+ \left(b_{12}^2 - 2\rho\, b_{12}b_{22} + b_{22}^2\right) y_2^2 = c$$

Die Koordinatenachsen von (y_1, y_2) fallen mit den Hauptachsen der Ellipse zusammen, wenn die Koeffizienten von (3.191) und (3.192) so gewählt werden, daß der Klammerterm vor dem Produkt $y_1 y_2$ verschwindet. Dies kann z. B. durch die Werte

$$b_{11} = b_{21} = b_{22} = \frac{1}{\sqrt{2}} \qquad \text{und} \qquad b_{12} = -\frac{1}{\sqrt{2}}, \qquad (3.194)$$

also mit den Gleichungen

$$x_1 = \frac{1}{\sqrt{2}}(y_1 - y_2), \qquad (3.195)$$
$$x_2 = \frac{1}{\sqrt{2}}(y_1 + y_2), \qquad (3.196)$$

erreicht werden, was einer Drehung des ursprünglichen Koordinatensystems um 45° entspricht. Mit der Transformation (3.195), (3.196) geht die quadratische Form (3.193) in den Ausdruck

$$(1 - \rho)\, y_1^2 + (1 + \rho)\, y_2^2 \qquad (3.197)$$

und die Dichte in die Gestalt

$$p_{\eta_1 \eta_2}(y_1, y_2) = \frac{1}{2\pi\psi_0 \sqrt{1-\rho^2}} \exp\left(-\frac{(1-\rho)\, y_1^2 + (1+\rho)\, y_2^2}{2\psi_0\, (1-\rho^2)}\right)$$
$$= \frac{1}{2\pi\psi_0 \sqrt{1-\rho^2}} \exp\left[-\frac{1}{2\psi_0}\left(\frac{y_1^2}{1+\rho} + \frac{y_2^2}{1-\rho}\right)\right] \qquad (3.198)$$

3.10 Spezielle Zufallsprozesse

über.

Die beiden Halbachsen a und b ergeben sich aus den Varianzen $\sigma_{\eta_1}^2 = \psi_0(1+\rho)$ und $\sigma_{\eta_2}^2 = \psi_0(1-\rho)$ zu

$$a = \sigma_{\eta_1} = \sqrt{\psi_0(1+\rho)}, \qquad (3.199)$$

$$b = \sigma_{\eta_2} = \sqrt{\psi_0(1-\rho)}; \qquad (3.200)$$

das Achsenverhältnis der Ellipse beträgt

$$\frac{a}{b} = \sqrt{\frac{1+\rho}{1-\rho}} \qquad (3.201)$$

mit der numerischen Exzentrizität

$$e = \sqrt{\frac{a^2 - b^2}{a^2}} = \sqrt{\frac{2\rho}{1+\rho}}. \qquad (3.202)$$

Mit den Gleichungen (3.195) und (3.196) sowie den Ausdrücken (3.199) bis (3.202) sind die Lage und die durch ρ bestimmte Form der Ellipsen, deren Mittelpunkte im Ursprung liegen und deren eine Hauptachse mit der Winkelhalbierenden $x_2 = x_1$ für $\rho > 0$ bzw. $x_2 = -x_1$ für $\rho < 0$ im (x_1, x_2)-System zusammenfällt, festgelegt. Für $\rho = 0$ geht die Ellipse in einen Kreis über. Umgekehrt kann der Wert der Autokorrelationsfunktion ρ durch Messung von a/b bestimmt werden. Da über die in (3.189) eingeführte Konstante c keine quantitative Aussage gemacht wurde, gelten die getroffenen Feststellungen für eine beliebige Höhenlinie.

Wie (3.197) zeigt, ist die durch die Transformation (3.195) bzw. (3.196) erzeugte zweidimensionale Verteilungsdichte $p_{\eta_1 \eta_2}(y_1, y_2)$ der transformierten Variablen η_1 und η_2 gleich dem Produkt der eindimensionalen Dichten $p_{\eta_1}(y_1)$ und $p_{\eta_2}(y_2)$. Die Variablen η_1 und η_2 sind also statistisch unabhängig. Dieses Resultat ist noch in anderer Hinsicht bemerkenswert. Betrachtet man nämlich statt (3.195) und (3.196) die Transformation

$$x_1 = \frac{1}{2}(y_1' + y_2'), \qquad (3.203)$$

$$x_2 = \frac{1}{2}(y_1' - y_2'), \qquad (3.204)$$

so gelangt man ebenfalls zu einer separierbaren zweidimensionalen Dichtefunktion, nämlich

$$p_{\eta_1'\eta_2'}(y_1', y_2') = \frac{1}{4\pi\psi_0\sqrt{1-\rho^2}} \exp\left[-\frac{1}{4\psi_0}\left(\frac{y_1'}{1+\rho} + \frac{y_2'}{1-\rho}\right)\right]; \quad (3.205)$$

die neuen Variablen y_1' und y_2' sind in diesem Falle aber — entsprechend (3.203) bzw. (3.204) — mit x_1 und x_2 durch die Relationen

$$y_1' = x_1 + x_2, \quad (3.206)$$
$$y_2' = x_1 - x_2 \quad (3.207)$$

verbunden. Das bedeutet: Summe und Differenz zweier Gaußscher Zufallsvariablen sind für alle Werte der Autokorrelationsfunktion $\rho(\tau)$ statistisch unabhängig.

Schließlich soll noch für $n = 2$ die Charakteristische Funktion hergeleitet werden. Aus der allgemeinen Beziehung (3.180) folgt mit der symmetrischen Matrix $\mathbf{M} = (\psi_{ik})$, $\psi_{11} = \psi_{22} = \psi_0$, $\psi_{12}/\psi_0 = \rho(\tau)$ in Matrixschreibweise

$$\begin{aligned}\Phi_{\xi_1\xi_2}(v_1, v_2) &= \exp\left[-\frac{1}{2}\begin{pmatrix} v_1 & v_2 \end{pmatrix}\begin{pmatrix} \psi_0 & \psi_{12} \\ \psi_{12} & \psi_0 \end{pmatrix}\begin{pmatrix} v_1 \\ v_2 \end{pmatrix}\right] \\ &= \exp\left[-\frac{\psi_0}{2}(v_1^2 - 2\rho v_1 v_2 + v_2^2)\right]. \end{aligned} \quad (3.208)$$

Die zweidimensionale Charakteristische Funktion besitzt also die gleiche Form wie die zweidimensionale Dichte; die oben diskutierten Feststellungen insbesondere bezüglich der Abhängigkeit von ρ lassen sich auf (3.208) übertragen.

3.10.1.2 Bedingte Dichten, Gauß-Markoff-Prozeß

Als Beispiel sei die bedingte Dichte eines zweidimensionalen Gaußprozesses

$$p_{\xi_2|\xi_1}(x_2|x_1) = \frac{p_{\xi_1\xi_2}(x_1, x_2)}{p_{\xi_1}(x_1)} \quad (3.209)$$

3.10 Spezielle Zufallsprozesse

betrachtet. Setzt man auf der rechten Seite dieser Beziehung die Dichten (3.181) und (3.184) ein, so erhält man

$$p_{\xi_2|\xi_1}(x_2|x_1) = \frac{1}{2\pi\psi_0\sqrt{1-\rho^2}}\exp\left[-\frac{x_1^2-2\rho x_1 x_2+x_2^2}{2\psi_0(1-\rho^2)}\right]\sqrt{2\pi\psi_0}\exp\left[\frac{x_1^2}{2\psi_0}\right]$$

$$= \frac{1}{\sqrt{2\pi\psi_0(1-\rho^2)}}\exp\left[-\frac{(x_2-\rho x_1)^2}{2\psi_0(1-\rho^2)}\right]. \quad (3.210)$$

Die Dichte (3.210) der bedingten Wahrscheinlichkeit ist also eine Gaußdichte mit dem Mittelwert ρx_1 und der Varianz $\psi_0(1-\rho^2)$. An den Stellen τ, an denen $\rho(\tau) = 0$ ist, ist $p_{\xi_2|\xi_1}(x_2|x_1)$ von x_1 unabhängig; an diesen Stellen besteht für den Prozeß eine „Gedächtnislücke".

Einen dreidimensionalen Zufallsprozeß, für den die bedingte Dichte

$$p_{\xi_3|\xi_1\xi_2}(x_3|x_1,x_2) = \frac{p_{\xi_1\xi_2\xi_3}(x_1,x_2,x_3)}{p_{\xi_1\xi_2}(x_1,x_2)} \quad (3.211)$$

von x_1 nicht abhängt, die Zufallsvariable ξ_3 also nur von ihrem zeitlichen Vorgänger ξ_2 beeinflußt ist[1], nennt man einen Markoff-Prozeß. Hier soll nun untersucht werden, ob diese Eigenschaft auch einem Gaußprozeß zukommt. Zur Beantwortung dieser Frage ist zu zeigen, daß der Quotient in (3.211) von x_1 unabhängig ist und welche Bedingungen gegebenenfalls zu erfüllen sind.

Zur Bestimmung der bedingten Dichte (3.211) wird die dreidimensionale Gaußdichte

$$p_{\xi_1\xi_2\xi_3}(x_1,x_2,x_3) = \frac{1}{\sqrt{(2\pi)^3 M}}\exp\left[-\frac{1}{2M}\sum_{i=1}^{3}\sum_{k=1}^{3}M_{ik}x_i x_k\right] \quad (3.212)$$

benötigt, wobei M die Determinante von

$$\mathbf{M} = \begin{pmatrix} \psi_0 & \psi_{12} & \psi_{13} \\ \psi_{12} & \psi_0 & \psi_{23} \\ \psi_{13} & \psi_{23} & \psi_0 \end{pmatrix} \quad (3.213)$$

und M_{ik} die Elemente der symmetrischen Matrix

$$(M_{ik}) = \begin{pmatrix} \psi_0^2 - \psi_{23}^2 & \psi_{13}\psi_{23} - \psi_0\psi_{12} & \psi_{12}\psi_{23} - \psi_0\psi_{13} \\ \psi_{13}\psi_{23} - \psi_0\psi_{12} & \psi_0^2 - \psi_{13}^2 & \psi_{12}\psi_{13} - \psi_0\psi_{23} \\ \psi_{12}\psi_{23} - \psi_0\psi_{13} & \psi_{13}\psi_{23} - \psi_0\psi_{12} & \psi_0^2 - \psi_{23}^2 \end{pmatrix} \quad (3.214)$$

---

[1] Wie stets wird angenommen, daß die zu den Variablen $\xi_1,\ldots,\xi_n$ gehörenden Zeitpunkte geordnet sind, in dem Sinne, daß $t_n > t_{n-1} > \ldots > t_1$ gilt.

bedeuten. $p_{\xi_1\xi_2}(x_1,x_2)$ ist durch

$$p_{\xi_1\xi_2}(x_1,x_2) = \frac{1}{2\pi\sqrt{\psi_0^2-\psi_{12}^2}} \exp\left[-\frac{\psi_0 x_1^2 - 2\psi_{12}x_1 x_2 + \psi_0 x_2^2}{2(\psi_0^2-\psi_{12}^2)}\right] \tag{3.215}$$

gegeben. Setzt man (3.212) und (3.215) mit der Abkürzung

$$\frac{\psi_0 x_1^2 - 2\psi_{12}x_1 x_2 + \psi_0 x_2^2}{\psi_0^2 - \psi_{12}^2} = Q(x_1, x_2) \tag{3.216}$$

auf der rechten Seite von (3.211) ein, so erhält man schließlich

$$p_{\xi_3|\xi_1\xi_2}(x_3|x_1,x_2) = \sqrt{\frac{\psi_0^2-\psi_{12}^2}{2\pi M}} \exp\left[-\frac{1}{2M}\sum_{i=1}^{3}\sum_{k=1}^{3}M_{ik}x_i x_k + \frac{1}{2}Q(x_1,x_2)\right] \tag{3.217}$$

Soll (3.217) von x_1 unabhängig sein, so müssen im Exponenten die Koeffizienten aller Summanden, die x_1 enthalten, das sind die Terme mit x_1^2, $x_1 x_2$ und $x_1 x_3$, verschwinden. Zunächst sei der Koeffizient von $x_1 x_3$ betrachtet. Wie man (3.214) entnehmen kann, lautet er

$$M_{13} = \psi_{12}\psi_{23} - \psi_0\psi_{13}. \tag{3.218}$$

Es wird also $M_{13} = 0$, wenn — nach Division durch ψ_0^2 —

$$\rho_{12}\rho_{23} - \rho_{13} = 0 \tag{3.219}$$

erfüllt ist. Die Bedingung (3.219) bedeutet eine Forderung an die Autokorrelationsfunktion. Sie muß die Eigenschaft haben, daß mit $\rho_{ik} = \rho(t_k - t_i)$, $t_2 - t_1 = \tau_1$ und $t_3 - t_2 = \tau_2$ der Zusammenhang

$$\rho(t_2-t_1)\rho(t_3-t_2) - \rho(t_3-t_1) = 0 \tag{3.220}$$

oder

$$\rho(\tau_1)\rho(\tau_2) - \rho(\tau_1+\tau_2) = 0 \tag{3.221}$$

gilt. Hieraus folgt schließlich

$$\rho(\tau) \sim e^{-\beta\tau}, \quad \beta > 0. \tag{3.222}$$

Zu dem gleichen Schluß kommt man, wenn man die Koeffizienten der Terme mit x_1^2 und $x_1 x_2$ berechnet. Der Beweis sei dem Leser überlassen.

Als wichtiges Ergebnis ist damit festzuhalten: Ein stationärer Gaußscher Zufallsprozeß ist ein Markoff-Prozeß dann und nur dann, wenn seine Autokorrelationsfunktion wie $e^{-\beta|\tau|}$ verläuft.

3.10 Spezielle Zufallsprozesse

3.10.1.3 Zeitliche Ableitung eines stationären Gaußprozesses

Unter der zeitlichen Ableitung $\dot\xi(t)$ eines stationären Gaußprozesses $\xi(t)$ wird ein Zufallsprozeß verstanden, bei dem jede Musterfunktion durch Differentiation aus einer der Musterfunktionen des Gaußprozesses hervorgeht, also deren Steigungsverlauf wiedergibt. Zunächst soll die Verteilungsdichtefunktion $p_{\dot\xi}(\dot x)$ bestimmt werden. Hierzu kann man an die Überlegungen auf Seite 162 anknüpfen. Für Summe η_1' und Differenz η_2' zweier Gaußscher Zufallsvariablen ξ_1 und ξ_2 ergab sich dort mit der Transformation (3.206) bzw. (3.207) die gemeinsame Verteilungsdichte (3.205). Ersetzt man ξ_1 durch $\frac{\xi(t+\Delta t)}{\Delta t}$ und ξ_2 durch $\frac{\xi(t)}{\Delta t}$, so wird η_2' zum Differenzenquotienten. Seine Dichte erhält man aus der zweidimensionalen Dichte (3.205) durch Integration über y_1'. Bildet man dann den Grenzwert $\Delta t \to 0$, so gelangt man zur gesuchten Dichte von $\dot\xi(t)$.

Für die Dichte von η_2' folgt also aus (3.205)

$$p_{\eta_2'}(y_2') = \frac{1}{4\pi\psi_0\sqrt{1-\rho^2}}\left[\int_{-\infty}^{\infty}\exp\left(-\frac{y_1'^2}{4\psi_0(1+\rho)}\right)dy_1'\right]\exp\left(-\frac{y_2'^2}{4\psi_0(1-\rho)}\right) \tag{3.223}$$

und, da sich $\sqrt{4\pi\psi_0(1+\rho)}$ als Wert des Integrals ergibt,

$$p_{\eta_2'}(y_2') = \frac{1}{\sqrt{4\pi\psi_0(1-\rho)}}\exp\left(-\frac{y_2'^2}{4\psi_0(1-\rho)}\right). \tag{3.224}$$

Trägt man nun für y_2' den Differenzenquotienten

$$\frac{x(t+\Delta t) - x(t)}{\Delta t} \tag{3.225}$$

ein, so ist zu beachten, daß $\psi(0)$ und $\psi(\tau)$ die Erwartungswerte bezüglich der Zufallsvariablen

$$\xi_1 = \frac{\xi(t+\Delta t)}{\Delta t} \quad \text{und} \quad \xi_2 = \frac{\xi(t)}{\Delta t} \tag{3.226}$$

sind, also

$$\psi_0 = E\left\{\frac{\xi^2(t)}{(\Delta t)^2}\right\} \tag{3.227}$$

und

$$\psi = \psi(\Delta t) = E\left\{\frac{\xi(t+\Delta t)\xi(t)}{(\Delta t)^2}\right\} \tag{3.228}$$

sowie
$$\rho = \rho(\Delta t) = \frac{\psi(\Delta t)}{\psi_0} \qquad (3.229)$$

bedeuten. Damit folgt aus (3.224) die Dichte

$$p_{\dot{\xi}}(\dot{x}) = \lim_{\Delta t \to 0} \frac{1}{\sqrt{4\pi \frac{E\{\xi^2\} - E\{\xi(t+\Delta t)\xi(t)\}}{(\Delta t)^2}}} \exp\left[-\frac{\left(\frac{x(t+\Delta t)-x(t)}{(\Delta t)^2}\right)^2}{4 \frac{E\{\xi^2\} - E\{\xi(t+\Delta t)\xi(t)\}}{(\Delta t)^2}} \right].$$
$$(3.230)$$

Beim Grenzübergang $\Delta t \to 0$, geht der Differenzenquotient in den Differentialquotienten $\dot{x}$ über, und es gilt

$$\lim_{\Delta t \to 0} \frac{E\{\xi^2\} - E\{\xi(t+\Delta t)\,\xi(t)\}}{(\Delta t)^2} = -\frac{1}{2} \left.\frac{d^2 \psi_{\xi\xi}(\tau)}{d\tau^2}\right|_{\tau=0} = -\frac{1}{2} \psi_{\xi\xi}''(0), \qquad (3.231)$$

wie sich aus der Taylor-Reihenentwicklung der Autokorrelationsfunktion für kleine τ

$$E\{\xi(t+\Delta t)\,\xi(t)\} = \psi_{\xi\xi}(0) + \frac{(\Delta t)^2}{2} \psi_{\xi\xi}''(0) + \ldots \qquad (3.232)$$

mit $E\{\xi^2\} = \psi_{\xi\xi}(0)$ ergibt. Damit lautet die Dichte des Zufallsprozesses $\dot{\xi}(t)$ schließlich

$$p_{\dot{\xi}}(\dot{x}) = \frac{1}{\sqrt{2\pi(-\psi_{\xi\xi}''(0))}} \exp\left(-\frac{\dot{x}^2}{2(-\psi_{\xi\xi}''(0))}\right), \qquad (3.233)$$

wobei $\psi(\tau)$ wieder die Autokorrelationsfunktion des Gaußprozesses bedeutet. Die Verteilungsdichte der Ableitung $\dot{\xi}(t)$ eines stationären Gaußschen Zufallsprozesses $\xi(t)$ mit $E\{\xi(t)\} = 0$ ist demnach eine Gaußdichte mit dem Mittelwert $E\{\dot{\xi}(t)\} = 0$ und der Varianz $-\psi''(0) > 0$.

Zum Abschluß soll noch die gemeinsame Verteilungsdichte $p_{\xi\dot{\xi}}(x,\dot{x})$ für die Variablen $\xi_1 = \xi(t)$ und $\xi_2 = \dot{\xi}(t+\tau)$ bestimmt werden. Bild 3.7 veranschaulicht die Fragestellung.

Aus der allgemeinen Darstellung einer zweidimensionalen Gaußdichte folgt

$$p_{\xi_1 \xi_2}(x_1, x_2) = \frac{1}{2\pi \sqrt{M}} \exp\left(-\frac{1}{2M}\left(M_{11}x_1^2 + 2M_{12}x_1 x_2 + M_{22}x_2^2\right)\right)$$
$$(3.234)$$

3.10 Spezielle Zufallsprozesse

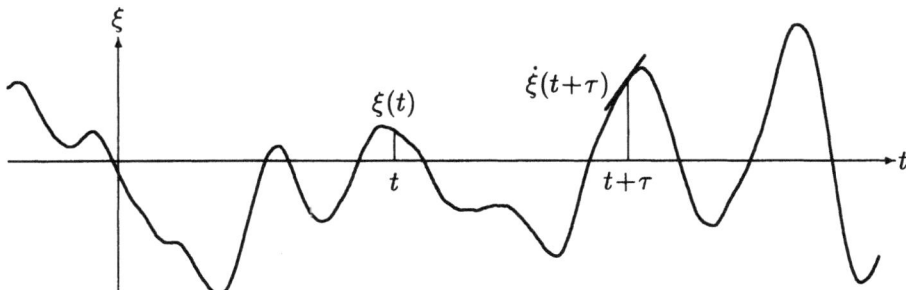

Bild 3.7: *Zur Verbundwahrscheinlichkeit von $\xi(t)$ und $\dot\xi(t+\tau)$*

mit den Größen

$$\xi_1 = \xi(t), \quad \xi_2 = \dot\xi(t+\tau), \tag{3.235}$$

$$\mathbf{M} = \begin{pmatrix} E\{\xi_1^2\} & E\{\xi_1\xi_2\} \\ E\{\xi_1\xi_2\} & E\{\xi_2^2\} \end{pmatrix} = \begin{pmatrix} \psi_0 & \psi'(\tau) \\ \psi'(\tau) & -\psi''(0) \end{pmatrix}, \tag{3.236}$$

da

$$E\{\xi(t)\,\dot\xi(t+\tau)\} = \frac{\mathrm{d}}{\mathrm{d}\tau} E\{\xi(t)\,\xi(t+\tau)\} = \frac{\mathrm{d}}{\mathrm{d}\tau} \psi_{\xi\xi}(\tau), \tag{3.237}$$

$$E\{\dot\xi(t)\,\xi(t+\tau)\} = E\{\dot\xi(t-\tau)\,\xi(t)\} = -\frac{\mathrm{d}}{\mathrm{d}\tau} \psi_{\xi\xi}(\tau) \tag{3.238}$$

und

$$(M_{ik}) = \begin{pmatrix} -\psi''(0) & -\psi'(\tau) \\ -\psi'(\tau) & \psi_0 \end{pmatrix} \tag{3.239}$$

gilt. Einsetzen der Ausdrücke (3.237) bis (3.239) liefert das Ergebnis

$$p_{\xi\dot\xi}(x,\dot x) = \frac{1}{2\pi\sqrt{-\psi_0\psi''(0) - \psi'^2(\tau)}}$$

$$\times \exp\left(-\frac{-\psi''(0)x_1^2 - 2\psi'(\tau)x_1 x_2 + \psi_0 x_2^2}{2\left[-\psi_0\psi''(0) - \psi'^2(\tau)\right]}\right), \tag{3.240}$$

$$x_1 = x(t), \quad x_2 = \dot x(t+\tau).$$

Ein stationärer Gaußprozeß und seine Ableitung sind im allgemeinen voneinander statistisch abhängig. Sie sind statistisch unabhängig, wenn $\psi'(\tau) = 0$ ist oder im Falle $\tau = 0$, d. h. wenn ξ und $\dot\xi$ zum gleichen Zeitpunkt betrachtet werden.

3.10.1.4 Nichtlineare Verknüpfungen statistisch unabhängiger Gaußprozesse

Nichtlineare Verknüpfungen statistisch voneinander unabhängiger Gaußscher Zufallsprozesse führen auf neue Zufallsprozesse mit neuen charakteristischen Eigenschaften. In diesem Abschnitt soll anhand der eindimensionalen Verteilungsdichtefunktionen die Mannigfaltigkeit derartiger „synthetischer" Prozesse, die aus Gaußprozessen erzeugt werden kann, demonstriert werden. Tabelle 3.1 bietet einen Überblick über einige aus voneinander unabhängigen Gaußprozessen ξ, ζ und v mit jeweils der gleichen Varianz $E\{\xi^2\} = E\{\zeta^2\} = E\{v^2\} = \psi_0$ gebildete Zufallsprozesse. Ihre Verteilungsdichten sind in Bild 3.8 dargestellt. Die Herleitung der eindimensionalen Dichten wird im folgenden gegeben, wobei *Rayleigh-Prozeß* und K_0-*Prozeß*, die wegen ihrer besonderen Bedeutung ausführlich in den Abschnitten 3.10.2 und 3.10.3 behandelt sind, hier übergangen werden.

Tabelle 3.1: *Verteilungsdichten $p_\eta(y)$ und Varianzen $\sigma_\eta^2 = \psi_{0\eta}$ von Zufallsprozessen η, die durch Verknüpfungen statistisch unabhängiger Gaußprozesse ξ, ζ und v mit $E\{\xi^2\} = E\{\zeta^2\} = E\{v^2\} = \psi_0$ gebildet wurden.*

Verknüpfung	η	$p_\eta(y)$	$\psi_{0\eta}$
$\xi \cdot \zeta$	K_0	$\dfrac{1}{\pi\psi_0} K_0\left(\dfrac{\|y\|}{\psi_0}\right)$	ψ_0^2
ξ/ζ	Cauchy	$\dfrac{1}{\pi}\dfrac{1}{1+y^2}$	—
$\sqrt{\xi^2+\zeta^2}$	Rayleigh	$\dfrac{y}{\psi_0}\exp\left(-\dfrac{y^2}{2\psi_0}\right),\quad y>0$	$\dfrac{4-\pi}{2}\psi_0$
$\xi\sqrt{\zeta^2+v^2}$	Laplace	$\dfrac{1}{2\psi_0}\exp\left(-\dfrac{\|y\|}{\psi_0}\right)$	ψ_0^2
$\sqrt{\xi^2+\zeta^2+v^2}$	Maxwell	$\sqrt{\dfrac{2}{\pi\psi_0^3}}\, y^2 \exp\left(-\dfrac{y^2}{2\psi_0}\right),\quad y>0$	$\dfrac{3\pi-8}{\pi}\psi_0$
$\xi^2\cdot\operatorname{sgn}\xi$	Gamma	$\dfrac{1}{\sqrt{8\pi\psi_0\cdot\|y\|}}\exp\left(-\dfrac{\|y\|}{2\psi_0}\right)$	$3\psi_0^2$

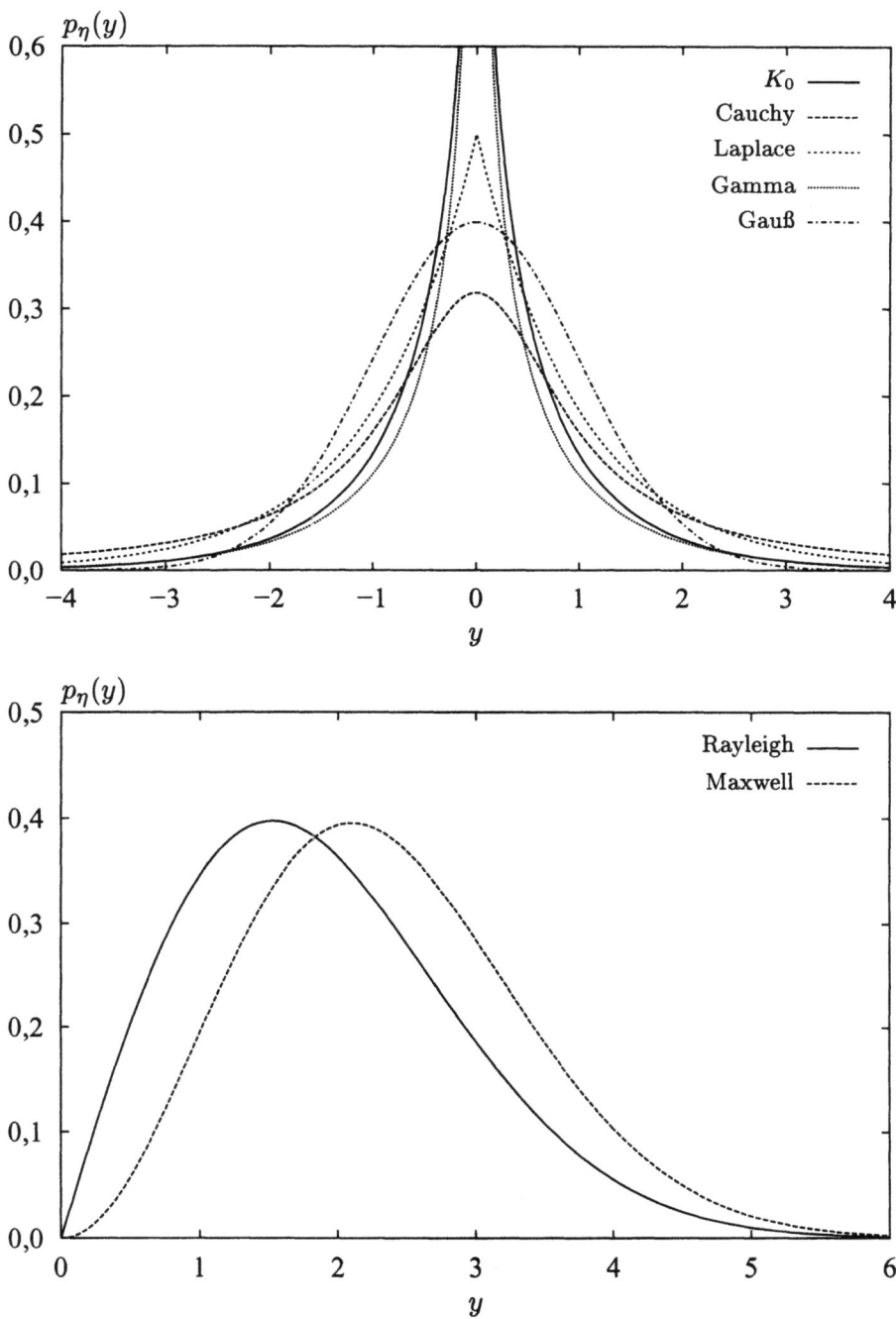

Bild 3.8: *Verteilungsdichtefunktionen aus Gaußprozessen erzeugter Zufallsprozesse mit $\sigma_\eta^2 = 1$*

Als Ausgangspunkt zur Berechnung der Verteilungsdichte $p_\eta(y)$ aus den Dichten der konstituierenden Gaußprozesse wählt man entweder die Verteilungsfunktion $D_\eta(y)$ des Zielprozesses oder die Charakteristische Funktion $\Phi_\eta(v)$, aus der durch inverse Fourier-Transformation die gesuchte Dichte gewonnen werden kann. Die Vorgehensweise sei für beide Fälle nun demonstriert. Schließlich ergibt sich die *Gamma-Dichte* durch eine nichtlineare Abbildung aus der Gaußdichte.

1. Cauchy-Prozeß

Gesucht ist die Dichte $p_\eta(y)$ des Quotienten

$$\eta = \frac{\xi}{\zeta} \qquad (3.241)$$

zweier voneinander statistisch unabhängiger Gaußprozesse ξ und ζ mit den Dichten

$$p_\xi(x) = \frac{1}{\sqrt{2\pi\psi_{0\xi}}} \exp\left(-\frac{x^2}{2\psi_{0\xi}}\right), \qquad (3.242)$$

$$p_\zeta(z) = \frac{1}{\sqrt{2\pi\psi_{0\zeta}}} \exp\left(-\frac{z^2}{2\psi_{0\zeta}}\right). \qquad (3.243)$$

Die Wahrscheinlichkeit dafür, daß $\eta \leq y$ ist, wird durch die Verteilungsfunktion

$$D_\eta(y) = \iint_{\mathcal{F}} p_\xi(x)\, p_\zeta(z)\, \mathrm{d}x\, \mathrm{d}z \qquad (3.244)$$

gegeben, wobei das Integral über das Gebiet $\mathcal{F}$ der xz-Ebene zu erstrecken ist, in dem die Punkte (x, z) liegen, die der Bedingung

$$\frac{x}{z} \leq y \qquad (3.245)$$

genügen. Das Gebiet $\mathcal{F}$ umfaßt die beiden in Bild 3.9 markierten Teilflächen I und II, die durch die Gerade $z = x/y$ bzw. $x = yz$ und die Abszissenachse begrenzt sind. Im Falle $z > 0$ gilt nach (3.245) $x \leq yz$, das Integrationsgebiet ist dann I, im Falle negativer z-Werte ist $x \geq yz$, dann ist über das Gebiet II zu integrieren. Damit

3.10 Spezielle Zufallsprozesse   171

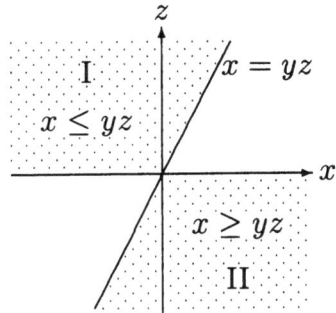

Bild 3.9: Integrationsgebiete zur Berechnung der Verteilungsfunktion des Cauchy-Prozesses

erhält man für (3.244)

$$D_\eta(y) = \frac{1}{2\pi\sqrt{\psi_{0\xi}\psi_{0\zeta}}} \int\limits_{z=0}^{\infty} \int\limits_{x=-\infty}^{yz} p_\xi(x)\, p_\zeta(z)\, \mathrm{d}x\, \mathrm{d}z$$

$$+ \frac{1}{2\pi\sqrt{\psi_{0\xi}\psi_{0\zeta}}} \int\limits_{z=-\infty}^{0} \int\limits_{x=yz}^{\infty} p_\xi(x)\, p_\zeta(z)\, \mathrm{d}x\, \mathrm{d}z. \qquad (3.246)$$

Da $p_\xi(x)$ und $p_\zeta(z)$ gerade Funktionen von x bzw. z sind, gilt

$$D_\eta(y) = \frac{2}{2\pi\sqrt{\psi_{0\xi}\psi_{0\zeta}}} \int\limits_{z=0}^{\infty} \int\limits_{x=-\infty}^{yz} p_\xi(x)\, p_\zeta(z)\, \mathrm{d}x\, \mathrm{d}z. \qquad (3.247)$$

Aus (3.247) gelangt man durch Differentiation nach y zur gesuchten Dichte — wobei $1/(\pi\sqrt{\psi_{0\xi}\psi_{0\zeta}}) = a$ gesetzt wurde —

$$p_\eta(y) = a \int\limits_{0}^{\infty} z\, p_\xi(yz)\, p_\zeta(z)\, \mathrm{d}z \qquad (3.248)$$

und unter Berücksichtigung von (3.242) und (3.243) schließlich zu

$$p_\eta(y) = a \int\limits_{0}^{\infty} z \exp\left(-\frac{y^2 z^2}{2\psi_{0\xi}} - \frac{z^2}{2\psi_{0\zeta}}\right) \mathrm{d}z$$

$$= a \int\limits_{0}^{\infty} z \exp\left(-\frac{\psi_{0\zeta} \cdot y^2 + \psi_{0\xi}}{2\psi_{0\xi}\psi_{0\zeta}} z^2\right) \mathrm{d}z. \qquad (3.249)$$

Mit der Abkürzung
$$q = \frac{\psi_{0\zeta} \cdot y^2 + \psi_{0\xi}}{2\psi_{0\xi}\psi_{0\zeta}} \qquad (3.250)$$

erhält man
$$p_\eta(y) = a \int_0^\infty z\,e^{-qz^2}\,dz = \frac{a}{q}\int_0^\infty u\,e^{-u^2}\,du = \frac{a}{2q} \qquad (3.251)$$
$$= \frac{a\psi_{0\xi}\psi_{0\zeta}}{\psi_{0\xi} + \psi_{0\zeta}\,y^2} = \frac{1}{\pi}\frac{\sqrt{\psi_{0\xi}\psi_{0\zeta}}}{\psi_{0\xi} + \psi_{0\zeta}\,y^2} = \frac{1}{\pi}\sqrt{\frac{\psi_{0\xi}}{\psi_{0\zeta}}}\,\frac{1}{y^2 + \frac{\psi_{0\xi}}{\psi_{0\zeta}}}.$$

Die so gefundene Dichte des Quotienten zweier voneinander statistisch unabhängiger Gaußprozesse ist die Cauchy-Verteilungsdichte.

Es sei bemerkt, daß auch für den Fall, daß ξ und ζ verbunden gaußverteilt sind mit der normierten Autokorrelationsfunktion ρ, die Dichte $p_\eta(y)$ geschlossen — entsprechend dem obigen Ansatz — hergeleitet werden kann mit dem Ergebnis

$$p_\eta(y) = \frac{1}{\pi}\sqrt{\frac{\psi_{0\xi}}{\psi_{0\zeta}}}\,\frac{\sqrt{1-\rho^2}}{\frac{\psi_{0\xi}}{\psi_{0\zeta}}(1-\rho^2) + \left(y - \rho\sqrt{\frac{\psi_{0\xi}}{\psi_{0\zeta}}}\right)}. \qquad (3.252)$$

Schließlich gilt für die allgemeine Cauchy-Dichte
$$p_\eta(y) = \frac{1}{\pi}\frac{\alpha}{y^2 + \alpha^2}, \qquad (3.253)$$

daß auch die Dichte der inversen Zufallsvariablen
$$\eta^* = \frac{a}{\eta} \qquad (3.254)$$

eine Cauchy-Dichte ist:
$$p_{\eta^*}(y) = \frac{1}{\alpha\pi}\frac{|a|}{y^2 + \left(\frac{a}{\alpha}\right)^2}. \qquad (3.255)$$

Die Charakteristische Funktion $\Phi_\eta(v)$ des Cauchy-Prozesses ergibt sich durch Fourier-Transformation von (3.253) zu
$$\Phi_\eta(v) = e^{-\alpha|v|}. \qquad (3.256)$$

3.10 Spezielle Zufallsprozesse 173

2. Maxwell-Prozeß

Sei
$$\eta = \sqrt{\xi^2 + \zeta^2 + v^2} \tag{3.257}$$

aus drei voneinander unabhängigen Gaußprozessen ξ, ζ und v mit jeweils gleichen Varianzen ψ_0

$$p_\xi(x) = \frac{1}{\sqrt{2\pi\psi_0}} \exp\left(-\frac{x^2}{2\psi_0}\right), \tag{3.258}$$

$$p_\zeta(z) = \frac{1}{\sqrt{2\pi\psi_0}} \exp\left(-\frac{z^2}{2\psi_0}\right), \tag{3.259}$$

$$p_v(u) = \frac{1}{\sqrt{2\pi\psi_0}} \exp\left(-\frac{u^2}{2\psi_0}\right) \tag{3.260}$$

gebildet, dann ist die Wahrscheinlichkeit dafür, daß $\eta \leq y$ ist, durch die Verteilungsfunktion

$$D_\eta(y) = \frac{1}{(2\pi\psi_0)^{3/2}} \int\limits_K \exp\left(-\frac{x^2 + z^2 + u^2}{2\psi_0}\right) dx\,dz\,du, \quad y > 0, \tag{3.261}$$

gegeben, wobei $\int_K$ das Integral über das Volumen einer Kugel mit dem Radius y bedeutet.

Führt man räumliche Polarkoordinaten

$$\begin{aligned} x &= r\cos\varphi\sin\vartheta \\ z &= r\sin\varphi\sin\vartheta \\ u &= r\cos\vartheta \end{aligned} \tag{3.262}$$

mit

$$x^2 + z^2 + u^2 = r^2 \tag{3.263}$$

und dem zugehörigen Volumenelement

$$r^2 \sin\vartheta\,dr\,d\vartheta\,d\varphi \tag{3.264}$$

ein, so erhält man

$$D_\eta(y) = \frac{1}{(2\pi\psi_0)^{3/2}} \int_{r=0}^{y} \int_{\varphi=0}^{2\pi} \int_{\vartheta=0}^{\pi} \exp\left(-\frac{r^2}{2\psi_0}\right) r^2 \sin\vartheta \, dr \, d\vartheta \, d\varphi$$

$$= \frac{4\pi}{(2\pi\psi_0)^{3/2}} \int_0^y r^2 \exp\left(-\frac{r^2}{2\psi_0}\right) dr \qquad (3.265)$$

$$= \sqrt{\frac{2}{\pi\psi_0^3}} \int_0^y r^2 \exp\left(-\frac{r^2}{2\psi_0}\right) dr, \qquad y \geq 0.$$

Hieraus folgt durch Differentiation nach y die *Maxwell-Dichte*

$$p_\eta(y) = \sqrt{\frac{2}{\pi\psi_0^3}} \, y^2 \exp\left(-\frac{y^2}{2\psi_0}\right), \qquad y \geq 0. \qquad (3.266)$$

η besitzt die Erwartungswerte

$$E\{\eta\} = \sqrt{\frac{8\psi_0}{\pi}} \qquad (3.267)$$

und

$$E\{\eta^2\} = 3 \cdot \psi_0; \qquad (3.268)$$

die Varianz σ_η^2 hat den Wert

$$\sigma_\eta^2 = E\{\eta^2\} - (E\{\eta\})^2 = \left(3 - \frac{8}{\pi}\right)\psi_0. \qquad (3.269)$$

Das Maximum der Dichte liegt bei

$$y_{\max} = \sqrt{2\psi_0} \qquad (3.270)$$

und hat den Wert

$$p_\eta(y_{\max}) = \sqrt{\frac{8}{\pi\psi_0}} \cdot \frac{1}{e}. \qquad (3.271)$$

Für die Charakteristische Funktion erhält man (s. [Obh57]12).

$$\Phi_\eta(v) = {}_1F_1\left(\frac{3}{2}; \frac{1}{2}; -\frac{\psi_0 v^2}{2}\right) + jv\sqrt{\frac{8\psi_0}{\pi}} \, {}_1F_1\left(2; \frac{3}{2}; -\frac{\psi_0 v^2}{2}\right).$$
$$(3.272)$$

3.10 Spezielle Zufallsprozesse

$_1F_1(\alpha;\beta;x)$ bezeichnet die *konfluente hypergeometrische Funktion* (*Kummersche Funktion*). Sie besitzt die Reihenentwicklung

$$_1F_1(\alpha;\beta;x) = 1 + \frac{\alpha}{\beta}\frac{x}{1!} + \frac{\alpha(\alpha+1)}{\beta(\beta+1)}\frac{x^2}{2!} + \cdots \qquad (3.273)$$

3. **Laplace-Prozeß**

Gesucht ist die Dichte $p_\eta(y)$ eines Prozesses $\eta(t)$, der durch das Produkt eines in 3.10.2 diskutierten Rayleigh-Prozesses $\zeta(t)$ und eines von ihm statistisch unabhängigen Gaußprozesses $\xi(t)$ gebildet wird. Die Charakteristische Funktion von $\eta(t)$ ist p. d. gegeben durch

$$\Phi_\eta(v) = \int_{-\infty}^{\infty}\int_{-\infty}^{\infty} e^{jvxz}\, p_\xi(x)\, p_\zeta(z)\, \mathrm{d}x\,\mathrm{d}z = \int_{-\infty}^{\infty} \Phi_\xi(vz)\, p_\zeta(z)\, \mathrm{d}z. \qquad (3.274)$$

Mit der Dichte des Rayleigh-Prozesses

$$p_\zeta(z) = \frac{z}{\psi_0}\exp\left(-\frac{z^2}{2\psi_0}\right), \qquad z \geq 0, \qquad (3.275)$$

— wobei ψ_0 die Varianz der konstituierenden Gaußprozesse (S. 179) bedeutet — und der Charakteristischen Funktion des Gaußprozesses

$$\Phi_\xi(v) = \exp\left(-\frac{1}{2}\psi_{0\xi}v^2\right) \qquad (3.276)$$

erhält man weiter aus (3.274)

$$\Phi_\eta(v) = \frac{1}{\psi_0}\int_0^\infty z\exp\left(-\frac{1}{2}\alpha z^2\right)\mathrm{d}z = \frac{1}{\alpha\psi_0},\quad \alpha = \left(\frac{1}{\psi_0} + \psi_{0\xi}v^2\right), \qquad (3.277)$$

und damit

$$\Phi_\eta(v) = \frac{1}{1 + \psi_0\psi_{0\xi}v^2}. \qquad (3.278)$$

Hieraus folgt durch inverse Fourier-Transformation die Dichtefunktion eines *Laplace-Prozesses*

$$p_\eta(y) = \frac{1}{2\sqrt{\psi_0\psi_{0\xi}}}\exp\left(-\frac{|y|}{\sqrt{\psi_0\psi_{0\xi}}}\right). \qquad (3.279)$$

Aus (3.279) folgen die Erwartungswerte

$$E\{\eta\} = 0, \qquad E\{\eta^2\} = \psi_{0\eta} = \psi_0 \psi_{0\xi} \qquad (3.280)$$

und, falls alle Gaußprozesse die Varianz $\psi_{0\xi}$ besitzen,

$$\psi_{0\eta} = \psi_{0\xi}^2. \qquad (3.281)$$

4. Gamma-Prozeß

Die Bildung

$$\eta = a\,\xi^2 \operatorname{sgn} \xi, \qquad a > 0, \qquad (3.282)$$

deren Umkehrfunktion

$$\xi = \sqrt{\frac{|\eta|}{a}} \operatorname{sgn} \eta \qquad (3.283)$$

lautet, mit dem Gaußprozeß ξ, der die Dichte

$$p_\xi(x) = \frac{1}{\sqrt{2\pi\psi_0}} \exp\left(-\frac{x^2}{2\psi_0}\right), \qquad (3.284)$$

besitzt, führt auf einen Zufallsprozeß mit der *Gamma*-Dichte. Dies soll nun gezeigt werden.

Nach (3.16) erhält man die Dichte $p_\eta(y)$ einer Zufallsvariablen η, die mit einer Zufallsvariablen ξ durch die streng monotone Funktion

$$\eta = g(\xi) \qquad (3.285)$$

verknüpft ist, aus der Beziehung

$$p_\eta(y) = \frac{p_\xi(x)}{|g'(x)|}, \qquad x = g^{-1}(y). \qquad (3.286)$$

Im Falle (3.282) verläuft die Funktion $g(x)$ gemäß Bild 3.10. Die Funktion

$$y = a\,x^2 \operatorname{sgn} x \qquad (3.287)$$

hat jeweils eine Wurzel bei

$$x = \sqrt{\frac{y}{a}} \qquad (3.288)$$

3.10 Spezielle Zufallsprozesse

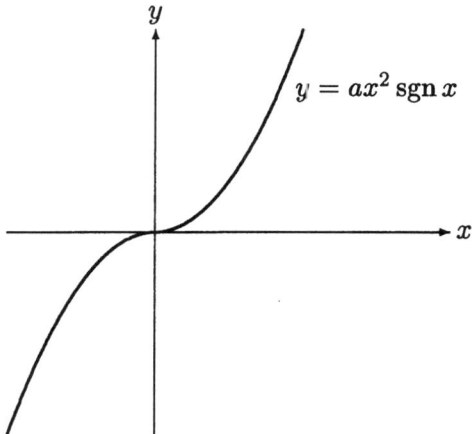

Bild 3.10: *Die Funktion $y = ax^2 \operatorname{sgn} x$*

für positive y und bei

$$x = -\sqrt{\frac{y}{a}} \qquad (3.289)$$

für $y < 0$. Damit erhält man aus (3.286) und (3.284) für $y > 0$

$$p_\eta(y) = p_\xi\left(\sqrt{\frac{y}{a}}\right) \frac{1}{2a\sqrt{\frac{y}{a}}} = \frac{1}{\sqrt{8\pi a\psi_0 \cdot y}} \exp\left(-\frac{y}{2a\psi_0}\right), \quad y > 0, \qquad (3.290)$$

und für $y < 0$

$$p_\eta(y) = \frac{1}{\sqrt{8\pi a\psi_0 \cdot (-y)}} \exp\left(+\frac{y}{2a\psi_0}\right), \qquad y < 0, \quad (3.291)$$

oder allgemein für alle $y \neq 0$

$$p_\eta(y) = \frac{1}{\sqrt{8\pi a\psi_0 \cdot |y|}} \exp\left(-\frac{|y|}{2a\psi_0}\right), \qquad y \neq 0. \quad (3.292)$$

Die Darstellung (3.292) ist für den Spezialfall $\gamma = 1/2$ identisch mit der allgemeinen *zweiseitigen Gamma-Verteilungsdichte*

$$p_\eta(y) = \frac{\alpha^\gamma}{2\Gamma(\gamma)} |y|^{\gamma-1} e^{-\alpha|y|}, \qquad (3.293)$$

wenn man noch $\alpha = 1/(2a\psi_0)$ setzt.

Aus (3.292) folgt

$$E\{\eta\} = 0, \quad \text{und} \quad E\{\eta^2\} = \psi_{0\eta} = \frac{3}{4\alpha^2} = 3a^2\psi_0^2. \quad (3.294)$$

Führt man anstelle der Varianz ψ_0 des erzeugenden Gaußprozesses die Varianz $\psi_{0\eta}$ des Gammaprozesses in den Ausdruck (3.292) für $p_\eta(y)$ ein, so erhält man

$$p_\eta(y) = \sqrt{\frac{\sqrt{3}}{8\pi\sqrt{\psi_{0\eta}}\cdot|y|}} \exp\left(-\frac{\sqrt{3}}{2}\frac{|y|}{\sqrt{\psi_{0\eta}}}\right), \quad y \neq 0. \quad (3.295)$$

Die Charakteristische Funktion der allgemeinen zweiseitigen Gamma-Dichte (3.293) lautet ([Fis80]184)

$$\begin{aligned}\Phi_\eta(v) &= \frac{1}{2}\left[\frac{1}{\left(1-\frac{jv}{\alpha}\right)^\gamma} + \frac{1}{\left(1+\frac{jv}{\alpha}\right)^\gamma}\right] = \text{Re}\left\{\frac{1}{\left(1-\frac{jv}{\alpha}\right)^\gamma}\right\} \\ &= \left(1+\frac{v^2}{\alpha^2}\right)^{-\gamma/2}\cos\left[\gamma\arctan\left(\frac{v}{\alpha}\right)\right]. \quad (3.296)\end{aligned}$$

Als Charakteristische Funktion der speziellen Gamma-Dichte (3.295) erhält man aus (3.296) durch Einsetzen von $\gamma = 1/2$ und $\alpha = \sqrt{3}/(2\sqrt{\psi_{0\eta}})$ den Ausdruck

$$\Phi_\eta(v) = \frac{\cos\left(\frac{1}{2}\arctan\sqrt{\frac{4\psi_{0\eta}v^2}{3}}\right)}{\sqrt[4]{1+\frac{4\psi_{0\eta}v^2}{3}}} = \sqrt{\frac{1+\sqrt{1+\frac{4\psi_{0\eta}v^2}{3}}}{2\left(1+\frac{4\psi_{0\eta}v^2}{3}\right)}}, \quad (3.297)$$

worin die Identität

$$\cos\left(\frac{1}{2}\arctan x\right) = \sqrt{\frac{1}{2}\left(1+\frac{1}{\sqrt{1+x^2}}\right)} \quad (3.298)$$

verwendet wurde.

Die hier besprochenen — und weitere — Verknüpfungen bieten die Möglichkeit, andere in vielen Anwendungen vorkommende Zufallsprozesse auf Gaußsche Prozesse zurückzuführen. Dies ist von besonderem Wert für die Simulation und Nachbildung derartiger Prozesse, da sie aus nur einem einzigen — gut beherrschten — Zufallsprozeß erzeugt werden können.

3.10 Spezielle Zufallsprozesse

3.10.2 Rayleigh-Prozeß

Die zufälligen Schwankungen des Betrages $\eta(t)$ einer vektoriellen physikalischen Größe, deren zwei orthogonale Komponenten $\xi(t)$ und $\zeta(t)$ unabhängigen Gaußschen Schwankungen unterliegen, bilden einen *Rayleigh-Prozeß*. Der Rayleigh-Prozeß wird also durch die Beziehung

$$\eta(t) = \sqrt{\xi^2(t) + \zeta^2(t)} \tag{3.299}$$

beschrieben. Die statistischen Eigenschaften von $\eta(t)$ sollen hier aus den Merkmalen der beiden statistisch voneinander unabhängigen Gaußprozesse $\xi(t)$ und $\zeta(t)$ bestimmt werden. Für die Gaußprozesse wird angenommen, daß sie mittelwertfrei sind und die gleiche Varianz $\psi_0 = \sigma^2$ besitzen.

Zur Berechnung der eindimensionalen Dichtefunktion geht man zweckmäßigerweise von der Verteilungsfunktion $D_\eta(y)$ aus. Nach Definition gibt $D_\eta(y)$ die Wahrscheinlichkeit dafür an, daß die Zufallsvariable η der Bedingung $\eta \leq y = \sqrt{x^2 + z^2}$ genügt, d. h. innerhalb eines Kreises in der xz-Ebene um den Ursprung mit dem Radius y liegt. Die Wahrscheinlichkeit für dieses Ereignis ergibt sich durch Integration der zweidimensionalen gemeinsamen Verteilungsdichte $p_{\xi\zeta}(x,z)$, die wegen der statistischen Unabhängigkeit durch das Produkt der Dichten $p_\xi(x)$ und $p_\zeta(z)$ gegeben ist, über die Kreisfläche K

$$D_\eta(y) = \int_K p_\xi(x)\, p_\zeta(z)\, \mathrm{d}x\, \mathrm{d}z. \tag{3.300}$$

Dieses Integral, das nach Einsetzen der Gaußdichten

$$p_\xi(x) = \frac{1}{\sqrt{2\pi\psi_0}} \exp\left(-\frac{x^2}{2\psi_0}\right), \tag{3.301}$$

$$p_\zeta(x) = \frac{1}{\sqrt{2\pi\psi_0}} \exp\left(-\frac{z^2}{2\psi_0}\right), \tag{3.302}$$

die Form

$$D_\eta(y) = \frac{1}{2\pi\psi_0} \int_K \exp\left(-\frac{x^2 + z^2}{2\psi_0}\right) \mathrm{d}x\, \mathrm{d}z \tag{3.303}$$

annimmt, läßt sich einfach berechnen, wenn man für x und z Polarkoordinaten r und φ gemäß

$$x = r\cos\varphi, \tag{3.304}$$

$$z = r\sin\varphi \tag{3.305}$$

einführt. Damit folgt aus (3.303)

$$D_\eta(y) = \frac{1}{2\pi\psi_0} \int_{r=0}^{y} \int_{\varphi=0}^{2\pi} \exp\left(-\frac{r^2}{2\psi_0}\right) r \, dr \, d\varphi = 1 - \exp\left(-\frac{y^2}{2\psi_0}\right).$$
(3.306)

Hieraus erhält man durch Differentiation nach y unmittelbar die gesuchte Dichte

$$p_\eta(y) = \frac{y}{\psi_0} \exp\left(-\frac{y^2}{2\psi_0}\right), \qquad y \geq 0,$$
(3.307)

deren Verlauf in Bild 3.11 wiedergegeben ist. (3.307) enthält als Parameter die Varianz ψ_0 der erzeugenden Gaußprozesse; zur Formulierung mit der Varianz des Rayleigh-Prozesses selbst muß ψ_0 durch die Varianz $\sigma_\eta^2 = E\{\eta^2\} - (E\{\eta\})^2$ ausgedrückt werden.

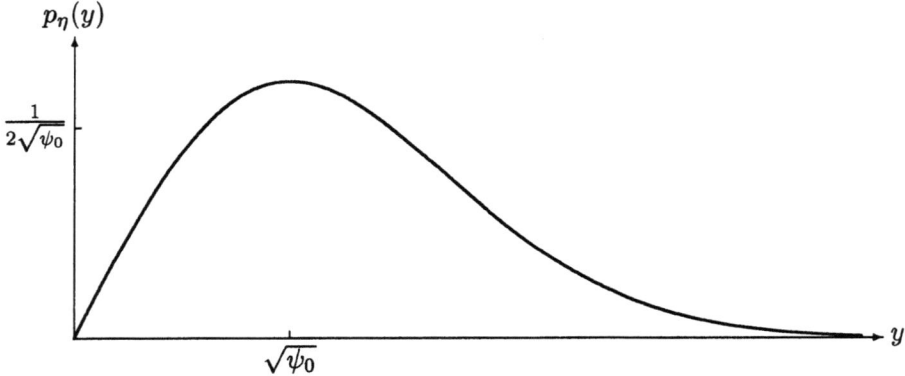

Bild 3.11: *Verteilungsdichte des Rayleigh-Prozesses*

Die Momente ergeben sich zu

$$E\left\{\eta^k\right\} = (2\psi_0)^{\frac{k}{2}} \Gamma\left(\frac{k}{2} + 1\right);$$
(3.308)

speziell ist

$$E\{\eta\} = \sqrt{\frac{\pi}{2}\psi_0}, \qquad E\{\eta^2\} = 2\psi_0$$
(3.309)

und damit die Varianz von η

$$\sigma_\eta^2 = \frac{4-\pi}{2}\psi_0.$$
(3.310)

3.10 Spezielle Zufallsprozesse

Die Dichte erreicht bei $y = \sqrt{\psi_0}$ ihr Maximum und nimmt dort den Wert

$$p_\eta\left(\sqrt{\psi_0}\right) = \frac{1}{\sqrt{\psi_0\,\mathrm{e}}} \qquad (3.311)$$

an. Die Charakteristische Funktion bestimmt sich zu ([Obh57]12,123)

$$\Phi_\eta(v) = {}_1F_1\left(1; \frac{1}{2}; -\frac{\psi_0 v^2}{2}\right) + \mathrm{j}v\sqrt{\frac{\pi}{2}\psi_0}\,\exp\left(-\frac{\psi_0 v^2}{2}\right), \qquad (3.312)$$

wobei ψ_0 die Varianz der Gaußdichten bedeutet; will man $\Phi_\eta(v)$ mit der Varianz σ_η^2 der Rayleigh-Dichte selbst darstellen, so muß ψ_0 mit Hilfe von (3.310) eliminiert werden.

Nach dem gleichen Verfahren wie zuvor kann die zweidimensionale Dichte $p_{\eta_1\eta_2}(y_1, y_2)$ der Wahrscheinlichkeit für das Verbundereignis

$$\left\{\eta_1 \leq y_1 = \sqrt{x_1^2 + z_1^2}\right\} \cap \left\{\eta_2 \leq y_2 = \sqrt{x_2^2 + z_2^2}\right\} \qquad (3.313)$$

mit $\eta_1 = \eta(t)$ und $\eta_2 = \eta(t + \tau)$ hergeleitet werden. Aus der Verteilungsfunktion $D_{\eta_1\eta_2}(y_1, y_2)$ ergibt sich durch Integration der Dichte $p_{\xi_1\xi_2\zeta_1\zeta_2}(x_1, x_2, z_1, z_2)$ über die durch die das Ereignis definierenden Bedingungen $\eta_1 \leq y_1$ und $\eta_2 \leq y_2$ festgelegten Kreisflächen K_1 und K_2:

$$D_{\eta_1\eta_2}(y_1, y_2) = \int\!\!\!\int\limits_{K_1\ K_2} p_{\xi_1\xi_2\zeta_1\zeta_2}(x_1, x_2, z_1, z_2)\,\mathrm{d}x_1\,\mathrm{d}x_2\,\mathrm{d}z_1\,\mathrm{d}z_2. \qquad (3.314)$$

Da per definitionem die beiden Gaußprozesse $\xi(t)$ und $\zeta(t)$, die gleiche statistische Eigenschaften haben, voneinander statistisch unabhängig sind, während zwischen ξ_1 und ξ_2 ebenso wie zwischen ζ_1 und ζ_2 statistische Abhängigkeiten bestehen können, kann man für (3.314) schreiben

$$D_{\eta_1\eta_2}(y_1, y_2) = \int\!\!\!\int\limits_{K_1\ K_2} p_{\xi_1\xi_2}(x_1, x_2)\,p_{\zeta_1\zeta_2}(z_1, z_2)\,\mathrm{d}x_1\,\mathrm{d}x_2\,\mathrm{d}z_1\,\mathrm{d}z_2. \qquad (3.315)$$

Mit

$$p_{\xi_1\xi_2}(x_1, x_2) = \frac{1}{2\pi\psi_0\sqrt{1-\rho^2(\tau)}}\,\exp\left(-\frac{x_1^2 - 2\rho(\tau)\,x_1 x_2 + x_2^2}{2\psi_0\,[1-\rho^2(\tau)]}\right), \qquad (3.316)$$

$$p_{\zeta_1\zeta_2}(z_1, z_2) = \frac{1}{2\pi\psi_0\sqrt{1-\rho^2(\tau)}}\,\exp\left(-\frac{z_1^2 - 2\rho(\tau)\,z_1 z_2 + z_2^2}{2\psi_0\,[1-\rho^2(\tau)]}\right) \qquad (3.317)$$

folgt aus (3.315) nach Übergang auf Polarkoordinaten

$$x_1 = r_1 \cos\varphi_1, \qquad x_2 = r_2 \cos\varphi_2, \qquad (3.318)$$

$$z_1 = r_1 \sin\varphi_1, \qquad z_2 = r_2 \sin\varphi_2 \qquad (3.319)$$

die Form

$$D_{\eta_1\eta_2}(y_1, y_2) = \frac{1}{4\pi^2\psi_0^2(1-\rho^2)} \qquad (3.320)$$

$$\times \int_0^{y_1}\int_0^{y_2}\int_0^{2\pi}\int_0^{2\pi} \exp\left(-\frac{r_1^2 + r_2^2 - 2r_1r_2\rho\cos(\varphi_1-\varphi_2)}{2\psi_0(1-\rho^2)}\right) dr_1\,dr_2\,d\varphi_1\,d\varphi_2.$$

Differentiation von (3.320) nach y_1 und y_2 führt auf die gesuchte Dichtefunktion

$$p_{\eta_1\eta_2}(y_1, y_2) = \frac{y_1 y_2}{4\pi^2\psi_0^2(1-\rho^2)}\exp\left(-\frac{y_1^2+y_2^2}{2\psi_0(1-\rho^2)}\right) \qquad (3.321)$$

$$\times \int_0^{2\pi}\int_0^{2\pi} \exp\left(\frac{y_1 y_2 \rho \cos(\varphi_1-\varphi_2)}{\psi_0(1-\rho^2)}\right) d\varphi_1\,d\varphi_2.$$

Das verbleibende zweifache Integral läßt sich mit der Substitution

$$\varphi_1 = \alpha + \beta, \qquad \varphi_2 = \beta \qquad (3.322)$$

— wenn man vorübergehend $y_1 y_2 \rho / [\psi_0(1-\rho^2)] = c$ abkürzt — weiter ausrechnen. Man erhält der Reihe nach

$$\int_0^{2\pi}\int_0^{2\pi} \exp[c\cos(\varphi_1-\varphi_2)]\,d\varphi_1\,d\varphi_2 = \int_{\alpha=-\beta}^{2\pi-\beta}\int_0^{2\pi} \exp(c\cos\alpha)\,d\alpha\,d\beta \qquad (3.323)$$

$$= 2\pi \int_0^{2\pi} \exp(c\cos\alpha)\,d\alpha = 4\pi^2 I_0(c),$$

wobei I_0 die *modifizierte Besselfunktion erster Gattung* der Ordnung Null bezeichnet. Damit nimmt die zweidimensionale Verteilungsdichte des Rayleigh-Prozesses die Gestalt

$$p_{\eta_1\eta_2}(y_1, y_2) = \frac{y_1 y_2}{\psi_0^2(1-\rho^2)}\exp\left(-\frac{y_1^2+y_2^2}{2\psi_0(1-\rho^2)}\right) I_0\left(\frac{y_1 y_2 \rho}{\psi_0(1-\rho^2)}\right) \qquad (3.324)$$

3.10 Spezielle Zufallsprozesse

an. Den Verlauf der „zweidimensionalen Rayleigh-Dichte" veranschaulichen die perspektivischen Darstellungen und Kurven konstanter Dichte, die „Höhenlinien", der Bilder 3.12 und 3.13 für ausgewählte Werte der normierten Autokorrelationsfunktion $\rho(\tau) = \psi(\tau)/\psi_0$ der erzeugenden Gaußprozesse; dabei ist $\psi_0 = 1$ gesetzt.

Die Verbundmomente der zweidimensionalen Rayleigh-Dichte lassen sich allgemein geschlossen angeben und durch die hypergeometrische Funktion ([Mag48]10)

$$_2F_1(\alpha, \beta; \gamma; z) = 1 + \frac{\alpha\beta}{\gamma \cdot 1!} z + \frac{\alpha(\alpha+1)\beta(\beta+1)}{\gamma(\gamma+1)2!} z^2 + \cdots \quad (3.325)$$

und die Γ-Funktion darstellen ([Mid60]402). Man erhält

$$E\{\eta_1^m \eta_2^n\} = \frac{1}{\psi_0^2 (1-\rho^2)} \quad (3.326)$$

$$\times \int_0^\infty \int_0^\infty y_1^{m+1} y_2^{n+1} \exp\left(-\frac{y_1^2 + y_2^2}{2\psi_0(1-\rho^2)}\right) I_0\left(\frac{y_1 y_2 \rho}{\psi_0(1-\rho^2)}\right) dy_1 dy_2$$

$$= (2\psi_0)^{\frac{m+n}{2}} \Gamma\left(\frac{n}{2}+1\right) \Gamma\left(\frac{m}{2}+1\right) {}_2F_1\left(-\frac{n}{2}, -\frac{m}{2}; 1; \rho^2(\tau)\right).$$

Für $m = n = 1$ folgt aus (3.326) die Autokorrelationsfunktion des Rayleigh-Prozesses

$$\psi_{\eta_1 \eta_2}(\tau) = \frac{\pi}{2} \psi_0 \, {}_2F_1\left(-\frac{1}{2}, -\frac{1}{2}; 1; \rho^2(\tau)\right) \quad (3.327)$$

als Funktion der Autokorrelationsfunktion der erzeugenden Gaußprozesse. $\psi_{\eta_1 \eta_2}(\tau)$ ist, wie Bild 3.14 zeigt, eine monoton zunehmende Funktion von ρ mit den Randwerten $\psi_{\eta_1 \eta_2}(\tau) = \psi_0 \cdot \pi/2$ für $\rho = 0$ und $\psi_{\eta_1 \eta_2}(\tau) = 2\psi_0$ für $\rho = 1$. Da $\psi_{\eta_1 \eta_2}(\tau)$ für alle Werte ρ von Null verschieden ist, sind die Variablen η_1 und η_2 stets korreliert.

Zur numerischen Auswertung von (3.327) ist es zweckmäßig, entweder von der Reihenentwicklung (3.325) oder von der Identität ([Mid60]1076)

$$\frac{\pi}{2} {}_2F_1\left(-\frac{1}{2}, -\frac{1}{2}; 1; \rho^2\right) = 2\,E(\rho) - (1-\rho^2)\,K(\rho) \quad (3.328)$$

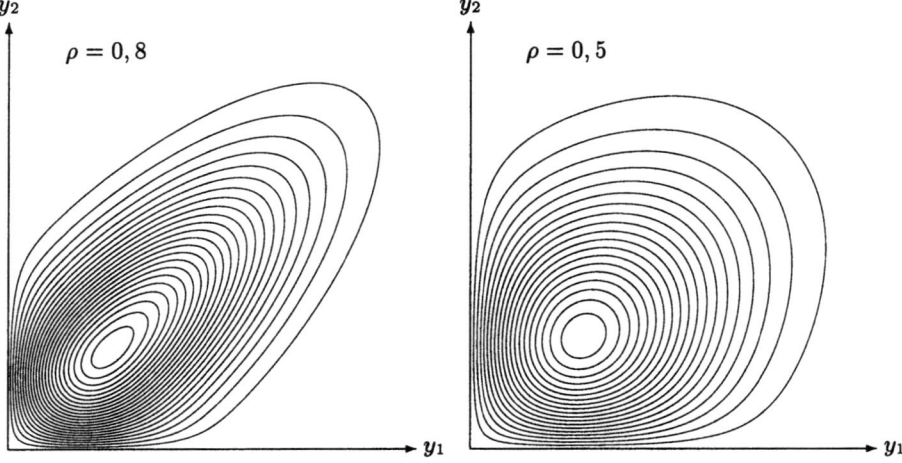

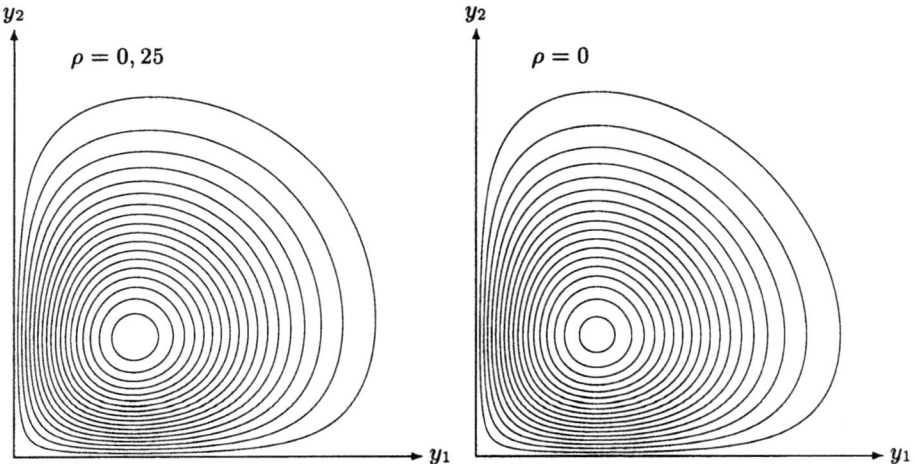

Bild 3.12: „Höhenlinien" $p_{\eta_1\eta_2}(y_1,y_2) = c_i$, $c_i = 0,02 \cdot i$ von außen nach innen, der zweidimensionalen Rayleigh-Dichte (3.324) für verschiedene Parameterwerte $\rho(\tau)$

3.10 Spezielle Zufallsprozesse

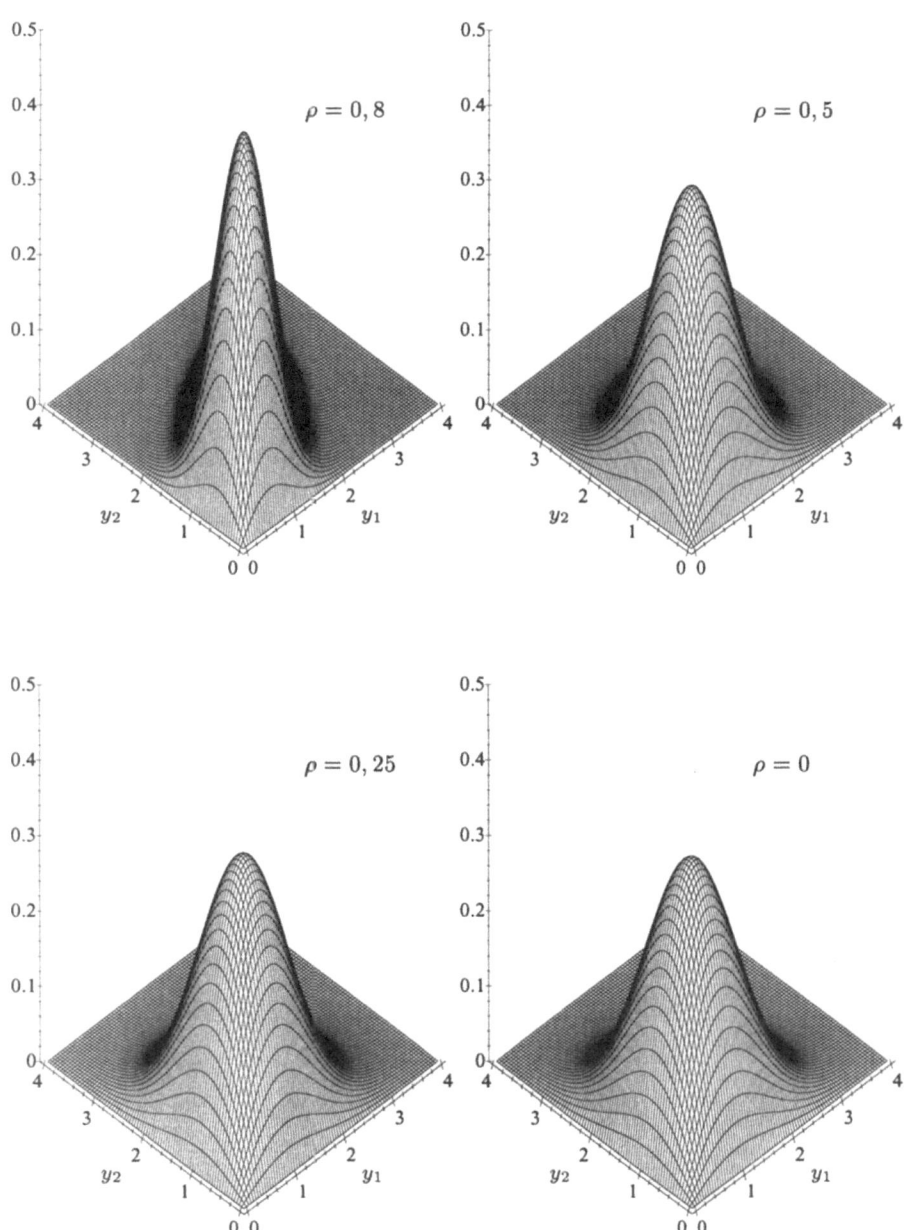

Bild 3.13: Zweidimensionale Rayleigh-Dichte $p_{\eta_1\eta_2}(y_1, y_2)$ für verschiedene Werte $\rho(\tau)$ der erzeugenden Gaußprozesse

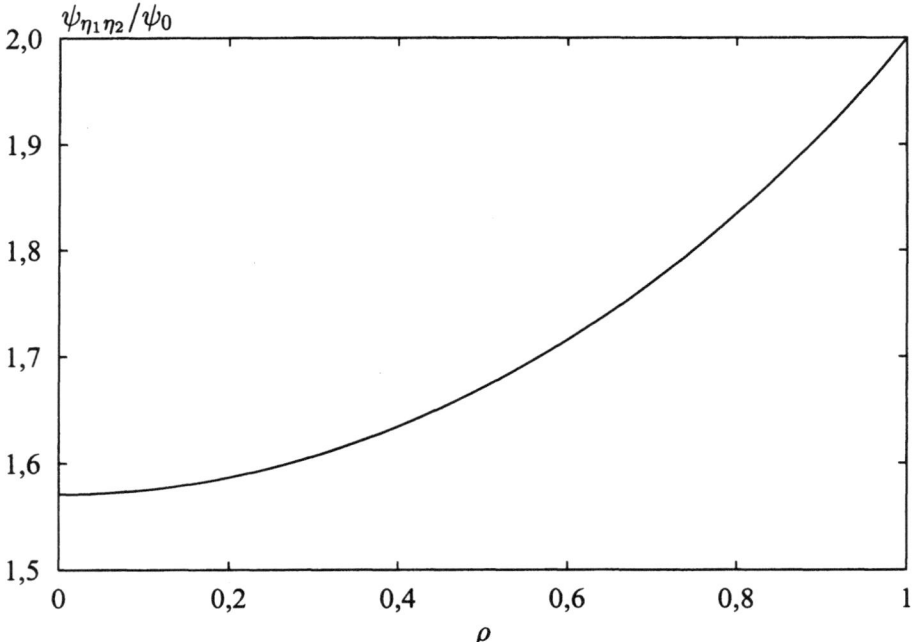

Bild 3.14: Abhängigkeit der Autokorrelationsfunktion des Rayleigh-Prozesses von der Autokorrelationsfunktion der erzeugenden Gaußprozesse

Gebrauch zu machen und die hypergeometrische Funktion durch die vollständigen elliptischen Integrale 1. Gattung

$$K(\rho) = \int_0^{\pi/2} \frac{1}{\sqrt{1-\rho^2 \sin^2 \alpha}} \, d\alpha \qquad (3.329)$$

und 2. Gattung

$$E(\rho) = \int_0^{\pi/2} \sqrt{1-\rho^2 \sin^2 \alpha} \, d\alpha \qquad (3.330)$$

auszudrücken. Mit (3.329) und (3.330) wird (3.327) in die Integraldarstellung

$$\psi_{\eta_1 \eta_2}(\tau) = \psi_0 \int_0^{\pi/2} \frac{1-\rho^2(\tau) - 2\rho^2(\tau)\sin^2 \alpha}{\sqrt{1-\rho^2(\tau)\sin^2 \alpha}} \, d\alpha \qquad (3.331)$$

3.10 Spezielle Zufallsprozesse

übergeführt, die einfach numerisch integriert werden kann.

Der Rayleigh-Prozeß spielt zur Beschreibung fadingbehafteter Nachrichtenkanäle eine wichtige Rolle, bei denen das Signal am Empfangsort — z. B. infolge der zufälligen Überlagerung unterschiedlich gestreuter Teilsignale im Falle einer Mehrwegeausbreitung — zufälligen zeitlichen Schwankungen unterliegt. Besteht zwischen Quelle und Empfänger auch „Sichtkontakt", so enthält das Signal am Empfangsort neben den gestreuten Signalanteilen auch eine direkte Komponente. Das stochastische Verhalten solcher Signale wird dann zutreffender durch einen sogenannten *Rice-Prozeß* nachgebildet, der eine Verallgemeinerung des Rayleigh-Prozesses darstellt. Der Rice-Prozeß unterscheidet sich vom Rayleigh-Prozeß dadurch, daß einer der beiden erzeugenden Gaußprozesse einen von Null verschiedenen Mittelwert a_ζ aufweist, so daß anstatt (3.301) bzw. (3.302)

$$p_\xi(x) = \frac{1}{\sqrt{2\pi\psi_0}} \exp\left(-\frac{x^2}{2\psi_0}\right), \qquad (3.332)$$

$$p_\zeta(x) = \frac{1}{\sqrt{2\pi\psi_0}} \exp\left(-\frac{(z-a)^2}{2\psi_0}\right), \quad a = a_\zeta, \qquad (3.333)$$

mit $\sigma_\xi^2 = \sigma_\zeta^2 = E\{(\zeta - a)^2\}$ anzusetzen ist. Mit dem entsprechenden Vorgehen wie bei der Herleitung der Dichtefunktionen des Rayleigh-Prozesses erhält man die eindimensionale Dichte des „Rice-Prozesses"

$$p_\eta(y) = \frac{y}{\psi_0} \exp\left(-\frac{y^2 + a^2}{2\psi_0}\right) I_0\left(\frac{ay}{\psi_0}\right), \qquad y \geq 0, \qquad (3.334)$$

und die Momente

$$E\{\eta^k\} = (2\psi_0)^{\frac{k}{2}} \Gamma\left(\frac{k}{2}+1\right) \exp\left(-\frac{a^2}{2\psi_0}\right) {}_1F_1\left(\frac{k}{2}+1; 1; \frac{a^2}{2\psi_0}\right); \qquad (3.335)$$

speziell findet man

$$E\{\eta\} = \sqrt{\frac{\pi\psi_0}{2}} \left[\left(1 + \frac{a^2}{2\psi_0}\right) I_0\left(\frac{a^2}{4\psi_0}\right) + \frac{a^2}{2\psi_0} I_1\left(\frac{a^2}{4\psi_0}\right)\right] \exp\left(-\frac{a^2}{4\psi_0}\right) \qquad (3.336)$$

und

$$E\{\eta^2\} = 2\psi_0 + a^2. \qquad (3.337)$$

Bild 3.15 zeigt die Rice-Dichte für verschiedene Werte von $a/\sqrt{\psi_0}$.

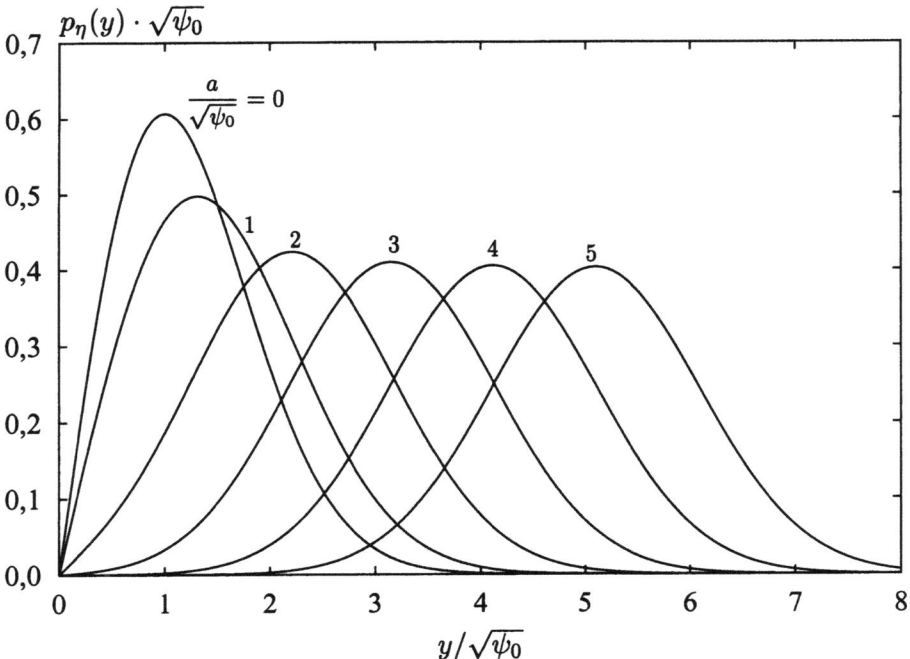

Bild 3.15: Verteilungsdichte des Rice-Prozesses für verschiedene Werte des Parameters $a/\sqrt{\psi_0}$

Für die zweidimensionale „Rice"-Dichte ergibt sich

$$p_{\eta_1\eta_2}(y_1,y_2) = \frac{y_1 y_2}{2\pi\psi_0^2 (1-\rho^2)} \exp\left(-\frac{y_1^2+y_2^2}{2\psi_0(1-\rho^2)} - \frac{a^2}{\psi_0(1+\rho)}\right) \quad (3.338)$$

$$\times \int_0^{2\pi} \exp\left(\frac{ay_1 \sin\varphi}{\psi_0(1+\rho)}\right) I_0\left(\frac{y_2\sqrt{y_1^2\rho^2 + a^2(1-\rho)^2 + 2ay_1\rho(1-\rho)\sin\varphi}}{\psi_0(1-\rho^2)}\right) d\varphi,$$

mit $y_1, y_2 \geq 0$.

3.10.3 Produktprozeß

Ein aus zwei voneinander statistisch unabhängigen Gaußprozessen erzeugter Produktprozeß und die aus ihm abgeleiteten Spezialfälle haben sich zur Beschreibung bandbegrenzter Sprachsignale als erfolgreiche Modelle erwiesen, die deren beobachtete statistische Eigenschaften recht gut wiedergeben [Wol77].

3.10 Spezielle Zufallsprozesse

Sei $\eta(t)$ also das Produkt der beiden statistisch voneinander unabhängigen Zufallsprozesse $\xi(t)$ und $\zeta(t)$ mit den Verteilungsdichtefunktionen $p_\xi(x)$ und $p_\zeta(z)$, so soll zunächst die Verteilungsdichte des Produktprozesses

$$\eta(t) = \xi(t) \cdot \zeta(t) \tag{3.339}$$

berechnet werden. Hierzu geht man zweckmäßigerweise wieder von der Verteilungsfunktion $D_\eta(y)$ aus, der Wahrscheinlichkeit dafür, daß η der Bedingung

$$\eta \leq y = x \cdot z \tag{3.340}$$

genügt. Die Wertepaare (x, z), die der Bedingung (3.340) genügen, liegen in den in Bild 3.16 markierten, von Hyperbeln begrenzten Gebieten $\mathcal{B}$, deren Lage zudem vom Vorzeichen von y bestimmt sind. Im Falle $y = 0$ entarten die Hyperbeln zu Geraden, die mit den Koordinatenachsen zusammenfallen.

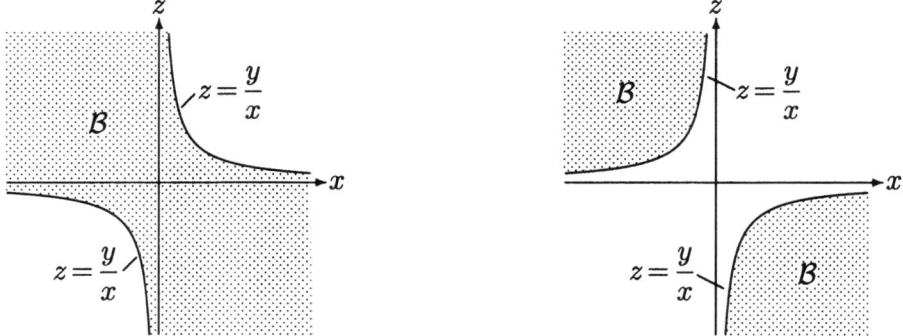

Bild 3.16: Integrationsgebiete zur Berechnung der Verteilungsfunktion des Produktprozesses für $y > 0$ (linkes Bild) und $y < 0$ (rechtes Bild)

Die Verteilungsfunktion $D_\eta(y)$ ergibt sich durch Integration über die statistisch unabhängigen Wertepaare (x, z):

$$D_\eta(y) = \iint\limits_{\mathcal{B}} p_\xi(x)\, p_\zeta(z)\, dx\, dz. \tag{3.341}$$

Für $y \geq 0$ erhält man

$$D_\eta(y) = \int\limits_{z=0}^{\infty} \int\limits_{x=-\infty}^{y/z} p_\xi(x)\, p_\zeta(z)\, dx\, dz + \int\limits_{z=-\infty}^{0} \int\limits_{y/z}^{\infty} p_\xi(x)\, p_\zeta(z)\, dx\, dz. \tag{3.342}$$

Aus (3.342) folgt durch Differentiation unmittelbar die Verteilungsdichte

$$p_\eta(y) = \int_0^\infty \frac{1}{z} p_\xi\left(\frac{y}{z}\right) p_\zeta(z)\,\mathrm{d}z - \int_{-\infty}^0 \frac{1}{z} p_\xi\left(\frac{y}{z}\right) p_\zeta(z)\,\mathrm{d}z. \qquad (3.343)$$

Unter der Bedingung, daß die beiden Verteilungsdichten gerade Funktionen sind, lassen sich die beiden Integrale in (3.343) zu

$$p_\eta(y) = \int_{-\infty}^\infty \frac{1}{|z|} p_\xi\left(\frac{y}{z}\right) p_\zeta(z)\,\mathrm{d}z \qquad (3.344)$$

zusammenfassen. (3.344) stellt die Dichte eines Produktprozesses dar, der durch zwei beliebige statistisch unabhängige Zufallsprozesse mit geraden Verteilungsdichtefunktionen gebildet wird.

Für $y < 0$ gelangt man unter Berücksichtigung des rechts in Bild 3.16 dargestellten Integrationsgebietes zu

$$D_\eta(y) = \int_{z=0}^\infty \int_{x=-\infty}^{y/z} p_\xi(x)\,p_\zeta(z)\,\mathrm{d}x\,\mathrm{d}z + \int_{z=-\infty}^0 \int_{y/z}^\infty p_\xi(x)\,p_\zeta(z)\,\mathrm{d}x\,\mathrm{d}z, \qquad (3.345)$$

also zu einer mit (3.342) identischen Darstellung. Man erhält also auch für $y < 0$ die Dichtefunktion (3.344).

Im folgenden soll wieder der Fall behandelt werden, daß es sich bei beiden konstituierenden Prozessen um mittelwertfreie Gaußprozesse handelt, deren Varianzen aber verschieden sind. Daher sei

$$p_\xi(x) = \frac{1}{\sqrt{2\pi\psi_{0\xi}}} \exp\left(-\frac{x^2}{2\psi_{0\xi}}\right) \qquad (3.346)$$

und

$$p_\zeta(z) = \frac{1}{\sqrt{2\pi\psi_{0\zeta}}} \exp\left(-\frac{z^2}{2\psi_{0\zeta}}\right) \qquad (3.347)$$

angenommen. Mit diesen Festlegungen nimmt (3.343) die Gestalt

$$p_\eta(y) = \frac{1}{2\pi\sqrt{\psi_{0\xi}\psi_{0\zeta}}} \int_{-\infty}^\infty \frac{1}{|z|} \exp\left(-\frac{y^2}{2\psi_{0\xi}z^2} - \frac{z^2}{2\psi_{0\zeta}}\right)\mathrm{d}z \qquad (3.348)$$

3.10 Spezielle Zufallsprozesse

an. Das Integral entspricht der Integraldarstellung der *modifizierten Besselfunktion zweiter Gattung* nullter Ordnung K_0 (s. [Gra80]959, Nr. 8.432). Führt man noch die Varianz des Produktprozesses

$$E\{\eta^2\} = \psi_{0\eta} = \psi_{0\xi} \cdot \psi_{0\zeta} \qquad (3.349)$$

ein, so lautet das Ergebnis

$$p_\eta(y) = \frac{1}{\pi\sqrt{\psi_{0\eta}}} K_0\left(\frac{|y|}{\sqrt{\psi_{0\eta}}}\right). \qquad (3.350)$$

Die Dichte (3.350) des Produktprozesses zweier statistisch unabhängiger Gaußprozesse wird häufig auch als K_0-Prozeß bezeichnet. Bild 3.17 zeigt ihren Verlauf. Sie ist eine gerade Funktion in y; bei $y = 0$ ist sie logarithmisch singulär, wie die Reihendarstellung von $K_0(y)$,

$$K_0(y) = -\left(\ln\frac{y}{2} + \gamma\right)I_0(y) + \left(\frac{y}{2}\right)^2 + \frac{1+\frac{1}{2}}{(2!)^2}\left(\frac{y}{2}\right)^4 + \frac{1+\frac{1}{2}+\frac{1}{3}}{(3!)^2}\left(\frac{y}{2}\right)^6 + \ldots \qquad (3.351)$$

mit

$$I_0(y) = 1 + \frac{1}{(1!)^2}\left(\frac{y}{2}\right)^2 + \frac{1}{(2!)^2}\left(\frac{y}{2}\right)^4 + \ldots \qquad (3.352)$$

verrät; $\gamma \approx 0,5772$ bezeichnet die *Eulersche Konstante*. Für große Argumente y fällt die Dichte exponentiell nach dem Gesetz

$$p_\eta(y) = \sqrt{2\pi|y|}\exp\left(-\frac{y}{\sqrt{\psi_{0\eta}}}\right) \qquad (3.353)$$

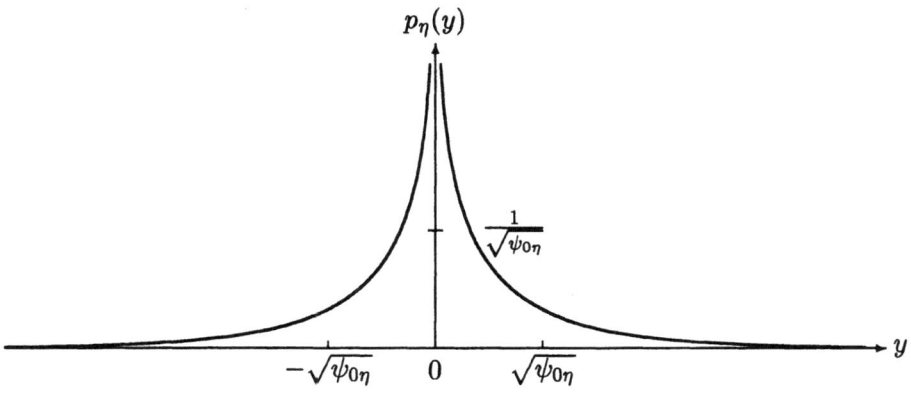

Bild 3.17: *Verteilungsdichte des Produktprozesses*

ab. Die Momente
$$E\{\eta^k\} = E\{\xi^k\} \cdot E\{\zeta^k\} \qquad (3.354)$$
ergeben sich unmittelbar aus denen des Gaußprozesses. Man erhält
$$E\{\eta^k\} = [(k-1)!!]^2 \psi_{0\eta}^{k/2}. \qquad (3.355)$$
Schließlich gelangt man durch Fourier-Transformation der Dichte (3.350) zur Charakteristischen Funktion
$$\Phi_\eta(v) = \frac{1}{\sqrt{1 + \psi_{0\eta} v^2}}. \qquad (3.356)$$

Eine andere Herleitung der Dichte $p_\eta(y)$ des Produktprozesses $\eta = \xi \cdot \zeta$ zweier statistisch unabhängiger Prozesse ξ und ζ geht direkt von der Charakteristischen Funktion
$$\Phi_\eta(y) = \int_{-\infty}^{\infty} \int_{-\infty}^{\infty} e^{jvxz} \, p_\xi(x) \, p_\zeta(z) \, \mathrm{d}x \, \mathrm{d}z \qquad (3.357)$$
aus. Integration über z liefert die Charakteristische Funktion $\Phi_\zeta(vx)$ und damit
$$\Phi_\eta(y) = \int_{-\infty}^{\infty} \Phi_\zeta(vx) \, p_\xi(x) \, \mathrm{d}x. \qquad (3.358)$$
Sind ξ und ζ wieder Gaußprozesse mit der Dichte
$$p_\xi(x) = \frac{1}{\sqrt{2\pi\psi_{0\xi}}} \exp\left(-\frac{x^2}{2\psi_{0\xi}}\right) \qquad (3.359)$$
und der Charakteristischen Funktion
$$\Phi_\zeta(vx) = \exp\left(-\frac{\psi_{0\zeta} v^2 x^2}{2}\right), \qquad (3.360)$$
so erhält man
$$\Phi_\eta(y) = \frac{1}{\sqrt{2\pi\psi_{0\xi}}} \int_{-\infty}^{\infty} \exp\left[-\frac{1}{2}\left(\frac{1}{\psi_{0\xi}} + \psi_{0\zeta} v^2\right) x^2\right] \mathrm{d}x \qquad (3.361)$$
und wegen
$$\int_{-\infty}^{\infty} \exp(-\lambda x^2) \, \mathrm{d}x = \sqrt{\frac{\pi}{\lambda}} \qquad (3.362)$$

3.10 Spezielle Zufallsprozesse

schließlich

$$\Phi_\eta(y) = \frac{1}{\sqrt{1 + \psi_{0\xi}\psi_{0\zeta}v^2}} \qquad (3.363)$$

in Übereinstimmung mit (3.356). Inverse Fourier-Transformation liefert die Dichtefunktion (3.350)

$$p_\eta(y) = \frac{1}{\pi\sqrt{\psi_{0\xi}\psi_{0\zeta}}} K_0\left(\frac{|y|}{\sqrt{\psi_{0\xi}\psi_{0\zeta}}}\right) = \frac{1}{\pi\sqrt{\psi_{0\eta}}} K_0\left(\frac{|y|}{\sqrt{\psi_{0\eta}}}\right). \qquad (3.364)$$

Addiert man zwei statistisch voneinander unabhängige K_0-Prozesse mit gleichen Varianzen, so erhält man einen Laplace-Prozeß, da die Charakteristische Funktion der Summe zweier unabhängiger Prozesse dem Produkt der Charakteristischen Funktionen der Summanden entspricht — wie der Vergleich von (3.363) und (3.278) zeigt (vgl. auch 3.10.4.3).

Die zweidimensionale Verteilungsdichte des Produktprozesses kann in zum eindimensionalen Fall analoger Weise berechnet werden. Ausgangspunkt ist wieder die Verteilungsfunktion $D_{\eta_1\eta_2}(y_1, y_2)$, die die Wahrscheinlichkeit dafür angibt, daß $\eta(t)$ zum Zeitpunkt t_1 und zum Zeitpunkt t_2 Werte annimmt, die den Bedingungen

$$\eta_1 = \eta(t_1) = \xi(t_1) \cdot \zeta(t_1) = \xi_1\zeta_1 \leq y(t_1) = y_1 \qquad (3.365)$$

und

$$\eta_2 = \eta(t_2) = \xi(t_2) \cdot \zeta(t_2) = \xi_2\zeta_2 \leq y(t_2) = y_2 \qquad (3.366)$$

genügen. Diese Wahrscheinlichkeit gewinnt man durch Integration über alle Wertepaare (ξ_1, ζ_1) und (ξ_2, ζ_2), die (3.365) bzw. (3.366) erfüllen. Für den Fall $y_1 > 0$ und $y_2 > 0$ liegen diese Wertepaare in den in Bild 3.18 markierten Gebieten B_1 bzw. B_2, die von den Hyperbeln $z_1 = y_1/x_1$ bzw. $z_2 = y_2/x_2$ begrenzt sind. Für andere Vorzeichen von y_1 und y_2 ergeben sich entsprechend Bild 3.16 andere Kombinationen der Integrationsbereiche für die beiden Variablen, die zu entsprechenden Ansätzen für die Verteilungsfunktionen führen.

Für den Fall $y_1 > 0$ und $y_2 > 0$ erhält man — unter Berücksichtigung der in Bild 3.18 ausgewiesenen Integrationsbereiche — bei statistischer

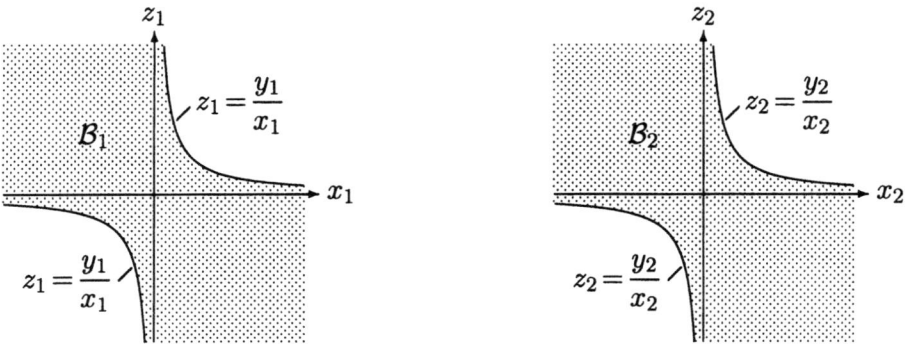

Bild 3.18: Integrationsbereiche zur Berechnung der zweidimensionalen Verteilungsfunktion des Produktprozesses

Unabhängigkeit von $\xi(t)$ und $\zeta(t)$ die Verteilungsfunktion

$$D_{\eta_1\eta_2}(y_1,y_2) = \int\limits_0^\infty \int\limits_{-\infty}^{y_1/z_1} \int\limits_0^\infty \int\limits_{-\infty}^{y_2/z_2} p_{\xi_1\xi_2}(x_1,x_2)\, p_{\zeta_1\zeta_2}(z_1,z_2)\, dz_1\, dx_1\, dz_2\, dx_2$$

$$+ \int\limits_0^\infty \int\limits_{-\infty}^{y_1/z_1} \int\limits_{-\infty}^0 \int\limits_{y_2/z_2}^\infty p_{\xi_1\xi_2}(x_1,x_2)\, p_{\zeta_1\zeta_2}(z_1,z_2)\, dz_1\, dx_1\, dz_2\, dx_2$$

(3.367)

$$+ \int\limits_{-\infty}^0 \int\limits_{y_1/z_1}^\infty \int\limits_0^\infty \int\limits_{-\infty}^{y_2/z_2} p_{\xi_1\xi_2}(x_1,x_2)\, p_{\zeta_1\zeta_2}(z_1,z_2)\, dz_1\, dx_1\, dz_2\, dx_2$$

$$+ \int\limits_{-\infty}^0 \int\limits_{y_1/z_1}^\infty \int\limits_{-\infty}^0 \int\limits_{y_2/z_2}^\infty p_{\xi_1\xi_2}(x_1,x_2)\, p_{\zeta_1\zeta_2}(z_1,z_2)\, dz_1\, dx_1\, dz_2\, dx_2,$$

Beschränkt man sich für die weiteren Herleitungen auf Gaußprozesse, so sind die Verbunddichten $p_{\xi_1\xi_2}(x_1,x_2)$ und $p_{\zeta_1\zeta_2}(z_1,z_2)$ in (3.367) gemäß (3.184) durch die Ausdrücke

$$p_{\xi_1\xi_2}(x_1,x_2) = \frac{1}{2\pi\psi_{0\xi}\sqrt{1-\rho_\xi^2}} \exp\left(-\frac{x_1^2 - 2\rho_\xi x_1 x_2 + x_2^2}{2\psi_{0\xi}(1-\rho_\xi^2)}\right) \quad (3.368)$$

3.10 Spezielle Zufallsprozesse

und

$$p_{\zeta_1\zeta_2}(z_1, z_2) = \frac{1}{2\pi\psi_{0\zeta}\sqrt{1-\rho_\zeta^2}} \exp\left(-\frac{z_1^2 - 2\rho_\zeta z_1 z_2 + z_2^2}{2\psi_{0\zeta}(1-\rho_\zeta^2)}\right) \quad (3.369)$$

gegeben. Durch Differentiation der Verteilungsfunktion (3.367) nach y_1 und y_2 folgt die gesuchte zweidimensionale Dichtefunktion

$$\begin{aligned} p_{\eta_1\eta_2}(y_1, y_2) &= \frac{\partial^2 D_{\eta_1\eta_2}(y_1, y_2)}{\partial y_1 \partial y_2} \quad &(3.370) \\ &= I(y_1, y_2; \rho_\xi, \rho_\zeta) + I(y_1, y_2; -\rho_\xi, -\rho_\zeta). \end{aligned}$$

Die zur Abkürzung eingeführte Funktion $I(y_1, y_2, \alpha, \beta)$ bezeichnet das nach der Differentiation verbleibende zweifache Integral

$$I(y_1, y_2; \alpha, \beta) = \frac{1}{2\pi^2\psi_{0\xi}\psi_{0\zeta}\sqrt{(1-\alpha^2)(1-\beta^2)}} \quad (3.371)$$

$$\times \int_0^\infty \int_0^\infty \frac{1}{z_1 z_2} \exp\left(-\frac{\frac{y_1^2}{z_1^2} - 2\alpha \frac{y_1 y_2}{z_1 z_2} + \frac{y_2^2}{z_2^2}}{2\psi_{0\xi}(1-\alpha^2)}\right) \exp\left(-\frac{z_1^2 - 2\beta z_1 z_2 + z_2^2}{2\psi_{0\zeta}(1-\beta^2)}\right) dz_1\, dz_2,$$

das im allgemeinen numerisch ausgewertet werden muß.

Die entsprechenden Herleitungen für die anderen Vorzeichen von y_1 und y_2 zeigen, daß das für den Fall $y_1 > 0$ und $y_2 > 0$ gewonnene Ergebnis (3.370) allgemein gültig ist, wobei die jeweiligen Vorzeichen von y_1 und y_2 sich in der Gestalt der Funktion $I(y_1, y_2; \alpha, \beta)$ auswirken. Man erkennt bei Betrachtung der Darstellung (3.371), daß

$$I(y_1, y_2; \alpha, \beta) = I(-y_1, -y_2; \alpha, \beta) \quad (3.372)$$

und

$$I(-y_1, y_2; \alpha, \beta) = I(y_1, -y_2; \alpha, \beta) \quad (3.373)$$

gilt, die Verbunddichte $p_{\eta_1\eta_2}(y_1, y_2)$ also jeweils symmetrisch zu Haupt- und Nebendiagonale der (y_1, y_2)-Ebene ist (vgl. Bild 3.19).

Zur Berechnung des Integrals in (3.371) ersetzt man z_1 und z_2 durch u_1 und u_2 mit Hilfe der linearen Transformationen

$$z_1 = \sqrt{\psi_{0\zeta}(1+\beta)} \cdot u_1 - \sqrt{\psi_{0\zeta}(1-\beta)} \cdot u_2 \quad (3.374)$$

$$z_2 = \sqrt{\psi_{0\zeta}(1+\beta)} \cdot u_1 + \sqrt{\psi_{0\zeta}(1-\beta)} \cdot u_2 \quad (3.375)$$

und geht zu Polarkoordinaten

$$u_1 = r\cos\vartheta, \qquad u_2 = r\sin\vartheta \qquad (3.376)$$

über. Damit läßt sich das Integral nach (3.371) in der Form

$$I(y_1, y_2; \alpha, \beta) = \frac{1}{\pi^2 \psi_{0\xi}\psi_{0\zeta}\sqrt{1-\alpha^2}} \int_{-\vartheta_0}^{\vartheta_0} \int_0^\infty \frac{1}{r\Theta_{12}(\vartheta)} \exp\left(-\frac{\Theta(\vartheta)}{r^2} - r^2\right) \mathrm{d}r\,\mathrm{d}\vartheta \qquad (3.377)$$

mit den Funktionen

$$\Theta(\vartheta) = \frac{1}{2\psi_{0\xi}\psi_{0\zeta}(1-\alpha^2)} \left(\frac{y_1^2}{\Theta_1(\vartheta)} - \frac{2\alpha y_1 y_2}{\Theta_{12}(\vartheta)} + \frac{y_2^2}{\Theta_2(\vartheta)} \right), \qquad (3.378)$$

$$\Theta_1(\vartheta) = 1 + \beta\cos(2\vartheta) - \sqrt{1-\beta^2}\sin(2\vartheta), \qquad (3.379)$$

$$\Theta_2(\vartheta) = 1 + \beta\cos(2\vartheta) + \sqrt{1-\beta^2}\sin(2\vartheta), \qquad (3.380)$$

$$\Theta_{12}(\vartheta) = \sqrt{\Theta_1(\vartheta)\Theta_2(\vartheta)} = \beta + \cos(2\vartheta), \qquad (3.381)$$

$$\vartheta_0 = \arctan\sqrt{\frac{1+\beta}{1-\beta}} \qquad (3.382)$$

darstellen.

Die Integration über r läßt sich ausführen; diese liefert die *modifizierte Besselfunktion* $K_0\bigl(2\sqrt{\Theta(\vartheta)}\bigr)$, so daß man als weiteres Zwischenergebnis

$$I(y_1, y_2; \alpha, \beta) = \frac{1}{\pi^2 \psi_{0\xi}\psi_{0\zeta}\sqrt{1-\alpha^2}} \int_{-\vartheta_0}^{\vartheta_0} \frac{1}{\Theta_{12}(\vartheta)} K_0\bigl(2\sqrt{\Theta(\vartheta)}\bigr) \mathrm{d}\vartheta \qquad (3.383)$$

erhält. Das Integral in (3.383) muß im allgemeinen numerisch ausgewertet werden. Die zweidimensionale Dichte ergibt sich hiermit aus (3.370) [Wol77]. Sie ist singulär auf den Achsen mit Ausnahme des sphärisch invarianten Falles, wenn eine Autokorrelationsfunktion gleich Eins ist.

Die Autokorrelationsfunktion des Produktprozesses folgt direkt aus der Definition:

$$\begin{aligned}
\psi_{\eta\eta}(\tau) = E\{\eta(t)\eta(t+\tau)\} &= E\{\xi(t)\zeta(t)\xi(t+\tau)\zeta(t+\tau)\} \\
&= E\{\xi(t)\xi(t+\tau)\} \cdot E\{\zeta(t)\zeta(t+\tau)\} \\
&= \psi_{\xi\xi}(\tau) \cdot \psi_{\zeta\zeta}(\tau). \qquad (3.384)
\end{aligned}$$

3.10 Spezielle Zufallsprozesse

Schließlich erhält man als zweidimensionale Charakteristische Funktion

$$\Phi(v_1, v_2) = \frac{1}{\sqrt{1 + \psi_{0\eta}\left(v_1^2 + 2\rho_\eta v_1 v_2 + v_2^2\right) + \psi_{0\eta}^2\left(1 - \rho_\xi^2\right)\left(1 - \rho_\zeta^2\right)v_1^2 v_2^2}} \tag{3.385}$$

mit $\rho_\eta = \rho_\xi \cdot \rho_\zeta$.

Im Spezialfall $\alpha = \beta = 0$ folgt aus (3.371)

$$I(y_1, y_2; 0, 0) = \frac{1}{2\pi^2 \psi_{0\xi}\psi_{0\zeta}} \int_0^\infty\int_0^\infty \frac{1}{z_1 z_2} \exp\left(-\frac{\frac{y_1^2}{z_1^2} + \frac{y_2^2}{z_2^2}}{2\psi_{0\xi}}\right) \exp\left(-\frac{z_1^2 + z_2^2}{2\psi_{0\zeta}}\right) dz_1\, dz_2; \tag{3.386}$$

das zweifache Integral zerfällt also in das Produkt zweier einfacher Integrale über z_1 und z_2, die jeweils durch die modifizierte Besselfunktion

$$K_0(2|u|) = \int_0^\infty \frac{1}{r}\exp\left(-\frac{u^2}{r^2} - r^2\right)dr \tag{3.387}$$

dargestellt werden. Damit erhält man

$$p_{\eta_1\eta_2}(y_1, y_2) = 2I(y_1, y_2; 0, 0) \tag{3.388}$$

$$= \frac{1}{\pi\sqrt{\psi_{0\eta}}}K_0\left(\frac{|y_1|}{\sqrt{\psi_{0\eta}}}\right) \cdot \frac{1}{\pi\sqrt{\psi_{0\eta}}}K_0\left(\frac{|y_2|}{\sqrt{\psi_{0\eta}}}\right).$$

Im Sonderfall $\rho_\xi(\tau) = \rho_\zeta(\tau) = 0$ sind die Zufallsvariablen η_1 und η_2 statistisch unabhängig.

Ein weiterer interessanter Spezialfall ergibt sich für $\beta = 1$ bei beliebigem Wert α — oder umgekehrt. Damit gilt, wie man (3.379) bis (3.382) entnimmt,

$$\Theta_1 = \Theta_2 = \Theta_{12} = 1 + \cos(2\vartheta), \qquad \vartheta_0 = \frac{\pi}{2} \tag{3.389}$$

und (3.383) reduziert sich auf

$$I(y_1, y_2; \alpha, 1) = \frac{1}{\pi^2 \psi_{0\xi}\psi_{0\zeta}\sqrt{1-\alpha^2}} \int_{-\pi/2}^{\pi/2} \frac{1}{1+\cos(2\vartheta)} K_0\left(\sqrt{\frac{2Q}{1+\cos(2\vartheta)}}\right) d\vartheta \tag{3.390}$$

mit
$$Q = \frac{y_1^2 - 2\alpha y_1 y_2 + y_2^2}{\psi_{0\xi}\psi_{0\zeta}(1-\alpha^2)}. \qquad (3.391)$$

(3.390) läßt sich noch mit Hilfe der Substitution

$$w = \frac{2}{1+\cos(2\vartheta)} = \frac{1}{\cos^2\vartheta} \qquad (3.392)$$

weiter vereinfachen. Einsetzen von (3.392) in (3.390) führt auf den Integralausdruck

$$I(y_1, y_2; \alpha, 1) = \frac{1}{2\pi^2 \psi_{0\xi}\psi_{0\zeta}\sqrt{1-\alpha^2}} \int_1^\infty \frac{1}{\sqrt{w-1}} K_0\left(\sqrt{Qw}\right) dw, \qquad (3.393)$$

der sich geschlossen integrieren läßt und

$$I(y_1, y_2; \alpha, 1) = \frac{1}{2\pi\psi_{0\xi}\psi_{0\zeta}\sqrt{1-\alpha^2}} \cdot \frac{1}{\sqrt{Q}} e^{-\sqrt{Q}} \qquad (3.394)$$

zum Ergebnis hat. Da mit $\beta = -1$ das zweite Integral $I(y_1, y_2; \alpha, -1)$ in (3.370) bei beliebigem α wegen $\vartheta_0 = 0$ verschwindet, erhält man in diesem Fall für die Dichte

$$p_{\eta_1\eta_2}(y_1, y_2) = \frac{1}{2\pi\psi_{0\xi}\psi_{0\zeta}\sqrt{1-\rho_\xi^2}} \cdot \frac{1}{\sqrt{Q}} e^{-\sqrt{Q}} \qquad (3.395)$$

mit
$$Q(y_1, y_2) = \frac{y_1^2 - 2\rho_\xi y_1 y_2 + y_2^2}{\psi_{0\xi}\psi_{0\zeta}(1-\rho_\xi^2)}. \qquad (3.396)$$

$p_{\eta_1\eta_2}(y_1, y_2)$ erweist sich also in dem hier besprochenen Spezialfall $\rho_\zeta = 1$ als eine Funktion der positiv definiten quadratischen Form $Q(y_1, y_2)$ mit der vom Gaußprozeß bekannten Ellipsensymmetrie. Einen Zufallsprozeß mit dieser Eigenschaft nennt man einen *sphärisch invarianten Prozeß*.

In Sprachsignalen, deren Spektrum auf ein Frequenzintervall von 300 bis 3400 Hz — entsprechend der Telefonnorm — begrenzt ist, beobachtet man sphärische Invarianz der zweidimensionalen Dichte für einen zeitlichen Abstand τ der beiden Zufallsvariablen η_1 und η_2 bis etwa 5 ms, so daß der vereinfachte Produktprozeß mit der Dichte (3.395) ein nützliches stochastisches Modell ist [Wol77].

3.10 Spezielle Zufallsprozesse

Zu dem gleichen Ergebnis mit den Dichtefunktionen (3.370) und (3.395) gelangt man, wenn man die Streuung s eines Gaußprozesses ξ als Zufallsvariable auffaßt, die ihrerseits durch einen Gaußprozeß beschrieben wird. Dieser Ansatz sei am Beispiel der eindimensionalen Dichte erläutert; die Herleitung der zweidimensionalen Dichte ist in der Literatur dargestellt [Bre74]. Betrachtet man also den Gaußprozeß mit

$$p_\xi(x) = \frac{1}{\sqrt{2\pi}\, s} \exp\left(-\frac{x^2}{2s^2}\right) \qquad (3.397)$$

und der zeitvarianten Streuung s, die ihrerseits durch den Gaußprozeß $\sigma(t)$ mit der Dichte

$$p_\sigma(s) = \frac{1}{\sqrt{2\pi\psi_{0\xi}}} \exp\left(-\frac{s^2}{2\psi_{0\xi}}\right), \qquad s \geq 0, \qquad (3.398)$$

charakterisiert wird, so erhält man durch Integration über die mit (3.398) gewichtete Streuung s die resultierende Dichte

$$p_\xi(x) = \frac{1}{\pi\sqrt{\psi_{0\xi}}} \int_0^\infty \frac{1}{s} \exp\left(-\frac{x^2}{2s^2} - \frac{s^2}{2\psi_{0\xi}}\right) \mathrm{d}s. \qquad (3.399)$$

Das Integral hat die gleiche Gestalt wie (3.348), so daß man in Übereinstimmung mit (3.350) das Resultat

$$p_\xi(x) = \frac{1}{\pi\sqrt{\psi_{0\xi}}} K_0\left(\frac{x}{\sqrt{\psi_{0\xi}}}\right) \qquad (3.400)$$

erhält.

Ein Gaußprozeß, dessen Streuung durch einen weiteren Gaußprozeß „moduliert" wird, besitzt gerade die an bandbegrenzten Sprachsignalen beobachtete Dichte. Diese Beobachtung führt zu dem Schluß, daß ein Sprachsignal, dessen Amplitudendynamik entsprechend ausgeregelt wird, in ein Signal mit Gaußscher Dichte übergeführt werden kann. Entsprechende Experimente bestätigen diesen Schluß.

Bild 3.20 zeigt in perspektivischer Sicht für ausgewählte Parameterkombinationen (ρ_ξ, ρ_ζ) Ansichten des Logarithmus der zweidimensionalen Dichtefunktion $p_{\eta_1\eta_2}(y_1, y_2)$ sowie Bild 3.19 die zugehörigen „Höhenlinien". In allen Fällen findet man eine Symmetrie zu den Winkelhalbierenden der Koordinatenachsen. Wird ein Parameter $\rho = 0$, so stellt

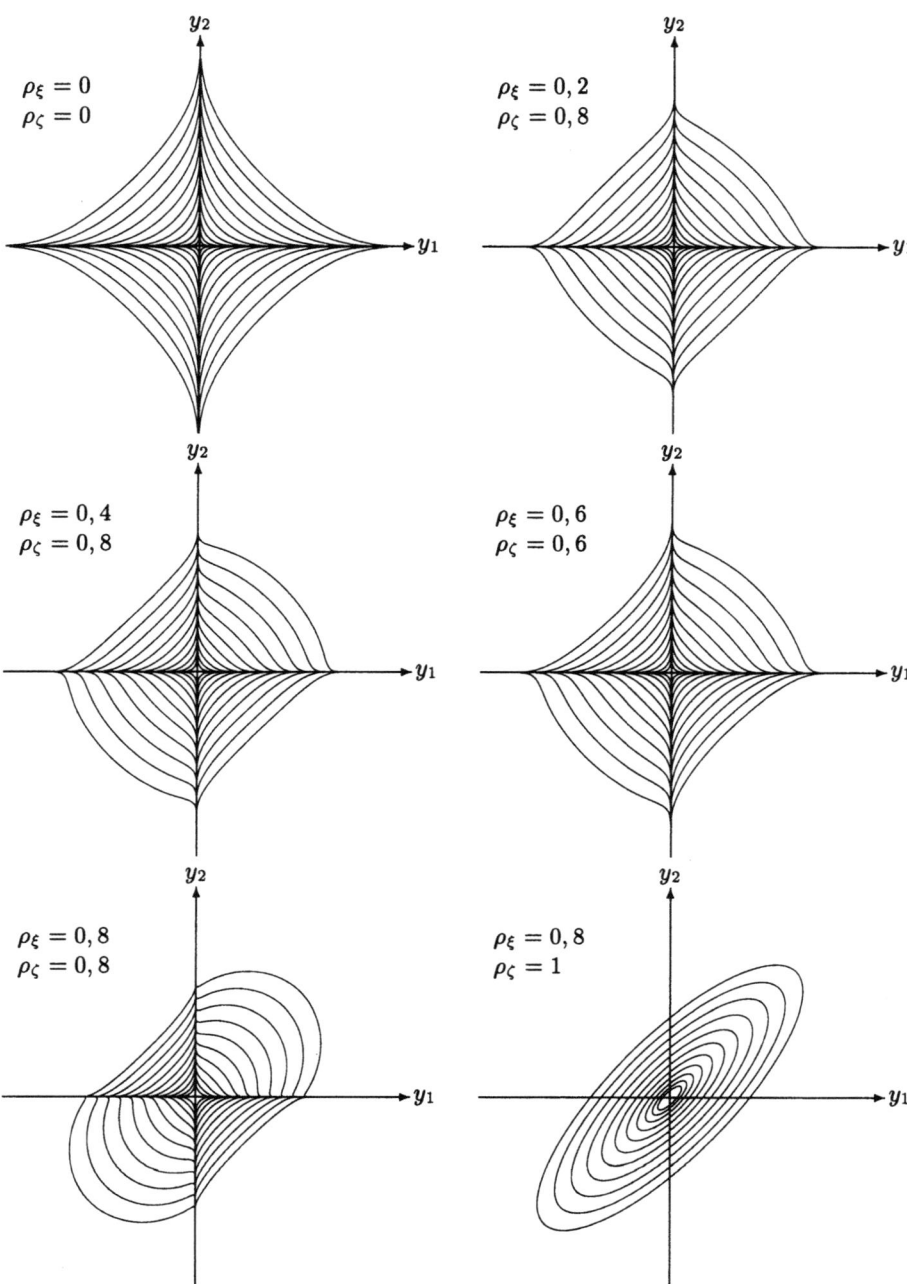

Bild 3.19: „Höhenlinien" $p_{\eta_1\eta_2}(y_1, y_2) = c_i$, $c_i = 0,01 \cdot 10^{0,2 \cdot i}$, $i = 0, \ldots, 10$, von außen nach innen, der zweidimensionalen Dichte des Produktprozesses (3.370) für verschiedene Werte $\rho_\xi(\tau)$ und $\rho_\zeta(\tau)$ der erzeugenden Gaußprozesse

3.10 Spezielle Zufallsprozesse

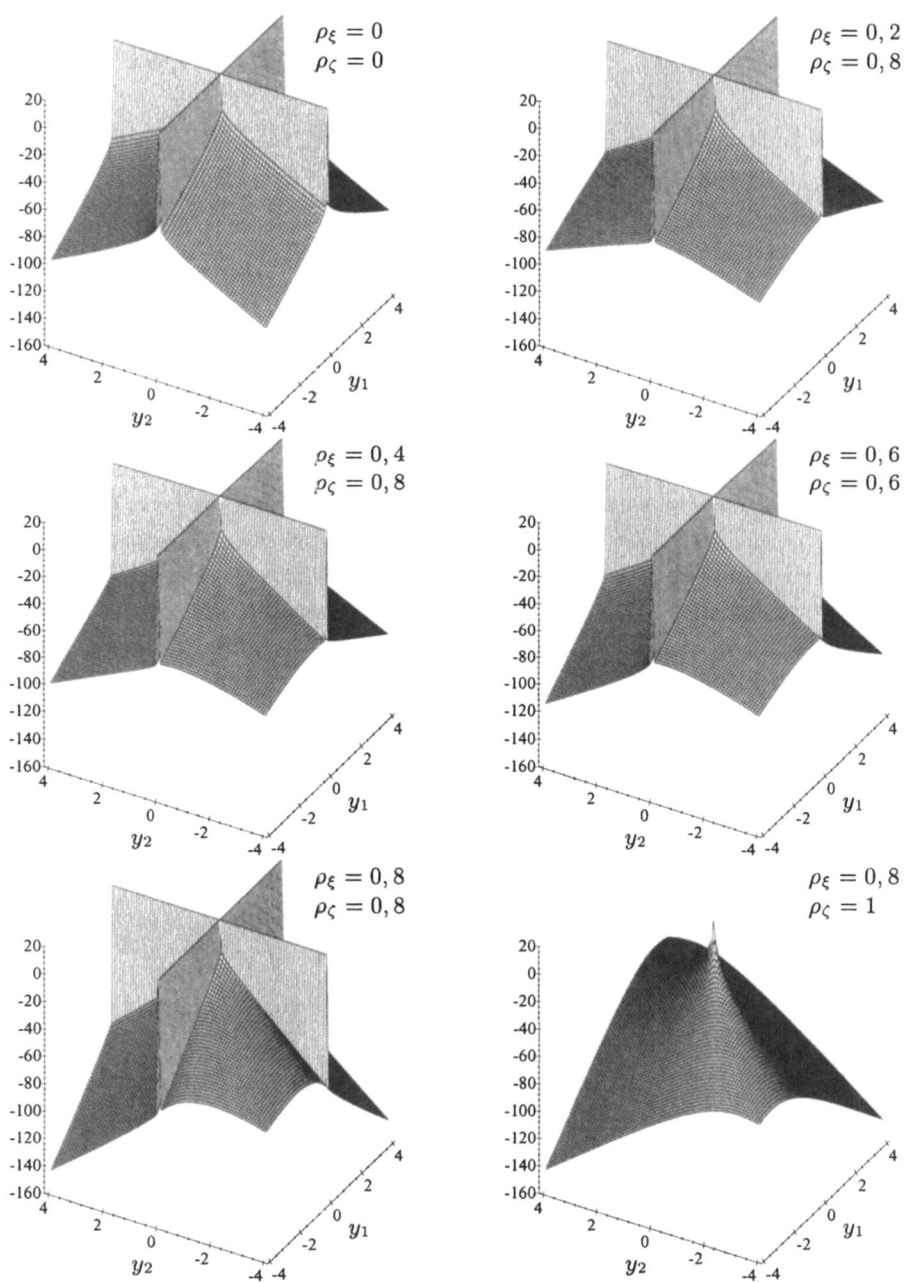

Bild 3.20: Logarithmus der zweidimensionalen Dichte des Produktprozesses für verschiedene Werte $\rho_\xi(\tau)$ und $\rho_\zeta(\tau)$ der erzeugenden Gaußprozesse

sich ein rautenförmiges Muster ein, während sich mit einem Parameter $\rho \approx 1$ eine Ellipsensymmetrie ausbildet; diese Symmetrie wird besonders ausgeprägt, wenn beide Parameter Werte nahe bei Eins annehmen.

Zur zweidimensionalen Dichte (3.395) gehört die zweidimensionale Charakteristische Funktion

$$\Phi_{\eta_1 \eta_2} = \frac{1}{\sqrt{1 + \psi_{0\eta}\left(v_1^2 + 2\rho_\eta v_1 v_2 + v_2^2\right)}}, \qquad (3.401)$$

die aus (3.385) für $\rho_\xi = 1$ hervorgeht.

Die aufgrund experimenteller Befunde naheliegende Vermutung, daß nicht nur die zweidimensionale Dichte von einer positiv definiten quadratischen Form abhängt, sondern auch alle höherdimensionalen Dichten allein Funktionen quadratischer Formen sind, führt zu dem verallgemeinerten Modell des *sphärisch invarianten Zufallsprozesses*. Dieses Modell, das von Brehm [Bre78] ausgearbeitet wurde, erlaubt die Berechnung der höherdimensionalen Dichtefunktionen allein aus der eindimensionalen. Es gilt bei Sprachsignalen, solange die zeitlichen Abstände der entsprechenden Zufallsvariablen nicht größer als der oben genannte Wert von ca. 5 ms sind.

Ein wesentliches Ergebnis dieses Modellansatzes ist die Auffindung der Rekursionsformel

$$p_\eta(Q(\mathbf{y}_{n+2}; n+2)) = -\frac{1}{\pi} \frac{\mathrm{d}}{\mathrm{d}Q} p_\eta(Q(\mathbf{y}_n; n)), \qquad (3.402)$$

$$Q(\mathbf{y}_n; n) = \mathbf{y}_n^T \mathbf{M}_n^{-1} \mathbf{y}_n \equiv Q_n,$$

die es erlaubt, eine Dichte der Ordnung $n+2$ aus derjenigen der Ordnung n durch einfache Differentiation zu gewinnen. Beginnend mit der Ordnung Eins ergeben sich durch wiederholte Anwendung von (3.402) die Dichten mit ungerader Ordnung; die mit gerader Ordnung erhält man in analoger Weise, wenn man von der zweidimensionalen Dichte ausgeht — oder, falls diese nicht bekannt ist, sie aus der dreidimensionalen Dichte durch Integration bestimmt.

In dem hier diskutierten konkreten Fall findet man die Folge der Dichtefunktionen

$$p_{\eta_1}(y_1) = \frac{1}{\pi \sqrt{\psi_{0\eta}}} K_0\left(\sqrt{Q_1}\right), \qquad (3.403)$$

3.10 Spezielle Zufallsprozesse

$$p_{\eta_1\eta_2}(y_1,y_2) = \frac{1}{2\pi\sqrt{Q_2\det\mathbf{M}_2}} \exp\left(-\sqrt{Q_2}\right), \quad (3.404)$$

$$p_{\eta_1\eta_2\eta_3}(y_1,y_2,y_3) = \frac{1}{2\pi^2\sqrt{Q_3\det\mathbf{M}_3}} K_1\left(\sqrt{Q_3}\right), \quad (3.405)$$

$$p_{\eta_1\cdots\eta_4}(y_1,\ldots,y_4) = \frac{1+\sqrt{Q_4}}{4\pi^2\sqrt{Q_4^3\det\mathbf{M}_4}} \exp\left(-\sqrt{Q_4}\right), \quad (3.406)$$

$$p_{\eta_1\cdots\eta_5}(y_1,\ldots,y_5) = \frac{1}{4\pi^3\sqrt{Q_5^2\det\mathbf{M}_5}} K_2\left(\sqrt{Q_5}\right), \quad (3.407)$$

$$p_{\eta_1\cdots\eta_6}(y_1,\ldots,y_6) = \frac{3+3\sqrt{Q_6}+Q_6}{8\pi^3\sqrt{Q_6^5\det\mathbf{M}_6}} \exp\left(-\sqrt{Q_6}\right). \quad (3.408)$$

Mit der Kenntnis der Dichten höherer Ordnung erlaubt das Modell des sphärisch invarianten Produktprozesses nicht nur die statistische Beschreibung der — wie oben spezifizierten — Sprachsignale, sondern ermöglicht darüber hinaus die analytische Behandlung vieler Probleme auf den Gebieten der linearen und nichtlinearen Filterung, Quantisierung und Codierung von Sprachsignalen. Darin liegt sein besonderer Wert.

Bild 3.21 vermittelt einen Eindruck vom Verlauf der Dichten $p_{\boldsymbol{\eta}}(\mathbf{y}) = (\det\mathbf{M})^{-1/2} h(r;n)$ anhand der Funktionen $h(r;n)$, wobei $r = \sqrt{Q} = \sqrt{\mathbf{y}^T\mathbf{M}^{-1}\mathbf{y}}$ bedeutet.

3.10.4 Summenprozesse

Zufallsprozesse, die durch Addition statistisch unabhängiger Zufallsvariablen gebildet werden, spielen ebenfalls eine besondere Rolle bei der Erzeugung spezieller Zufallsprozesse, z. B. auch eines Gaußprozesses. Solche Prozesse entstehen aber auch bei der Filterung von Zufallszahlenfolgen durch lineare Systeme, wobei die Summanden mit den Werten der Impulsantwortfunktion des Systems „gewichtet" werden. Die Klasse derartiger „Summenprozesse" umfaßt ferner solche, zwischen deren Summanden statistische Abhängigkeiten bestehen.

Die mit den reellen Koeffizienten a_k gebildete Linearkombination

$$\eta = \sum_{k=1}^{n} a_k \xi_k \quad (3.409)$$

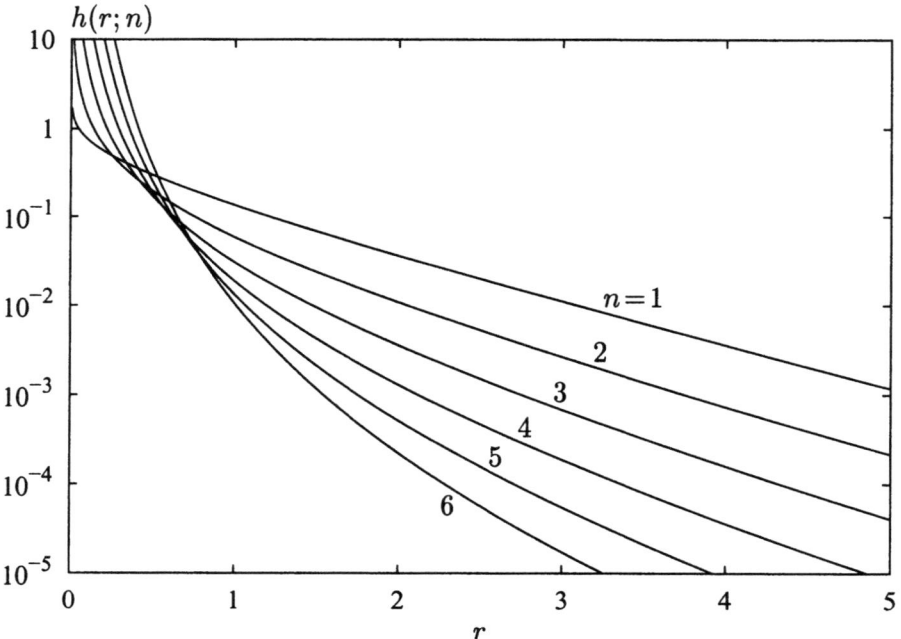

Bild 3.21: *Verläufe der Funktionen $h(r;n)$*

von n statistisch unabhängigen Zufallsvariablen ξ_k, $k = 1, \ldots, n$, die alle die gleiche Verteilungsdichte $p_{\xi_k}(x_k) \equiv p_\xi(x)$ und damit gleiche Mittelwerte $E\{\xi_k\}$, gleiche Varianzen $E\{(\xi_k - E\{\xi_k\})^2\} = \sigma_\xi^2$ und gleiche Charakteristische Funktionen $\Phi_{\xi_k}(v) = \Phi_\xi(v)$ besitzen, führt im allgemeinen auf einen Zufallsprozeß η, dessen Dichtefunktion $p_\eta(y)$ von $p_\xi(x)$ verschieden ist.

Um zur Dichte $p_\eta(y)$ zu gelangen, geht man am besten von der Charakteristischen Funktion

$$\Phi_\eta(v) = E\left\{\exp\left(\mathrm{j}v \sum_{k=1}^{n} a_k \xi_k\right)\right\} \qquad (3.410)$$

aus, für die sich stets eine geschlossene Darstellung angeben läßt. Wegen der vorausgesetzten statistischen Unabhängigkeit der ξ_k gilt nämlich

$$\Phi_\eta(v) = \prod_{k=1}^{n} \Phi_{\xi_k}(a_k v) = \prod_{k=1}^{n} \Phi_\xi(a_k v). \qquad (3.411)$$

Aus (3.410) erhält man wie üblich durch Fourier-Transformation die

3.10 Spezielle Zufallsprozesse

Verteilungsdichte

$$p_\eta(y) = \frac{1}{2\pi} \int_{-\infty}^{\infty} \Phi_\eta(v)\, e^{-jvy}\, dv = \frac{1}{2\pi} \int_{-\infty}^{\infty} \prod_{k=1}^{n} \Phi_\xi(a_k v)\, e^{-jvy}\, dv. \qquad (3.412)$$

Da das n-fache Produkt meistens aber nicht geschlossen transformierbar ist, sind explizite analytische Lösungen für $p_\eta(y)$ jedoch nicht zu gewinnen.

Die Problematik stellt sich in verschärfter Form, wenn η durch eine Linearkombination aus unendlich vielen Summanden gebildet wird, wie sie am Ausgang eines rekursiven Filters auftritt. Häufig hört man dann die Meinung, daß man in diesem Falle den *Zentralen Grenzwertsatz* heranziehen könne, wonach die Dichte $p_\eta(y)$ von $\eta = \sum_{k=1}^{n} a_k \xi_k$ mit $n \to \infty$ — unter sehr allgemeinen Bedingungen — fast immer gegen eine Gaußverteilung konvergiere. Diese Annahme kann jedoch häufig nicht gerechtfertigt werden. Vielmehr ist stets zu prüfen, ob alle Voraussetzungen für die Gültigkeit des Zentralen Grenzwertsatzes auch erfüllt sind. Auf den Zentralen Grenzwertsatz darf man sich insbesondere dann nicht berufen, wenn die Summe $\sum_{k=1}^{n} a_k^2$ im Limes $n \to \infty$ endlich bleibt [Fis76].

Die folgenden Beispiele sollen diese Feststellungen illustrieren.

3.10.4.1 Linearkombination von n statistisch unabhängigen Gaußschen Zufallsvariablen

Sei

$$p_{\xi_k}(x_k) = p_\xi(x) = \frac{1}{\sqrt{2\pi}} \exp\left(-\frac{x^2}{2}\right) \qquad (3.413)$$

mit $E\{\xi_k\} = 0$ und $E\{\xi_k^2\} = E\{\xi^2\} = 1$ die identische Dichte jeder der n Zufallsvariablen $\xi_1, \ldots, \xi_k$, so wird die Charakteristische Funktion $\Phi_\eta(v)$ der Linearkombination

$$\eta = \sum_{k=1}^{n} a_k \xi_k \qquad (3.414)$$

mit beliebigen reellen Koeffizienten a_k

$$\begin{aligned}\Phi_\eta(v) &= \int_{-\infty}^{\infty} \cdots \int_{-\infty}^{\infty} p_{\xi_1} \ldots p_{\xi_n} \exp\left(jv \sum_{k=1}^{n} a_k x_k\right) dx_1 \ldots dx_n \\ &= \Phi_{\xi_1}(a_1 v)\, \Phi_{\xi_2}(a_2 v) \ldots \Phi_{\xi_n}(a_n v).\end{aligned} \qquad (3.415)$$

Mit der Charakteristischen Funktion

$$\Phi_{\xi_k}(v) \equiv \Phi_\xi(v) = \exp\left(-\frac{v^2}{2}\right) \qquad (3.416)$$

der Variablen ξ_k folgt

$$\Phi_\eta(v) = \exp\left(-\frac{v^2}{2}\sum_{k=1}^{n} a_k^2\right). \qquad (3.417)$$

Die oben definierte Linearkombination η Gaußscher Zufallsvariablen ξ_k ist also ebenso gaußverteilt mit dem Mittelwert Null; ihre Varianz ist

$$\sigma_\eta^2 = \sum_{k=1}^{n} a_k^2. \qquad (3.418)$$

3.10.4.2 Summe von n statistisch unabhängigen identisch gleichverteilten Zufallsvariablen

Hier soll die Dichte $p_\eta(y)$ der Summe

$$\eta = \frac{1}{\sqrt{n}}\sum_{k=1}^{n} \xi_k \qquad (3.419)$$

von n statistisch unabhängigen Zufallsvariablen $\xi_1, \ldots, \xi_n$ berechnet werden, die im Intervall $-a/2 \leq x \leq a/2$ gleichverteilt sind, also jeweils die Dichte

$$p_{\xi_k}(x_k) \equiv p_\xi(x) = \frac{1}{a}, \qquad -\frac{a}{2} \leq x \leq \frac{a}{2}, \qquad (3.420)$$

und damit die Charakteristische Funktion

$$\Phi_\xi(v) = \operatorname{si}\left(\frac{a}{2}v\right) \qquad (3.421)$$

besitzen.

Wie im vorigen Abschnitt kann man unmittelbar die Charakteristische Funktion

$$\Phi_\eta(v) = E\left\{\frac{\mathrm{j}v}{\sqrt{n}}\sum_{k=1}^{n}\xi_k\right\} \qquad (3.422)$$

3.10 Spezielle Zufallsprozesse

angeben. Wegen der angenommenen statistischen Unabhängigkeit und der gleichen Dichte aller ξ_k folgt

$$\Phi_\eta(v) = \left[\Phi_\xi\left(\frac{v}{\sqrt{n}}\right)\right]^n \qquad (3.423)$$

und wegen (3.421)

$$\Phi_\xi\left(\frac{v}{\sqrt{n}}\right) = \operatorname{si}\left(\frac{a}{2\sqrt{n}} v\right) \qquad (3.424)$$

schließlich

$$\Phi_\eta(v) = \operatorname{si}^n\left(\frac{a}{2\sqrt{n}} v\right). \qquad (3.425)$$

Aus (3.425) erhält man durch Fourier-Transformation für gerade n (s. [Obh57]19)

$$p_\eta(y) = \frac{1}{2\pi} \int_{-\infty}^{\infty} \Phi_\eta(v) \cos(vy)\, dv \qquad (3.426)$$

$$= \begin{cases} \dfrac{n^{\frac{n}{2}+1}}{2a^n} \displaystyle\sum_{k=-n/2}^{n/2} \dfrac{(-1)^{\frac{n}{2}+k} \left|an^{-\frac{1}{2}}k + y\right|^{n-1}}{\left(\frac{n}{2}-k\right)!\left(\frac{n}{2}+k\right)!}, & |y| \leq \dfrac{a}{2} n, \\ 0, & |y| > \dfrac{a}{2} n. \end{cases}$$

Wählt man $a = \sqrt{12}$, so daß $E\{\xi^2\} = 1$ wird, so nimmt (3.426) die Form

$$p_\eta(y) = \begin{cases} \dfrac{n}{2^{n+1}}\sqrt{\dfrac{n}{3}} \displaystyle\sum_{k=-n/2}^{n/2} \dfrac{(-1)^{\frac{n}{2}+k} \left|\sqrt{\dfrac{12}{n}} k + y\right|^{n-1}}{\left(\frac{n}{2}-k\right)!\left(\frac{n}{2}+k\right)!}, & |y| \leq \dfrac{a}{2} n, \\ 0, & |y| > \dfrac{a}{2} n, \end{cases}$$

(3.427)

an. Die Dichte (3.426) nähert sich mit wachsender Anzahl n von Summanden der Gaußdichte. Die mittlere quadratische Abweichung von der Gaußdichte beträgt bei 16 Summanden weniger als $2 \cdot 10^{-6}$; die maximale relative Abweichung tritt am Maximum $y = 0$ der Gaußdichte auf mit $-0,9\,\%$ bei 16 und $-0,5\,\%$ bei 32 Summanden. Bild 3.22 zeigt die Dichte (3.427) für verschiedene Summandenanzahlen $n = 2, 4, 8, 16, 32$ im Vergleich zur Gaußdichte für verschiedene n. Die Summenbildung bietet sich daher zur Erzeugung gaußverteilter Zufallszahlen aus gleichverteilten an.

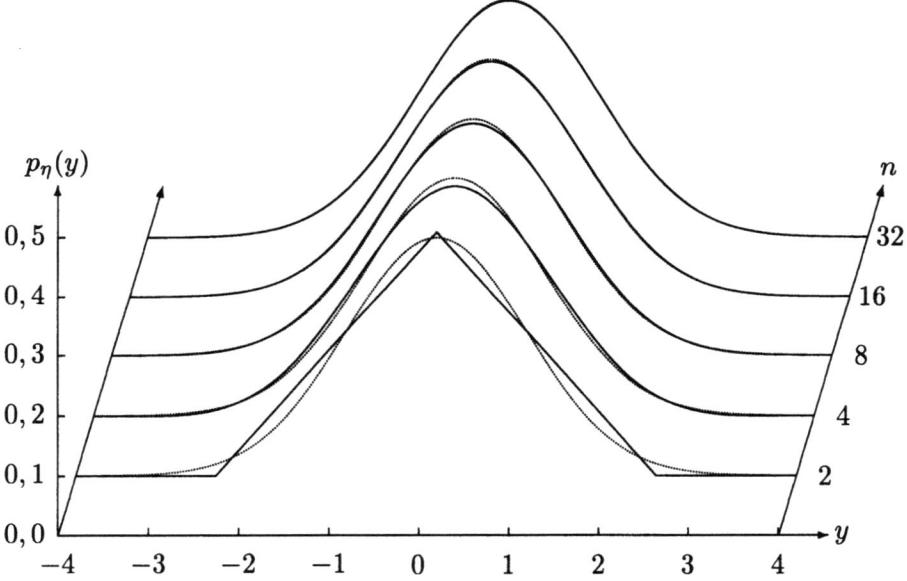

Bild 3.22: *Dichten des Summenprozesses für verschiedene Summandenanzahlen n (—) im Vergleich zur Gaußdichte (···)*

3.10.4.3 Summe von n statistisch unabhängigen K_0-verteilten Zufallsvariablen

Wie im vorigen Abschnitt sei die Summe

$$\eta = \frac{1}{\sqrt{n}} \sum_{k=1}^{n} \xi_i \qquad (3.428)$$

und mit $E\{\xi\} = 0$ und $E\{\xi^2\} = 1$ betrachtet. Für identisch K_0-verteilte Zufallsvariable ξ_k lautet die Charakteristische Funktion

$$\Phi_\xi(v) = \frac{1}{\sqrt{1+v^2}}. \qquad (3.429)$$

Damit ergibt sich für die Charakteristische Funktion der Summe entsprechend (3.423)

$$\Phi_\eta(v) = \left[\Phi_\xi\left(\frac{v}{\sqrt{n}}\right)\right]^n \qquad (3.430)$$

und unter Berücksichtigung von (3.429)

$$\Phi_\eta(v) = \left(1 + \frac{v^2}{n}\right)^{-\frac{n}{2}}. \qquad (3.431)$$

3.10 Spezielle Zufallsprozesse

Für (3.431) ergibt die Fourier-Transformation den expliziten Ausdruck ([Obh57]6)

$$p_\eta(y) = \frac{n^{\frac{n+1}{4}}}{\sqrt{\pi}\, 2^{\frac{n-1}{2}} \Gamma\left(\frac{n}{2}\right)} |y|^{\frac{n-1}{2}} K_{\frac{n-1}{2}}\left(\sqrt{n}\,|y|\right). \tag{3.432}$$

Die Dichte $p_\eta(y)$ ist hier eine Verallgemeinerung der *Laplacedichte*, deren Form aus Bild 3.23 ersichtlich wird. Für $n = 2$ geht (3.432) unter Berücksichtigung der Beziehung

$$|y|^{\frac{1}{2}} K_{\frac{1}{2}}(|y|) = \sqrt{\frac{\pi}{2}}\, e^{-|y|} \tag{3.433}$$

(s. [Abr70]444) in die einfache Laplacedichte

$$p_\eta(y) = \frac{1}{\sqrt{2}}\, e^{-\sqrt{2}|y|} \tag{3.434}$$

über.

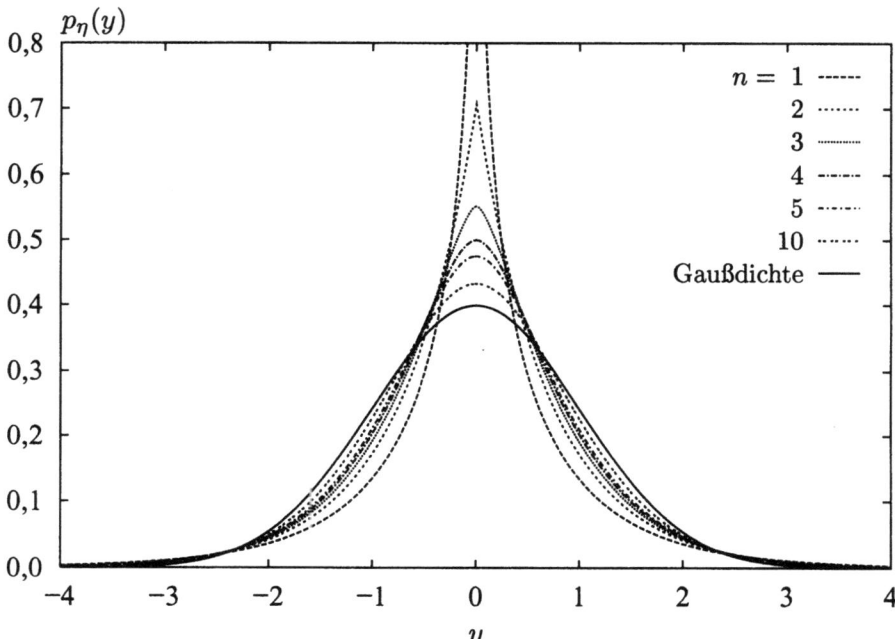

Bild 3.23: *Verteilungsdichte der Summe identisch K_0-verteilter Zufallsvariablen für verschiedene n*

3.10.4.4 Linearkombination von n statistisch unabhängigen binären Zufallsvariablen

Ein weiterer interessanter Fall, für den geschlossene Lösungen bei speziellen Gewichten h_k der Summanden ξ_k der Linearkombination η existieren, ist die Summe

$$\eta = \sum_{k=1}^{n} h_{k-1}\xi_k \qquad (3.435)$$

mit den binären Zufallsvariablen ξ_k, deren Dichte durch

$$p_\xi(x) = \frac{1}{2}[\delta(x-1) + \delta(x+1)] \qquad (3.436)$$

gegeben ist, und deren Gewichte zu

$$h_k = \alpha^k \qquad (3.437)$$

gewählt werden. Die Wahl von (3.437) entspricht der Filterung mit einem linearen Filter, dessen Impulsantwort

$$h_k = \frac{1}{\tau}\exp\left(-k\frac{T}{\tau}\right) \qquad (3.438)$$

ist. Es soll die Summe η im Limes $n \to \infty$ betrachtet werden.

Die Charakteristische Funktion bezüglich η erhält man — wie zuvor — mit dem Ansatz

$$\Phi_\eta(v) = E\left\{jv\sum_{k=1}^{n} h_{k-1}\xi_k\right\}. \qquad (3.439)$$

Wegen der statistischen Unabhängigkeit der Zufallsvariablen ξ_k zerfällt das n-fache Integral in (3.439) in ein n-faches Produkt von Integralen des Typs

$$\int_{-\infty}^{\infty} \exp(jvh_{k-1}x_k) \frac{1}{2}[\delta(x-1) + \delta(x+1)]\,\mathrm{d}x_k, \qquad (3.440)$$

das den Wert

$$\frac{1}{2}[\exp(jvh_{k-1}) + \exp(-jvh_{k-1})] = \cos(vh_{k-1}) \qquad (3.441)$$

3.10 Spezielle Zufallsprozesse

hat. Damit folgt für (3.439) mit (3.437) im Limes $n \to \infty$

$$\Phi_\eta(v) = \prod_{k=1}^{\infty} \cos(v\alpha^{k-1}). \tag{3.442}$$

Das unendliche Produkt läßt sich für $\alpha = 1/2$ durch die Spaltfunktion si $(2v)$ darstellen. Man erhält damit

$$\Phi_\eta(v) = \text{si}(2v). \tag{3.443}$$

Die zugehörige Dichtefunktion

$$p_\eta(y) = \begin{cases} \dfrac{1}{4} & \text{für } -2 \leq y \leq 2, \\ 0 & \text{sonst} \end{cases} \tag{3.444}$$

ist die Dichte einer Gleichverteilung im Intervall $-2 \leq y \leq 2$.

Die „lineare Filterung" von n statistisch unabhängigen binären Zufallsvariablen liefert also im Grenzfall $n \to \infty$ für $\alpha = 1/2$ eine Gleichverteilung ihrer Summe. Wählt man dagegen $\alpha \approx 1$, so nähert sich $p_\eta(y)$ einer Gaußverteilung.

Weitere Beispiele finden sich in [Sch78].

3.10.5 Poissonprozeß

Eine Reihe physikalischer und technischer Erscheinungen, wie der radioaktive Zerfall und das Photonendetektor-Rauschen, aber auch das Betriebsverhalten in Kommunikationssystemen lassen sich durch sogenannte *Poissonprozesse* beschreiben. Allen diesen Erscheinungen gemeinsam ist das zeitlich aufeinanderfolgende zufällige Eintreten statistisch unabhängiger Ereignisse, deren Anzahl in einem vorgegebenen Zeitintervall T durch eine Poissonverteilung bestimmt ist. Die Poissonverteilung

$$P(k, T) = \frac{(\alpha T)^k}{k!} e^{-\alpha T} \tag{3.445}$$

gibt die Wahrscheinlichkeit dafür an, daß innerhalb der Zeitspanne T genau k Ereignisse eintreten, wenn im zeitlichen Mittel α Ereignisse pro Zeiteinheit beobachtet werden. Einen Eindruck von der Poissonverteilung vermittelt Bild 3.24 für den Parameterwert $\alpha T = 5,5$.

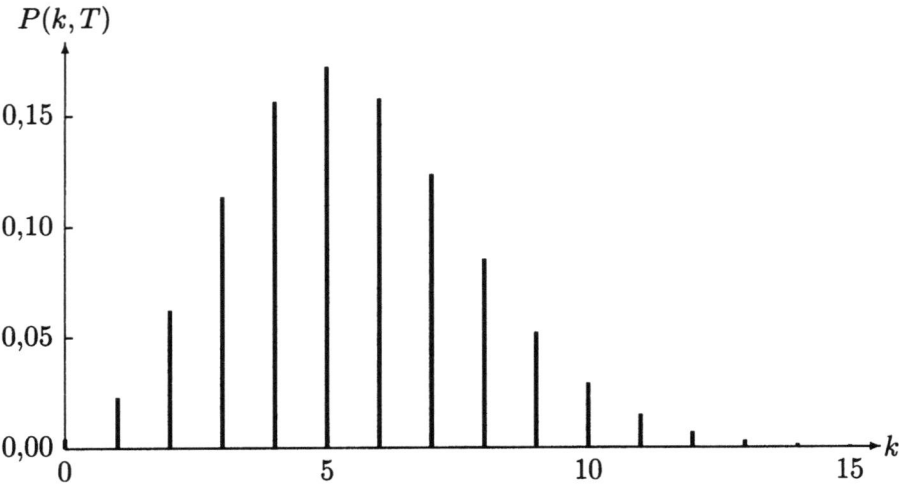

Bild 3.24: *Poissonverteilung für* $\alpha T = 5,5$

Ein Charakteristikum des Poissonprozesses ist die aus (3.445) folgende Wahrscheinlichkeit für den mittleren zeitlichen Abstand zweier benachbarter Ereignisse. Da die Ereignisse nach Voraussetzung voneinander unabhängig sind, ergibt sich diese Wahrscheinlichkeit als Produkt der Wahrscheinlichkeiten $P(0,T)$ für kein Ereignis in der Zeit T und $P(1,\mathrm{d}t)$ für ein Ereignis im anschließenden infinitesimalen Zeitintervall $\mathrm{d}t$. Aus (3.445) entnimmt man

$$P(0,T) = \mathrm{e}^{\alpha T} \tag{3.446}$$

und

$$P(1,\mathrm{d}t) = \alpha\,\mathrm{d}t\,\mathrm{e}^{\alpha\,\mathrm{d}t} \approx \alpha\,\mathrm{d}t; \tag{3.447}$$

die Wahrscheinlichkeiten für den Abstand zweier Zufallsereignisse ist also

$$\tilde{P}(t) = \alpha\,\mathrm{e}^{-\alpha t}\,\mathrm{d}t, \tag{3.448}$$

ihre „Dichte"

$$\tilde{p}(t) = \mathrm{e}^{-\alpha t}. \tag{3.449}$$

Einem so definierten Poissonprozeß, der als stationär vorausgesetzt werden soll, können binäre Musterfunktionen derart zugeordnet werden, daß eine kontinuierliche Zeitfunktion, die nur die Werte a und $-b$ annehmen kann, bei jedem Ereignis den Wert wechselt, also zufällig zwischen a und $-b$ schwankt. Für ein derartiges Signal $x(t)$ ist die Bezeichnung *stochastisches Telegraphensignal* üblich. Der Poissonprozeß $\xi(t)$ ist dann

3.10 Spezielle Zufallsprozesse

das Ensemble der stochastischen Telegraphensignale, von denen ein bestimmtes im Zufallsexperiment ausgewählt wird.

Einige statistische Eigenschaften des Prozesses $\xi(t)$ sollen nun bestimmt werden.

1. Für die ersten Momente und die Varianz erhält man

$$E\{k\} = \alpha T, \tag{3.450}$$

$$E\{k^2\} = (E\{k\})^2 + E\{k\} = \alpha T(\alpha T + 1), \tag{3.451}$$

$$E\{(k - E\{k\})^2\} = E\{k\} = \alpha T. \tag{3.452}$$

2. Die Autokorrelationsfunktion $\psi_{\xi\xi}(\tau)$ ergibt sich p. d. mit den Abkürzungen $\xi(t_i) = \xi_i$ und $\xi(t_i + \tau) = \xi_k$ als Erwartungswert

$$\psi_{\xi\xi}(\tau) = E\{\xi_i \xi_k\} = \sum_{i=1}^{2} \sum_{k=1}^{2} x_i\, x_k\, P_{ik}(x_i, x_k). \tag{3.453}$$

$P_{ik}(x_i, x_k)$ ist die Verbundwahrscheinlichkeit dafür, daß der Prozeß zum Zeitpunkt t_i einen Wert x_i und zum Zeitpunkt $t_i + \tau$ einen Wert x_k jeweils aus dem Wertevorrat $(a, -b)$ annimmt. Da nur zwei Werte möglich sind, gibt es vier Wahrscheinlichkeiten, nämlich

$$P_{ik}(a,a), \quad P_{ik}(a,-b), \quad P_{ik}(-b,a) \quad \text{und} \quad P_{ik}(-b,-b), \tag{3.454}$$

die zunächst bestimmt werden müssen. $P_{ik}(a, a)$ ergibt sich beispielsweise als Produkt der Wahrscheinlichkeit $P_i(a)$ und der Wahrscheinlichkeit

$$\sum_{k=0}^{\infty} \frac{(\alpha \tau)^{2k}}{(2k)!}\, e^{-\alpha \tau}, \qquad \tau > 0, \tag{3.455}$$

dafür, daß gemäß (3.445) im Zeitintervall τ eine gerade Anzahl von Ereignissen auftritt. Es ist demnach

$$P_{ik}(a,a) = P_i(a) \cdot \sum_{k=0}^{\infty} \frac{(\alpha \tau)^{2k}}{(2k)!}\, e^{-\alpha \tau} = P_i(a) \cdot \cosh(\alpha \tau)\, e^{-\alpha \tau}. \tag{3.456}$$

In entsprechender Weise findet man

$$P_{ik}(a,-b) = P_{ik}(-b,a) = \sum_{k=0}^{\infty} \frac{(\alpha\tau)^{2k+1}}{(2k+1)!} e^{-\alpha\tau}$$

$$= P_i(a) \cdot \sinh(\alpha\tau) e^{-\alpha\tau}, \quad \tau > 0, \quad (3.457)$$

$$P_{ik}(-b,-b) = P_{ik}(a,a). \quad (3.458)$$

Da $P(a) = P(-b) = 1/2$ sein muß, erhält man mit (3.453)

$$\psi_{\xi\xi}(\tau) = \left[\frac{a^2+b^2}{2}\cosh(\alpha\tau) - ab\sinh(\alpha\tau)\right]e^{-\alpha\tau}$$

$$= \frac{(a-b)^2}{4} + \frac{(a+b)^2}{4} e^{-2\alpha\tau}, \quad \tau > 0. \quad (3.459)$$

Die entsprechende Darstellung für $\tau < 0$ unterscheidet sich von (3.459) nur durch das Vorzeichen im Exponenten, so daß allgemein

$$\psi_{\xi\xi}(\tau) = \frac{(a-b)^2}{4} + \frac{(a+b)^2}{4} e^{-2\alpha|\tau|} \quad (3.460)$$

gilt mit den Grenzwerten

$$\psi_{\xi\xi}(0) = \frac{1}{2}(a^2+b^2) = E\{\xi^2\}, \quad (3.461)$$

$$\psi_{\xi\xi}(\infty) = \frac{1}{4}(a-b)^2 = (E\{\xi\})^2. \quad (3.462)$$

Für $b = 0$ folgt

$$\psi_{\xi\xi}(\tau) = \frac{a^2}{4}\left(1 + e^{-2\alpha|\tau|}\right), \quad E\{\xi\} = \frac{a}{2}, \quad (3.463)$$

für $b = a$

$$\psi_{\xi\xi}(\tau) = a^2 e^{-2\alpha|\tau|}, \quad E\{\xi\} = 0. \quad (3.464)$$

3. Die Spektrale Leistungsdichte erhält man durch Fourier-Transformation aus (3.460). Für den mittelwertfreien Prozeß ($a = b$) ergibt sich

$$S_{\xi\xi}(\omega) = 4a^2 \frac{\alpha}{4\alpha^2 + \omega^2}. \quad (3.465)$$

Im allgemeinen Fall ist bei $\omega = 0$ eine „Spektrallinie" mit dem Gewicht $\frac{1}{4}(a-b)^2$ hinzuzufügen.

3.10.6 Physikalische Schwankungserscheinungen

Klassische Beispiele physikalischer Schwankungserscheinungen, die zu den „natürlichen" Zufallsprozessen gezählt werden, sind die Anfang dieses Jahrhunderts von A. Einstein und M. v. Smoluchowski ausführlich untersuchte *Brownsche Bewegung* sowie das *Thermische Rauschen* in elektrischen Widerständen und der *Schroteffekt* bei der Elektrizitätsleitung in metallischen Leitern, in Halbleitern, in elektronischen Komponenten und Schaltungen. Sie haben die Entwicklung der Theorie Stochastischer Prozesse in der Physik wesentlich mitgeprägt.

Mit dem Aufkommen der Elektronik vor mehr als 75 Jahren kam auch der signaltheoretischen Analyse von sogenannten „Rauscherscheinungen" eine ständig wachsende Bedeutung zu, da derartige elektronische Schwankungen als stochastische Störsignale in elektrischen Schaltungen und Schaltelementen, in Röhren und Halbleitern die Übertragungseigenschaften nachrichtentechnischer Systeme und die Nachweisempfindlichkeit von „Nutzsignalen" entscheidend bestimmen. Sie ermöglichen aber auch Einsichten in die beim Ladungstransport ablaufenden Elementarprozesse und bilden die Grundlage neuer stochastischer Meßverfahren.

Eine weitere, offenbar fundamentale Schwankungserscheinung, die heute im Zentrum der wissenschaftlichen Forschung steht, ist das sogenannte $1/f$-*Rauschen*, insbesondere das von P. H. Handel 1975 [Han75,76] aufgedeckte *Quanten-$1/f$-Rauschen*, das in neuerer Zeit zusammenfassend von C. M. van Vliet [Vli90,91] beschrieben wurde. Beim $1/f$-Rauschen handelt es sich um niederfrequente Fluktuationen, die über weite Bereiche von mehr als zehn Zehnerpotenzen eine Spektrale Leistungsdichte aufweisen, die der reziproken Frequenz, also $1/f$, proportional ist. Sie wird in zahlreichen, insbesondere nichtlinearen, physikalischen Systemen beobachtet.

In diesem Abschnitt sollen das Thermische Rauschen in ohmschen Widerständen, der Schroteffekt in Vakuumdioden und das *Generations-Rekombinations-Rauschen* in homogenen Halbleitern exemplarisch für die vielfältigen elektrischen Schwankungserscheinungen, wie sie vor allem in Halbleiterbauelementen beobachtet werden, eingehender behandelt werden. Diese Auswahl wurde im Hinblick auf die unterschiedlichen signaltheoretischen Ansätze zu ihrer Analyse getroffen und bedeutet keine Bewertung ihrer physikalischen Bedeutung.

3.10.6.1 Thermisches Rauschen

Die thermische Bewegung der Ladungsträger in einem elektrischen Leiter bewirkt Ladungsdichteschwankungen, die beispielsweise an den Anschlüssen eines ohmschen Widerstandes als kleine Spannungsschwankungen wahrnehmbar sind. Diese Erscheinung, die als *Thermisches Rauschen* bezeichnet wird haben J. B. Johnson experimentell und H. Nyquist theoretisch untersucht und in den beiden grundlegenden Arbeiten „Thermal Agitation of Electricity / Electric Charge in Conductors" [Joh28,Nyq28] quantitativ beschrieben. Nyquist gelangte mit Hilfe allgemeiner, statistisch-thermodynamischer Gleichgewichtsbetrachtungen zu der Spektralen Leistungsdichte

$$S_{\xi\xi}(f) = 2k_B TR, \tag{3.466}$$

der „Rauschspannung" $\xi(t)$. Sie erweist sich — im Rahmen der klassischen Statistik — als unabhängig von der Frequenz $f = \omega/2\pi$ und ist proportional zum ohmschen (Wirk-) Widerstand R und der thermodynamischen Temperatur T. k_B bezeichnet die *Boltzmann-Konstante*. Die thermischen Fluktuationen der Ladungsträger besitzen also ein „weißes" Leistungsdichtespektrum.[2] Die *Nyquist-Beziehung* (3.466) gilt solange $k_B T \gg hf$ — wobei h das *Plancksche Wirkungsquantum* bedeutet —, also nicht für sehr hohe Frequenzen. Kommt f in die Größenordnung von $k_B T/h$, so ist (3.466) durch die Darstellung

$$S_{\xi\xi}(f) = 2k_B TR \frac{hf/k_B T}{\exp\left(\frac{hf}{k_B T}\right) - 1} \tag{3.467}$$

zu ersetzen. Die vollständige quantenmechanische Herleitung dieser Beziehung haben H. B. Callen und T. A. Welton [Cal51] gegeben. Eine Zusammenfassung der Charakteristika des thermischen Rauschens findet man bei W. L. Ginsburg [Gin53]. Dazu gehört auch die Feststellung, daß diese Schwankungserscheinung ein Gaußscher Zufallsprozeß mit dem Mittelwert Null und der Varianz

$$\int\limits_{-\infty}^{\infty} S_{\xi\xi}(f)\,df = \psi_{\xi\xi}(0) \tag{3.468}$$

---

[2]Häufig wird die Leistungsdichte $S_{\xi\xi}(f)$ nur auf positive Werte der Frequenz f bezogen und man setzt $W_{\xi\xi}(f) = 2S_{\xi\xi}(f)$. Man findet dann statt (3.466) die Formulierung
$$W_{\xi\xi}(f) = 4k_B TR.$$

3.10 Spezielle Zufallsprozesse

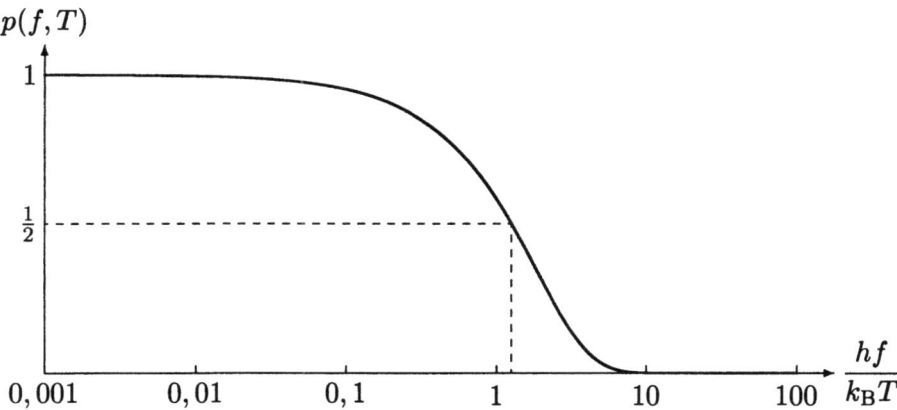

Bild 3.25: Frequenzabhängigkeit des Thermischen Rauschens

ist.

Die Ergänzung durch den in Bild 3.25 wiedergegebenen Faktor

$$p(f,T) = \frac{hf/k_BT}{\exp\left(\frac{hf}{k_BT}\right) - 1} \quad (3.469)$$

in (3.467) beseitigt auch die Divergenz der physikalischen Leistung

$$P = \frac{1}{R} \int_{-\infty}^{\infty} S_{\xi\xi}(f)\, df \quad (3.470)$$

des „rauschenden" Widerstands R, die damit den endlichen Wert

$$P = \frac{2}{3h}(\pi k_B T)^2 \quad (3.471)$$

annimmt; er ist unabhängig von R und erreicht bei 300 K den Wert $P = 1{,}7 \cdot 10^{-7}$ W.

In der Praxis bleibt der hochfrequente Abfall des Leistungsdichtespektrums ohne Bedeutung, da kein technisch realisierbarer Widerstand R in einem so weiten Frequenzbereich selbst konstant ist. Man kann daher mit „weißem Rauschen" rechnen. Die tatsächliche Frequenzbegrenzung wird durch die Frequenzabhängigkeit der Schaltung, in der sich der Widerstand befindet, und die Meßanordnung zum Nachweis der Schwankungserscheinung bestimmt.

Für die Autokorrelationsfunktion erhält man durch Fourier-Transformation der Spektralen Leistungsdichte (3.467)

$$\psi_{\xi\xi}(\tau) = \int_{-\infty}^{\infty} S_{\xi\xi}(f) \cos(2\pi f \tau)\,\mathrm{d}f = 4hR \int_0^{\infty} \frac{f \cos(2\pi f \tau)}{\exp\left(\frac{hf}{k_\mathrm{B}T}\right) - 1}\,\mathrm{d}f$$

$$= \frac{hR}{\pi^2} \int_0^{\infty} \frac{\omega \cos(\omega\tau)}{\exp(a\omega) - 1}\,\mathrm{d}\omega \equiv \frac{hR}{\pi^2} \cdot I(\tau) \qquad (3.472)$$

mit der Abkürzung

$$a = \frac{h}{2\pi k_\mathrm{B} T}. \qquad (3.473)$$

Das Integral $I(\tau)$ läßt sich geschlossen lösen ([Obh57]11) mit dem Ergebnis

$$I(\tau) = \frac{1}{2\tau^2} - \frac{1}{2}\frac{(\pi/a)^2}{\sinh^2\left(\frac{\pi\tau}{a}\right)} \qquad (3.474)$$

auswerten. Setzt man

$$y = \frac{\pi}{a}\tau = \frac{2\pi^2 k_\mathrm{B} T}{h}\tau, \qquad (3.475)$$

so findet man schließlich

$$\psi_{\xi\xi}(\tau) = \frac{2R}{h}(\pi k_\mathrm{B} T)^2 \left[\frac{1}{y^2} - \frac{1}{\sinh^2 y}\right]. \qquad (3.476)$$

Aus (3.476) ergibt sich im Limes $\tau \to 0$ der Wert

$$\psi_{\xi\xi}(0) = \frac{2}{3h} R\,(\pi k_\mathrm{B} T)^2. \qquad (3.477)$$

$\psi_{\xi\xi}(0)/R$ entspricht der physikalischen „Rauschleistung" des Widerstands R (s. (3.471)).

Das Thermische Rauschen erlaubt wegen seiner funktionalen Abhängigkeit von k_B und T nicht nur eine Bestimmung der Boltzmann-Konstante k_B mit höchster Präzision, sondern bietet auch die Möglichkeit der Messung der thermodynamischen Temperatur T. Hieraus entwickelte sich die sogenannte *Rauschthermometrie*.

Einige Zahlenwerte sollen abschließend eine quantitative Vorstellung des thermischen Rauschens vermitteln. Zunächst sei der „Effektivwert"

$$U = \sqrt{E\{\xi^2\}}, \qquad (3.478)$$

3.10 Spezielle Zufallsprozesse

die Wurzel der Varianz der Rauschspannung $\xi(t)$ in einem endlichen Frequenzbereich Δf bei 300 K betrachtet. Aus (3.466) folgt

$$U = \sqrt{4k_B T R \Delta f} = 1,3 \cdot 10^{-4} \sqrt{R \Delta f} \; \mu V. \tag{3.479}$$

Wählt man beispielsweise $R = 10$ kΩ und $\Delta f = 10$ kHz, so erhält man $U = 1,3 \; \mu V$.

Die physikalische Leistung pro Frequenzintervall Δf

$$\Delta P = \frac{1}{R} E\{\xi^2\} \frac{1}{\Delta f} \tag{3.480}$$

beträgt im Bereich konstanter Leistungsdichte

$$\Delta P = 1,7 \cdot 10^{-20} \; W/Hz. \tag{3.481}$$

Der aus (3.467) sich ergebende hochfrequente Abfall der Spektralen Leistungsdichte $S_{\xi\xi}(f)$ läßt sich durch die Frequenz f_s charakterisieren, bei der $hf_s = kT$ ist. Aus dieser Festsetzung erhält man für $T = 300$ K die „Grenzfrequenz" $f_s = 6,3 \cdot 10^{12}$ Hz; bei ihr beträgt $S_{\xi\xi}(f_s) = 0,59 \cdot S_{\xi\xi}(0)$.

3.10.6.2 Schroteffekt

Ein weiterer natürlicher Stochastischer Prozeß, der auf der atomaren Struktur der Elektrizität beruht, ist der von W. Schottky so genannte Schroteffekt. Hierunter versteht man die Schwankungen des bei thermischer Emission aus einer Kathode austretenden Elektronenstroms, wie er z. B. in einer Vakuumdiode beobachtet werden kann. Da die Emissionsereignisse der Elektronen zufällig erfolgen, ist der resultierende Strom $\eta(t)$ nicht konstant, sondern der stationäre mittlere Wert y_0 erscheint von einer schwankenden Störung $\zeta(t)$ überlagert, die als stationärer Stochastischer Prozeß aufgefaßt werden kann.

Zur quantitativen Behandlung des Effektes sei eine Vakuumdiode mit Metallkathode angenommen, die im Sättigungsstrombereich betrieben wird. Die Spannung zwischen Anode und Kathode sei so groß gewählt, daß sich keine Raumladung im Elektrodenzwischenraum ausbilden kann, die emittierten Elektronen also ohne Raumladungswechselwirkung zur Anode gelangen. Der Strom wird nach der *Richardson-Gleichung* nur von der thermodynamischen Temperatur T und der Austrittsarbeit des

Metalls bestimmt. Die einzelnen Elektronen werden unabhängig voneinander aus der Kathode emittiert. Die zeitliche Folge der Emissionsereignisse bildet einen Stochastischen Punktprozeß, wobei die Anzahl der Ereignisse in einem gewissen Zeitintervall durch die Poissonverteilung (3.445) bestimmt wird.

Zur Vereinfachung sei hier angenommen, daß die Elektroden planparallel sind und daß die Elektronen mit der einheitlichen Geschwindigkeit $v_0 = 0$ aus der Kathode austreten. Tatsächlich besitzen die in Normalenrichtung emittierten Elektronen eine Maxwellsche Geschwindigkeitsverteilung, die zu gewissen Korrekturen führt, aber die prinzipielle Gültigkeit der Ergebnisse für $v_0 = 0$ nicht beeinträchtigt, solange der „Laufwinkel" $\Theta = \omega \cdot \vartheta$, das Produkt aus Frequenz ω und Elektronenlaufzeit ϑ zwischen Kathode und Anode, klein gegen Eins ist.

Betrachtet man eine Musterfunktion $y(t)$, so erzeugt jedes zufällig zu einem bestimmten Zeitpunkt t_k emittierte Elektron während seiner Laufzeit ϑ einen Stromimpuls $y_e(t)$, dessen Integral gleich der Elementarladung e ist. In einem beliebigen Zeitintervall T sind die n Emissionsereignisse nicht nur zufällig statistisch unabhängig in der Zeit verteilt, sondern auch ihre Anzahl ist eine Zufallsvariable ν, die der Poissonverteilung gehorcht. Der Beitrag von k Elektronen im Intervall T zum Gesamtstrom ist dann

$$y_k(t) = \sum_{k=1}^{n} y_e(t - t_k), \qquad k = 1, \ldots, n; \qquad (3.482)$$

die Variable t_k bezeichnet den willkürlichen Zeitpunkt der Emission des k-ten Elektrons.

Der gesamte „Schrotstrom" $y(t)$ ergibt sich damit durch Erwartungswertbildung über die Zeitpunkte und die Anzahl ν. Da die Zufallsvariablen voneinander statistisch unabhängig sind, kann man zunächst den Erwartungswert

$$E\{\eta_n\} = \int_0^T \cdots \int_0^T \left[\sum_{k=1}^{n} y_e(t - t_k)\right] \prod_{k=1}^{n} p(t_k)\, dt_1 \ldots dt_n \qquad (3.483)$$

für den Strombeitrag von n Elektronen, der mit dem Gewicht $P_\nu(n)$ zum Gesamtstrom beiträgt, ermitteln. $p(t_k)$ ist dabei die Wahrscheinlichkeitsdichte für die Emission genau eines Elektrons im infinitesimalen

3.10 Spezielle Zufallsprozesse

Zeitintervall $t_k \leq t \leq t_k + dt_k$ aus $0 \leq t \leq T$; sie beträgt für den Poissonschen Punktprozeß (s. 3.10.5)

$$p(t_k) = \frac{1}{T}, \tag{3.484}$$

ist also unabhängig von t_k. Damit erhält man für (3.483)

$$E\{\eta_n\} = \sum_{k=1}^{n} \frac{1}{T} \int_0^T y_e(t - t_k)\,dt_k, \tag{3.485}$$

d. h. die Summe der n Stromimpulsmittelwerte. Da alle Impulse $y_e(t)$ die gleiche Form haben und

$$\int_0^T y_e(t - t_k)\,dt_k = e \tag{3.486}$$

ist, folgt weiter

$$E\{\eta_n\} = n \cdot \frac{e}{T}. \tag{3.487}$$

Der Erwartungswert des Gesamtstroms $\eta(t)$ ergibt sich hieraus durch Mittelung über die Zufallsvariable ν:

$$E\{\eta(t)\} = \sum_{n=0}^{\infty} E\{\eta_n\} \cdot P_\nu(n) = \frac{e}{T} \sum_{n=0}^{\infty} n \frac{(\alpha T)^n}{n!} e^{\alpha T}. \tag{3.488}$$

$\alpha = E\{\nu\}/T$ ist wie zuvor die mittlere Anzahl der Ereignisse pro Zeiteinheit. Aus (3.488) folgt unmittelbar das plausible Ergebnis

$$E\{\eta(t)\} = \alpha \cdot e; \tag{3.489}$$

der mittlere Schrotstrom ist also gleich der Anzahl der im Mittel pro Zeiteinheit emittierten Elektronen multipliziert mit ihrer Ladung.

Zentrale Kenngrößen des Zufallsprozesses sind Autokorrelationsfunktion und Spektrale Leistungsdichte. Mit dem gleichen Ansatz wie zuvor soll nun die Autokorrelationsfunktion $\psi_{\eta\eta}(\tau)$ des Schrotstroms als statistischer Erwartungswert bestimmt werden. Per definitionem gilt

$$\psi_{\eta\eta}(\tau) = \sum_{n=0}^{\infty} \int_0^T \cdots \int_0^T \left[\sum_{k=1}^{n} y_e(t - t_k)\right] \left[\sum_{l=1}^{n} y_e(t + \tau - t_l)\right] \frac{1}{T^n} dt_1 \ldots dt_n. \tag{3.490}$$

Die Doppelsumme im Integranden enthält n^2 Summanden, von denen n den gleichen Index $k = l$ haben. Die Integration über diese Summanden ergibt

$$\frac{1}{T^n} \int_0^T \cdots \int_0^T \sum_{k=1}^n y_e(t-t_k) y_e(t+\tau-t_k) dt_1 \ldots dt_n = \frac{n}{T} \int_0^T y_e(t) y_e(t+\tau) dt. \tag{3.491}$$

Die übrigen $n^2 - n$ Summanden, die mit $k \neq l$ jeweils verschiedene Stromimpulse betreffen, ergeben den Beitrag

$$\frac{1}{T^n} \int_0^T \cdots \int_0^T \sum_{\substack{k,l=1 \\ k \neq l}}^n y_e(t-t_k)\, y_e(t+\tau-t_l)\, dt_1 \ldots dt_n \tag{3.492}$$

$$= \sum_{\substack{k,l=1 \\ k \neq l}}^n \frac{1}{T} \int_0^T y_e(t-t_k)\, dt_k \, \frac{1}{T} \int_0^T y_e(t+\tau-t_l)\, dt_l = \frac{e^2}{T^2}.$$

Faßt man beide Teilergebnisse (3.491) und (3.492) zusammen, so erhält man schließlich aus (3.490) die Autokorrelationsfunktion des Schrotstroms $\eta(t)$

$$\psi_{\eta\eta}(\tau) = \sum_{n=0}^\infty \left[\frac{n}{T} \int_0^T y_e(t)\, y_e(t+\tau)\, dt \cdot P_\nu(n) + (n^2 - n)\frac{e^2}{T^2} P_\nu(n) \right]$$

$$= \alpha \int_0^T y_e(t)\, y_e(t+\tau)\, dt + \alpha^2 e^2, \tag{3.493}$$

da für die Poissonverteilung $E\{\nu^2\} - E\{\nu\} = (E\{\nu\})^2$ gilt.

Die Autokorrelationsfunktion $\psi_{\zeta\zeta}(\tau)$ der Schrotstromschwankung

$$\zeta = \eta - E\{\eta\} \tag{3.494}$$

lautet damit

$$\psi_{\zeta\zeta}(\tau) = \psi_{\eta\eta}(\tau) - (E\{\eta\})^2 = \alpha \int_0^\tau y_e(t)\, y_e(t+\tau)\, dt. \tag{3.495}$$

3.10 Spezielle Zufallsprozesse

Sie ist also gleich dem Produkt aus der Autokorrelationsfunktion des einzelnen Stromimpulses und der Anzahl α der Stromimpulse pro Zeiteinheit. Entsprechend gilt für die Varianz der Schwankung

$$\psi_{\zeta\zeta}(0) = \alpha \int_0^\tau y_e^2(t)\,\mathrm{d}t. \tag{3.496}$$

Die Beziehungen (3.489), (3.495) und (3.496) sind Aussagen des *Theorems von Campbell* [Cam09]: Für eine lineare Superposition von N statistisch unabhängigen Elementarprozessen ergeben sich linearer und quadratischer Mittelwert — ebenso nach (3.495) die Autokorrelationsfunktion — durch Multiplikation der Anzahl N mit den entsprechenden Größen der Elementarprozesse.

Bei den bisherigen Berechnungen war von der speziellen Form des elementaren Stromimpulses $y_e(t)$ noch kein Gebrauch gemacht worden. Unter den getroffenen Annahmen der ebenen Elektrodengeometrie und der einheitlichen Anfangsgeschwindigkeit $v_0 = 0$ der emittierten Elektronen erzeugt ein Elektron während seiner Laufzeit ϑ im homogenen elektrischen Feld zwischen Kathode und Anode einen Stromimpuls

$$y_e(t) = \frac{2e}{\vartheta^2} \cdot t, \qquad 0 \leq t \leq \vartheta \tag{3.497}$$

wie sich durch Integration der Bewegungsgleichung unter Beachtung der Anfangsbedingung $v_0 = 0$ ergibt. $y_e(t)$ ist also ein Dreiecksimpuls der Höhe $2e/\vartheta$ und der Dauer ϑ. Da das Elektron unter der Wirkung des elektrischen Feldes der Anodenspannung U in der Zeit ϑ den Abstand d zwischen Kathode und Anode durchläuft, folgt der Zusammenhang

$$d = \frac{e}{2m}\frac{U}{d}\vartheta^2, \tag{3.498}$$

aus dem sich ϑ ergibt. m bezeichnet die Masse des Elektrons.

Setzt man die Impulsfunktion (3.497) in die allgemeine Darstellung (3.495) ein, so erhält man für die Autokorrelationsfunktion der Schwankung ζ den expliziten Ausdruck (s. Bild 3.26)

$$\psi_{\zeta\zeta}(\tau) = \begin{cases} \dfrac{4\alpha e^2}{3\vartheta}\left[\dfrac{1}{2}\left(\dfrac{|\tau|}{\vartheta}\right)^3 - \dfrac{3|\tau|}{2\vartheta} + 1\right] & \text{für } |\tau| \leq \vartheta, \\ 0 & \text{sonst.} \end{cases} \tag{3.499}$$

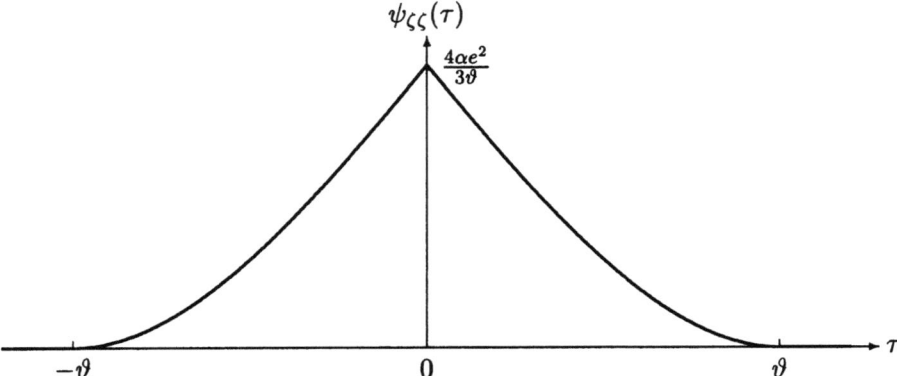

Bild 3.26: *Autokorrelationsfunktion der Schwankung ζ*

Von der Autokorrelationsfunktion (3.499) gelangt man wie üblich zur Spektralen Leistungsdichte $S_{\zeta\zeta}(\omega)$ der Schwankung $\zeta(t)$ durch Fourier-Transformation. Mit (3.135) folgt für $\tau > 0$

$$S_{\zeta\zeta}(\omega) = \int_{-\infty}^{\infty} \psi_{\zeta\zeta}(\tau)\, \mathrm{e}^{-\mathrm{j}\omega\tau}\, \mathrm{d}\tau = \frac{4\alpha e^2}{3\vartheta} \int_0^{\vartheta} \left(2 - \frac{3}{\vartheta}\tau + \frac{1}{\vartheta^3}\tau^3\right) \cos(\omega\tau)\, \mathrm{d}\tau. \tag{3.500}$$

Setzt man zur Abkürzung $\omega\tau = \varphi$ und $\omega\vartheta = \Theta$ und beachtet man die Beziehungen für die unbestimmten Integrale

$$\int \varphi \cos\varphi\, \mathrm{d}\varphi = \cos\varphi + \varphi\sin\varphi \tag{3.501}$$

und

$$\int \varphi^3 \cos\varphi\, \mathrm{d}\varphi = (3\varphi^2 - 6)\cos\varphi + (\varphi^3 - 6\varphi)\sin\varphi, \tag{3.502}$$

so erhält man aus (3.500) den Ausdruck

$$S_{\zeta\zeta}(\omega) = \frac{4\alpha e^2}{\Theta^4}\left(2 + \Theta^2 - 2\cos\Theta - 2\Theta\sin\Theta\right). \tag{3.503}$$

Für kleine Laufwinkel Θ ergibt sich mit Entwicklung der Funktionen

$$\sin\Theta = \Theta - \frac{1}{6}\Theta^3 + \frac{1}{120}\Theta^5 - \ldots \tag{3.504}$$

und

$$\cos\Theta = 1 - \frac{1}{2}\Theta^2 + \frac{1}{24}\Theta^4 - \frac{1}{720}\Theta^6 + \ldots \tag{3.505}$$

3.10 Spezielle Zufallsprozesse

bis zur sechsten Ordnung die Spektrale Leistungsdichte

$$S_{\zeta\zeta}(\omega) = \alpha e^2 \left(1 - \frac{1}{18}\Theta^2\right). \tag{3.506}$$

Bild 3.27 zeigt das Leistungsdichtespektrum in normierter Darstellung.

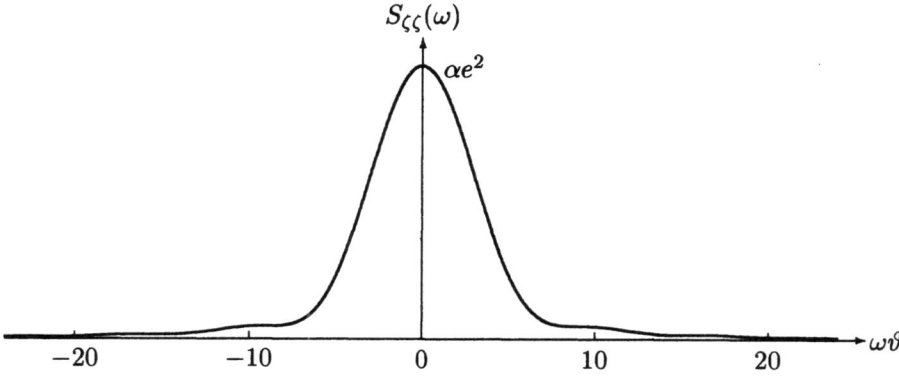

Bild 3.27: *Abfall des Leistungsdichtespektrums der Schwankung ζ*

Der Laufwinkel $\Theta = \omega\vartheta$ bestimmt die zeitliche Ausdehnung der Autokorrelationsfunktion und damit die „Grenzfrequenz" der Spektralen Leistungsdichte, ab der sie von dem zunächst konstanten Wert

$$S_{\zeta\zeta}(\omega) = \alpha e^2 = e\,y_0 \tag{3.507}$$

im Bereich $\omega \ll 1/\vartheta$ abfällt. In diesem Bereich ist die Spektrale Leistungsdichte durch das Produkt aus Elementarladung und Mittelwert y_0 des stochastischen Schrotstroms $\eta(t)$ gegeben. Die Schwankungserscheinung des Schroteffektes wird also durch „weißes Rauschen" beschrieben.

Der Wert des Laufwinkels Θ und der „Grenzfrequenz" ω_g, die durch $\omega_g = 1/\vartheta$ definiert werden kann, sei durch ein Zahlenbeispiel veranschaulicht. Aus (3.498) folgt

$$\vartheta = d\sqrt{\frac{2m}{eU}}. \tag{3.508}$$

Mit $e/m = 1{,}76 \cdot 10^{15}\,\text{cm}^2\,\text{V}^{-1}\,\text{s}^{-2}$ und der Wahl $U = 200\,\text{V}$ und $d = 0{,}5\,\text{cm}$ erhält man

$$\vartheta = 1{,}2 \cdot 10^{-9}\,\text{s} \tag{3.509}$$

und damit

$$\omega_g = 8{,}4 \cdot 10^8\,\text{s}^{-1}. \tag{3.510}$$

Die als *Schottky-Gleichung* bekannte Beziehung (3.507) hat insbesondere dadurch Bedeutung erlangt, daß sie die direkte Bestimmung der elektrischen Elementarladung e allein aus der Varianz der Schwankung des Schrotstromes erlaubt. Andere Methoden liefern e in Verbindung mit anderen atomaren Größen, z. B. in der Form e/m mit der Elektronenmasse m.

Die Dichte $p_\eta(y)$ der Wahrscheinlichkeit dafür, daß der Schrotstrom η einen Wert zwischen y und $y + \mathrm{d}y$ annimmt, läßt sich aus den zuvor genannten Annahmen über die statistischen Merkmale der Schwankungserscheinung herleiten. Da allgemein

$$p_\eta(y) = \sum_{n=0}^{\infty} p(y_n|n)\, P_\nu(n) \qquad (3.511)$$

durch die bedingte Dichte $p(y_n|n)$ und die Poissonverteilung $P_\nu(n)$ bestimmt ist, wird die Kenntnis von $p(y_n|n)$ benötigt. $p(y_n|n)$ kann aus der Charakteristischen Funktion

$$\Phi_{\eta_n}(v) = E\left\{\mathrm{e}^{\mathrm{j}v\eta_n}\right\} = E\left\{\exp\left(\mathrm{j}v \sum_{k=1}^{n} y_e(t-t_k)\right)\right\} \qquad (3.512)$$

berechnet werden. Wegen der statistischen Unabhängigkeit der Stromimpulse $y_e(t-t_k)$ erhält man — in Analogie zu den vorstehenden Berechnungen —

$$\begin{aligned}\Phi_{\eta_n}(v) &= E\left\{\prod_{k=1}^{n}\exp\left(\mathrm{j}v y_e(t-t_k)\right)\right\} = \prod_{k=1}^{n} \frac{1}{T}\int_0^T \exp\left(\mathrm{j}v y_e(t-t_k)\right) \mathrm{d}t_k \\ &= \left[\frac{1}{T}\int_0^T \exp\left(\mathrm{j}v y_e(t-t_k)\right) \mathrm{d}t_k\right]^n.\end{aligned} \qquad (3.513)$$

Hieraus folgt durch inverse Fourier-Transformation die gesuchte bedingte Dichte

$$p(y_n|n) = \frac{1}{2\pi}\int_{-\infty}^{\infty} \mathrm{e}^{-\mathrm{j}v y_n} \left[\frac{1}{T}\int_0^T \exp\left(\mathrm{j}v y_e(t-t_k)\right) \mathrm{d}t_k\right]^n \mathrm{d}v. \qquad (3.514)$$

3.10 Spezielle Zufallsprozesse

Mit (3.514) und der Poissonverteilung $P_\nu(n)$ ergibt sich

$$p_\eta(y) = \sum_{n=0}^{\infty} \frac{1}{2\pi} \int_{-\infty}^{\infty} e^{-j v y_n} \left[\frac{1}{T} \int_0^T \exp\left(j v y_e(t - t_k)\right) dt_k \right]^n \frac{(\alpha T)^n}{n!} e^{-\alpha T} dv. \tag{3.515}$$

und nach einigen Umformungen

$$p_\eta(y) = \frac{1}{2\pi} \int_{-\infty}^{\infty} e^{-j v y_n} \exp\left[\alpha \int_{-\infty}^{\infty} \exp\left(j v y_e t' - 1\right) dt'\right] dv. \tag{3.516}$$

Die Darstellung (3.516) ist der allgemeine Ausdruck für die Verteilungsdichtefunktion eines zufällig schwankenden Stroms η, der durch lineare Überlagerung statistisch unabhängiger, zeitlich poissonverteilter, beliebig geformter Stromimpulse $y_e(t)$ entsteht. $p_\eta(y)$ ist unabhängig von der Zeit. Der durch $p_\eta(y)$ charakterisierte Zufallsprozeß ist daher stationär.

Zur Auswertung von (3.516) entwickelt man zunächst das Integral in der Exponentialfunktion und danach die Exponentialfunktion selbst nach Potenzen von v und integriert gliedweise. Die Schritte, die hier im einzelnen nicht vorgeführt werden können — man vergleiche [Ric44]24 —, führen schließlich zum Ergebnis, daß sich mit wachsender Anzahl α die Dichte dem Ausdruck

$$p_\eta(y) = \frac{1}{\sqrt{2\pi}\,\sigma} \exp\left(-\frac{(y - y_0)^2}{2\sigma^2}\right) \tag{3.517}$$

annähert. Die Verteilungsdichte der Schrotstromschwankungen wird dann durch die Gaußdichte dargestellt.

Der Schroteffekt gehört zu den am besten theoretisch und experimentell untersuchten physikalischen Schwankungserscheinungen. Insbesondere wurden die hier gemachten vereinfachenden Annahmen genauer analysiert und der Einfluß der Elektrodengeometrie, der Geschwindigkeitsverteilung der emittierten Elektronen sowie einer Raumladung im Elektrodenzwischenraum quantitativ untersucht ([Mei68]1244). Ein wichtiges Ergebnis ist die Wirkung der Raumladung, die mit dem Schrotstrom schwankt und zu einer Rückwirkung auf die zur Anode laufenden Elektronen führt, so daß das Potential vor der Kathode abgesenkt wird. Dieser Effekt hat eine Reduktion der Leistungsdichte zur Folge und wird üblicherweise in der Form

$$S_{\zeta\zeta}(\omega) = e\,y_0\,\Gamma^2 \tag{3.518}$$

mit dem *Raumladungsfaktor* $\Gamma^2 \leq 1$ erfaßt. Γ^2 ist eine Funktion des Stromes y_0, der Kathodentemperatur T_K und dem negativen Potential vor der Kathode. Für Ströme $y < 0,1 \cdot y_0$ gilt die Näherung

$$\Gamma^2 = q\left(1 - \frac{\pi}{4}\right)\frac{k_B T_K}{U_{\text{red}}}, \tag{3.519}$$

wobei U_{red} die durch die Raumladung reduzierte wirksame Anodenspannung bedeutet.

3.10.6.3 Generations-Rekombinations-Rauschen

In homogenen Halbleitern treten neben dem Schroteffekt und dem thermischen Rauschen weitere Schwankungserscheinungen auf, die durch die Erzeugung freier Ladungsträger und ihre Rekombination bedingt sind. Auch diese Vorgänge sind statistischer Natur. Sie führen zu der als *Generations-Rekombinations-Rauschen* (GR-Rauschen) bezeichneten Erscheinung [Vli65].

Hier soll ein einfaches ortsunabhängiges Modell eines Halbleiters betrachtet werden, das einen Ladungsträgeraustausch allein zwischen zwei Energieniveaus mit den Energien E und E' annimmt, beispielsweise zwischen einem Donatorniveau und dem Leitungsband oder zwischen Valenzband und Leitungsband. E bezeichnet dann die Energie an der unteren Grenze des Leitungsbandes, E' die des Donatorniveaus oder die obere Grenze des Valenzbandes im Falle des intrinsischen Halbleiters. Die Energieniveaus enthalten — wie Bild 3.28 veranschaulicht — Z bzw. Z' Elektronenzustände, die mit N bzw. N' Elektronen besetzt seien.

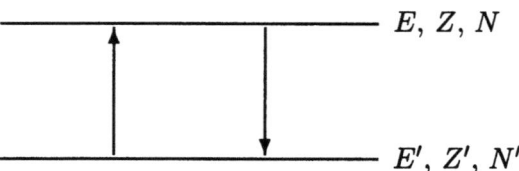

Bild 3.28: *Modell eines Halbleiters mit zwei Energieniveaus*

Der Übergang eines Elektrons von E' nach E entspricht dann der Erzeugung eines freien Elektrons, der Übergang von E nach E' der Rekombination eines freien Elektrons mit dem Donator bzw. mit einem Loch. Da die einzelnen Übergänge spontan in der Zeit erfolgen, ist die

3.10 Spezielle Zufallsprozesse

Anzahl der freien Ladungsträger eine, sich jeweils um den Wert Eins verändernde diskrete Zufallsfunktion $N(t)$, die als ein stationärer Stochastischer Prozeß interpretiert werden kann. Da die gesamte Elektronenanzahl $N + N' = N_g$ konstant bleibt, wird der Zufallsprozeß allein durch $N(t)$ beschrieben. Die statistischen Eigenschaften von $N(t)$ sollen nun untersucht werden.

Zunächst soll die bedingte Wahrscheinlichkeit $P(j,t|k,0)$ dafür berechnet werden, daß die Anzahl $N(t)$ freier Ladungsträger zum Zeitpunkt t gleich j ist, sofern zum Zeitpunkt $t = 0$ $N(0) = k$ war. Wählt man das Zeitintervall dt so klein, daß höchstens ein Übergang von E nach E' oder von E' nach E während dt stattfindet, kann der durch $(j,t|k,0)$ charakterisierte Zustand nur aus einem der drei sich gegenseitig ausschließenden Zustände $(m, t - dt|k, 0)$, mit $m = j - 1$, j oder $j + 1$, die mit den bedingten Wahrscheinlichkeiten $P(m, t - dt|k, 0)$, $m = j-1, j, j+1$, auftreten, hervorgehen. $m = j - 1$ bedeutet Generation, $m = j + 1$ Rekombination, $m = j$ keine Änderung der Anzahl freier Ladungsträger. Damit kann man schreiben:

$$\begin{aligned}P(j,t|k,0) &= P\big(\{j-1, t-dt \mid k, 0\} \cap \{+1, (t-dt, t) \mid k, 0\}\big) \\ &+ P\big(\{j+1, t-dt \mid k, 0\} \cap \{-1, (t-dt, t) \mid k, 0\}\big) \quad (3.520) \\ &+ P\big(\{j, t-dt \mid k, 0\} \cap \{0, (t-dt, t) \mid k, 0\}\big).\end{aligned}$$

Darin bedeutet der erste Term die Verbundwahrscheinlichkeit dafür, daß zum Zeitpunkt $t - dt$ genau $j - 1$ freie Ladungsträger existieren und im anschließenden infinitesimalen Zeitintervall dt genau $+1$ freier Ladungsträger erzeugt wurde, jeweils unter der Bedingung, daß zum Zeitpunkt $t = 0$ die Anzahl k freier Ladungsträger vorhanden war. Entsprechend erfaßt der zweite Term das Ereignis, daß in $(t - dt, t)$ durch Rekombination genau 1 freier Ladungsträger verschwindet, daher -1, während der dritte Term den Fall beschreibt, daß in $(t - dt, t)$ keine Veränderung eintritt.

Drückt man die Verbundwahrscheinlichkeit der drei Terme durch bedingte Wahrscheinlichkeiten wie folgt aus, erhält man anstelle von (3.520)

$$\begin{aligned}P(j,t \mid k,0) &= P(j-1, t-dt|k, 0)\, P\big(\{+1, (t-dt, t)|k, 0\} \cap \{j-1, t-dt\}\big) \\ &+ P(j+1, t-dt|k, 0)\, P\big(\{-1, (t-dt, t)|k, 0\} \cap \{j+1, t-dt\}\big) \\ &+ P(j, t-dt|k, 0)\, P\big(\{0, (t-dt, t)|k, 0\} \cap \{j, t-dt\}\big). \quad (3.521)\end{aligned}$$

In der Regel nimmt man an, daß die Wahrscheinlichkeit für einen bestimmten Zustand zum Zeitpunkt t allein durch einen vorhergehenden Zustand des Systems, z. B. durch den Zustand zum Zeitpunkt $t - \mathrm{d}t$, bestimmt ist, $N(t)$ also durch einen stationären *Markoff-Prozeß* dargestellt werden kann. Im allgemeinen kann die bedingte Wahrscheinlichkeit $P(j, t \,|\, k, 0)$ aber auch von mehreren Zeitpunkten in der Vergangenheit abhängen.

Die Markoff-Annahme hat zur Folge, daß die Wahrscheinlichkeiten P in ihren Bedingungen nicht von der Zeit 0, sondern nur von $t - \mathrm{d}t$ abhängen, so daß z. B. im ersten Term kürzer

$$P\bigl(+1, (t-\mathrm{d}t, t) \,|\, j-1, t-\mathrm{d}t\bigr) \tag{3.522}$$

formuliert werden kann; entsprechend kann bei den anderen Termen verfahren werden.

Führt man nun die Generationsrate $g(j-1)$ oder die Übergangswahrscheinlichkeit $g(j-1)\,\mathrm{d}t$ eines Ladungsträgers in den freien Zustand im Zeitelement $\mathrm{d}t$ ein, so kann (3.522) in der Form

$$P\bigl(+1, (t-\mathrm{d}t, t) \,|\, j-1, t-\mathrm{d}t\bigr) = g(j-1)\,\mathrm{d}t \tag{3.523}$$

dargestellt werden. In entsprechender Weise läßt sich die Rekombinationsrate $r(j+1)$ definieren, so daß für den zweiten Term unter Berücksichtigung der Markoff-Annahme

$$P\bigl(-1, (t-\mathrm{d}t, t) \,|\, j+1, t-\mathrm{d}t\bigr) = r(j+1)\,\mathrm{d}t \tag{3.524}$$

geschrieben werden kann.

Mit diesen Ansätzen erhält man für den Ausdruck (3.520) die nach Chapman und Kolmogoroff bezeichnete Gleichung

$$\begin{aligned}
P(j, t|k, 0) = {}& P(j-1, t-\mathrm{d}t \,|\, k, 0) \cdot g(j-1)\,\mathrm{d}t \\
& + P(j+1, t-\mathrm{d}t \,|\, k, 0) \cdot r(j+1)\,\mathrm{d}t \\
& + P(j, t-\mathrm{d}t \,|\, k, 0)\bigl[1 - g(j)\,\mathrm{d}t - r(j)\,\mathrm{d}t\bigr],
\end{aligned} \tag{3.525}$$

aus der im Limes $\mathrm{d}t \to 0$ die *Master-Gleichung* für die bedingte Wahrscheinlichkeit $P(j, t \,|\, k, 0)$ als Funktion der Zeit folgt:

$$\begin{aligned}
\frac{\mathrm{d}}{\mathrm{d}t} P(j, t \,|\, k, 0) = {}& -[g(j) + r(j)] P(j, t \,|\, k, 0) + g(j-1) P(j-1, t \,|\, k, 0) \\
& + r(j+1) P(j+1, t \,|\, k, 0), \; j = 0, 1, 2, \ldots;
\end{aligned} \tag{3.526}$$

3.10 Spezielle Zufallsprozesse

im Falle $j = 0$ entfällt der zweite Summand.

Aus der Master-Gleichung lassen sich die Momente angeben, ohne sie explizit berechnen zu müssen. Ebenso lassen sich unmittelbar die eindimensionalen Erwartungswerte $E\{f(N)\}$ einer weitgehend beliebigen Funktion $f(N)$ (s. 3.5, S. 130) der Zufallsvariablen N durch Multiplikation mit $f(j)$ und Summation über alle j bestimmen. Man erhält

$$\frac{d}{dt} E\{f(N)\}_0 = E\{g(N)[f(N+1) - f(N)]\}_0$$
$$- E\{r(N)[f(N) - f(N-1)]\}_0. \quad (3.527)$$

Der Index $_0$ weist darauf hin, daß diese Erwartungswerte mit der bedingten Wahrscheinlichkeit $P(j,t\,|\,k,0)$, also unter der Voraussetzung $N(0) = k$ gebildet sind.

Der Generations-Rekombinations-Prozeß soll nun in der Umgebung des thermischen Gleichgewichts diskutiert werden. Im thermischen Gleichgewicht ist $dE\{f(N)\}/dt = 0$. Aus (3.527) ergibt sich dann die wichtige Gleichung

$$E\{g(N)[f(N+1) - f(N)]\}_0 = E\{r(N)[f(N) - f(N-1)]\}_0. \quad (3.528)$$

Hieraus folgen für den linearen und quadratischen Erwartungswert von N, also mit $f(N) = N$ oder mit $f(N) = N^2$ und $E\{N\} = N_0$ die Beziehungen

$$E\{g(N)\} = E\{r(N)\} \quad (3.529)$$

und

$$E\{g(N)[2N+1]\} = E\{r(N)[2N-1]\}. \quad (3.530)$$

Für kleine Schwankungen um den Gleichgewichtszustand N_0 lassen sich Generations- und Rekombinationsrate als Reihenentwicklung in der Umgebung von N_0 darstellen

$$g(N) = g(N_0) + g'(N_0)[N - N_0] + \frac{g''(N_0)}{2}[N - N_0]^2 + \ldots, \quad (3.531)$$

$$r(N) = r(N_0) + r'(N_0)[N - N_0] + \frac{r''(N_0)}{2}[N - N_0]^2 + \ldots \quad (3.532)$$

Mit den Entwicklungen (3.531) bzw. (3.532) ergibt sich aus (3.529)

$$g(N_0) = r(N_0) \quad (3.533)$$

und aus (3.530)

$$E\left\{(N - N_0)^2\right\} = \frac{r(N_0)}{r'(N_0) - g'(N_0)}, \qquad (3.534)$$

wenn man die Terme $(N - N_0)^k$ mit Ordnungen $k \geq 2$ vernachlässigt.

Im thermischen Gleichgewicht sind also Generations- und Rekombinationsrate einander gleich und die mittlere quadratische Abweichung von der Gleichgewichtskonzentration, die *Schwankungsleistung* $E\{(N - N_0)^2\}$ ist umso kleiner, je kleiner die Rekombinationsrate und je größer ihre Ableitung bei der Gleichgewichtskonzentration N_0 ist, je schneller sich also eine Störung der Gleichgewichtskonzentration ausgleichen kann. In der Regel ist $g'(N) < 0$, so daß sich $g'(N)$ im gleichen Sinne wie $r'(N)$ auswirkt.

Die mittlere Abweichung $E\{N - N_0\}$ klingt mit Annäherung an den Gleichgewichtswert N_0 exponentiell ab. Aus (3.527) folgt nämlich für $f(N) = N - N_0$ mit (3.531), (3.532) und (3.534)

$$\frac{\mathrm{d}E\{N - N_0\}_0}{\mathrm{d}t} = -\frac{1}{\Theta}E\{N - N_0\}_0, \quad \frac{1}{\Theta} = r'(N_0) - g'(N_0). \qquad (3.535)$$

Ist die Anfangskonzentration $N(0) = k$, so folgt der Erwartungswert $E\{N - N_0\}_0$ also dem Gesetz

$$E\{N - N_0\}_0 = (k - N_0)\,\mathrm{e}^{-|t|/\Theta}. \qquad (3.536)$$

Die Berechnung der Autokorrelationsfunktion $\psi_{NN}(\tau)$ der Anzahl $N(t)$ der freien Ladungsträger geht von der Definitionsgleichung

$$\psi_{NN}(\tau) = E\{N(0)\,N(\tau)\} = \sum_{k=1}^{\infty}\sum_{j=1}^{\infty} kj\,P(k,0;j,\tau) \qquad (3.537)$$

$$= \sum_{k=1}^{\infty} k\,P(k,0) \sum_{j=1}^{\infty} j\,P(j,\tau\mid k,0) = \sum_{k=1}^{\infty} k\,P(k,0)\,E\{N\}_0$$

$$= \sum_{k=1}^{\infty} k\,P(k,0)\bigl(N_0 + E\{N\}_0\bigr) = N_0^2 + \sum_{k=1}^{\infty} k\,P(k,0)\,E\{N\}_0$$

aus. $P(k,0;j,\tau)$ ist die Verbundwahrscheinlichkeit für das Auftreten von k freien Ladungsträgern zum Zeitpunkt $t = 0$ mit der Wahrscheinlichkeit $P(k,0)$ und von j freien Ladungsträgern zum Zeitpunkt τ und

3.10 Spezielle Zufallsprozesse

kann durch die bedingte Wahrscheinlichkeit und die Wahrscheinlichkeit $P(k,0)$ ausgedrückt werden. Mit (3.536) folgt

$$\begin{aligned}\psi_{NN}(\tau) &= N_0^2 + \sum_k (k - N_0)\, \mathrm{e}^{-|\tau|/\Theta}\, k\, P(k,0) \\ &= N_0^2 + E\left\{(N - N_0)^2\right\} \mathrm{e}^{-|\tau|/\Theta}.\end{aligned} \qquad (3.538)$$

Aus (3.538) ergibt sich die Autokorrelationsfunktion χ der Abweichung $\Delta N = N - N_0$ der Anzahl N vom Gleichgewichtswert N_0

$$\chi_{\Delta N \Delta N}(\tau) = E\left\{(N - N_0)^2\right\} \mathrm{e}^{-|\tau|/\Theta}. \qquad (3.539)$$

Die Spektrale Leistungsdichte $S(\omega)$ erhält man durch Fourier-Transformation von (3.539)

$$S_{\Delta N \Delta N}(\omega) = \int_{-\infty}^{\infty} \chi_{\Delta N \Delta N}(\tau)\, \mathrm{e}^{-\mathrm{j}\omega\tau}\, \mathrm{d}\tau = \frac{2r(N_0)}{r'(N_0) - g'(N_0)} \frac{\Theta}{1 + (\omega\Theta)^2}. \qquad (3.540)$$

Die abgeleiteten Beziehungen sollen abschließend für zwei spezielle Fälle eines Halbleiters diskutiert werden.

1. Störstellenleitung

Der Halbleiter sei so hoch dotiert und seine Temperatur so niedrig, daß die Eigenleitung gegenüber der Störstellenleitung vernachlässigt werden kann. Ist N die Anzahl der freien Elektronen, N_D die Anzahl der Donatoren, also $N_\mathrm{D} - N$ die Anzahl der nicht ionisierten Störstellen, dann ist

$$g(N) = \alpha\,(N_\mathrm{D} - N) \qquad (3.541)$$

der Anzahl der noch nicht ionisierten Störstellen proportional mit dem Proportionalitätsfaktor α und

$$r(N) = \beta\, N^2 = \alpha\, \frac{N_\mathrm{D} - N_0}{N_0^2}\, N^2 \qquad (3.542)$$

der Anzahl der ionisierten Störstellen und der Anzahl der freien Elektronen proportional, wobei der Faktor β wegen (3.533) mit

α verknüpft ist. Damit erhält man nach (3.534) die Varianz der Ladungsträgerschwankung

$$E\left\{(N-N_0)^2\right\} = \frac{N_0(N_D - N_0)}{2N_D - N_0} \qquad (3.543)$$

und die Spektrale Leistungsdichte

$$S_{\Delta N \Delta_N}(\omega) = \frac{2N_0(N_D - N_0)}{2N_D - N_0} \frac{\Theta}{1 + (\omega\Theta)^2}, \qquad (3.544)$$

wobei Θ hier den Wert

$$\Theta = \frac{1}{\alpha} \frac{N_0}{2N_D - N_0} \qquad (3.545)$$

annimmt. Die Störstellen mit ihrer geringen Ionisierungsenergie sind bei Zimmertemperatur fast alle ionisiert, so daß $N_D \approx N_0$ ist. Das mittlere Schwankungsquadrat $E\{(N-N_0)^2\}$ und $S(\omega)$ sind daher entsprechend klein. Starkes Rauschen kann man nur bei niedriger Temperatur und bei tiefen Störstellen beobachten, wenn nur wenige Donatoren ionisiert sind.

Die Gleichungen (3.543) bis (3.545) eröffnen die Möglichkeit, aus Messungen der Rauschleistungsdichte die Generationsrate und den Ionisierungsgrad von Störstellen zu bestimmen.

2. Eigenleitung

Die Ladungsträgerschwankungen beruhen hier praktisch allein auf der Erzeugung und der Rekombination von Elektron-Loch-Paaren. Vorhandene Störstellen, Donatoren und Akzeptoren, sind nahezu vollständig ionisiert bzw. besetzt. Ihr Beitrag zur Ladungsträgerdynamik kann vernachlässigt werden. Dann ist

$$g(N) = \alpha \qquad (3.546)$$

konstant und die Rekombinationsrate

$$r(N) = \beta N P \qquad (3.547)$$

ist proportional den Anzahlen N der freien Elektronen und P der Löcher. Damit folgt entsprechend oben mit $N_0 = P_0$

$$E\left\{(N-N_0)^2\right\} = \frac{N_0 P_0}{N_0 + P_0} \qquad (3.548)$$

und
$$S_{\Delta N \Delta N}(\omega) = \frac{2N_0 P_0}{N_0 + P_0} \frac{\Theta}{1 + (\omega \Theta)^2}. \quad (3.549)$$

mit
$$\Theta = \frac{1}{\beta} \frac{1}{N_0 + P_0}. \quad (3.550)$$

3.11 Spezielle Leistungsdichtespektren und Autokorrelationsfunktionen

Stochastische Prozesse lassen sich — wie die in 3.10 diskutierten Beispiele belegen — durch Autokorrelationsfunktion und Leistungsdichtespektrum für viele praktisch wichtige Probleme hinreichend charakterisieren. Da beide Kenngrößen über die Wiener-Khintchine-Relationen eineindeutig miteinander verknüpft sind, reicht im Prinzip die Kenntnis einer der beiden Größen aus. Dennoch ist es vorteilhaft, für die Charakterisierung des Zufallsprozesses beide heranzuziehen, da sie unterschiedliche Eigenschaften beschreiben. Während die Autokorrelationsfunktion die zeitliche Dynamik des Prozesses, also die statistischen Abhängigkeiten im Signalverlauf, direkt widerspiegelt, ist die Spektrale Leistungsdichte die bevorzugte Beschreibungsgröße, wenn die Wechselwirkung stochastischer Signale mit linearen Systemen der Signalübertragung betrachtet wird. Dies gilt insbesondere für die Klassifizierung stochastischer Signale, die vorwiegend auf ihrem Leistungsdichtespektrum beruht. Bekannte eingeführte Begriffe wie „weißes" oder „farbiges" Rauschen, „niederfrequentes" oder „schmalbandiges" Rauschen, gehen in unmittelbar anschaulicher Weise auf den Verlauf der Spektralen Leistungsdichte zurück.

In diesem Abschnitt sollen einige Typen von Autokorrelationsfunktionen und Leistungsdichtespektren zusammengestellt werden, die die unterschiedlichen Charaktere realer Schwankungserscheinungen und idealisierter Modellprozesse zusammen mit den Dichtefunktionen repräsentieren. Anhand derartiger Prototypen können insbesondere — wie in den folgenden Kapiteln gezeigt wird — Wirkungsweise, Möglichkeiten und Grenzen wichtiger Verfahren der Signalverarbeitung quantitativ beurteilt werden. Dabei wird auch der unterschiedliche Einfluß von Verteilungsdichte und Autokorrelationsfunktion oder Spektraler Leistungsdichte auf die Leistungsfähigkeit derartiger Verfahren deutlich werden.

Zunächst seien Zufallsprozesse mit idealisierten — physikalisch nicht realisierbaren — Spektrumstypen betrachtet, die allerdings durch realisierbare Funktionsverläufe je nach Aufwand mehr oder weniger genau angenähert werden können.

Zu diesen Prozessen gehört das „weiße Rauschen". Unter dem „weißen Rauschen" versteht man unabhängig von der vorliegenden Verteilungsdichte einen Zufallsprozeß $\xi(t)$, dessen Spektrale Leistungsdichte $S_{\xi\xi}(\omega)$ über den gesamten Frequenzbereich konstant ist. Tatsächlich kann es einen solchen Prozeß nicht geben, da seine Leistung nicht endlich wäre. Trotzdem hat in vielen Fällen die Annahme

$$S_{\xi\xi}(\omega) = \text{const.} \qquad (3.551)$$

ihre Berechtigung, wenn es nur darauf ankommt, daß $S_{\xi\xi}(\omega)$ in einem nicht zu eng begrenzten Frequenzbereich konstant, also „weiß" im Sinne der Optik ist. Das „weiße Rauschen" besitzt eine entartete Autokorrelationsfunktion $\psi_{\xi\xi}(\tau)$. Aus den Wiener-Khintchine-Relationen folgt nämlich

$$\psi_{\xi\xi}(\tau) = \int_{-\infty}^{\infty} S_{\xi\xi}(\omega)\, e^{j\omega\tau}\, d\omega = 2\pi S_{\xi\xi}(0) \cdot \delta(\tau), \qquad (3.552)$$

die Autokorrelationsfunktion ist also durch die verallgemeinerte Funktion $\delta(\tau)$ gegeben; das ist gleichbedeutend damit, daß $\xi(t)$ keinerlei Korrelationen aufweist und daher einen „völlig regellosen" Prozeß repräsentiert.

Besitzt der Stochastische Prozeß ein konstantes Leistungsdichtespektrum S_0 von Null bis zur „Grenzfrequenz" ω_0 — man spricht dann auch von niederfrequentem weißen Rauschen —, so ist die Autokorrelationsfunktion die Spaltfunktion

$$\psi_{\xi\xi}(\tau) = 2\omega_0 S_0\, \text{si}\,(\omega_0\tau)\,. \qquad (3.553)$$

Die Zeitspanne τ^* der Autokorrelationsfunktion bis zu ihrem ersten Nulldurchgang, der durch die Bedingung $\omega_0\tau^* = \pi$ festgelegt ist, charakterisiert das „Gedächtnis" des Prozesses; sie ist umgekehrt proportional zur „Bandbreite" f_2 des Spektrums:

$$\tau^* = \frac{1}{2f_2}. \qquad (3.554)$$

3.11 Spezielle Leistungsdichtespektren

Je größer die Bandbreite ist, umso kürzer ist in diesem Sinne das „Gedächtnis".

Ist der Zufallsprozeß nur „weiß" mit dem konstanten Wert S_0 in einem begrenzten Frequenzbereich $\omega_1 \leq \omega \leq \omega_2$ mit den Frequenzgrenzen ω_1 und ω_2, so liefern die Wiener-Khintchine-Beziehungen

$$\begin{aligned}\psi_{\xi\xi}(\tau) &= \int\limits_{-\omega_2}^{-\omega_1} S_0\, e^{j\omega\tau}\, d\omega + \int\limits_{\omega_1}^{\omega_2} S_0\, e^{j\omega\tau}\, d\omega \\ &= 2S_0 \int\limits_{\omega_1}^{\omega_2} \cos(\omega\tau)\, d\omega = \frac{2S_0}{\tau}\left[\sin(\omega_2\tau) - \sin(\omega_1\tau)\right] \quad (3.555)\\ &= 2S_0\left[\omega_2\, \text{si}(\omega_2\tau) - \omega_1\, \text{si}(\omega_1\tau)\right].\end{aligned}$$

Die Autokorrelationsfunktion des scharf frequenzbandbegrenzten Prozesses, der auch als „Schmalbandrauschen" bezeichnet wird, ist gleich der Differenz zweier Spaltfunktionen. Setzt man

$$\frac{\omega_1 + \omega_2}{2} = \omega_m \quad \text{und} \quad \frac{\omega_2 - \omega_1}{2} = \Delta\omega, \quad (3.556)$$

so nimmt (3.555) die Form

$$\psi_{\xi\xi}(\tau) = 4\,\Delta\omega\, S_0 \cdot \text{si}(\Delta\omega \cdot \tau)\cos(\omega_m \tau) \quad (3.557)$$

an. Ist $\Delta\omega \ll \omega_m$, so ändert sich die „amplitudenmodulierte", mit ω_m oszillierende Autokorrelationsfunktion nur langsam.

Die Bedeutung von Zufallsprozessen mit „weißem" Spektrum für theoretische und experimentelle Untersuchungen in der Signaltheorie beruht auch auf der Möglichkeit, durch lineare Filterung das Leistungsdichtespektrum und damit auch die Autokorrelationsfunktion weitgehend beliebig formen zu können.

Bild 3.29 veranschaulicht die Leistungsdichten und Autokorrelationsfunktionen der idealisierten Prozesse.

In den folgenden Abschnitten sollen einige reale Spektraltypen mit ihren Autokorrelationsfunktionen vorgestellt werden.

3.11.1 Resonanzspektrum

Gegeben sei die normierte Spektrale Leistungsdichte

$$S_{\xi\xi}(\omega) = \frac{1}{1 + \left(\frac{\omega_0}{\Delta\omega}\right)^2 \left(\frac{\omega_0}{\omega} - \frac{\omega}{\omega_0}\right)^2}, \qquad (3.558)$$

die bei $\omega = \omega_0$ ein Maximum aufweist, wie man es bei Resonanzerscheinungen beobachtet. Die Breite der Resonanz $2\,\Delta\omega$ wird als Differenz der Frequenzen, bei denen jeweils $S_{\xi\xi}(\omega) = 1/2$ ist, bestimmt. Aus (3.558)

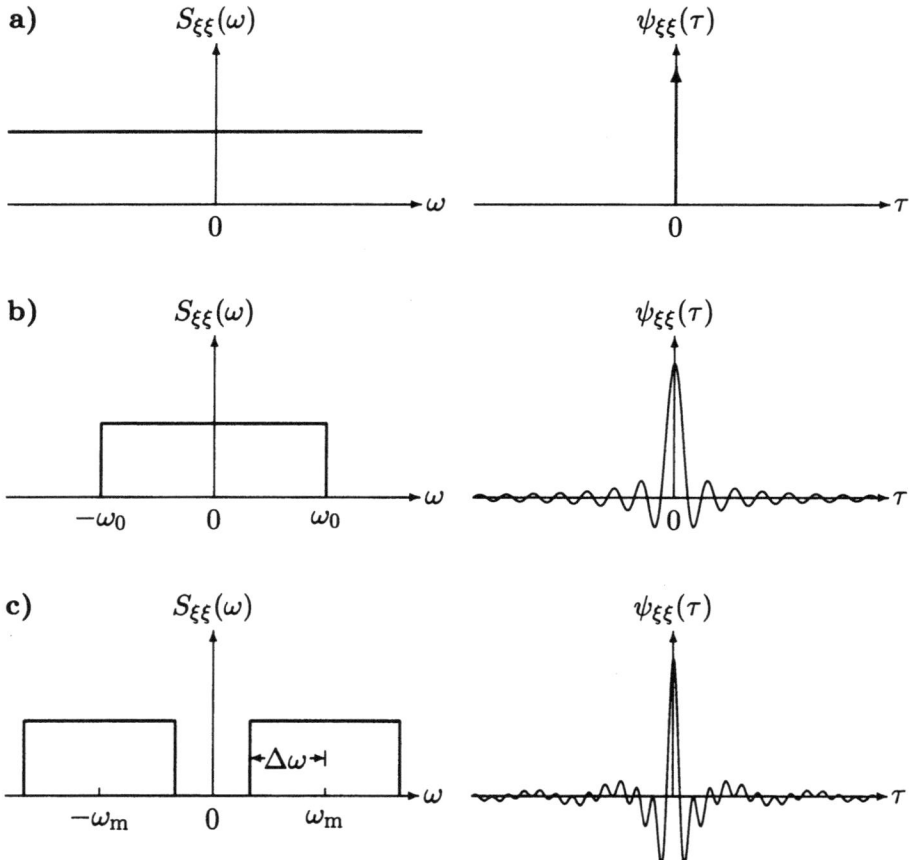

Bild 3.29: *Idealisierte Leistungsdichtespektren und zugehörige Autokorrelationsfunktionen: a) weißes Rauschen, b) „niederfrequentes Rauschen", c) Schmalbandrauschen*

3.11 Spezielle Leistungsdichtespektren

erhält man durch Fourier-Transformation die normierte Autokorrelationsfunktion

$$\rho_{\xi\xi}(\tau) = e^{-\Delta\omega \cdot \tau} \left[\cos(\omega_0 \tau) - \frac{\Delta\omega}{\omega_0} \sin(\omega_0 \tau) \right]. \quad (3.559)$$

Bild 3.30 zeigt für zwei Zahlenbeispiele Verläufe von $S_{\xi\xi}(\omega)$ und $\rho_{\xi\xi}(\tau)$ jeweils für positive Argumente ω und τ.

3.11.2 Lineare Autokorrelationsfunktion (LIN-TYP)

Hier ist die normierte Autokorrelationsfunktion eine symmetrisch zu $\tau = 0$ linear abfallende Funktion in der Form

$$\rho_{\xi\xi}(\tau) = \begin{cases} 1 - \dfrac{|\tau|}{\tau_0} & \text{für} \quad |\tau| < \tau_0, \\ 0 & \text{für} \quad |\tau| \geq \tau_0 \end{cases} \quad (3.560)$$

mit der positiven Konstante τ_0. Je nach Wahl von τ_0 ergibt sich eine linear — bis auf den Wert Null bei τ_0 — abfallende Autokorrelationsfunktion, deren Steigung und „Breite" durch τ_0 bestimmt wird. Durch Fourier-Transformation gelangt man zur zugehörigen Spektralen Leistungsdichte ([Obh57]19)

$$S_{\xi\xi}(\omega) = \frac{2\tau_0}{\pi} \left[\text{si}(\omega \tau_0) \right]^2. \quad (3.561)$$

Bild 3.31 veranschaulicht die Funktionsverläufe im Bereich $\tau > 0$ und $\omega > 0$.

3.11.3 RC-Typ-Spektren

Unter einem RC-Typ-Spektrum versteht man einen Leistungsdichteverlauf

$$S_{\xi\xi}(\omega; n) = \frac{S_0}{\left[1 + (\omega T)^2 \right]^n} \quad (3.562)$$

mit $n = 1, 2, \ldots$ und der reellen Konstante T. Die Funktionen (3.562) stellen — wie Bild 3.32 belegt — Leistungsdichtespektren dar, die im Bereich niedriger Frequenzen beginnend bei der Frequenz Null — solange $\omega T \ll 1$ ist — zunächst praktisch konstant verlaufen, um dann

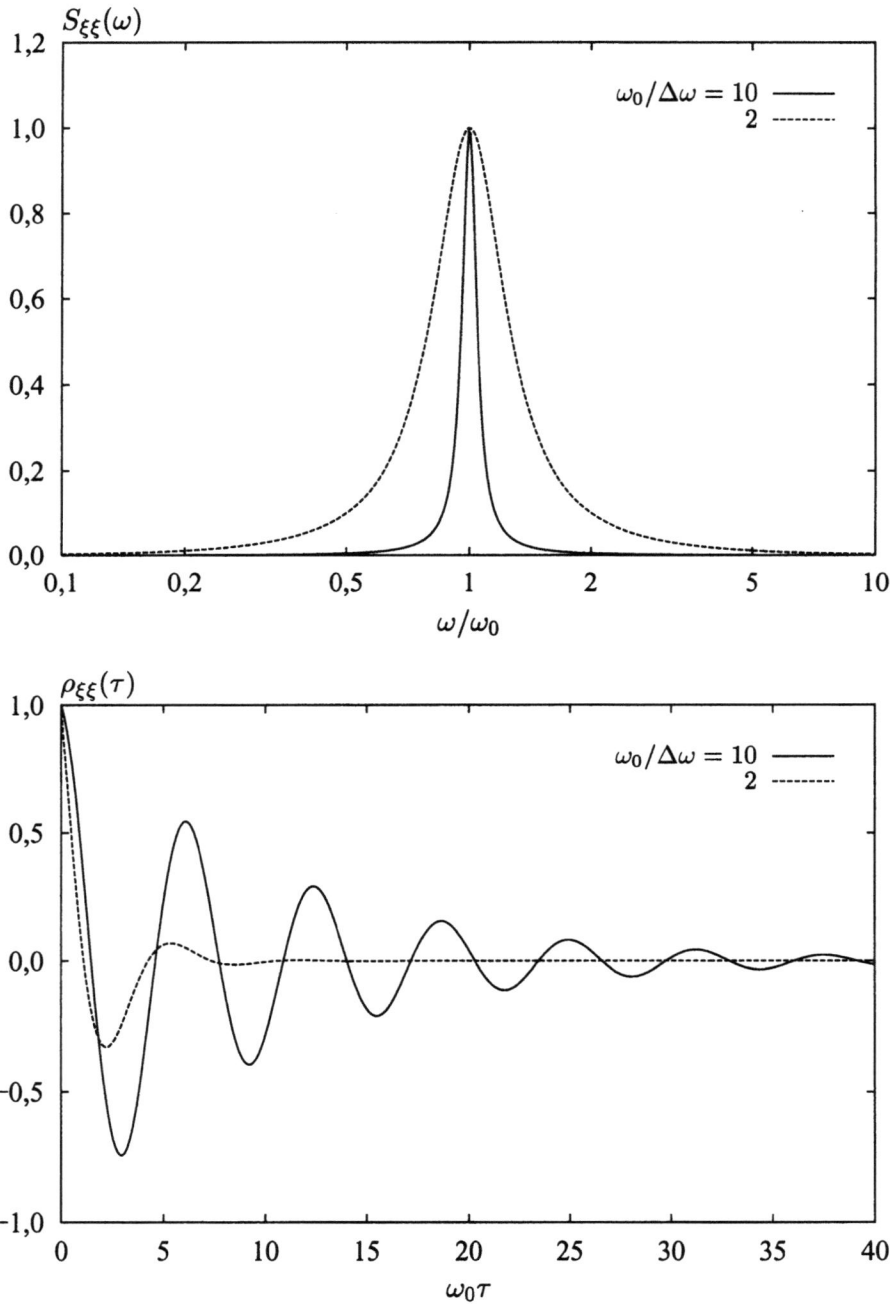

Bild 3.30: *Resonanzspektren und zugehörige Autokorrelationsfunktionen für zwei verschiedene Werte von $\omega_0/\Delta\omega$*

3.11 Spezielle Leistungsdichtespektren

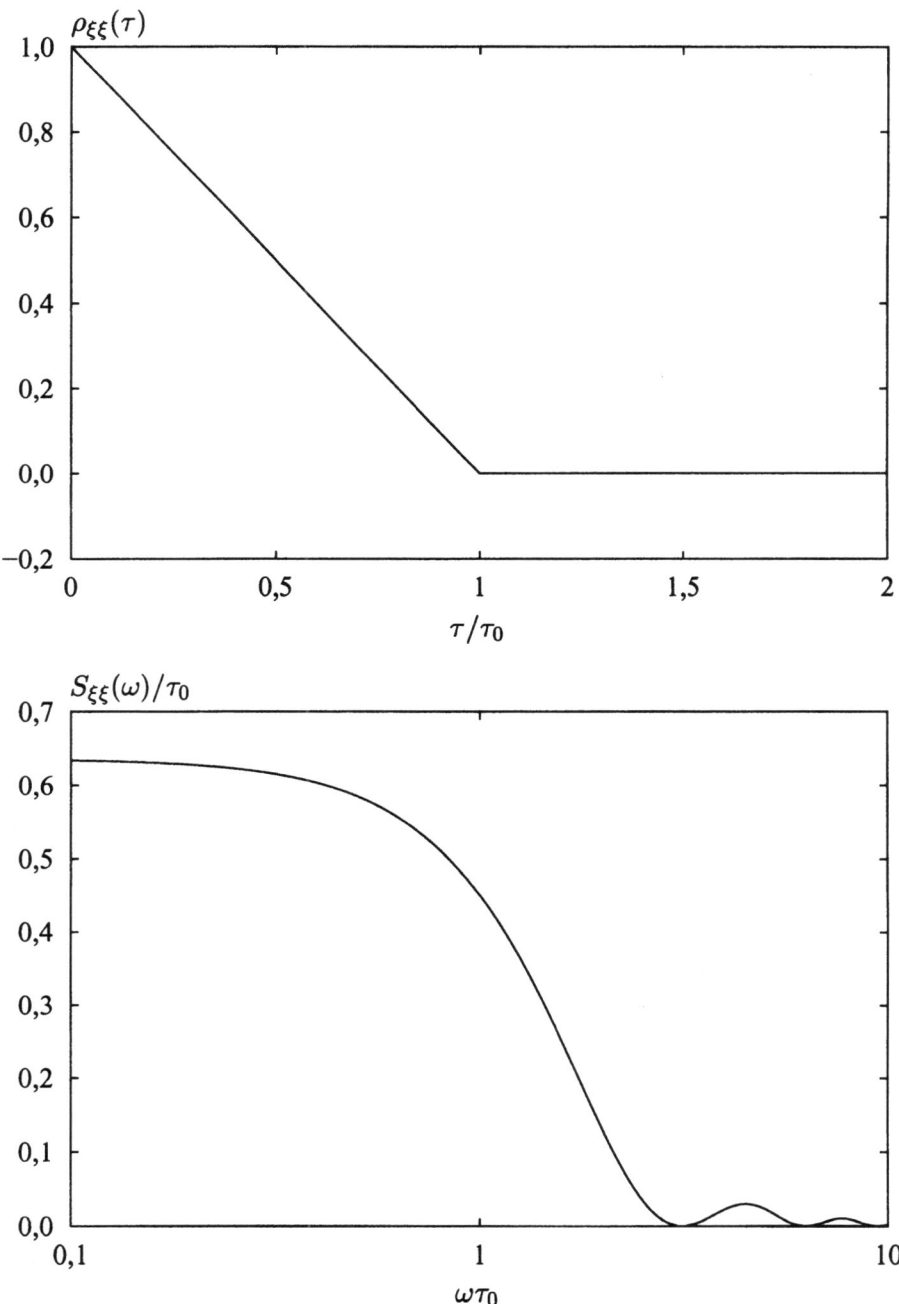

Bild 3.31: *Linear abfallende Autokorrelationsfunktion und zugehörige Spektrale Leistungsdichte*

zu höheren Frequenzen monoton bis auf Null abzufallen. Für $\omega_0 = 1/T$ nimmt $S_{\xi\xi}(\omega;n)$ den von n abhängigen Wert $S_0 \cdot 2^{-n}$ an. Die Frequenz

$$\omega^* = \frac{1}{T}\sqrt{\sqrt[n]{2} - 1}, \qquad (3.563)$$

bei der $S_{\xi\xi}(\omega^*;n) = S_0/2$ wird, ist umgekehrt proportional zu T mit einem von n abhängigen Faktor. Bei festem T nimmt ω^* mit wachsendem n ab (vgl. Bild 3.32).

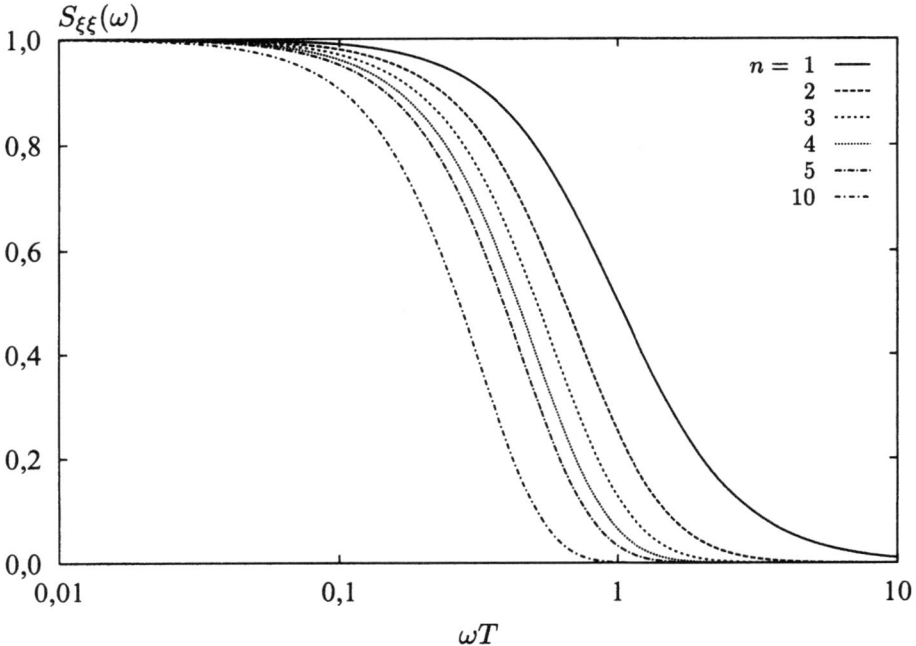

Bild 3.32: RC-Typ-Leistungsdichtespektren ($\omega > 0$)

Die Steigung von $S_{\xi\xi}(\omega)$ bei $\omega = \omega^*$ beträgt

$$\frac{dS_{\xi\xi}(\omega;n)}{d\omega} = -\frac{n}{\omega^*}\left(1 - \frac{1}{\sqrt[n]{2}}\right) \qquad (3.564)$$

und strebt mit $n \to \infty$ dem Grenzwert $-\ln 2/\omega^*$ zu.

Zur Berechnung der Autokorrelationsfunktion zur Leistungsdichte (3.562) betrachtet man anstelle von $S_{\xi\xi}(\omega)$ die komplexwertigen Funktionen

$$S_{\xi\xi}(s;n) = \frac{S_0}{\left[1 - (sT)^2\right]^n} \qquad (3.565)$$

3.11 Spezielle Leistungsdichtespektren

mit der komplexen Variablen s, die für $s = j\omega$ in $S_{\xi\xi}(\omega)$ übergehen. $S_{\xi\xi}(s)$ besitzt zwei reelle, symmetrisch zum Ursprung der komplexen s-Ebene bei $s = 1/T$ und $s = -1/T$ liegende Pole n-ter Ordnung. Mit Hilfe des Residuenkalküls der Funktionentheorie [Smi55]181 läßt sich nun die Autokorrelationsfunktion

$$\psi_{\xi\xi}(\tau;n) = \int_{-\infty}^{\infty} S_{\xi\xi}(\omega;n)\, e^{j\omega\tau} d\omega = \frac{1}{j} \int_{-j\infty}^{j\infty} S_{\xi\xi}(s;n)\, e^{s\tau} ds \qquad (3.566)$$

durch Integration in der komplexen Ebene bestimmen. Ein Beispiel für den Rechengang bietet Abschnitt 3.11.4. Man erhält

$$\psi_{\xi\xi}(\tau;n) = \frac{2\pi S_0}{2^{2n-1}T} e^{-|\tau|/T} \sum_{k=0}^{n-1} \frac{2^k}{k!} \binom{2n-k-2}{n-1} \left(\frac{|\tau|}{T}\right)^k, \qquad n = 1, 2, \ldots \qquad (3.567)$$

Die Autokorrelationsfunktionen sind für alle n monoton abnehmende Funktionen der dimensionslosen Größe $|\tau|/T$; sie sind in Bild 3.33 für einige Werte von n dargestellt. Beispiele sind:

$$\psi_{\xi\xi}(\tau;1) = \frac{\pi S_0}{T} e^{-|\tau|/T} \qquad \text{für} \quad n = 1, \qquad (3.568)$$

$$\psi_{\xi\xi}(\tau;2) = \frac{\pi S_0}{4T} \left[1 + \frac{|\tau|}{T}\right] e^{-|\tau|/T} \qquad \text{für} \quad n = 2, \qquad (3.569)$$

$$\psi_{\xi\xi}(\tau;3) = \frac{\pi S_0}{16T} \left[1 + \frac{|\tau|}{T} + \frac{1}{3}\left(\frac{|\tau|}{T}\right)^2\right] e^{-|\tau|/T} \qquad \text{für} \quad n = 3. \qquad (3.570)$$

Die Autokorrelationsfunktionen für höhere Werte n können einfach mit Hilfe der Rekursionsformel für die normierte Autokorrelationsfunktion

$$\rho_{\xi\xi}(\tau;n+1) = \rho_{\xi\xi}(\tau;n) + \frac{1}{(2n-1)(2n-3)} \left(\frac{\tau}{T}\right)^2 \rho_{\xi\xi}(\tau;n-1) \qquad (3.571)$$

ermittelt werden.

3.11.4 BW-Typ-Spektren

Dieser Spektraltyp ist durch die in Bild 3.34 für positive Frequenzen gezeigte Leistungsdichte

$$S_{\xi\xi}(\omega;n) = \frac{S_0}{1 + (\omega T)^{2n}}, \qquad n = 1, 2, \ldots, \qquad (3.572)$$

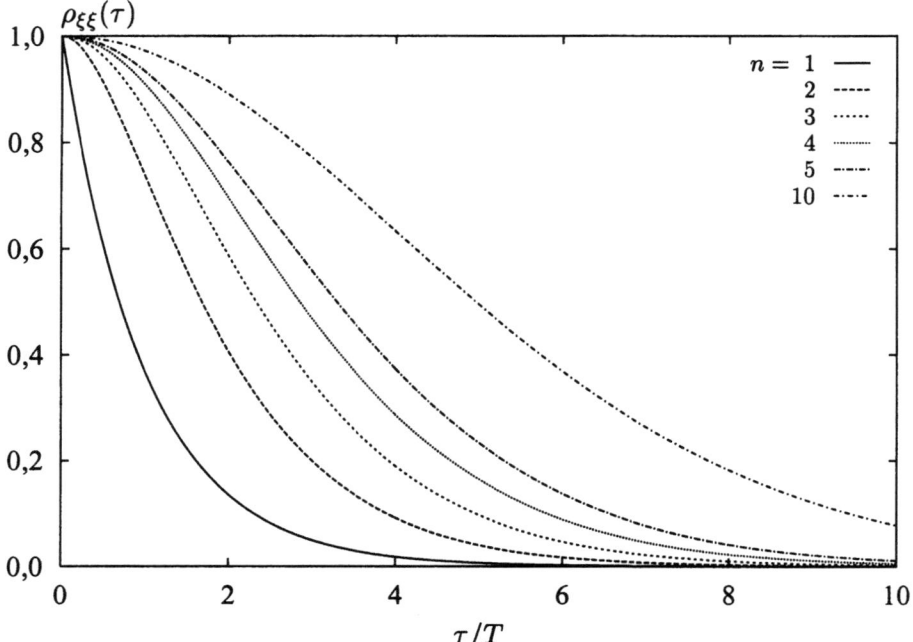

Bild 3.33: *Normierte RC-Typ-Autokorrelationsfunktionen ($\tau > 0$)*

definiert; er besitzt eine ähnliche Charakteristik wie der RC-Typ, verläuft jedoch „maximal flach" bei $\omega = 0$, und fällt ebenfalls für große ω gegen Null ab, wobei $S_{\xi\xi}(\omega;n)$ für alle n bei der gleichen Frequenz $\omega^* = 1/T$ den Wert $S_0/2$ annimmt und die Steigung

$$\left.\frac{dS_{\xi\xi}(\omega;n)}{d\omega}\right|_{\omega=\omega^*} = -\frac{n}{2\omega^*} \quad n = 1, 2, \ldots, \quad (3.573)$$

bei ω^* mit zunehmendem n über alle Grenzen wächst. Das Leistungsdichtespektrum (3.572) approximiert also mit $n \to \infty$ den Verlauf des idealen Tiefpasses.

Auch hier geht man wieder zweckmäßig zur Berechnung der Autokorrelationsfunktion in (3.572) zur komplexen Variablen $s = j\omega$ über mit dem Ergebnis

$$S_{\xi\xi}(s;n) = \frac{S_0}{1 + (-s^2T^2)^n}. \quad (3.574)$$

Die Funktion $S_{\xi\xi}(s)$ hat $2n$ einfache Pole s_k auf einem Kreis um den Ursprung, die durch die Beziehung

$$\left(-s_k^2 T^2\right)^n = -1 \quad (3.575)$$

3.11 Spezielle Leistungsdichtespektren

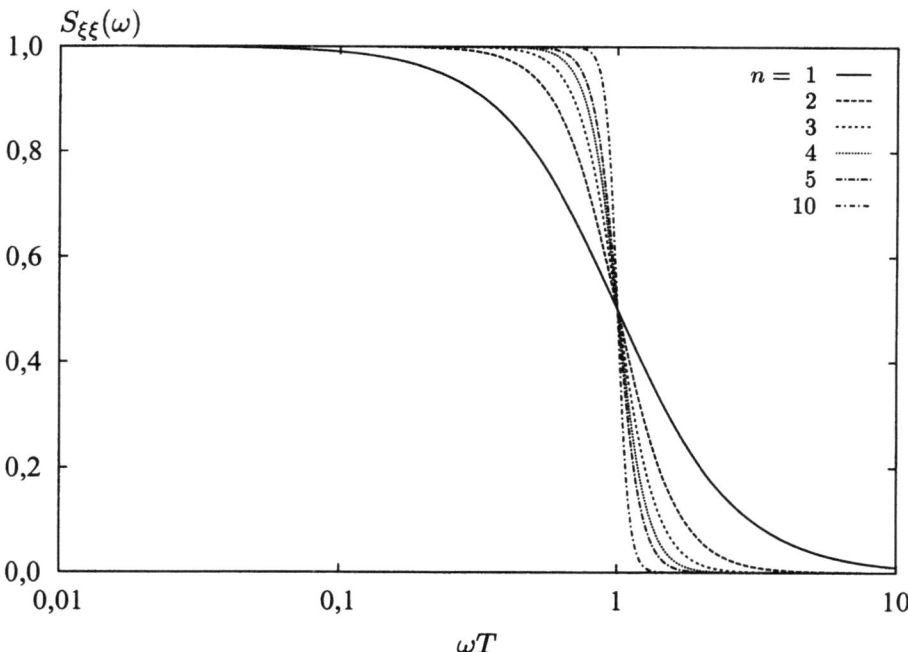

Bild 3.34: *BW-Typ-Leistungsdichtespektren* ($\omega > 0$)

festgelegt sind und damit die Werte

$$s_k = \frac{1}{T}\exp\left[\frac{\mathrm{j}\pi}{2} + \frac{\mathrm{j}\pi}{2n}(2k-1)\right], \qquad k = 1,2,\ldots,2n, \tag{3.576}$$

annehmen. Beispielsweise für $n = 2$ sind dies die in Bild 3.35 verzeichneten Polstellen

$$s_1 = \frac{-1+\mathrm{j}}{T\sqrt{2}}, \quad s_2 = \frac{-1-\mathrm{j}}{T\sqrt{2}}, \quad s_3 = \frac{1-\mathrm{j}}{T\sqrt{2}}, \quad s_4 = \frac{1+\mathrm{j}}{T\sqrt{2}}. \tag{3.577}$$

Die Autokorrelationsfunktion

$$\psi_{\xi\xi}(\tau;n) = \frac{1}{2\pi\mathrm{j}} \int_{-\mathrm{j}\infty}^{\mathrm{j}\infty} S_{\xi\xi}(s;n)\,\mathrm{e}^{s\tau}\,\mathrm{d}s \tag{3.578}$$

kann wieder mit Hilfe des Residuenkalküls berechnet werden. Hierzu betrachtet man unter der Voraussetzung $\tau > 0$ anstelle des Integrals in

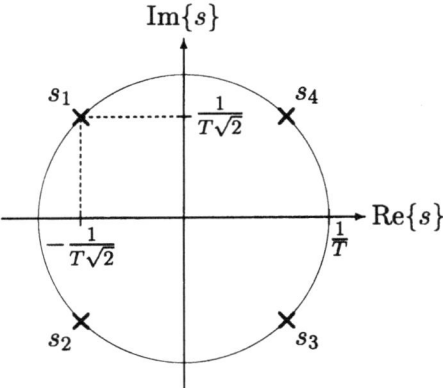

Bild 3.35: *Lage der Polstellen von $S_{\xi\xi}(s)$ für $n = 2$*

(3.578) das Integral

$$\oint S_{\xi\xi}(s;n)\,e^{s\tau}\,ds = \int_{-j\infty}^{j\infty} S_{\xi\xi}(s;n)\,e^{s\tau}\,ds + \int_{\Gamma} S_{\xi\xi}(s;n)\,e^{s\tau}\,ds \quad (3.579)$$

längs eines geschlossenen Weges um die linke Halbebene (s. Bild 3.36), das aus dem gesuchten Integral und einem weiteren längs eines fernen Halbkreises Γ besteht. Nach dem Residuensatz ist der Wert des Integrals $\oint$ durch die Residuen der eingeschlossenen n Polstellen gegeben.

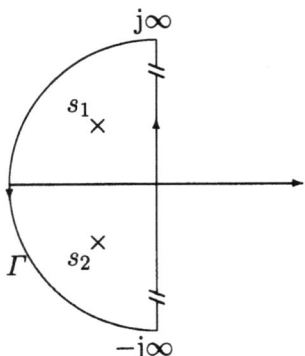

Bild 3.36: *Integrationsweg zur Berechnung des Integrals (3.579) mit Hilfe des Residuensatzes*

Da das zweite Integral $\int_{\Gamma}$ über den fernen Halbkreis nach dem *Lemma von Jordan* keinen Beitrag liefert ([Smi55]189), ist das gesuchte Integral

3.11 Spezielle Leistungsdichtespektren

also direkt durch die Residuen der Spektralen Leistungsdichte an den einfachen Polstellen bestimmt:

$$\int_{-j\infty}^{j\infty} S_{\xi\xi}(s;n)\, e^{s\tau}\, ds = 2\pi j \sum \text{Res}_{s=s_k}. \qquad (3.580)$$

Der Rechengang sei am Beispiel $n = 2$ gemäß Bild 3.36 mit den beiden Polstellen

$$s_1 = \frac{-1+j}{T\sqrt{2}} \quad \text{und} \quad s_2 = \frac{-1-j}{T\sqrt{2}} \qquad (3.581)$$

erläutert. Das Residuum einer einfachen Polstelle s_1 bzw. s_2 ergibt sich aus der allgemeinen Beziehung

$$\text{Res}_{s=s_k} = \frac{S_0\, e^{s_k \tau}}{\frac{d}{ds}[1+s^4 T^4]_{s=s_k}} = \frac{S_0\, e^{s_k \tau}}{4 s_k^3 T^4}; \qquad (3.582)$$

also

$$\begin{aligned}
\text{Res}_{s=s_1} &= \frac{S_0}{T\sqrt{2}\,(-1+j)^3}\, \exp\left(-\frac{(1-j)\tau}{T\sqrt{2}}\right) \\
&= S_0\, \frac{1-j}{4\sqrt{2}\cdot T}\, \exp\left(-\frac{(1-j)\tau}{T\sqrt{2}}\right)
\end{aligned} \qquad (3.583)$$

und

$$\begin{aligned}
\text{Res}_{s=s_2} &= \frac{S_0}{T\sqrt{2}\,(-1-j)^3}\, \exp\left(-\frac{(1+j)\tau}{T\sqrt{2}}\right) \\
&= S_0\, \frac{1+j}{4\sqrt{2}\cdot T}\, \exp\left(-\frac{(1+j)\tau}{T\sqrt{2}}\right).
\end{aligned} \qquad (3.584)$$

Setzt man (3.584) und (3.583) in (3.580) ein, so folgt

$$\begin{aligned}
\sum \text{Res}_{s=s_k} &= \frac{S_0}{4\sqrt{2}\cdot T}\, \exp\left(-\frac{\tau}{T\sqrt{2}}\right) \\
&\quad \times \left[(1-j)\exp\left(j\frac{\tau}{T\sqrt{2}}\right) + (1+j)\exp\left(-j\frac{\tau}{T\sqrt{2}}\right)\right] \\
&= \frac{S_0}{2\sqrt{2}\cdot T}\, \exp\left(-\frac{\tau}{T\sqrt{2}}\right)\left[\cos\left(\frac{\tau}{T\sqrt{2}}\right) + \sin\left(\frac{\tau}{T\sqrt{2}}\right)\right].
\end{aligned} \qquad (3.585)$$

Mit diesen Zwischenergebnissen gelangt man schließlich zur Autokorrelationsfunktion

$$\psi_{\xi\xi}(\tau;2) = \frac{S_0}{2\sqrt{2}\cdot T}\exp\left(-\frac{\tau}{T\sqrt{2}}\right)\left[\cos\left(\frac{\tau}{T\sqrt{2}}\right)+\sin\left(\frac{\tau}{T\sqrt{2}}\right)\right]$$

$$= \frac{S_0}{2T}\exp\left(-\frac{\tau}{T\sqrt{2}}\right)\cos\left(\frac{\pi}{4}-\frac{\tau}{T\sqrt{2}}\right). \tag{3.586}$$

In entsprechender Weise findet man die Autokorrelationsfunktionen $\psi_{\xi\xi}(\tau)$ für beliebige Ordnung n der BW-Typ-Spektren, und zwar für gerades n

$$\psi_{\xi\xi}(\tau;n) = \frac{S_0}{nT}\sum_{k=1}^{n/2}\exp\left[-\frac{|\tau|}{T}\cos\left(\frac{(2k-1)\pi}{2n}\right)\right] \tag{3.587}$$

$$\times \cos\left[\frac{2k-1}{2n}-\frac{|\tau|}{T}\sin\left(\frac{(2k-1)\pi}{2n}\right)\right],$$

für $n = 1$

$$\psi_{\xi\xi}(\tau;1) = \frac{S_0}{2T}\exp\left(-\frac{|\tau|}{T}\right) \tag{3.588}$$

und für ungerades $n > 1$

$$\psi_{\xi\xi}(\tau;n) = \frac{S_0}{2nT}\sin\left(\frac{\pi}{2n}\right) \tag{3.589}$$

$$\times \left\{\exp\left(-\frac{|\tau|}{T}\right)+2\sum_{k=1}^{(n-1)/2}\exp\left[-\frac{|\tau|}{T}\cos\left(\frac{k\pi}{n}\right)\right]\cos\left[\frac{k\pi}{n}-\frac{|\tau|}{T}\sin\left(\frac{k\pi}{n}\right)\right]\right\}.$$

Alle Funktionen — mit Ausnahme für $n = 1$ — verlaufen wie Bild 3.37 illustriert oszillatorisch gedämpft. Beispiele sind:

$$\psi_{\xi\xi}(\tau;1) = \frac{S_0}{2T}\exp\left(-\frac{|\tau|}{T}\right) = \frac{S_0}{2T}\rho_{\xi\xi}(\tau;1), \tag{3.590}$$

$$\psi_{\xi\xi}(\tau;2) = \frac{S_0}{2T}\exp\left(-\frac{|\tau|}{T\sqrt{2}}\right)\left[\cos\left(\frac{\pi}{4}-\frac{|\tau|}{T\sqrt{2}}\right)\right]$$

$$= \frac{S_0}{2\sqrt{2}\,T}\rho_{\xi\xi}(\tau;2), \tag{3.591}$$

3.11 Spezielle Leistungsdichtespektren

$$\psi_{\xi\xi}(\tau;3) = \frac{S_0}{12T}\left[\exp\left(-\frac{|\tau|}{T}\right) + 2\exp\left(-\frac{|\tau|}{2T}\right)\cos\left(\frac{\pi}{3} - \frac{|\tau|\sqrt{3}}{2T}\right)\right]$$

$$= \frac{S_0}{6T}\rho_{\xi\xi}(\tau;3), \tag{3.592}$$

wobei sich die normierten Autokorrelationsfunktionen jeweils durch Division von $\psi_{\xi\xi}(\tau;n)$ durch die rechts stehenden Faktoren von $\rho_{\xi\xi}(\tau;n)$ ergeben.

3.11.5 Bandpaß-Typ

Aus zwei Leistungsdichtespektren

$$S_{\xi\xi_1}(\omega) = \frac{1}{1+(\omega T_1)^{2n}} \quad \text{und} \quad S_{\xi\xi_2}(\omega) = \frac{1}{1+(\omega T_2)^{2n}}, \quad T_2 > T_1, \tag{3.593}$$

vom BW-Typ lassen sich durch Differenzbildung Leistungsdichtespektren gewinnen, die nur in einem mittleren, durch T_1 und T_2 bestimmten

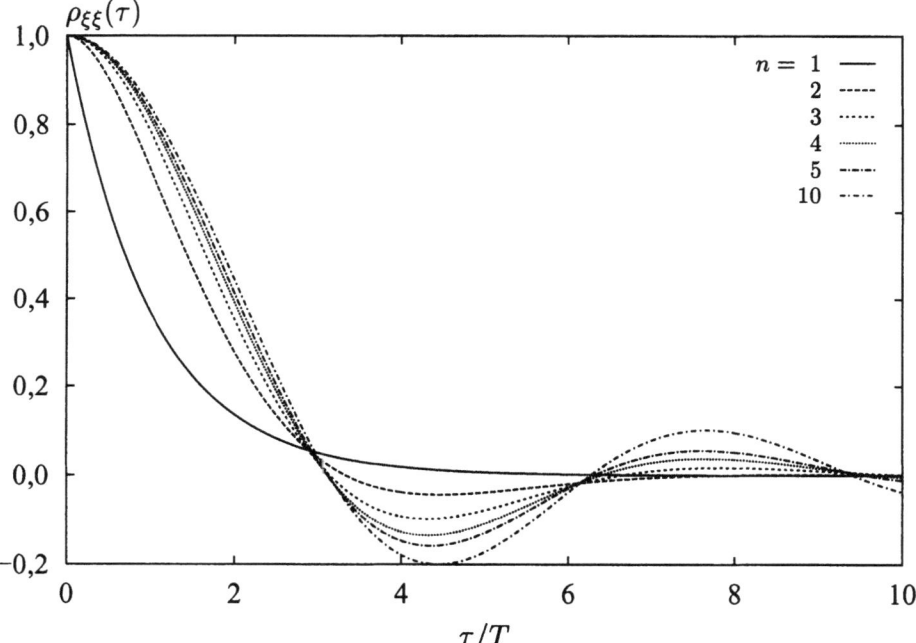

Bild 3.37: *Normierte BW-Typ-Autokorrelationsfunktionen ($\tau > 0$)*

Frequenzbereich wesentliche Anteile aufweisen:

$$S_{\xi\xi}(\omega) = \frac{1}{1-\left(\frac{T_1}{T_2}\right)^{2n}} \left[S_{\xi\xi_1}(\omega) - S_{\xi\xi_2}(\omega)\right]. \qquad (3.594)$$

In Bild 3.38 sind mehrere Beispiele derartiger Leistungsdichteverläufe für $\omega > 0$ dargestellt. Die zugehörigen Autokorrelationsfunktionen ergeben sich ihrerseits durch Differenzbildung der entsprechenden Autokorrelationsfunktionen der Teilspektren.

3.11 Spezielle Leistungsdichtespektren

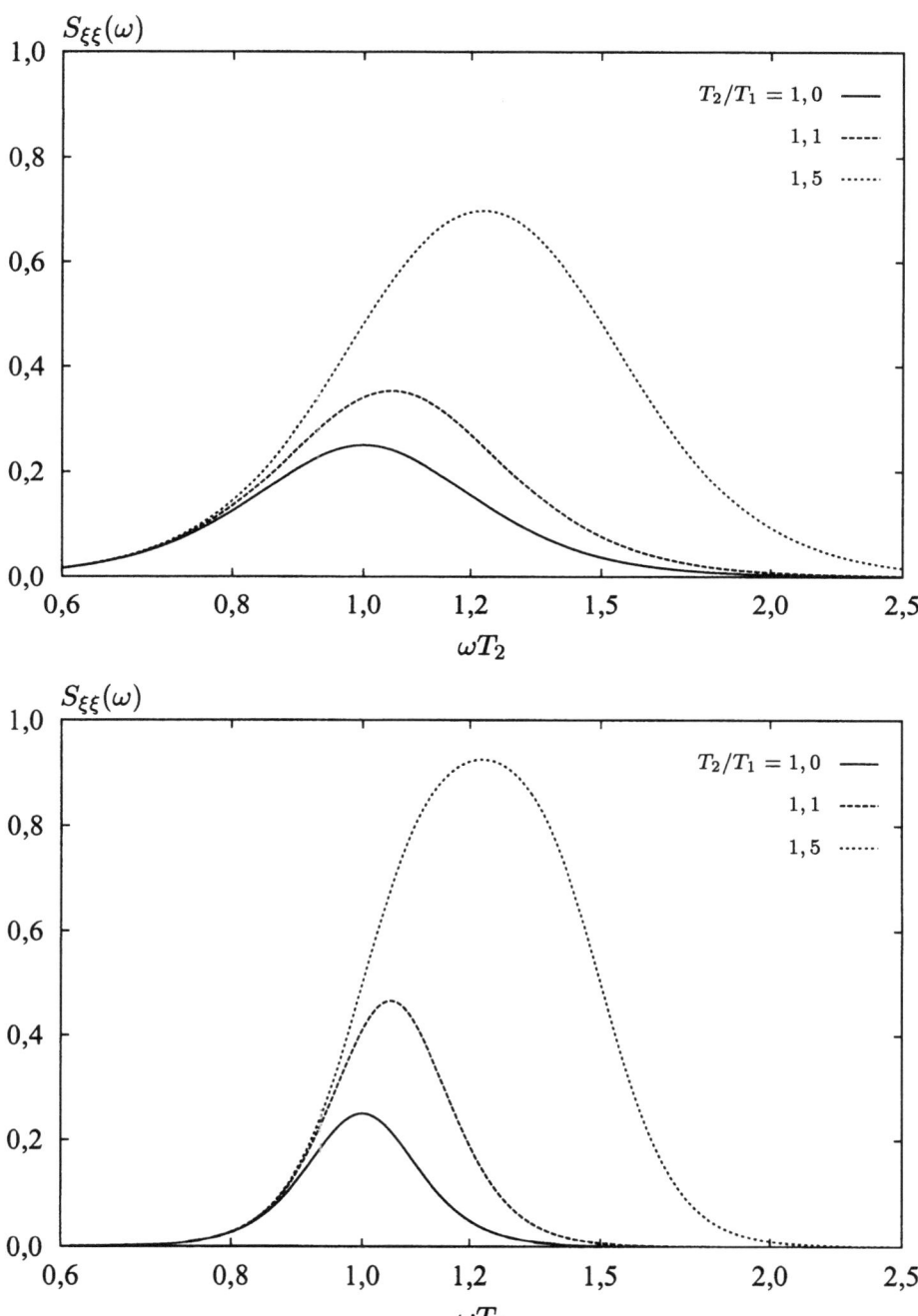

Bild 3.38: *Bandpaß-Leistungsdichtespektren für $n = 4$ (oberes Bild) und $n = 8$ (unteres Bild)*

4 Diskretisierung kontinuierlicher Signale

Kontinuierliche Signale werden heute häufig in digitalisierter Form verarbeitet. Das setzt voraus, daß das ursprüngliche Signal durch eine Folge natürlicher Zahlen dargestellt wird. Die Umwandlung des kontinuierlichen Signals in eine Zahlenfolge geschieht in zwei Schritten, indem die Signalfunktion $x(t)$ durch — in der Regel — äquidistante Stützstellen $x(t_i)$ zu gewissen Zeitpunkten t_i ersetzt wird und die Stützstellenwerte, die im allgemeinen einem kontinuierlichen Wertevorrat angehören, durch diskrete — abzählbare — Zahlenwerte approximiert werden. Beim ersten Schritt, der zeitlichen Diskretisierung, spricht man auch von einer *Abtastung* der Funktion $x(t)$, während der zweite Schritt, die wertmäßige Diskretisierung der Stützstellen $x(t_i)$, als *Quantisierung* bezeichnet wird. In 4.1 und 4.2 sollen zunächst die Verfahren der Abtastung besprochen werden. Neben der zeitlichen Abtastung wird auch eine Abtastung im Frequenzbereich betrachtet, die eine diskrete Verarbeitung des Signalspektrums ermöglicht. Anschließend wird in 4.3 und 4.4 auf die Diskretisierung der Abtastwerte, die Quantisierung, eingegangen. Je nachdem ob hierbei jeder Abtastwert einzeln oder jeweils mehrere aufeinanderfolgende Abtastwerte gemeinsam quantisiert werden, spricht man von skalarer oder vektorieller Quantisierung.

4.1 Abtastung im Zeitbereich

Für die folgende Betrachtung sei der in der Praxis häufig vorkommende Fall angenommen, daß das Signal $x(t)$ ein Spektrum $X(\omega)$ besitzt, das für Frequenzen ω oberhalb der Frequenz ω_g verschwindet, also „Tiefpaßcharakter" besitzt (s. Bild 4.1). Das bedeutet keine Einschränkung. Liegt ein Signal lediglich mit einem „Bandpaßspektrum" vor, so muß das Signal vor der Abtastung ins „Basisband" (s. 2.4.3) transponiert werden.

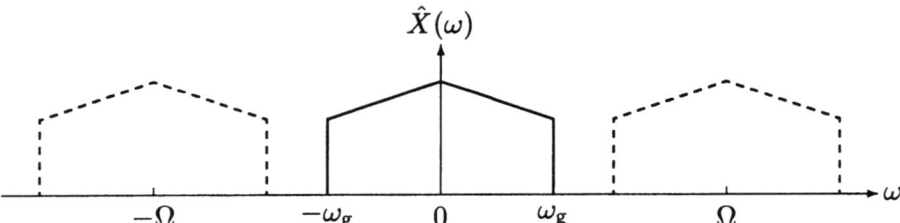

Bild 4.1: *Schematische Darstellung eines frequenzbegrenzten Spektrums $X(\omega)$ (—) und dessen periodischer Fortsetzung $\hat{X}(\omega)$ (- -)*

Dann erhält man für $x(t)$ die Darstellung

$$x(t) = \frac{1}{2\pi} \int_{-\infty}^{\infty} X(\omega) \, e^{j\omega t} d\omega = \frac{1}{2\pi} \int_{-\omega_g}^{\omega_g} X(\omega) \, e^{j\omega t} d\omega. \qquad (4.1)$$

Am Anfang der weiteren Überlegungen steht der Ansatz, daß das Signalspektrum nur im Intervall $-\omega_g \leq \omega \leq \omega_g$ existiert und sich dort auch nicht ändert, wenn es periodisch mit der „Frequenzperiode" $\Omega \geq 2\omega_g$ fortgesetzt wird. Das periodisch fortgesetzte, in Bild 4.1 veranschaulichte Spektrum $\hat{X}(\omega)$ läßt sich durch eine Fourierreihe

$$\hat{X}(\omega) = \sum_{-\infty}^{\infty} x_{-n} \, e^{-jn\omega t_0} \qquad (4.2)$$

mit den Fourier-Koeffizienten

$$x_{-n} = \frac{1}{\Omega} \int_{-\omega_g}^{\omega_g} X(\omega) \, e^{jn\omega t_0} d\omega \qquad (4.3)$$

und dem „Grundzeitintervall"

$$t_0 = \frac{2\pi}{\Omega} \qquad (4.4)$$

darstellen. Da $\hat{X}(\omega)$ nach (4.2) im Intervall $-\omega_g \leq \omega \leq \omega_g$ mit dem Spektrum $X(\omega)$ des Signals $x(t)$ übereinstimmt, können wir in (4.1) $X(\omega)$ durch $\hat{X}(\omega)$ ersetzen und erhalten

$$x(t) = \frac{1}{2\pi} \int_{-\omega_g}^{\omega_g} \sum_{n=-\infty}^{\infty} x_{-n} \, e^{-j\omega(nt_0 - t)} d\omega. \qquad (4.5)$$

4.1 Abtastung im Zeitbereich

Nach Vertauschen von Integration und Summation folgt

$$x(t) = \frac{1}{2\pi} \sum_{n=-\infty}^{\infty} x_{-n} \frac{e^{j\omega_g(t-nt_0)} - e^{-j\omega_g(t-nt_0)}}{j(t-nt_0)}$$

$$= \frac{\omega_g}{\pi} \sum_{n=-\infty}^{\infty} x_{-n} \operatorname{si}\left[\omega_g(t-nt_0)\right] \qquad (4.6)$$

Der Vergleich von (4.1) mit (4.3) liefert den Zusammenhang

$$x(nt_0) = \frac{\Omega}{2\pi} x_{-n} = \frac{x_{-n}}{t_0}. \qquad (4.7)$$

Mit (4.7) nimmt (4.6) die Gestalt

$$x(t) = \frac{2\omega_g}{\Omega} \sum_{n=-\infty}^{\infty} x(nt_0) \operatorname{si}\left[\omega_g(t-nt_0)\right] \qquad (4.8)$$

an. Die Darstellung (4.8) für $x(t)$ enthält die wichtige als Abtastsatz bekannte Aussage, daß ein Signal $x(t)$ mit bandbegrenztem Spektrum allein durch seine Funktionswerte $x(nt_0)$, an den diskreten Zeitpunkten nt_0 mit $n = 0, \pm 1, \pm 2, \ldots$, vollständig bestimmt wird. $x(t)$ erscheint als Überlagerung zeitlich verschobener Spaltfunktionen, die mit den Gewichten $x(nt_0)$ versehen sind. Da die Spaltfunktion rasch abnimmt, wird die Signalfunktion an einem bestimmten Zeitpunkt im wesentlichen von den benachbarten Abtastwerten bestimmt.

Die Gültigkeit der Beziehung (4.8) setzt voraus, daß $\Omega \geq 2\omega_g$ ist, damit sich die Spektren von $X(\omega)$ und $\hat{X}(\omega)$ nicht überlappen. Je kleiner Ω gewählt wird, umso größer ist t_0, umso weniger Abtastwerte werden zur Darstellung der Signalfunktion benötigt. Die geringste Anzahl von Abtastwerten und damit die aufwandsgünstigste Darstellung von $x(t)$ wird für $\Omega = 2\omega_g$ erreicht. Dann erhält man

$$x(t) = \sum_{n=-\infty}^{\infty} x(nt_0) \operatorname{si}\left[\omega_g(t-nt_0)\right]. \qquad (4.9)$$

Schließlich können wir noch das Spektrum $X(\omega)$ selbst, das im Intervall $-\omega_g \leq \omega \leq \omega_g$ per definitionem mit $\hat{X}(\omega)$ nach (4.2) identisch ist, mit Hilfe von (4.7) in der Form

$$X(\omega) = t_0 \sum_{n=-\infty}^{\infty} x(nt_0) e^{-jn\omega t_0} \qquad (4.10)$$

darstellen. Diese Darstellung zeigt, daß auch das Spektrum vollständig durch die Abtastwerte der Zeitfunktion bestimmt ist.

Das beschriebene Abtastverfahren liefert nicht nur die Zeitdiskretisierung eines Signals, sondern bietet auch die Möglichkeit der Mehrfachausnutzung eines Übertragungskanals durch zeitlich gestaffelte Abtastfolgen verschiedener Signale.

4.2 Abtastung im Frequenzbereich

Ebenso wie die Folge der Abtastwerte $x(t_i)$ die Signalfunktion $x(t)$ vollständig bestimmt, sofern ihr Amplitudenspektrum frequenzbegrenzt ist, muß wegen der eindeutigen Umkehrbarkeit der Fourier-Transformation das Amplitudenspektrum einer zeitlich begrenzten Signalfunktion $x(t)$ durch die Folge spektraler Abtastwerte eindeutig festgelegt sein. Diese Feststellung, die als *Abtastsatz im Frequenzbereich* bezeichnet wird, soll nun quantitativ formuliert werden.

Sei also, wie in Bild 4.2 veranschaulicht, $x(t)$ ein zweiseitig zeitlich begrenztes Signal, das außerhalb des gegebenen Intervalls $-\vartheta/2 \leq 0 \leq \vartheta/2$ identisch Null ist. Seine Fourierdarstellung

$$x(t) = \frac{1}{2\pi} \int\limits_{-\infty}^{\infty} X(\omega) \, e^{j\omega t} d\omega \qquad (4.11)$$

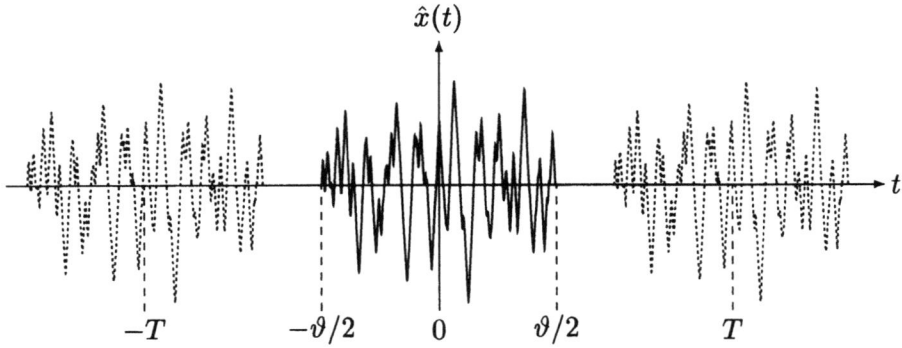

Bild 4.2: *Zeitlich begrenztes Signal $x(t)$ (—) und dessen periodische Fortsetzung $\hat{x}(t)$ (- -)*

4.2 Abtastung im Frequenzbereich

wird dann durch das Amplitudenspektrum

$$X(\omega) = \int_{-\vartheta/2}^{\vartheta/2} x(t)\,e^{-j\omega t} dt \qquad (4.12)$$

bestimmt.

Der Verlauf des Signals im betrachteten Zeitintervall bleibt unverändert, wenn wir das Signal außerhalb dieses Intervalls periodisch mit der Periode $T \geq \vartheta$ fortsetzen. Wie in Kapitel 2 am Beispiel eines Rechteckimpulses und der zugehörigen Rechteckimpulsfolge erläutert wurde, geht dabei das kontinuierliche Amplitudendichtespektrum der zeitlich begrenzten Signalfunktion $x(t)$ in eine diskrete Folge von Spektrallinien des durch die periodische Fortsetzung entstehenden Signals $\hat{x}(t)$ über, die umso dichter liegen, je größer die Periodendauer der Impulsfolge gewählt wird. Der größtmögliche Abstand wird erreicht, wenn die Periodendauer T gleich der Intervallbreite ϑ wird. Das Signal $x(t)$ im Intervall $-\vartheta/2 \leq t \leq \vartheta/2$ kann daher auch durch die Fourierreihe des periodisch fortgesetzten Signals

$$\hat{x}(t) = \sum_{n=-\infty}^{\infty} X_n\,e^{jn\omega_0 t} \qquad (4.13)$$

mit den Fourier-Koeffizienten

$$X_n = \frac{1}{T} \int_{-\vartheta/2}^{\vartheta/2} x(t)\,e^{-jn\omega_0 t} dt \qquad (4.14)$$

dargestellt werden. $\omega_0 = 2\pi/T$ bezeichnet die durch die Periodendauer T festgelegte Grundfrequenz. Vergleicht man nun (4.12) mit (4.14), so erkennt man die schon zuvor am Beispiel des Rechtecksignals gefundene Beziehung

$$X(n\omega_0) = T \cdot X_n \qquad (4.15)$$

wieder. Die Amplitudendichte des begrenzten Zeitvorgangs stimmt also an den spektralen Stützstellen $X(n\omega_0)$ mit den mit der Periodenlänge T multiplizierten Amplituden X_n überein.

Da $x(t)$ im Intervall $-\vartheta/2 \leq t \leq \vartheta/2$ auch durch die Fourierreihe $\hat{x}(t)$ (4.13) dargestellt werden kann, können wir für die Amplitudendichte

$X(\omega)$ (4.12) von $x(t)$

$$X(\omega) = \int_{-\vartheta/2}^{\vartheta/2} x(t)\,\mathrm{e}^{-\mathrm{j}\omega t}\mathrm{d}t = \int_{-\vartheta/2}^{\vartheta/2} \sum_{n=-\infty}^{\infty} X_n\,\mathrm{e}^{\mathrm{j}(n\omega_0-\omega)t}\mathrm{d}t \qquad (4.16)$$

und mit der Relation (4.15)

$$X(\omega) = \int_{-\vartheta/2}^{\vartheta/2} \sum_{n=-\infty}^{\infty} \frac{1}{T} X(n\omega_0)\,\mathrm{e}^{\mathrm{j}(n\omega_0-\omega)t}\mathrm{d}t \qquad (4.17)$$

schreiben. Vertauscht man die Reihenfolge von Integration und Summation — da die Reihe gleichmäßig konvergiert, darf man gliedweise integrieren —, so geht (4.17) in die Form

$$\begin{aligned}X(\omega) &= \frac{1}{T}\sum_{n=-\infty}^{\infty} X(n\omega_0) \int_{-\vartheta/2}^{\vartheta/2} \mathrm{e}^{\mathrm{j}(n\omega_0-\omega)t}\mathrm{d}t \\ &= \frac{1}{T}\sum_{n=-\infty}^{\infty} X(n\omega_0) \frac{\mathrm{e}^{\mathrm{j}(n\omega_0-\omega)\vartheta/2}-\mathrm{e}^{-\mathrm{j}(n\omega_0-\omega)\vartheta/2}}{\mathrm{j}(n\omega_0-\omega)} \qquad (4.18)\\ &= \frac{\vartheta}{T}\sum_{n=-\infty}^{\infty} X(n\omega_0)\,\mathrm{si}\left((n\omega_0-\omega)\frac{\vartheta}{2}\right)\end{aligned}$$

über.

Wählt man den größtmöglichen Wert $\vartheta = T$, so erhält man

$$X(\omega) = \sum_{n=-\infty}^{\infty} X(n\omega_0)\,\mathrm{si}\left(n\pi - \frac{\omega\vartheta}{2}\right). \qquad (4.19)$$

Das Spektrum $X(\omega)$ eines zeitlich begrenzten Signals der Dauer ϑ wird vollständig durch die Werte des Spektrums bei den diskreten Frequenzen $\omega = n\cdot 2\pi/\vartheta$ bestimmt. Da die Spaltfunktion eine rasch abklingende Funktion ist, tragen zu einem bestimmten Amplitudendichtewert praktisch nur endlich viele benachbarte Abtastfrequenzwerte bei.

Schließlich sei noch gezeigt, daß auch $x(t)$ allein durch die spektralen Abtastwerte $X(n\omega_0)$ festgelegt ist. Setzt man nämlich (4.15) in (4.13) ein, so folgt unmittelbar

$$\hat{x}(t) = \sum_{n=-\infty}^{\infty} \frac{1}{T} X(n\omega_0) e^{jn\omega_0 t}. \qquad (4.20)$$

Da $\hat{x}(t)$ im Intervall $-\vartheta/2 \leq t \leq \vartheta/2$ mit $x(t)$ übereinstimmt, gilt die Darstellung (4.20) auch für die Signalfunktion $x(t)$.[1] Damit ist gezeigt, daß ein zeitlich beidseitig begrenztes Signal $x(t)$ allein aus den Stützstellen seines Spektrums an den Stellen $n\omega_0$, $n = 0, \pm 1, \pm 2, \ldots$, rekonstruiert werden kann.

Will man das Signal $x(t)$ wieder als zeitbegrenztes Signal zurückgewinnen, muß man den Funktionsverlauf außerhalb des Intervalls $-\vartheta/2 \leq t \leq \vartheta/2$ durch „Zeitfilterung" ausblenden.

Vom Standpunkt der Signalübertragung spart man bei dieser Art der Signalverarbeitung an Frequenzbandbreite, da nur diskrete Frequenzwerte übertragen werden. Diesem Vorteil steht der Aufwand der periodischen Signalwiederholung und die zeitliche Ausblendung des ursprünglichen Signalzeitbereichs gegenüber.

4.3 Skalare Quantisierung

Hier soll zunächst die Wertdiskretisierung der einzelnen Abtastwerte eines kontinuierlichen Signals — oder der Werte einer von vornherein diskreten Nachrichtenfolge — ohne Berücksichtigung der im allgemeinen zwischen den Abtastwerten bestehenden Abhängigkeiten, also die skalare Quantisierung, besprochen werden.

Zur Quantisierung eines Abtastwertes $x(t_i)$ wird, wie Bild 4.3 veranschaulicht, der Wertebereich $-\infty \leq x \leq \infty$ in Teilintervalle $I_k = [z_{k-1}, z_k]$, $k = 1, \ldots, N$, mit den Intervallgrenzen $z_0 = -\infty$, z_1, $z_2, \ldots, z_{N-1}$, $z_N = \infty$ unterteilt, und es wird jeder einzelne Wert $x(t_i)$ in ein ihm entsprechendes Teilintervall I_k eingeordnet. Mit der Einordnung in I_k erfolgt die Zuweisung eines vorher festgelegten Wertes $y_k \in I_k$, der alle in I_k fallenden Werte $x(t_i)$ repräsentiert. Eine wertkontinuierliche Nachrichtenfolge $\{x(t_i)\}$ wird dann auf eine wertdiskrete Folge $\{y_k(t_i)\}$

---

[1] Außerhalb des Intervalls $-\vartheta/2 \leq t \leq \vartheta/2$ beschreibt $\hat{x}(t)$ das Signal $x(t)$ natürlich nicht.

abgebildet. Die Intervallgrenzen z_k, die auch als *Übergangswerte* bezeichnet werden, und die *Zuweisungswerte* y_k werden aufgrund der Signaleigenschaften und spezieller Optimierungskriterien bestimmt.

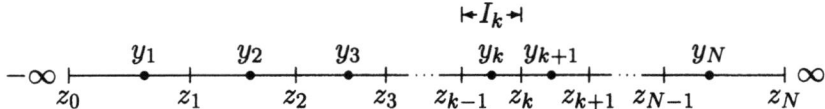

Bild 4.3: *Skalare Quantisierung*

Die einfachste Art der Wahl von Übergangs- und Zuweisungswerten erfolgt bei der linearen oder *gleichförmigen Quantisierung*. Man teilt den auf ein endliches Intervall $-V \leq x \leq V$ begrenzten Wertebereich in N Intervalle der gleichen Breite Δx und wählt als Zuweisungswerte

$$y_k = \frac{z_{k-1} + z_k}{2}, \qquad (4.21)$$

das arithmetische Mittel der jeweiligen Intervallgrenzen (s. Bild 4.4). Die Signaleigenschaften werden bei dieser gleichförmigen Quantisierung außer acht gelassen und $p_\xi(x) = 1/(2V)$ als konstant angesehen. Die Intervallbreite ergibt sich aus der Beziehung

$$2V = N \cdot \Delta x. \qquad (4.22)$$

Dieses Verfahren ist nicht optimal, da andere Verfahren bei gleicher Genauigkeit mit einer geringeren Datenmenge, die allgemein in Bit pro Signalwert gemessen wird, auskommen.

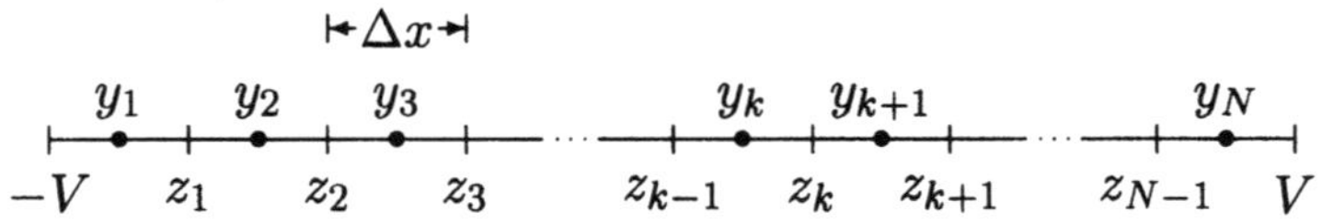

Bild 4.4: *Gleichförmige Quantisierung*

Das von Max [Max60] vorgeschlagene Optimierungsverfahren — die *Optimalquantisierung* — bezieht die Verteilungsdichte der Signalwerte in die Optimierung mit ein. Es beruht auf der Minimierung des bei der Zuordnung der Signalwerte x zu den Zuweisungswerten y_k im Mittel entstehenden quadratischen Fehlers $(x - y_k)^2$.

4.3 Skalare Quantisierung

Legt man dieses Fehlermaß zugrunde, so errechnet sich der mittlere quadratische Quantisierungsfehler Q einer Signalfolge $\{x(t_i)\}$ aus der Summe der mittleren quadratischen Fehler in den betrachteten N Quantisierungsintervallen:

$$Q = \sum_{k=1}^{N} \int_{z_{k-1}}^{z_k} (x - y_k)^2 \, p_\xi(x) \, \mathrm{d}x. \tag{4.23}$$

Q ist allgemein eine Funktion von z_k und y_k — wie aus (4.23) ersichtlich ist — und hängt überdies von der Verteilungsdichte $p_\xi(x)$ sowie von der gewählten Anzahl N der Quantisierungsintervalle ab. $p_\xi(x)$ und N werden für die Lösung des Optimierungsproblems als fest vorgegeben angesehen. Notwendige Bedingungen dafür, daß $Q(z_k, y_k)$ ein Minimum annimmt, sind die Forderungen

$$\frac{\partial Q}{\partial z_k} = \frac{\partial Q}{\partial y_k} = 0 \tag{4.24}$$

für alle k. Diese Forderungen führen zu den Beziehungen

$$\frac{\partial Q}{\partial z_k} = \left[(z_k - y_{k-1})^2 - (z_k - y_k)^2 \right] p_\xi(z_k) = 0, \qquad k = 1, \ldots, N-1 \tag{4.25}$$

und

$$\frac{\partial Q}{\partial y_k} = -2 \int_{z_{k-1}}^{z_k} (x - y_k) \, p_\xi(x) \, \mathrm{d}x = 0, \qquad k = 1, \ldots, N. \tag{4.26}$$

Sie bestimmen ein Minimum von Q, da die zweiten partiellen Ableitungen positiv sind. Aus (4.25) erhält man

$$z_k = \frac{y_{k+1}^2 - y_k^2}{2(y_{k+1} - y_k)} = \frac{y_{k+1} + y_k}{2}, \qquad k = 1, \ldots, N-1, \tag{4.27}$$

die Übergangswerte z_k sind also als arithmetisches Mittel der benachbarten Zuweisungswerte y_k zu wählen. Die Festlegung (4.26) liefert

$$y_k = \frac{\int_{z_{k-1}}^{z_k} x \, p_\xi(x) \, \mathrm{d}x}{\int_{z_{k-1}}^{z_k} p_\xi(x) \, \mathrm{d}x}, \qquad k = 1, \ldots, N. \tag{4.28}$$

Die Zuweisungswerte y_k bestimmen sich jeweils als Mittelwerte der Signalwerte im Intervall bezogen auf die Wahrscheinlichkeit

$$P_k = \int_{z_{k-1}}^{z_k} p_\xi(x)\,\mathrm{d}x \qquad (4.29)$$

dafür, einen Signalwert x in I_k anzutreffen. Die $2N-1$ Gleichungen (4.27) und (4.28) legen die N Zuweisungswerte y_k und die $N-1$ Intervallgrenzen z_k eindeutig fest. Die Realisierung des Verfahrens bezeichnet man als *Optimal-* oder *Max-Quantisierer*. Da die Gleichungen für die Werte z_k und y_k gekoppelt sind, ist eine geschlossene Lösung nur für spezielle Funktionen $p_\xi(x)$ und für den Spezialfall $N=2$ bei beliebigen geraden Funktionen möglich, so daß man im allgemeinen auf numerische Lösungen angewiesen ist. Ein besonders einfacher Fall liegt vor, wenn bei endlichem Wertebereich die Signalwerte bei konstanter Dichte gleichverteilt sind. Dann kürzt sich in (4.28) $p_\xi(x)$ heraus und man erhält die Lösung $y_k = (z_{k-1} + z_k)/2$, also die gleichförmige Quantisierung.

Den mittleren quadratischen Quantisierungsfehler Q bezeichnet man auch als Quantisierungsfehlerleistung. Ist

$$P_x = \int_{-\infty}^{\infty} x^2 p_\xi(x)\,\mathrm{d}x \qquad (4.30)$$

die Leistung des Signals $x(t)$ und

$$P_y = \sum_{k=1}^{N} y_k^2 P_k \qquad (4.31)$$

die Leistung des quantisierten Signals y_k, so läßt sich die Quantisierungsfehlerleistung in der Form

$$Q = P_x + P_y - 2 \sum_{k=1}^{N} y_k \int_{z_{k-1}}^{z_k} x\, p_\xi(x)\,\mathrm{d}x \qquad (4.32)$$

schreiben. Die Quantisierungsfehlerleistung ist gleich der Differenz zwischen den Leistungen von Signal und quantisiertem Signal, wenn

$$\sum_{k=1}^{N} y_k \int_{z_{k-1}}^{z_k} x\, p_\xi(x)\,\mathrm{d}x = P_y \qquad (4.33)$$

4.3 Skalare Quantisierung

gilt. Eine hinreichende Bedingung für die Gültigkeit dieser Gleichung ist

$$y_k P_k = \int_{z_{k-1}}^{z_k} x\, p_\xi(x)\, \mathrm{d}x, \qquad (4.34)$$

was sich nach Einsetzen von (4.34) in (4.33) ergibt. Da (4.34) mit der Quantisierungsbedingung (4.28) identisch ist, gilt also

$$Q = P_x - P_y. \qquad (4.35)$$

Liest man (4.35) in der Form

$$P_x = P_y + Q, \qquad (4.36)$$

so erkennt man, daß die Signalleistung gleich der Summe aus den Leistungen des quantisierten Signals und des Quantisierungsfehlers ist. Dieser Sachverhalt entspricht der Darstellung

$$x = y + e \qquad (4.37)$$

des Signals x durch die Summe aus quantisiertem Signal y und dem mit y nicht korrelierten Fehler e.

Die Quantisierungsfehlerleistung läßt sich in der Regel nur numerisch bestimmen. Sie kann jedoch durch eine Näherung, die Panter und Dite angegeben haben [Pan51] abgeschätzt werden. Für große N — bei den hier betrachteten symmetrischen Dichten für $N \geq 32$ ([Jay84]137) — gilt

$$Q = \frac{2}{3N^2} \left[\int_0^\infty \sqrt[3]{p_\xi(x)}\, \mathrm{d}x \right]^3. \qquad (4.38)$$

Eine geschlossene Lösung für Q existiert für die gleichförmige Quantisierung. Aus (4.23) folgt mit (4.21) direkt

$$\begin{aligned}
Q &= \frac{1}{2V} \sum_{k=1}^N \int_{z_k}^{z_{k+1}} (x - y_k)^2\, \mathrm{d}x = \frac{1}{2V} \sum_{k=1}^N \frac{1}{3} \left[(z_{k+1} - y_k)^3 - (z_k - y_k)^3 \right] \\
&= \frac{1}{6V} \sum_{k=1}^N \left[\left(\frac{z_{k+1} - z_k}{2} \right)^3 - \left(\frac{z_k - z_{k+1}}{2} \right)^3 \right] \qquad (4.39) \\
&= \frac{1}{6V} \sum_{k=1}^N \left[\frac{(\Delta x)^3}{8} + \frac{(\Delta x)^3}{8} \right] = \frac{1}{24V} \sum_{k=1}^N (\Delta x)^3.
\end{aligned}$$

Setzt man noch $2V = N \cdot \Delta x$ ein, so erhält man das einfache Ergebnis

$$Q = \frac{(\Delta x)^2}{12}. \qquad (4.40)$$

Bei numerischer, iterativer Berechnung von Q für symmetrische Dichtefunktionen geht man meistens von der Annahme aus, daß die Zuweisungswerte auch symmetrisch vom Nullpunkt angeordnet sind, der Nullpunkt also ein Übergangswert ist. Bei im Nullpunkt singulären Dichten wie der $\Gamma(|x|)$-Funktion und der $K_0(|x|)$-Funktion führt diese Annahme zu nicht optimalen Ergebnissen. In Tabelle 4.1 sind die Werte von z_k und y_k bei zwei- und vierstufiger symmetrischer und unsymmetrischer Optimalquantisierung für K_0- und Γ-verteilte Signale — zusammen mit den entsprechenden SNR-Werten nach (4.41) — gegenübergestellt.

Tabelle 4.1: Übergangswerte z_k und Zuweisungswerte y_k N-stufiger Max-Quantisierer

		symmetrisch		nicht symmetrisch	
		K_0	Γ	K_0	Γ
$N = 2$	z_1	0	0	0,41	0,62
	y_1	−0,64	−0,58	−0,36	−0,27
	y_2	0,64	0,58	1,19	1,51
	SNR in dB	2,26	1,76	2,43	2,22
$N = 4$	z_1	−1,21	−1,27	−1,00	−1,04
	z_2	0	0	0,28	0,40
	z_3	1,21	1,27	1,59	1,89
	y_1	−2,06	−2,22	−1,84	−1,98
	y_2	−0,37	−0,31	−0,17	−0,11
	y_3	0,37	0,31	0,72	0,90
	y_4	2,06	2,22	2,45	2,88
	SNR in dB	6,78	6,35	6,89	6,71

Die Leistungsfähigkeit eines Quantisierers wird allgemein auch durch den Ausdruck

$$\text{SNR} = 10 \log_{10}\left(\frac{P_x}{Q}\right) \text{ dB}, \qquad (4.41)$$

4.3 Skalare Quantisierung

das logarithmierte Verhältnis von Signalleistung und Quantisierungsfehlerleistung, angegeben.

Tabelle 4.2 zeigt SNR-Werte von Signalen mit verschiedenen Verteilungsdichten bei optimaler N-stufiger Quantisierung. In Kursivschrift sind die Näherungen nach (4.38) vermerkt. Für große N nimmt der SNR-Wert um etwa 6 dB bei Verdopplung der Stufenzahl N zu.

Tabelle 4.2: *SNR-Werte bei optimaler N-stufiger Quantisierung*

N	K_0	Γ	Laplace	Gauss
2	2,26	1,76	3,01	4,40
	−1,22	*−1,48*	*−0,51*	*1,67*
4	6,78	6,35	7,54	9,30
	4,80	*4,54*	*5,51*	*7,69*
8	11,89	11,52	12,64	14,62
	10,82	*10,56*	*11,53*	*13,72*
16	17,40	17,08	18,13	20,22
	16,84	*16,58*	*17,55*	*19,74*
32	23,15	22,85	23,87	26,01
	22,86	*22,60*	*23,57*	*25,76*
64	29,03	28,75	29,74	31,91
	28,88	*28,62*	*29,59*	*31,78*
128	34,98	34,71	35,69	37,87
	34,90	*34,65*	*35,61*	*37,80*
256	40,96	40,70	41,67	43,85
	40,93	*40,67*	*41,63*	*43,82*
512	46,96	46,70	47,67	49,86
	46,95	*46,69*	*47,65*	*49,84*

Die in der Praxis vorkommenden Signale besitzen stets endliche Wertebereiche, da reale Signalquellen keine beliebig großen Werte erzeugen oder der Wertebereich wegen der endlichen Dynamik der Übertragungssysteme künstlich beschränkt wird. Daher ist es sinnvoll, für die Optimierung eines Quantisierers die Verteilungsdichten der Signale ebenfalls zu begrenzen, so daß die N Quantisierungsintervalle nur auf diesen eingeschränkten Bereich konzentriert werden.

Dies kann auf zwei verschiedene Arten geschehen: Entweder man „schneidet" die Verteilungsdichte bei einem gewissen Wert V bzw. $-V$ derart ab, daß die Normierung auf Eins und die Varianz erhalten bleiben, oder man „rundet" bei V bzw. $-V$, d. h. alle Werte $x > V$ werden zu V bzw. alle Werte $x < -V$ werden zu $-V$ gerechnet, wiederum bei Erhaltung von Normierung und Varianz. Im ersten Fall wird die Dichte $p_\xi(x;\sigma)$, die die Varianz σ^2 besitzt, durch die Dichte

$$p_\xi(x;1) = \begin{cases} \gamma \cdot p_\xi(x;\sigma) & \text{für} \quad |x| \leq V, \\ 0 & \text{für} \quad |x| > V \end{cases} \qquad (4.42)$$

ersetzt. γ ist ein Faktor zur Normierung der „abgeschnittenen Dichte" auf die Varianz Eins.

Die zweite Möglichkeit eine Verteilungsdichte zu beschränken, ist durch die Charakteristik

$$z(x) = \begin{cases} V & \text{für} \quad x > V, \\ x & \text{für} \quad |x| \leq V, \\ -V & \text{für} \quad x < -V \end{cases} \qquad (4.43)$$

gegeben, d. h. alle Signalwerte, die größer als der Maximalwert sind, werden in der Verteilung wie der Maximalwert berücksichtigt. Entsprechend wird mit Signalwerten verfahren, die kleiner als der Minimalwert sind. Die Verteilungsdichte eines solchen begrenzten Signals nimmt dann mit der verallgemeinerten Funktion $\delta(x)$ die Form

$$\hat{p}_\xi(x;1) = \begin{cases} p_\xi(x;\sigma) + C \int\limits_{-\infty}^{\infty} \delta(x-V)\,\mathrm{d}x & \text{für } |x| \leq V, \\ 0 & \text{sonst} \end{cases} \qquad (4.44)$$

an. Der Faktor C und die Varianz σ^2 werden wieder so gewählt, daß die Verteilungsdichte und die Signalleistung auf Eins normiert sind.

Beide Verfahren führen zu einer Erhöhung der SNR-Werte für die in Tabelle 4.2 zusammengestellten Fälle — mit Ausnahme der Gaußdichte — um bis zu 2 dB.

Bei der bisher besprochenen Quantisierung benutzte man als Optimierungskriterium das Minimum des mittleren quadratischen Fehlers. Häufig ist jedoch — wie bei Sprachsignalen — der minimale mittlere quadratische Fehler kein geeignetes Maß, da Fehler, die bei kleinen Signalwerten auftreten, störender sind als gleich große Fehler bei großen

4.3 Skalare Quantisierung

Signalwerten. Daraus ergibt sich die Forderung, das Verhältnis von Signalwert x zu Quantisierungsfehler e im gesamten übertragenen Wertebereich konstant zu halten. Dies kann man durch eine nichtlineare Verzerrung des Signals, die als Kompression bezeichnet wird, mit einer logarithmischen Kennlinie $y = g(x)$ erreichen, so daß kleine Signalwerte feiner quantisiert werden als große. In heute standardisierten PCM-Sprachübertragungssystemen wird eine sogenannte *A-Kennlinie* verwendet. $g(x)$ ist dann durch die Bedingungen

$$g(x) = \begin{cases} -\dfrac{1 + \ln(A|x|)}{1 + \ln A} & \text{für} \quad -1 \leq x \leq -\dfrac{1}{A}, \\ \dfrac{Ax}{1 + \ln A} & \text{für} \quad -\dfrac{1}{A} < x < \dfrac{1}{A}, \\ \dfrac{1 + \ln(Ax)}{1 + \ln A} & \text{für} \quad \dfrac{1}{A} \leq x \leq 1 \end{cases} \quad (4.45)$$

definiert. x bezeichnet hier das auf seinen Maximalwert $x_{\max}$ normierte Signal. A ist der Kompressionsfaktor, der mit $A = 87,56$ festgelegt ist. Die logarithmische Kennlinie ist im Bereich $0 \leq x < 1/A$ durch eine Gerade ersetzt, die den Nullpunkt schneidet und im Punkt $x = 1/A$ tangential an den logarithmischen Verlauf anschließt. In Bild 4.5 ist die A-Kennlinie wiedergegeben.

Durch die zu $g(x)$ inverse Funktion ergeben sich die dazugehörigen normierten Übergangs- und Zuweisungswerte

$$z_k = \begin{cases} \dfrac{1}{A} \exp \dfrac{2(k-1)(1+\ln A)}{N-1} & \text{für} \quad k \geq \dfrac{N}{2+2\ln A} + 1, \\ \dfrac{2(k-1)(1+\ln A)}{NA} & \text{für} \quad k \leq \dfrac{N}{2+2\ln A} + 1, \end{cases}$$

$$k = 1, \ldots, \dfrac{N}{2}, \quad (4.46)$$

bzw.

$$y_k = \begin{cases} \dfrac{1}{A} \exp \dfrac{2(k-\frac{1}{2})(1+\ln A)}{N-1} & \text{für} \quad k \geq \dfrac{N}{2+2\ln A} + \dfrac{1}{2}, \\ \dfrac{2(k-\frac{1}{2})(1+\ln A)}{NA} & \text{für} \quad k \leq \dfrac{N}{2+2\ln A} + \dfrac{1}{2}, \end{cases}$$

$$k = 1, \ldots, \dfrac{N}{2}, \quad (4.47)$$

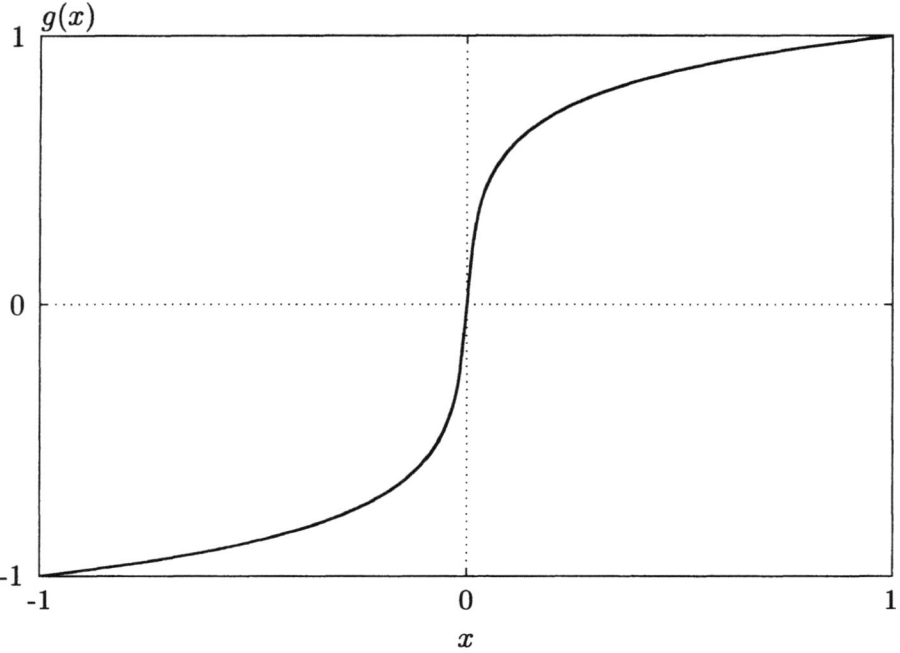

Bild 4.5: *A-Kennlinie nach (4.45)*

des logarithmischen Quantisierers. Beim PCM-Verfahren ist der Wertebereich in $N = 256$ Intervalle unterteilt, die Zuweisungswerte werden mit 8 bit quantisiert.

Eine stückweise lineare Approximation der A-Kennlinie ist die *13-Segment-Kennlinie*, die leichter zu realisieren ist. In jedem Segment wird eine gleichmäßige Quantisierung in 16 Intervalle vorgenommen. Wie Bild 4.6 zeigt, wird mit dem obersten Segment der Amplitudenbereich von der halben bis zur vollen Aussteuerung V quantisiert. Das folgende Segment übernimmt den Bereich zwischen 1/4 und 1/2 der Aussteuerung usw. bis zum sechsten Segment, das für den Bereich zwischen 1/32 und 1/64 maßgebend ist. Das letzte Segment ist linear in 32 Quantisierungsstufen unterteilt.

Für Sprachsignale wurde vom CCITT (Comité Consultativ International Téléphonique et Télégraphique) eine Kennlinie mit 256 Quantisierungs-

4.3 Skalare Quantisierung

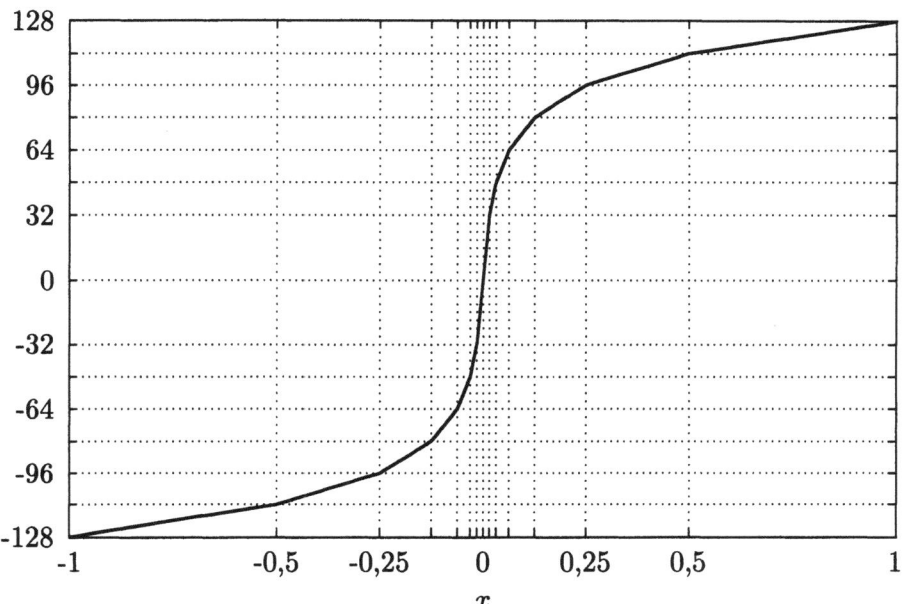

Bild 4.6: *13-Segment-Kennlinie*

stufen festgelegt, die durch die normierten Übergangswerte

$$z_1 = 0,$$

$$z_{k+1} = \begin{cases} \dfrac{k}{2048} & \text{für} \quad k = 1, 2, \ldots, 32, \\ 2^{m-1}(k - 16m) & \text{für} \quad k = 32, 33, \ldots, 128, \end{cases} \quad (4.48)$$

$$m = \text{entier}\left(\dfrac{(k-16)}{16}\right),$$

und die Zuweisungswerte

$$y_k = \dfrac{(z_{k-1} + z_k)}{2}, \quad k = 1, \ldots, 128, \quad (4.49)$$

für den positiven Kennlinienzweig definiert ist. Die Werte für den negativen Zweig ergeben sich durch Spiegelung am Nullpunkt.

In Tabelle 4.3 sind die SNR-Werte für die N-stufige Quantisierung mit der A-Kennlinie verschiedener Verteilungsdichten der Signale zusammengestellt. Die von der Dichte abhängige „Aussteuerungsgrenze" $x_{\max}$ wurde dabei jeweils so festgelegt, daß Q minimal ist.

Tabelle 4.3: *SNR-Werte für die N-stufige Quantisierung mit der A-Kennlinie*

	N	K_0	Γ	Laplace	Gauß
A-Kennlinie	2	2,26	1,76	3,03	4,40
	4	4,13	4,01	4,58	6,01
	8	7,79	7,77	7,92	8,90
	16	13,90	13,88	13,91	13,97
	32	20,05	20,02	20,06	20,07
	64	26,11	26,07	26,11	16,12
	128	32,12	32,09	32,14	32,15
	256	38,14	38,10	38,16	38,17
	512	44,15	44,11	44,18	44,56
13-Segment-Kennlinie	256	37,51	37,48	37,53	37,56

Vergleicht man diese Werte mit denen der optimalen Max-Quantisierung in Tabelle 4.2, so findet man für alle Dichten deutliche Unterschiede. Der Max-Quantisierer erweist sich stets als deutlich überlegen. Demgegenüber bleiben die Differenzen zwischen A-Kennlinie und 13-Segment-Kennlinie durchweg gering. Diese kann daher als eine gute Näherung angesehen werden.

4.4 Vektorquantisierung

Bei der Vektorquantisierung werden jeweils n aufeinanderfolgende Abtastwerte der Signalfolge $\{x_i\}$ zu einem n-dimensionalen Vektor zusammengefaßt und als Vektor gemeinsam quantisiert. Jeder Vektor aus der so aus $\{x_i\}$ entstandenen Vektorfolge $\{\mathbf{x}_k\}$ wird — in entsprechender Weise wie bei der skalaren Quantisierung ein Signalwert einem Quantisierungsintervall zugeordnet wird — einem bestimmten Bereich V_j des $\mathbb{R}^n$ zugeordnet, der durch einen Zuweisungsvektor $\mathbf{y}_j$ repräsentiert wird. Die zueinander disjunkten Raumbereiche, deren Anzahl N entsprechend der Anzahl der Intervalle vorgegeben ist, erfüllen den $\mathbb{R}^n$ vollständig; sie werden daher auch *Partitionen* des $\mathbb{R}^n$ genannt. Bei der Zuordnung eines einzelnen Vektors $\mathbf{x}_k$ wird die Partition V_j ausgewählt, deren Repräsentant $\mathbf{y}_j$ den — nach einem vorgegebenen Fehlermaß — kleinsten

4.4 Vektorquantisierung

Abstand zu $\mathbf{x}_k$ hat. Die Gesamtheit N aller Repräsentanten $\mathbf{y}_j$ wird als *Codebuch* bezeichnet. Diese Vektorquantisierung besteht also in einer Abbildung der Signalwertvektoren der Folge $\{\mathbf{x}_k\}$ auf die N Codebuchvektoren $\mathbf{y}_1,\ldots,\mathbf{y}_N$, die ihrerseits allein durch die Angabe ihres jeweiligen Index eindeutig bestimmt sind. Bei einer derartigen Quantisierung ergibt sich eine Datenmenge

$$R = \frac{1}{n}\log_2 N. \tag{4.50}$$

in Bit pro Signalwert. Ein wesentlicher Vorteil der Vektorquantisierung gegenüber der skalaren Quantisierung besteht darin, daß die im Signal enthaltenen statistischen Abhängigkeiten zwischen den jeweils n Abtastwerten jedes Vektors bei der Optimierung berücksichtigt werden.

Es wird also nicht nur die eindimensionale Dichte wie bei der skalaren Quantisierung ausgenützt, sondern man bezieht die gemeinsame n-dimensionale Verteilungsdichte der Vektorkomponenten in die Optimierung mit ein. Dies führt dazu, daß nur ein Teilbereich des $\mathbb{R}^n$ von den vorkommenden Signalwertvektoren eingenommen wird, so daß die N Partitionen an diesen Teilbereich angepaßt werden können. Daraus resultiert ein deutlich reduzierter Quantisierungsfehler.

Die Quantisierungsfehlerleistung Q ergibt sich bei Wahl des quadratischen Fehlers

$$q(\mathbf{x},\mathbf{y}) = |\mathbf{x}-\mathbf{y}|^2 \tag{4.51}$$

als Fehlermaß — in Analogie zur skalaren Quantisierung — durch Mittelung über die Fehler bei der Zuordnung der Signalvektoren zu den Zuweisungsvektoren in den einzelnen Partitionen V_j:

$$Q = \sum_{j=1}^{N} \int_{V_j} q(\mathbf{x},\mathbf{y}_j)\, p_{\boldsymbol{\xi}}(\mathbf{x})\,\mathrm{d}\mathbf{x}. \tag{4.52}$$

In dem n-fachen Integral (4.52) bezeichnen $\mathbf{x}$ und $\mathbf{y}_j$ den n-dimensionalen Signalvektor $\mathbf{x}$ bzw. Zuweisungsvektor $\mathbf{y}_j$ aus der Partition V_j; $p_{\boldsymbol{\xi}}(\mathbf{x})$ ist die gemeinsame Verteilungsdichte der n Komponenten von $\mathbf{x}$. Ein Minimum von Q liegt vor, wenn die Zuweisungs- oder Codebuchvektoren $\mathbf{y}_j$ der Bedingung

$$\mathbf{y}_j = \frac{\int_{V_j} \mathbf{x}\, p_{\boldsymbol{\xi}}(\mathbf{x})\,\mathrm{d}\mathbf{x}}{\int_{V_j} p_{\boldsymbol{\xi}}(\mathbf{x})\,\mathrm{d}\mathbf{x}}, \qquad j=1,\ldots,N \tag{4.53}$$

genügen. Offensichtlich ist (4.53) die n-dimensionale Verallgemeinerung von (4.28) des skalaren Optimalquantisierers.

Eine geschlossene Lösung der N Bestimmungsgleichungen für die optimalen Codebuchvektoren ist im allgemeinen nicht möglich, da die Hyperflächen, die die Partitionen begrenzen, sich einer analytischen Beschreibung entziehen, ganz abgesehen davon, daß die Bedingungen für ein absolutes Minimum von Q ebenfalls nicht bekannt sind. Man ist daher auf numerische Lösungsmethoden verwiesen. Ein bekanntes Lösungsverfahren ist der nach den Verfassern Y. Linde, A. Buzo und R. M. Gray benannte *LBG-Algorithmus* [Lin80], der eine iterative Bestimmung der optimalen Vektoren $\mathbf{y}_j$ mit Hilfe einer Trainingsmenge repräsentativer Signalvektoren der entsprechenden Dimension, die die statistischen Eigenschaften der Signalquelle darstellen, erlaubt.

Das LBG-Optimierungsverfahren beginnt mit der im Prinzip willkürlichen Festsetzung von N Zuweisungsvektoren $\mathbf{y}_j$, des „Startcodebuchs". Bei a-priori-Kenntnissen über die Quellenstatistik kann man auch von einem signalangepaßten Startcodebuch ausgehen, um den Iterationsprozeß abzukürzen. Mit der Wahl eines Zuweisungsvektors $\mathbf{y}_j$ sind auch die Grenzflächen der Partitionen V_j festgelegt; V_j umfaßt die Umgebung von $\mathbf{y}_j$ mit den Raumelementen, die zu $\mathbf{y}_j$ gegenüber allen anderen $\mathbf{y}_k \neq \mathbf{y}_j$ den kleinsten Abstand haben. Im ersten Iterationsschritt werden dann die K Signalvektoren $\mathbf{x}_j$ einer Trainingsfolge anhand des Startcodebuchs quantisiert, indem jeder Vektor $\mathbf{x}_j$ durch den Codebuchvektor $\mathbf{y}_k$ dargestellt wird, bei dem der kleinste Quantisierungsfehler $q(\mathbf{x}_j, \mathbf{y}_k)$ auftritt. Am Ende der ersten Iteration sind von allen K Vektoren $\mathbf{x}_j$ jeweils S_k Vektoren den Codebuchvektoren $\mathbf{y}_k$ mit der dabei entstandenen Quantisierungsfehlerleistung

$$Q_1 = \frac{1}{K} \sum_{j=1}^{K} \operatorname{Min} q(\mathbf{x}_j, \mathbf{y}_k) \qquad (4.54)$$

zugewiesen. Die aus den K_i Vektoren einer jeden Teilmenge S_k der Trainingsfolge gebildeten Mittelwerte

$$\hat{\mathbf{y}}_k = \frac{1}{K_i} \sum_{j=1}^{K_i} \mathbf{x}_j \qquad (4.55)$$

dienen nun als Startcodebuch für den zweiten Iterationsschritt, der in gleicher Weise abläuft wie der erste. Die Iterationen werden solange fort-

4.4 Vektorquantisierung

gesetzt, bis die relative Fehlerleistung

$$\epsilon_m = \frac{Q_{m-1} - Q_m}{Q_m} \qquad (4.56)$$

nach dem m-ten Schritt eine vorgegebene Schranke $\epsilon_{\min}$ erreicht, wobei die Konvergenz des Verfahrens gesichert ist [Sab86]. Das dann erhaltene Codebuch wird als das optimale Codebuch des Vektorquantisierers angesehen.

Einen Einblick in das Iterationsverfahren und seine Konvergenz können die Bilder 4.7, 4.8 und 4.9 vermitteln, in denen die Codebuchberechnung der zweidimensionalen Vektorquantisierung am Beispiel verschiedener Signalquellen demonstriert wird. Die Trainingsmenge umfaßte jeweils $2 \cdot 10^6$ Vektoren, das Codebuch $N = 64$ Vektoren entsprechend $R = 3$. Als Abbruchkriterium wurde $\epsilon_{\min} = 0$ gesetzt; das Iterationsverfahren wurde erst dann beendet, wenn eine stabile Partitionsstruktur erreicht war. Die Bilder zeigen, daß ausgehend von den sehr künstlichen Startcodebüchern mit äquidistant auf den Winkelhalbierenden liegenden Zuweisungsvektoren sich bereits nach wenigen Iterationsschritten die signalspezifischen Strukturen herausbilden und die optimalen SNR-Werte bereits nach 15 Schritten nahezu erreicht sind. Von da ab bedarf es allerdings zum Teil einer sehr großen Anzahl von Iterationen, um eine stabile Codebuchkonfiguration zu erreichen. Die Leistungsfähigkeit des LBG-Algorithmus kommt auch darin zum Ausdruck, daß unabhängig von den gewählten — auch bezogen auf die zugrundeliegende Statistik sehr abwegigen — Startcodebüchern, der gleiche Endzustand gefunden wird. Die prinzipiell bestehende Möglichkeit, daß der Optimierungsprozeß nur zu einem lokalen Minimum führt, konnte bei den hier betrachteten Zufallsprozessen bisher nicht beobachtet werden. Ein weiteres Indiz für die Konsistenz der Resultate bietet die Quantisierung statistisch unabhängiger Zufallszahlenfolgen und die LBG-Optimierung einfacher Vektorquantisierer, deren Strukturen analytisch zugänglich sind.

Bild 4.10 zeigt zunächst ein Beispiel für den zweiten Fall, eine zweidimensionale 1-bit-Quantisierung mit vier Partitionen für statistisch unabhängige gauß- und laplaceverteilte Variablen x_1 und x_2 mit der Varianz 1. Beim Gaußprozeß liegen alle Zuweisungswerte im gleichen Abstand $2/\sqrt{\pi} = 1,128$ vom Ursprung; der SNR-Wert beträgt 4,396 dB. Beim Laplace-Prozeß findet man eine deutlich andere Konfiguration der Zuweisungswerte und der Partitionen. Die Abstände vom Ursprung betragen 0,826 bzw. 1,458; der SNR-Wert ist 3,663 dB.

274   4 Diskretisierung kontinuierlicher Signale

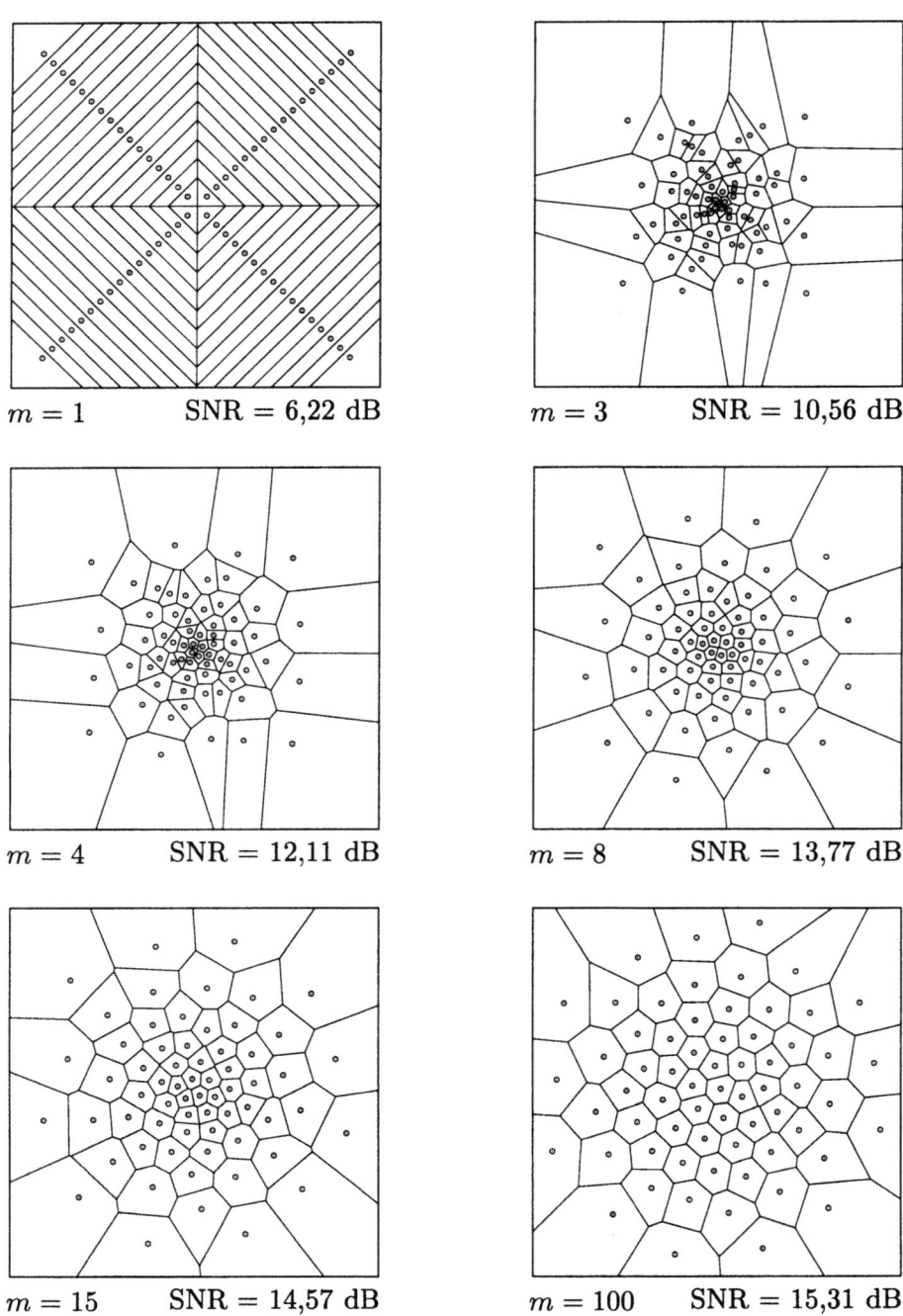

Bild 4.7: *Gaußprozeß; Zuweisungswerte (o), Zuweisungsbereiche (—)*

4.4 Vektorquantisierung

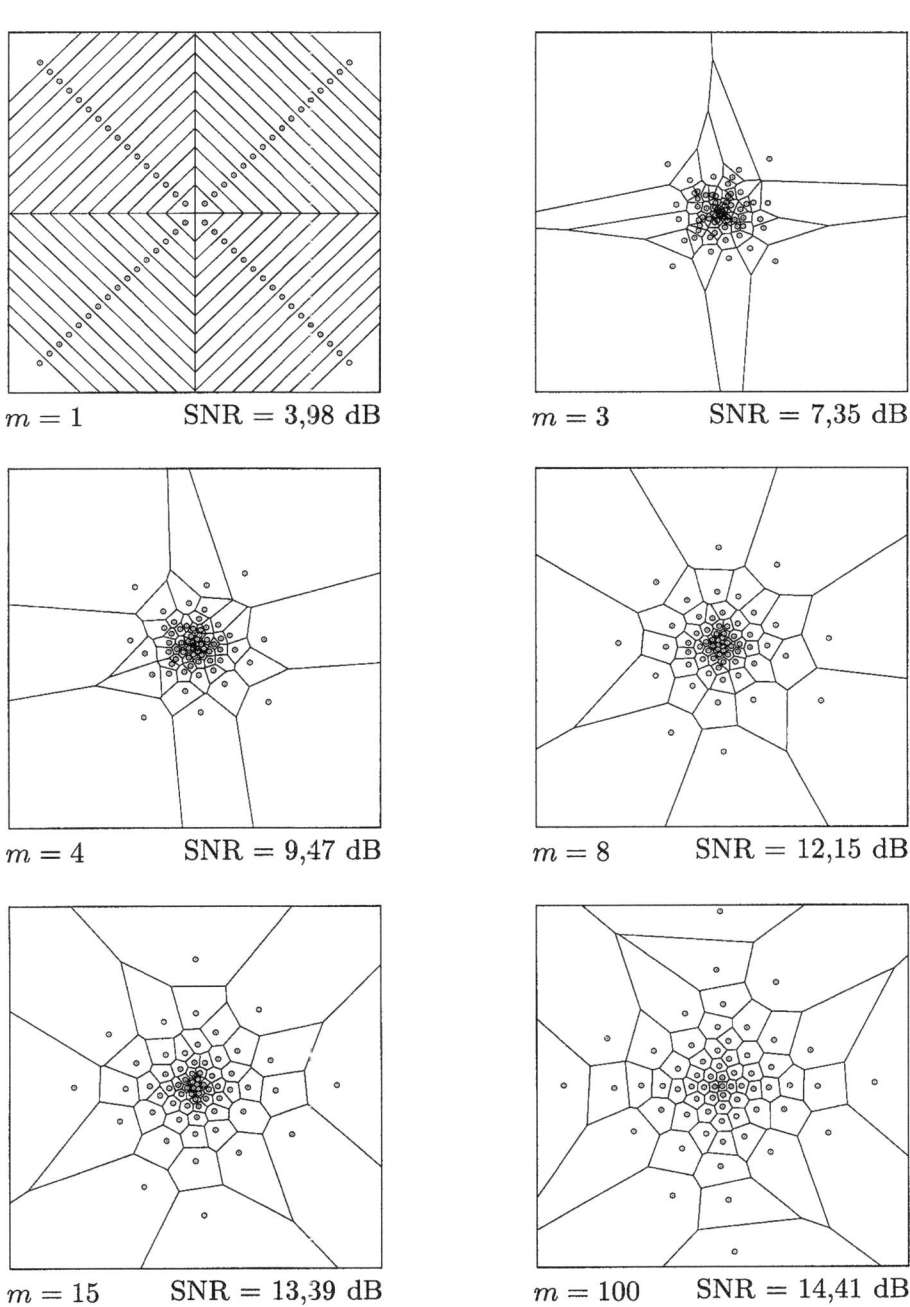

$m = 1$ SNR = 3,98 dB	$m = 3$ SNR = 7,35 dB
$m = 4$ SNR = 9,47 dB	$m = 8$ SNR = 12,15 dB
$m = 15$ SNR = 13,39 dB	$m = 100$ SNR = 14,41 dB

Bild 4.8: K_0-Prozeß

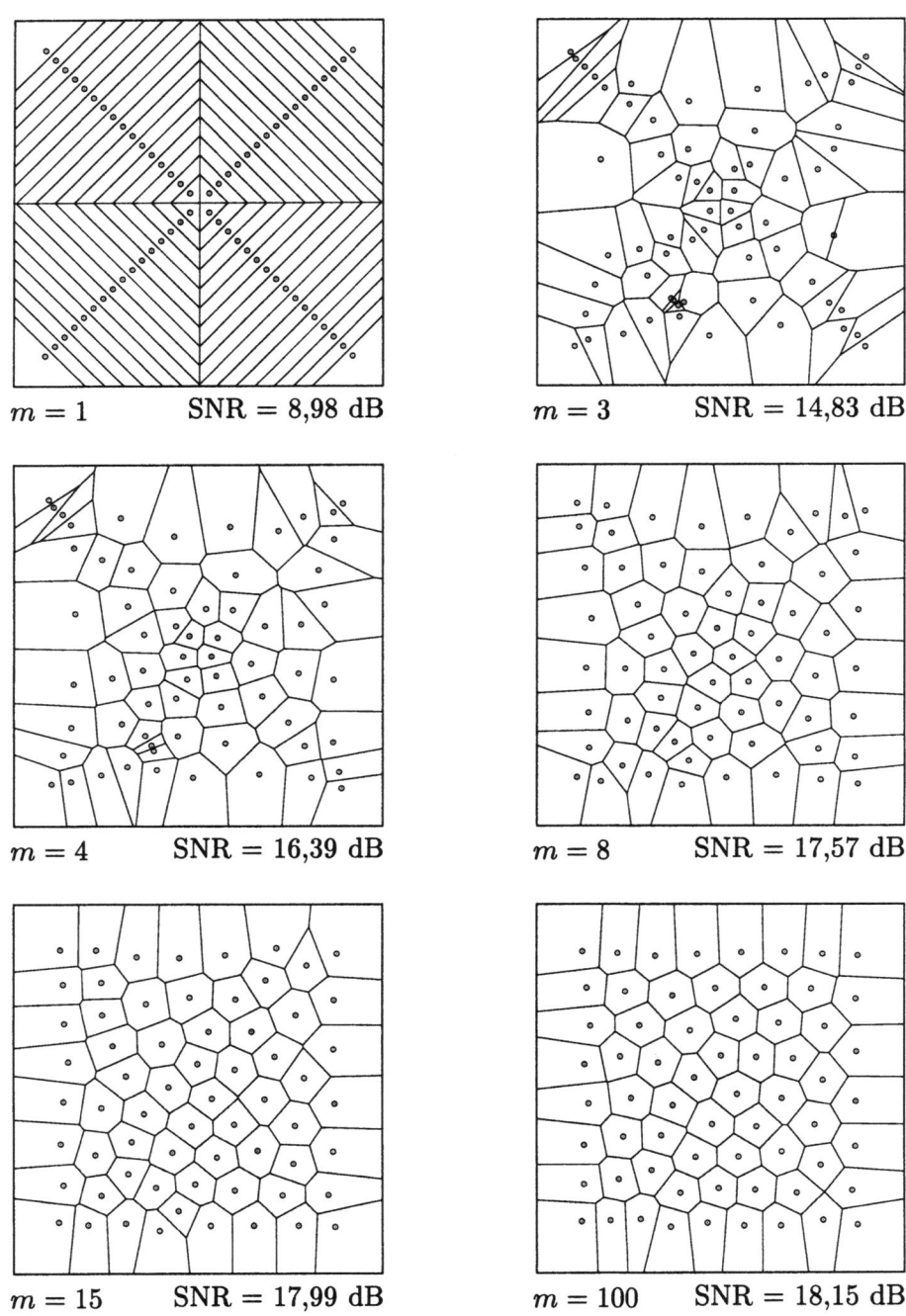

Bild 4.9: *Gleichverteilter Zufallsprozeß*

4.4 Vektorquantisierung

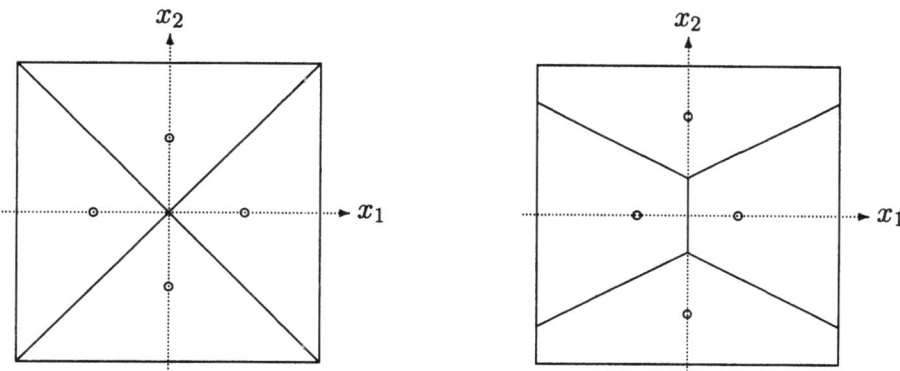

Bild 4.10: *Zuweisungswerte (o) und Zuweisungsbereiche (—) einer Vektorquantisierung mit $R = 1$ der statistisch unabhängigen Variablen x_1 und x_2; links: Gaußprozeß, rechts: Laplace-Prozeß*

In Bild 4.11 sind die SNR-Verläufe von 1-bit Quantisierungen bis zur Dimension $n = 10$ für statistisch unabhängige Signale mit Gauß-, Laplace-, K_0- und Γ-Dichte aus jeweils $2 \cdot 10^6$ Signalwerten zusammen mit den aus der *Rate-Distortion-Theorie* bestimmten Grenzwerten als horizontale Linien dargestellt. Man erkennt, daß sich die mit dem LBG-Algorithmus ermittelten SNR-Verläufe von den jeweiligen Werten des skalaren Quantisierers $m = 1$ ausgehend monoton den Grenzwerten annähern. Bemerkenswert ist der Befund, daß auch bei statistischer Unabhängigkeit der Vektorkomponenten eine Vektorquantisierung mit wachsender Dimension n zunehmende Quantisierungsgewinne liefert, die offenbar auf die bessere Raumausnutzung des $\mathbb{R}^n$ bei der Bemessung der Partitionen zurückzuführen ist. Auffallend ist auch der Sachverhalt, daß erst ab $n = 4$ die von der Informationstheorie geforderte Abhängigkeit des SNR-Wertes von der Verteilungsdichte richtig wiedergegeben wird.

Das Leistungsvermögen der Vektorquantisierung zeigt sich wie erwartet besonders eindrucksvoll bei der Quantisierung der Abtastfolgen der Realisierungen von Zufallsprozessen mit statistischen Abhängigkeiten. Hier werden je nach Art der durch die Autokorrelationsfunktion spezifizierten Abhängigkeit bei festgehaltener Datenmenge R pro Abtastwert mit wachsender Dimension n erhebliche Quantisierungsgenauigkeitsgewinne — also steigende SNR-Werte — gegenüber der skalaren Quantisierung erzielt. Damit verbunden ist eine entsprechende Datenreduktion. In den Bildern 4.12 und 4.13 sind für Gauß- und K_0-Prozesse mit Autokor-

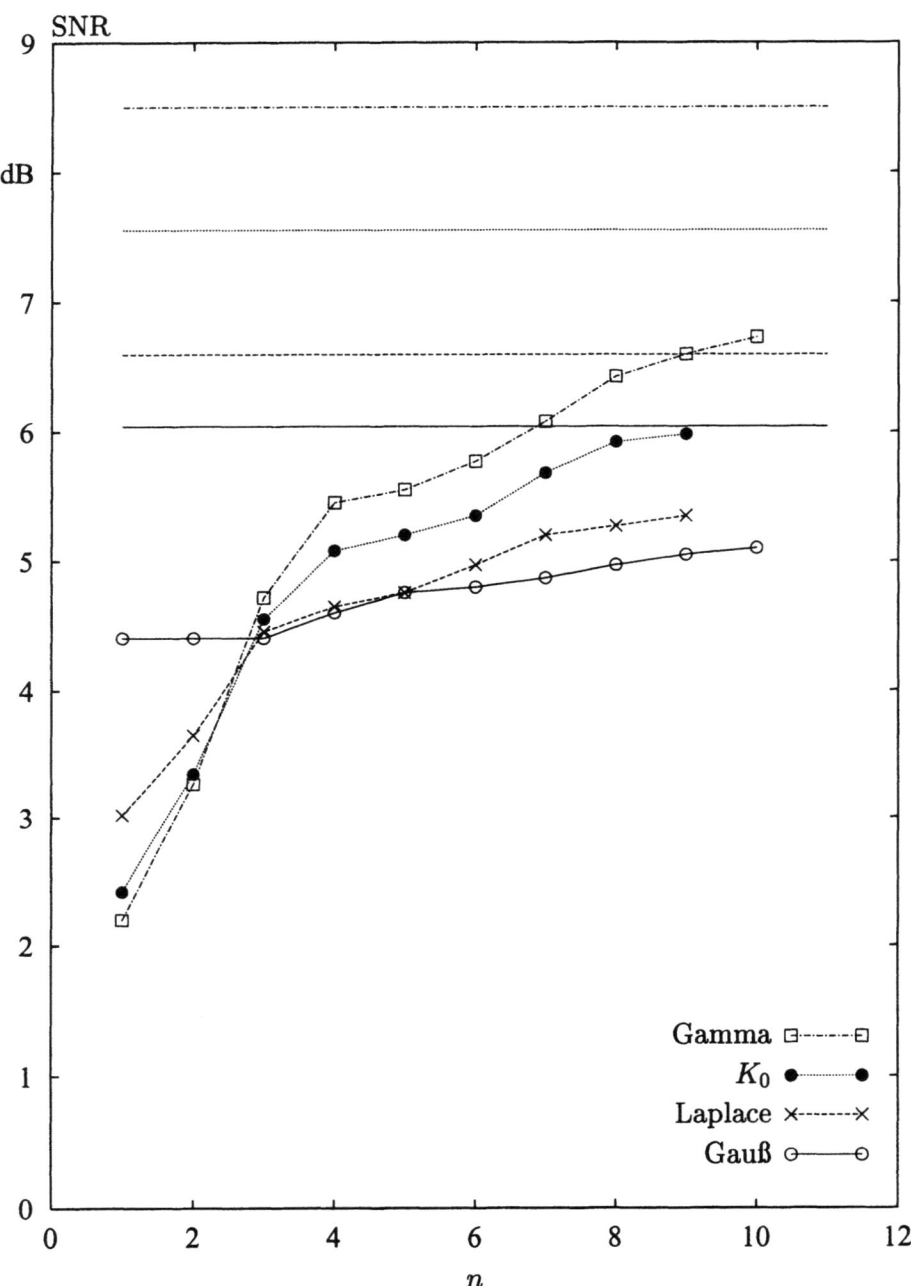

Bild 4.11: *SNR-Verläufe n-dimensionaler Vektorquantisierungen mit $R = 1$ für statistisch unabhängige Signale verschiedener Verteilungsdichten*

4.4 Vektorquantisierung

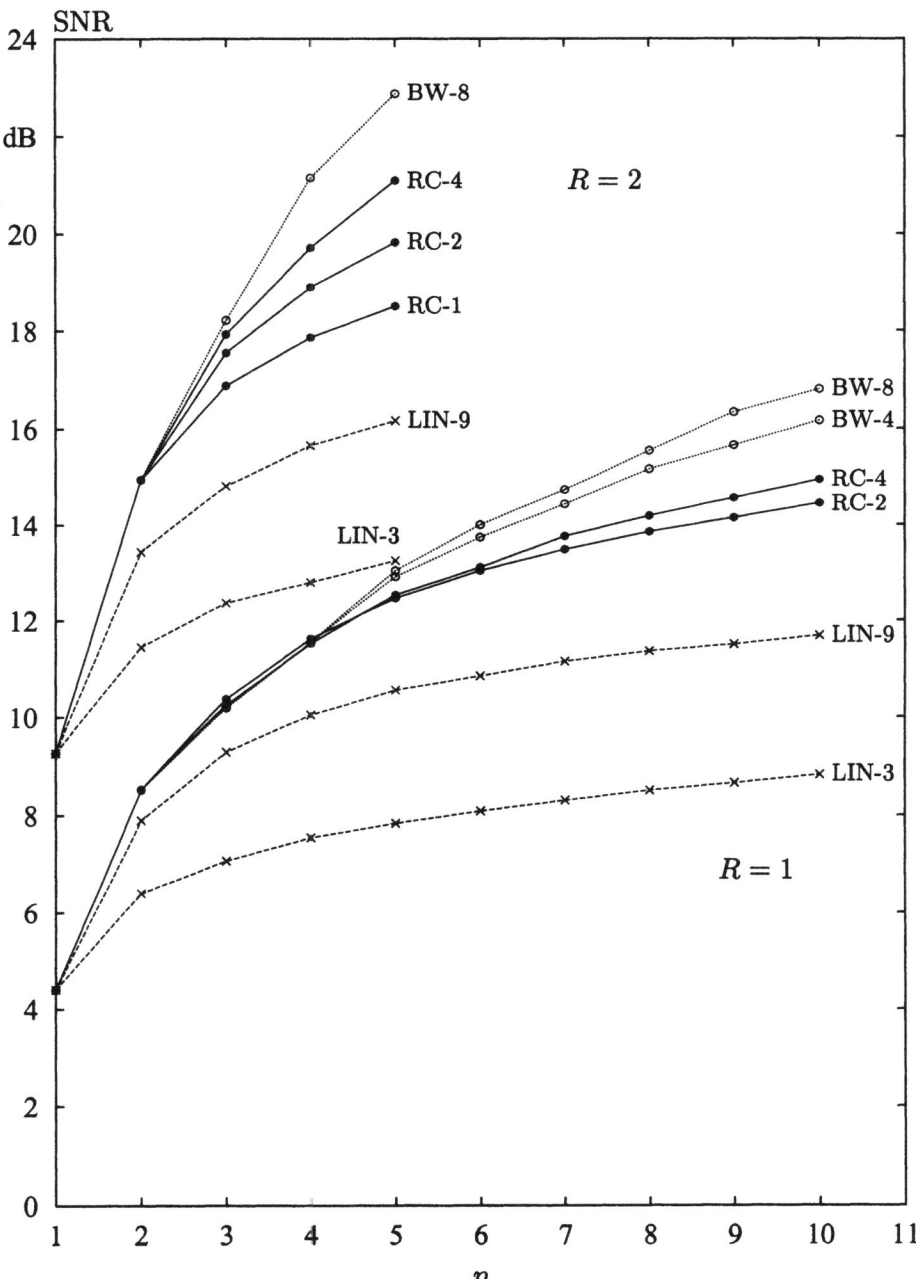

Bild 4.12: *SNR-Werte n-dimensional vektorquantisierter Gaußprozesse mit Autokorrelationsfunktionen vom LIN-, RC- und BW-Typ für $R = 1$ und $R = 2$*

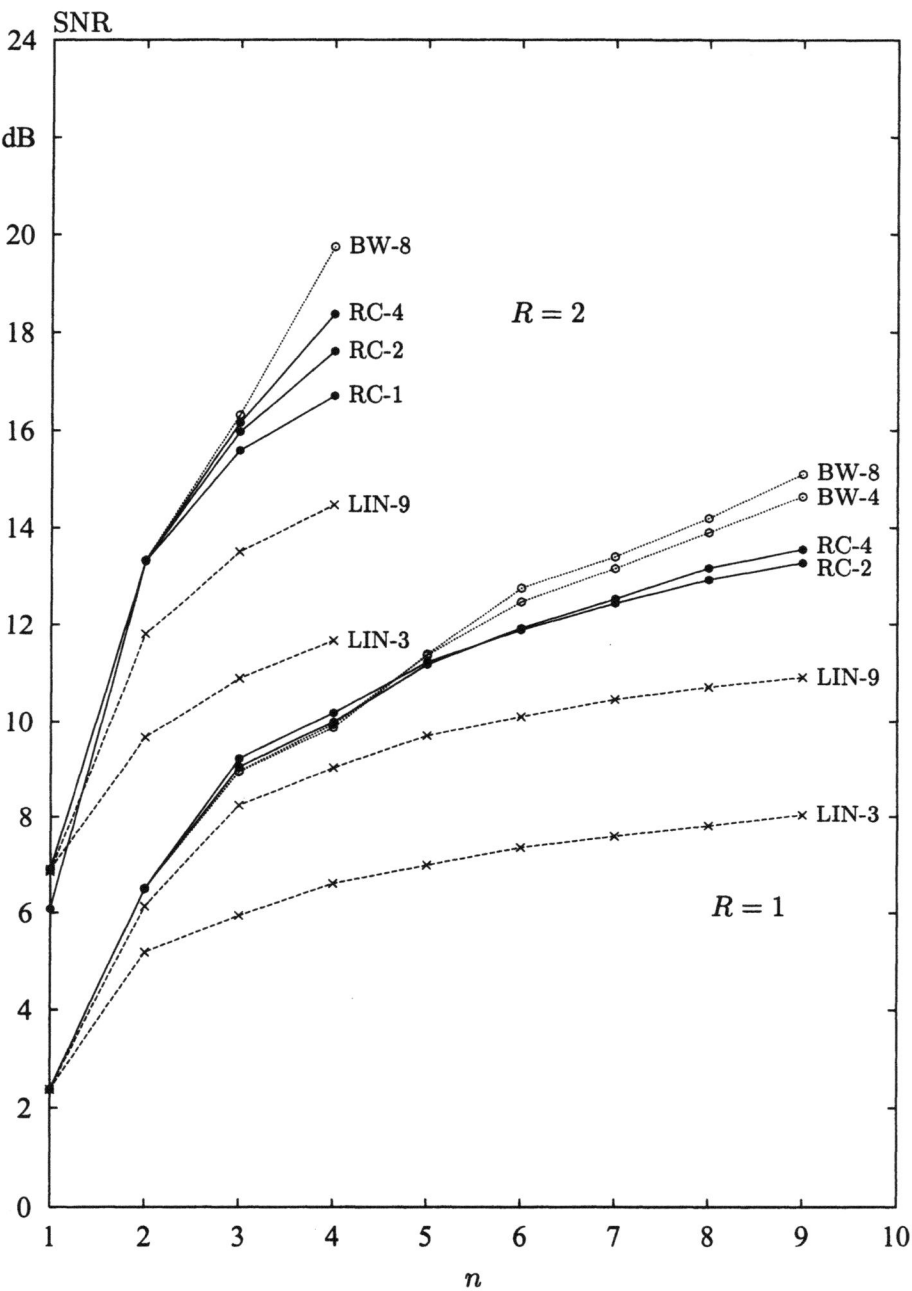

Bild 4.13: *SNR-Werte n-dimensional vektorquantisierter K_0-Prozesse mit Autokorrelationsfunktionen vom LIN-, RC- und BW-Typ für $R = 1$ und $R = 2$*

4.4 Vektorquantisierung

relationsfunktionen vom LIN-, RC- und BW-Typ gemäß 3.11 die SNR-Verläufe in Abhängigkeit von n für $R = 1$ und $R = 2$ dargestellt. Diese Resultate beruhen auf der Analyse von jeweils $2 \cdot 10^6$ Signalvektoren.

Ein bevorzugtes Anwendungsgebiet der Vektorquantisierung ist die datenreduzierende Codierung und Übertragung von Sprachsignalen und Sprachsignalparametern, aber auch von Video- und Meßsignalen. Bild 4.14 zeigt für einen Sprachsignalabschnitt von 64 ms bei $R = 1$, d. h. vom Signal wird nur das Vorzeichen pro Abtastwert verwendet, die resultierenden quantisierten Signale im Vergleich zum kontinuierlichen Originalsprachsignal [Rei87]. Mit wachsender Dimension n gibt das mit einem Bit pro Abtastwert quantisierte Signal den Originalverlauf — auch bei höheren Frequenzen — immer genauer wieder; der Quantisierungsfehler geht entsprechend zurück, wie der wachsende SNR-Wert belegt. Er steigt von 2,75 dB bei $n = 1$ auf 12,71 dB bei $n = 8$ an.

282   4 Diskretisierung kontinuierlicher Signale

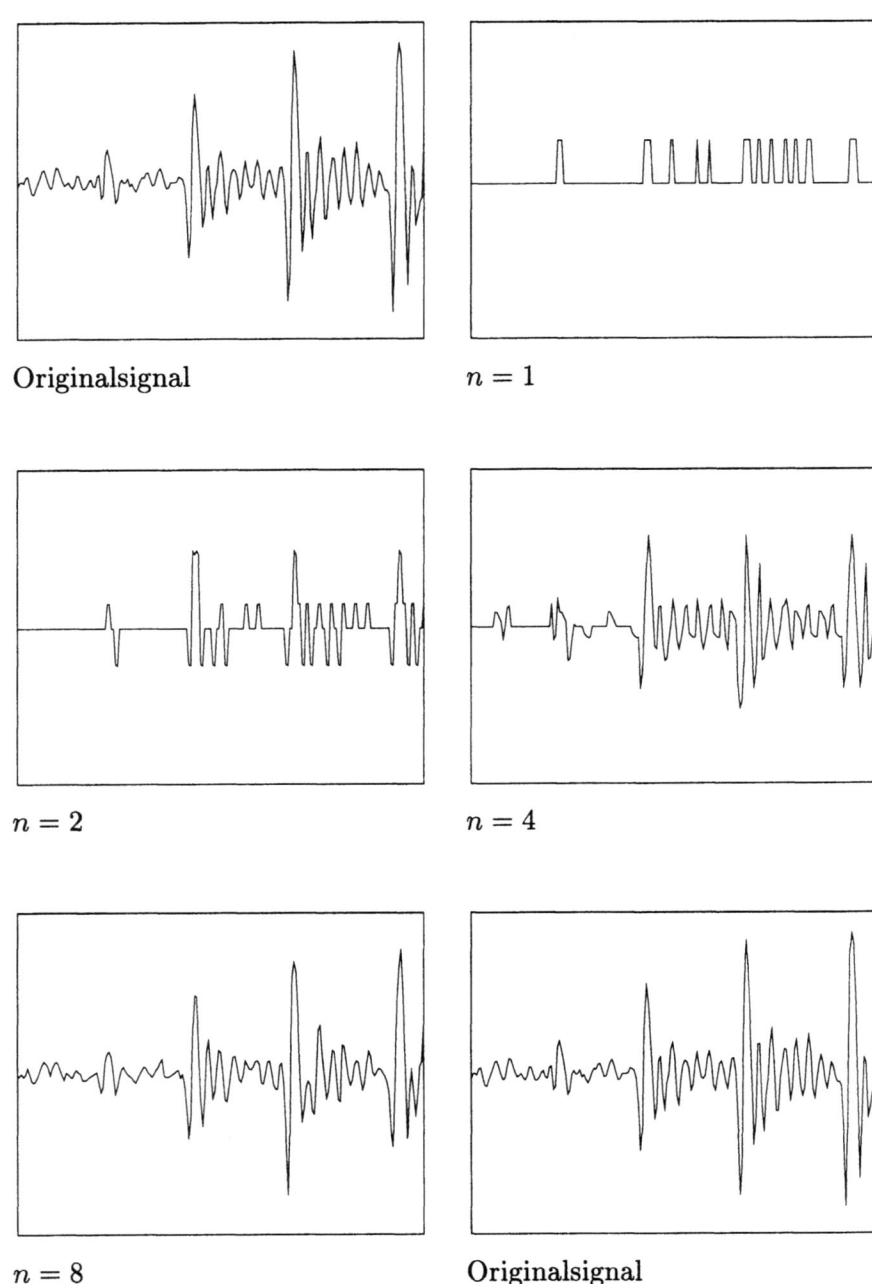

Bild 4.14: n-dimensionale Vektorquantisierung eines Sprachsignals mit $R = 1$

5 Spezielle Probleme der Signaltheorie

5.1 Lineare Prädiktion

Ein klassisches Problem der Signaltheorie ist die Frage nach der Möglichkeit einer Vorhersage, der *Prädiktion*, des zukünftigen Verlaufs stochastischer Prozesse aufgrund der Kenntnis seiner statistischen Eigenschaften und seiner Entwicklung in der Vergangenheit. Diese Frage ist nicht nur von prinzipiellem theoretischem Interesse, sondern spielt auch in zahlreichen praktischen Anwendungen eine wichtige Rolle. Heute werden Prädiktionsverfahren in nachrichtenverarbeitenden Systemen zur Redundanzreduktion, Codierung und effizienten Übertragung in weitem Umfang eingesetzt. Von herausragender Bedeutung sind lineare Prädiktionsverfahren wegen ihrer einfachen Realisierbarkeit auch unter Realzeitbedingungen, z. B. in der mobilen Sprachkommunikation.

Die einfachste Realisierung eines derartigen Verfahrens ist der *lineare Prädiktor*, der einen Signalwert $x(n)$ aus seinen p unmittelbaren Vorgängern $x(n-k)$, $k=1,\ldots,p$ schätzt. Die Schätzung von $x(t)$ erfolgt durch die Linearkombination

$$\hat{x}(n) = \sum_{k=1}^{p} a_k^{(p)} x(n-k). \tag{5.1}$$

Die von der Prädiktorordnung p abhängigen *Gewichtsfaktoren* $a_k^{(p)}$, die sogenannten *Prädiktorkoeffizienten*, werden in einem Optimierungsverfahren festgelegt. Optimierungskriterium sei der quadratische Mittelwert des Schätzfehlers

$$e(n) = x(n) - \hat{x}(n) = x(n) - \sum_{k=1}^{p} a_k^{(p)} x(n-k), \tag{5.2}$$

der Differenz aus gesuchtem Signalwert $x(n)$ und Schätzwert $\hat{x}(n)$. $e(n)$ wird auch als *Prädiktionsfehler* bezeichnet. Der Prädiktor schätzt optimal, wenn die $a_k^{(p)}$ so gewählt werden, daß $e^2(n)$ im Mittel ein Minimum annimmt.

Zur Lösung der Optimierungsaufgabe wird angenommen, daß $x(n) = x(t_n)$ der Wert zum Zeitpunkt t_n einer äquidistant abgetasteten Musterfunktion $x(t)$ eines mittelwertfreien, stationären und ergodischen Zufallsprozesses $\xi(t)$ ist. Die Größen $x(n)$ und $\hat{x}(n)$ und $e(n)$ sind daher als Zufallsvariable zu betrachten und deshalb korrekt als $\xi(n)$, $\hat{\xi}(n)$ und $\epsilon(n)$ zu bezeichnen. Die notwendige Bedingung für ein Minimum des mittleren quadratischen Prädiktionsfehlers ist das Verschwinden der Differentialquotienten, also für $i = 1, \ldots, p$

$$\frac{\partial E\left\{\epsilon^2(n)\right\}}{\partial a_i^{(p)}} = \frac{\partial}{\partial a_i^{(p)}} E\left\{\left(\xi(n) - \sum_{k=1}^{p} a_k^{(p)} \xi(n-k)\right)^2\right\} \qquad (5.3)$$

$$= -2 \cdot E\left\{\left(\xi(n) - \sum_{k=1}^{p} a_k^{(p)} \xi(n-k)\right) \xi(n-i)\right\} = 0.$$

Diese Bedingung ist gleichbedeutend mit der Forderung, daß der Prädiktionsfehler $\epsilon(n)$ mit allen zur Prädiktion benutzten Werten $\xi(n-i)$, $i = 1, \ldots, p$, nicht korreliert sind. Daraus folgt die *Orthogonalitätsrelation*

$$E\left\{\epsilon(n)\,\hat{\xi}(n)\right\} = 0, \qquad (5.4)$$

da jede Linearkombination der $\xi(n-i)$, $i = 1, \ldots, p$ mit $\epsilon(n)$ nicht korreliert ist. Schätzwert und Schätzfehler sind also ebenfalls nicht korreliert oder orthogonal zueinander.

Mit der Autokorrelationsfunktion

$$E\left\{\xi(i)\xi(k)\right\} = \psi_{\xi\xi}(|i-k|) = \psi_{|i-k|} \qquad (5.5)$$

erhält man aus (5.3)

$$\psi_i = \sum_{k=1}^{p} a_k^{(p)} \psi_{|i-k|}, \qquad i = 1, \ldots, p. \qquad (5.6)$$

Die optimalen Prädiktorkoeffizienten sind also Lösungen des Gleichungssystems, der sogenannten *Yule-Walker-Gleichungen*

$$\begin{pmatrix} \psi_0 & \psi_1 & \cdots & \psi_{p-1} \\ \psi_1 & \psi_0 & \cdots & \psi_{p-2} \\ \vdots & \vdots & \ddots & \vdots \\ \psi_{p-1} & \psi_{p-2} & \cdots & \psi_0 \end{pmatrix} \begin{pmatrix} a_1^{(p)} \\ a_2^{(p)} \\ \vdots \\ a_p^{(p)} \end{pmatrix} = \begin{pmatrix} \psi_1 \\ \psi_2 \\ \vdots \\ \psi_p \end{pmatrix}, \qquad (5.7)$$

5.1 Lineare Prädiktion

das sich übersichtlicher in der vektoriellen Form

$$\mathbf{M}_p \cdot \mathbf{a} = \boldsymbol{\psi} \tag{5.8}$$

darstellen läßt. Dabei bedeuten $\mathbf{a}$ und $\boldsymbol{\psi}$ die Spaltenvektoren mit jeweils den p Komponenten $a_1^{(p)}, a_2^{(p)}, \ldots, a_p^{(p)}$ bzw. $\psi_1, \psi_2, \ldots, \psi_p$ und $\mathbf{M}_p$ die p-reihige quadratische Autokorrelationsmatrix

$$\mathbf{M}_p = \begin{pmatrix} \psi_0 & \psi_1 & \psi_2 & \cdots & \psi_{p-1} \\ \psi_1 & \psi_0 & \psi_1 & \cdots & \psi_{p-2} \\ \psi_2 & \psi_1 & \psi_0 & \cdots & \psi_{p-3} \\ \vdots & \vdots & & \ddots & \vdots \\ \psi_{p-1} & \psi_{p-2} & \psi_{p-3} & \cdots & \psi_0 \end{pmatrix}. \tag{5.9}$$

Die Matrix $\mathbf{M}_p$ ist wegen ihrer Streifensymmetrie eine *Toeplitzmatrix*. Aus (5.8) folgt unmittelbar die Lösung

$$\mathbf{a} = \mathbf{M}_p^{-1} \boldsymbol{\psi} = \frac{1}{\det \mathbf{M}_p} \mathbf{A}_p \boldsymbol{\psi}, \tag{5.10}$$

wobei $\det \mathbf{M}_p \neq 0$ vorausgesetzt ist. $\mathbf{A}_p$ ist die Matrix der Adjunkten zur Matrix $\mathbf{M}_p$.

Die Prädiktorkoeffizienten lassen sich auch mit Hilfe der *Kramerschen Regel* aus (5.8) gewinnen. Mit der Matrix

$$\mathbf{M}_{pk} = \begin{pmatrix} \overset{1}{\psi_0} & \overset{2}{\psi_1} & \cdots & \overset{k}{\psi_1} & \cdots & \overset{p}{\psi_{p-1}} \\ \psi_1 & \psi_0 & \cdots & \psi_2 & \cdots & \psi_{p-2} \\ \vdots & \vdots & \ddots & \vdots & \ddots & \vdots \\ \psi_{p-1} & \psi_{p-2} & \cdots & \psi_p & \cdots & \psi_0 \end{pmatrix}, \tag{5.11}$$

die aus der Autokorrelationsmatrix $\mathbf{M}_p$ entsteht, wenn man die k-te Spalte durch den Vektor auf der rechten Seite des Gleichungssystems (5.7) ersetzt, erhält man

$$a_k^{(p)} = \frac{\det \mathbf{M}_{pk}}{\det \mathbf{M}_p}, \qquad k = 1, \ldots, p. \tag{5.12}$$

Die Prädiktorkoeffizienten beispielsweise der ersten drei Ordnungen ergeben sich zu

$$p = 1: \qquad a_1^{(1)} = \frac{\psi_1}{\psi_0}, \tag{5.13}$$

$$p = 2: \quad a_1^{(2)} = \frac{\psi_0 \psi_1 - \psi_1 \psi_2}{\psi_0^2 - \psi_1^2},$$

$$a_2^{(2)} = \frac{\psi_0 \psi_2 - \psi_1^2}{\psi_0^2 - \psi_1^2}, \tag{5.14}$$

$$p = 3: \quad a_1^{(3)} = \frac{1}{2}\left(\frac{\psi_0(\psi_1 + \psi_3) - 2\psi_1\psi_2}{\psi_0(\psi_0 + \psi_2) - 2\psi_1^2} + \frac{\psi_1 - \psi_3}{\psi_0 - \psi_2}\right),$$

$$a_2^{(3)} = \frac{\psi_2(\psi_0 + \psi_3) - \psi_1(\psi_1 + \psi_3)}{\psi_0(\psi_0 + \psi_2) - 2\psi_1^2}, \tag{5.15}$$

$$a_3^{(3)} = \frac{1}{2}\left(\frac{\psi_0(\psi_1 + \psi_3) - 2\psi_1\psi_2}{\psi_0(\psi_0 + \psi_2) - 2\psi_1^2} + \frac{\psi_1 - \psi_3}{\psi_0 - \psi_2}\right).$$

Für die Lösung des Gleichungssystems (5.7) stehen neben den genannten Lösungsverfahren eine Reihe anderer Verfahren zur Verfügung. Berücksichtigt man die Symmetrie der Matrix, so läßt sich nach Cholesky die Gleichung $\boldsymbol{\psi} = \mathbf{M}\mathbf{a}$ in die Gleichungen $\boldsymbol{\psi} = \mathbf{B}\mathbf{x}$ und $\mathbf{x} = \mathbf{B}^T\mathbf{a}$ zerlegen, wobei $\boldsymbol{B}$ eine Dreiecksmatrix der Form

$$\mathbf{B} = \begin{pmatrix} b_{11} & & & 0 \\ b_{12} & b_{22} & & \\ \vdots & \vdots & \ddots & \\ b_{p1} & b_{p2} & \cdots & b_{pp} \end{pmatrix} \tag{5.16}$$

ist mit der Eigenschaft $\boldsymbol{M} = \boldsymbol{B}\boldsymbol{B}^T$. Dadurch kann der Aufwand an Speicherplatz und Rechenoperationen etwa halbiert werden. Nutzt man die spezielle Toeplitzstruktur aus, so erlaubt ein von Levinson angegebener Algorithmus eine weitere Reduktion des Rechenaufwandes. Berücksichtigt man schließlich, daß der Vektor $\boldsymbol{\psi}$ in (5.8) die gleichen Werte wie $\mathbf{M}_p$ enthält, so führt der Algorithmus von Durbin zu einer weiteren Vereinfachung der Lösungsverfahren.

Bei dem rekursiven Durbin-Algorithmus wird ausgehend vom Prädiktor erster Ordnung sukzessive unter Hinzunahme jeweils eines weiteren Signalwertes der Prädiktor der nächsthöheren Ordnung berechnet. Man erhält so der Reihe nach die Sätze der Prädiktorkoeffizienten für alle Ordnungen bis zur gewünschten. Aus den Größen

$$\varepsilon_0 = \psi_0, \quad \kappa_1 = \frac{\psi_1}{\psi_0}, \quad a_1^{(1)} = \frac{\psi_1}{\psi_0}, \tag{5.17}$$

5.1 Lineare Prädiktion

$$\varepsilon_1 = \left(1 - \kappa_1^2\right)\varepsilon_0 = \frac{\psi_0^2 - \psi_1^2}{\psi_0} \qquad (5.18)$$

erhält man mit den Rekursionsgleichungen

$$\kappa_i = \frac{1}{\varepsilon_i}\left(\psi_i - \sum_{k=1}^{i-1} a_k^{i-1}\psi_{i-k}\right), \qquad (5.19)$$

$$a_i^{(i)} = \kappa_i, \qquad a_k^{(i)} = a_k^{i-1} - \kappa_i\, a_{i-k}^{i-1}, \qquad k = 1,\ldots,i-1 \qquad (5.20)$$

$$\varepsilon_i = \left(1 - \kappa_i^2\right)\varepsilon_{i-1}, \qquad\qquad i = 2,\ldots,p \qquad (5.21)$$

unter Benutzung der Hilfsgrößen κ_i, den sogenannten *Parcor-Koeffizienten*, aus den Koeffizienten des Prädiktors der Ordnung $i-1$ die Prädiktorkoeffizienten $a_j^{(i)}$ und die Fehlerleistung ε_i des Prädiktors der Ordnung i.

Für die Autokorrelationsmatrix $\mathbf{M}_p$ ist $|\kappa_i| \leq 1$; das entspricht der Forderung, daß ε_i nicht negativ sein kann. Die Parcor-Koeffizienten bestimmen ebenso wie die Prädiktorkoeffizienten den Prädiktor vollständig.

Wie aufwandsgünstig der Durbin-Algorithmus in Bezug auf die Anzahl der Rechenoperationen und des Speicherbedarfs ist, zeigt Tabelle 5.1, in der die verschiedenen Verfahren verglichen sind.

Tabelle 5.1: *Anzahl der Rechenoperationen und Speicherbedarf verschiedener Algorithmen für $p = 10$ und $p = 12$*

Algorithmus	Operationen / Speicher		
	allgemein	$p = 10$	$p = 12$
Gauß	$\frac{p^3}{3}$ / p^2	334 / 100	576 / 144
Cholesky	$\frac{p^3}{6}$ / $\frac{p^2}{2}$	167 / 50	288 / 72
Levinson	$2p^2$ / $4p$	200 / 40	288 / 48
Durbin	p^2 / $2p$	100 / 20	144 / 24

Die *Prädiktionsfehlerleistung* ε_p ergibt sich direkt aus der Definition

(5.2) in der Form

$$\varepsilon_p = E\left\{\epsilon^2(n)\right\} = E\left\{\left(\xi(n) - \sum_{k=1}^{p} a_k^{(p)} \xi(n-k)\right)^2\right\}$$

$$= E\left\{\xi^2(n) - 2\sum_{k=1}^{p} a_k^{(p)} \xi(n)\,\xi(n-k) + \sum_{i=1}^{p}\sum_{k=1}^{p} a_i^{(p)} a_k^{(p)} \xi(n-i)\,\xi(n-k)\right\}$$

$$= \psi_0 - 2\sum_{k=1}^{p} a_k^{(p)} \psi_k + \sum_{i=1}^{p}\sum_{k=1}^{p} a_i^{(p)} a_k^{(p)} \psi_{|k-i|}. \tag{5.22}$$

Mit der Bedingung (5.3) folgt

$$\varepsilon_p = \psi_0 - \sum_{k=1}^{p} \psi_k\, a_k^{(p)}. \tag{5.23}$$

Eine weitere Darstellung für ε_p, die nicht die vorherige Bestimmung der Prädiktorkoeffizienten erfordert, läßt sich aus (5.23) gewinnen, wenn man die Koeffizienten $a_k^{(p)}$ mit Hilfe von (5.12) ersetzt. Man erhält

$$\varepsilon_p = \psi_0 - \frac{1}{\det \mathbf{M}_p} \sum_{k=1}^{p} \psi_k \det \mathbf{M}_{pk}$$

$$= \frac{1}{\det \mathbf{M}_p}\left(\psi_0 \det \mathbf{M}_p - \sum_{k=1}^{p} \psi_k \det \mathbf{M}_{pk}\right). \tag{5.24}$$

Der in der Klammer stehende Ausdruck entspricht der Berechnung der Determinante von $\mathbf{M}_{p+1}$ durch Entwicklung nach der ersten Zeile, d. h. $\det \mathbf{M}_{pk}$ ist gleich der zum Element ψ_k gehörigen Adjunkte (einschließlich des zu berücksichtigenden Vorzeichens) in der $(p+1)$-reihigen Autokorrelationsmatrix

$$\mathbf{M}_{p+1} = \begin{pmatrix} \psi_0 & \psi_1 & \psi_2 & \cdots & \psi_{k-1} & \psi_k & \psi_{k+1} & \cdots & \psi_p \\ \psi_1 & \psi_0 & \psi_1 & \cdots & \psi_{k-2} & \psi_{k-1} & \psi_k & \cdots & \psi_{p-1} \\ \psi_2 & \psi_1 & \psi_0 & \cdots & \psi_{k-3} & \psi_{k-2} & \psi_{k-1} & \cdots & \psi_{p-2} \\ \vdots & \vdots & \vdots & \ddots & \vdots & \vdots & \vdots & \ddots & \vdots \\ \psi_p & \psi_{p-1} & \psi_{p-2} & \cdots & \psi_{p-k+1} & \psi_{p-k} & \psi_{p-k-1} & \cdots & \psi_0 \end{pmatrix}.$$
$$\tag{5.25}$$

Dieser Sachverhalt wird unmittelbar einsichtig, indem man die Matrix $\mathbf{A}_{ij}$ der Adjunkten A_{ij} mit $\mathbf{M}_{pk}$ vergleicht:

5.1 Lineare Prädiktion

Aus (5.25) entnimmt man die Matrix der Adjunkten zum Element $m_{1,k+1} = \psi_k$ in der ersten Zeile

$$\mathbf{A}_{1,k+1} = \begin{pmatrix} \psi_1 & \psi_0 & \psi_1 & \cdots & \psi_{k-2} & \psi_k & \cdots & \psi_{p-1} \\ \psi_2 & \psi_1 & \psi_0 & \cdots & \psi_{k-3} & \psi_{k-1} & \cdots & \psi_{p-2} \\ \vdots & \vdots & \vdots & \ddots & \vdots & \vdots & \ddots & \vdots \\ \psi_p & \psi_{p-1} & \psi_{p-2} & \cdots & \psi_{p-k+1} & \psi_{p-k-1} & \cdots & \psi_0 \end{pmatrix},$$

$$k = 1, \ldots \qquad (5.26)$$

Andererseits gilt nach (5.11)

$$\mathbf{M}_{pk} = \begin{pmatrix} \overset{1}{\psi_0} & \overset{2}{\psi_1} & \cdots & \psi_{k-2} & \overset{k}{\psi_1} & \psi_k & \cdots & \psi_{p-1} \\ \psi_1 & \psi_0 & \cdots & \psi_{k-3} & \psi_2 & \psi_{k-1} & \cdots & \psi_{p-2} \\ \vdots & \vdots & \ddots & \vdots & \vdots & \vdots & \ddots & \vdots \\ \psi_{p-1} & \psi_{p-2} & \cdots & \psi_{p-k+1} & \psi_p & \psi_{p-k-1} & \cdots & \psi_0 \end{pmatrix}. \qquad (5.27)$$

Durch $k-1$ Vertauschungen mit der k-ten Spalte ist $\mathbf{M}_{pk}$ mit $\mathbf{A}_{1,k+1}$ identisch.

Für den Klammerterm in (5.24) erhält man damit

$$\psi_0 \det \mathbf{M}_p - \sum_{k=1}^{p} \psi_k \det \mathbf{M}_{pk} = \psi_0 \det \mathbf{M}_p + \sum_{k=1}^{p} (-\psi_k)(-1)^{k-1} \det \mathbf{A}_{1,k+1}. \qquad (5.28)$$

Die Determinante von $\mathbf{A}_{1,k+1}$, die Adjunkte $A_{1,k+1}$, ist das mit dem Faktor $(-1)^{1+k+1}$ versehene Element von $\mathbf{A}_{1,k+1}$, also gilt

$$\psi_0 \det \mathbf{M}_p + \sum_{k=1}^{p} \psi_k (-1)^k (-1)^{k+2} A_{1,k+1} = \det \mathbf{M}_{p+1}. \qquad (5.29)$$

Damit ergibt sich für die Prädiktionsfehlerleistung der Ausdruck

$$\varepsilon_p = \frac{\det \mathbf{M}_{p+1}}{\det \mathbf{M}_p}. \qquad (5.30)$$

Beispiele für ε_p sind:

$$\varepsilon_1 = \frac{\psi_0^2 - \psi_1^2}{\psi_0}, \qquad (5.31)$$

$$\varepsilon_2 = \frac{\psi_0^3 - 2\psi_0\psi_1^2 + 2\psi_1^2\psi_2 - \psi_0\psi_2^2}{\psi_0^2 - \psi_1^2}, \qquad (5.32)$$

$$\varepsilon_3 = \frac{\psi_0^4 - \psi_1^4 + \psi_2^4 + 2\psi_1^2\psi_3 - \psi_1^2\psi_3^2 - 2\psi_0^2\psi_2^2}{\psi_0^3 + 2\psi_1^2\psi_2 - \psi_0\psi_2^2 - 2\psi_0\psi_1^2}. \qquad (5.33)$$

Die besondere Toeplitz-Struktur der Matrix $\mathbf{M}_p$ erlaubt auch die Abschätzung des Grenzwertes der Fehlerleistung für $p \to \infty$ aus dem Leistungsdichtespektrum des Prozesses $\xi(t)$. Es gilt [Gre58]

$$\varepsilon_\infty = \exp\left(\frac{1}{2\pi}\int\limits_{-\pi}^{\pi} \ln[S(\omega)]\,\mathrm{d}\omega\right). \tag{5.34}$$

ε_∞ ist in der Regel ungleich Null; das bedeutet, daß sich ein Zufallsprozeß nicht beliebig genau schätzen läßt.

Die Leistungsfähigkeit eines linearen Prädiktors soll nun an den erzielbaren SNR-Verläufen für Zufallsprozesse mit ausgewählten Strukturen der statistischen Abhängigkeiten zwischen den Signalwerten diskutiert werden. Die Bilder 5.1 bis 5.2 zeigen die Werte der als *Prädiktionsgewinn* bezeichneten Größe

$$G_p = 10\log_{10}\frac{\psi_0}{\varepsilon_p}, \tag{5.35}$$

des zehnfachen Logarithmus des Quotienten aus Signalleistung ψ_0 und Prädiktionsfehlerleistung ε_p in Abhängigkeit von der Prädiktorordnung p. Wiedergegeben sind die Ergebnisse für Prozesse mit Autokorrelationsfunktionen vom LIN-, BW- und RC-Typ nach 3.11; angegeben sind auch die Grenzwerte G_∞ gemäß (5.34). Für die „Nächste-Nachbar-Korrelation" wurde in Bild 5.2 $\psi_1 = 0,95$ gewählt. Man erkennt deutlich die unterschiedliche Wirkung der Art der statistischen Abhängigkeit — oder wie man auch sagt — der Gedächtnisse der Zufallsprozesse. Während beim BW- und RC-Typ kontinuierlich, monoton wachsende G-Verläufe beobachtet werden, die bereits bei niedrigen vom Typ abhängigen Prädiktorordnungen den jeweiligen Grenzwert erreichen, erfolgt die Zunahme des Prädiktionsgewinns G beim LIN-Typ stufenförmig. Besonders fällt auf, daß die Annäherung an den Grenzwert mit wachsender Prädiktorordnung p selbst bei $p = 100$ nur unvollkommen ist. Der LIN-Typ besitzt offenbar ein langes Gedächtnis, was im Gegensatz zu der häufig geäußerten Meinung steht, daß zeitlich begrenzten Autokorrelationsfunktionen ein kurzes Gedächtnis entspricht. Allerdings sind die erzielbaren Prädiktionsgewinne generell gegenüber denen bei den anderen Spektraltypen sehr gering. Demgegenüber ist das Gedächtnis sowohl beim BW- als auch beim RC-Typ wie Bild 5.2 demonstriert schon nach wenigen Stützstellen für die Schätzwertbildung ausgeschöpft. Der Vergleich der Ergebnisse zeigt schließlich, daß die höchsten Prädiktionsgewinne bei Leistungsspektren vom BW-Typ erzielt werden. Der Prädiktionsgewinn erreicht beim BW-Spektrum der Ordnung $n = 4$ einen Wert

5.1 Lineare Prädiktion

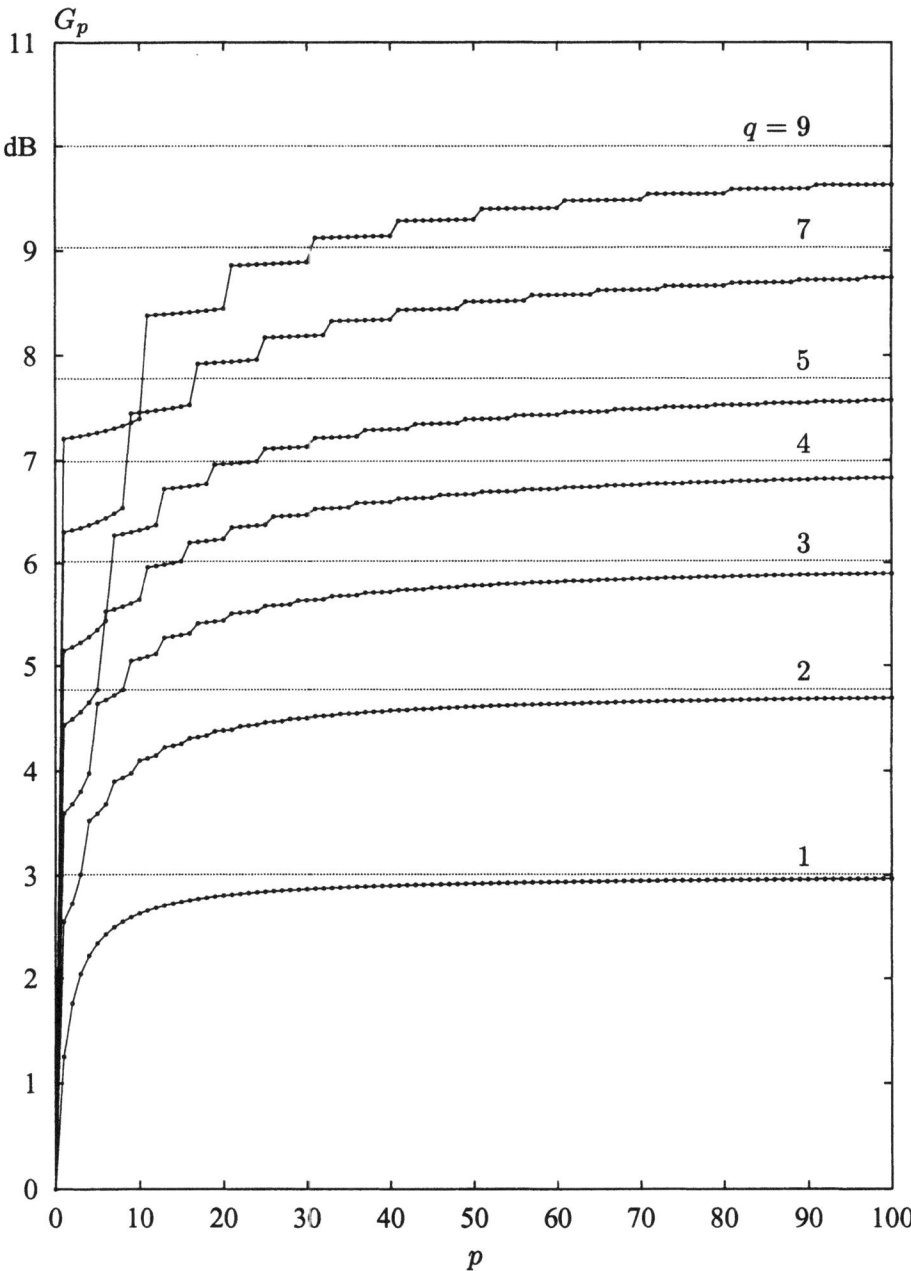

Bild 5.1: Prädiktionsgewinne G_p für LIN-q-Prozesse in Abhängigkeit von der Prädiktorordnung p zusammen mit dem jeweils maximal erreichbaren Prädiktionsgewinn G_∞ ($\cdots$)

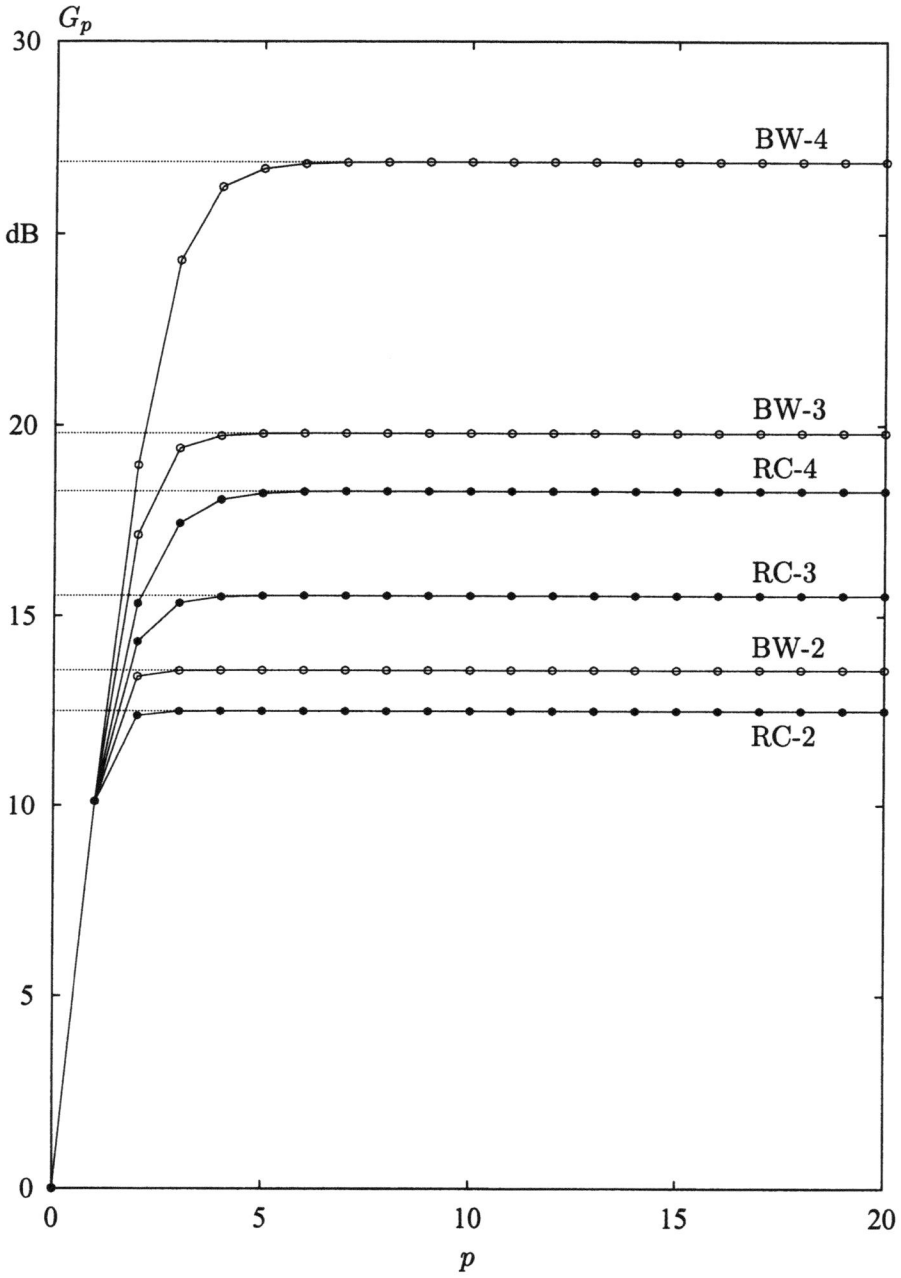

Bild 5.2: Prädiktionsgewinne G_p für RC-q- und BW-q-Prozesse in Abhängigkeit von der Prädiktorordnung p zusammen mit dem jeweils maximal erreichbaren Prädiktionsgewinn G_∞ ($\cdots$)

5.1 Lineare Prädiktion

von 27 dB gegenüber 18 dB beim RC-Spektrum der gleichen Ordnung und ist damit um den Faktor 8 größer.

Dieser Befund legt es nahe, den sehr anschaulichen Begriff des Gedächtnisses eines Zufallsprozesses nicht auf die Autokorrelationsfunktion, sondern besser auf den Prädiktionsgewinn zu stützen.

Ein Beispiel für die Datenreduktion durch Ausnutzung der Vorhersagbarkeit eines Signals bietet der Einsatz der linearen Prädiktion bei der Sprachsignalcodierung und -übertragung. Bei derartigen Verfahren wird neben den Prädiktorparametern nur das Prädiktionsfehlersignal übertragen, aus denen das Signal im Empfänger rekonstruiert werden kann. Erlauben die dem Signal innewohnenden Korrelationen einen hohen Prädiktionsgewinn, so ist die zu übertragende Datenmenge deutlich geringer als die des Originalsignals.

Die bisher betrachteten Prädiktionsalgorithmen dienten der Schätzung eines Signalwertes aus seinen unmittelbaren Vorgängern. Man kann aber auch lineare Prädiktoren angeben, die Schätzwerte für Signalwerte liefern, die weit von den Stützstellen die in die Linearkombination eingehen, entfernt sind. Derartige *Langzeitprädiktoren* werden z. B. in der Sprachsignalverarbeitung zur Schätzung von Quasi-Periodizitäten verwendet.

Die Berechnung des optimalen Schätzwertes $\hat{x}(n+N)$ für einen um $N+1$ Schritte in der Zukunft liegenden Signalwert $x(n+N)$ aus den p Signalwerten $x(n-k)$, $k=1,\ldots,p$, kann in gleicher Weise wie für den Fall $N=0$ erfolgen. An die Stelle von (5.1) tritt der Ansatz

$$\hat{x}(n+N) = \sum_{k=1}^{p} a_k^{(p)} x(n-k); \tag{5.36}$$

der Schätzfehler ist dann

$$e(n) = x(n+N) - \hat{x}(n+N) = x(n+N) - \sum_{k=1}^{p} a_k^{(p)} x(n-k) \tag{5.37}$$

entsprechend (5.2). Die Bedingung (5.3) ergibt sich damit in der Form

$$E\left\{\left(\xi(n+N) - \sum_{k=1}^{p} a_k^{(p)} \xi(n-k)\right) \xi(n-i)\right\} = \psi_{N+i} - \sum_{k=1}^{p} a_k^{(p)} \psi_{|i-k|} = 0,$$

$$i = 1,\ldots,p. \tag{5.38}$$

Die Prädiktorgleichung (5.8) geht damit in die Prädiktorgleichung

$$\mathbf{M}_p \cdot \mathbf{a} = \boldsymbol{\psi}^* \qquad (5.39)$$

über mit dem modifizierten Spaltenvektor

$$\boldsymbol{\psi}^* = \begin{pmatrix} \psi_{N+1} & \psi_{N+1} & \cdots & \psi_{N+1} \end{pmatrix}^\mathrm{T}. \qquad (5.40)$$

Aus (5.39) kann — wie zuvor — der Lösungsvektor

$$\mathbf{a} = \mathbf{M}_p^{-1} \boldsymbol{\psi}^* \qquad (5.41)$$

bestimmt werden; allerdings läßt sich der Durbin-Algorithmus nicht mehr anwenden, da sich die Komponenten von $\boldsymbol{\psi}^*$ von den Elementen der Matrix $\mathbf{M}_p$ unterscheiden.

Bild 5.3 veranschaulicht die Wirkung des Kurzzeit- und Langzeitprädiktors bei einem Sprachsignal. Bild 5.3a zeigt ein Sprachsignalsegment von 250 ms Dauer, das neben rauschartigen Abschnitten einen stimmhaften Abschnitt — erkennbar an großen Amplituden und seiner periodischen Struktur — aufweist.

Die Verarbeitung des Signals erfolgt blockweise, d. h. jeweils L aufeinanderfolgende Abtastwerte werden zu einem Block zusammengefaßt. Die Blocklänge L ist so gewählt, daß die Abtastwerte eines Blocks durch eine einheitliche „Korrelationsstruktur" und damit einen gemeinsamen Satz von Prädiktorparametern beschrieben werden können. Das Signal wird also durch eine Folge von Blöcken mit jeweils im Takt der Blocklänge L angepaßten Parametersätzen dargestellt. Diese können mit Hilfe der Vektorquantisierung sehr effizient codiert werden.

Der Kurzzeitprädiktor der Ordnung 16 wird jeweils nach 80 Abtastwerten — entsprechend 10 ms — aus 160 Werten neu berechnet und liefert aus dem Sprachsignal in Bild 5.3a das Prädiktionsfehlersignal in Bild 5.3b. Dabei fallen die großen Fehler in dem stimmhaften Signalsegment auf. Sie sind durch die dort vorhandenen Korrelationen im Takt der Stimmgrundfrequenz, die ein Prädiktor der Ordnung 16 nicht wahrnehmen kann, verursacht. Diese Korrelationen werden durch den Langzeitprädiktor erfaßt. Er bestimmt jeweils das Maximum aus 40 Abtastwerten und ermittelt daraus einen Schätzwert für das folgende Segment. Bild 5.3c zeigt das aus dem Fehlersignal 5.3b gewonnene Fehlersignal des Langzeitprädiktors. Die verbleibenden Periodizitäten sind weitgehend eliminiert. Die dann noch verbleibende Dynamik wird schließlich

5.1 Lineare Prädiktion

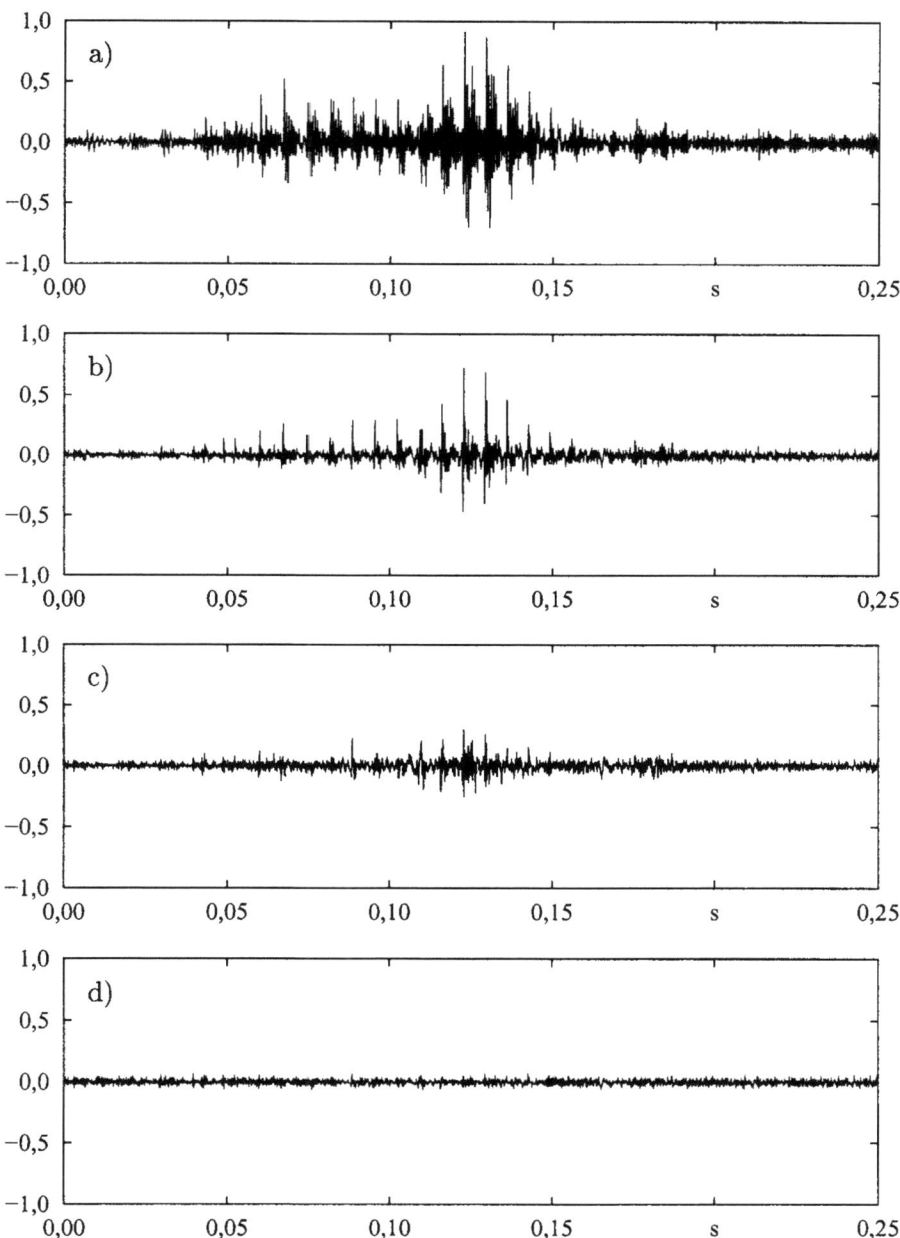

Bild 5.3: *Sprachsignal (a) und verbleibende Fehlersignale nach Kurzzeitprädiktion (b), zusätzlicher Langzeitprädiktion (c) und anschließender Leistungsnormierung (d)*

durch eine Normierung der Signalwerte auf die „Kurzzeitleistung", die Varianz aus 40 Signalwerten, entfernt, so daß ein rauschartiges Restsignal gemäß Bild 5.3d übrig bleibt. Aus diesem und den Parametern der Prädiktoren und der Leistungsnormierung, die durch 4500 bit/s codiert werden können, läßt sich das Sprachsignal in originaler Qualität rekonstruieren. Geht man von einer Datenrate von 64000 bit/s für das ursprüngliche Sprachsignal aus und setzt für das Restsignal eine Rate von 2000 bit/s an, so führt die Anwendung von linearer Prädiktion in Verbindung mit Vektorquantisierung zur Darstellung eines Sprachsignals, die nur 6500 bit/s benötigt, ohne die Sprachqualität merklich zu beeinträchtigen.

5.2 Pegelkreuzungsverhalten Stochastischer Prozesse

Klassische Probleme der Theorie stochastischer Prozesse bilden die Fragen nach der mittleren Anzahl von Kreuzungen der Nullinie oder allgemeiner eines vorgegebenen Schwellenwertes — kurz Pegel genannt —, nach der Wahrscheinlichkeit für eine bestimmte Zeitspanne bis zum Erreichen des vorgegebenen Pegels von einem Anfangspegel aus („first passage-time problem"), nach der Wahrscheinlichkeit für bestimmte zeitliche Abstände zweier benachbarter Pegelkreuzungen, nach der Wahrscheinlichkeit für das Auftreten eines relativen Extremums mit einem vorgegebenen Wert sowie nach Verbundwahrscheinlichkeiten dieser Größen.

Das „Pegelkreuzungsproblem" spielt in vielen physikalischen und technischen Anwendungen eine wichtige Rolle. Häufigkeit und Dauer von Überschreitungen sind zur Beurteilung beispielsweise der Aussteuerungsgrenzen in nachrichtenverarbeitenden Systemen und damit der Übertragungsqualität ebenso entscheidend wie bei der Bewertung der Belastungsgrenzen stochastisch erregter Werkstoffe oder mechanischer Komponenten. Treten derartige Belastungen, die durch Überschreitungen gewisser Toleranzen gekennzeichnet sind, zu häufig und zu lange andauernd auf — das gilt insbesondere auch für Lastwechsel —, so kann dies zur Materialermüdung oder gar zum Materialbruch und zum Ausfall von Komponenten und Systemen führen.

Die grundlegenden Ansätze zur analytischen Behandlung dieser Fragestellungen gehen auf S. O. Rice [Ric44], J. A. McFadden [McF56,58]

5.2 Pegelkreuzungsverhalten Stochastischer Prozesse

und M. S. Longuet-Higgins [Lon62] zurück. Während heute für einige der genannten Größen geschlossene analytische Lösungen vorliegen, konnten für andere Größen bisher nur Näherungslösungen gefunden werden.

In diesem Abschnitt sollen zunächst zwei Probleme exemplarisch behandelt werden, für die explizite Lösungen hergeleitet werden können: die mittlere Anzahl der Überschreitungen eines Schwellenwertes und die Verteilungsdichte der Extrema eines Gaußprozesses.

Zuvor sollen noch die Wahrscheinlichkeit $P_{-+}(\tau)$ dafür, daß ein mittelwertfreier Gaußprozeß zum Zeitpunkt t_1 ein negatives und nach Ablauf der Zeitspanne τ ein positives Vorzeichen aufweist, und die sogenannte Polaritätskorrelationsfunktion betrachtet werden.

Zum Abschluß werden die Ansätze zur näherungsweisen Berechnung der Verteilungsdichte $p_0(a;\tau)$ der Überschreitungszeitintervalle vorgestellt.

5.2.1 Wahrscheinlichkeit $P_{-+}(\tau)$

Die Wahrscheinlichkeit $P_{-+}(\tau)$ dafür, daß ein Gaußscher Zufallsprozeß $\xi(t)$ mit $E\{\xi\} = 0$ zum Zeitpunkt t_1 ein negatives Vorzeichen und nach Ablauf der Zeitspanne τ ein positives Vorzeichen aufweist — Bild 5.4 zeigt mögliche Verläufe seiner Musterfunktionen — ergibt sich aus der zweidimensionalen Gaußdichte $p_{\xi_1\xi_2}(x_1,x_2)$ für die Zufallsvariablen $\xi_1 = \xi(t_1)$ und $\xi_2 = \xi(t_1 + \tau)$ mit dem Ansatz

$$P_{-+}(\tau) = \int_{x_1=-\infty}^{0} \int_{x_2=0}^{\infty} p_{\xi_1\xi_2}(x_1,x_2) \, dx_1 \, dx_2. \tag{5.42}$$

Die Wahrscheinlichkeiten $P_{+-}(\tau)$ für die jeweils entgegengesetzten Vorzeichen und $P_{++}(\tau)$ und $P_{--}(\tau)$ dafür, daß gleiche Vorzeichen vorliegen, erhält man mit dem gleichen Ansatz bei entsprechend gewählten Integrationsgrenzen. Aus Symmetriegründen ist

$$P_{-+}(\tau) = P_{+-}(\tau) \tag{5.43}$$

und

$$P_{++}(\tau) = P_{--}(\tau). \tag{5.44}$$

Die Summe

$$P_{++}(\tau) + P_{+-}(\tau) + P_{-+}(\tau) + P_{--}(\tau) = 1 \tag{5.45}$$

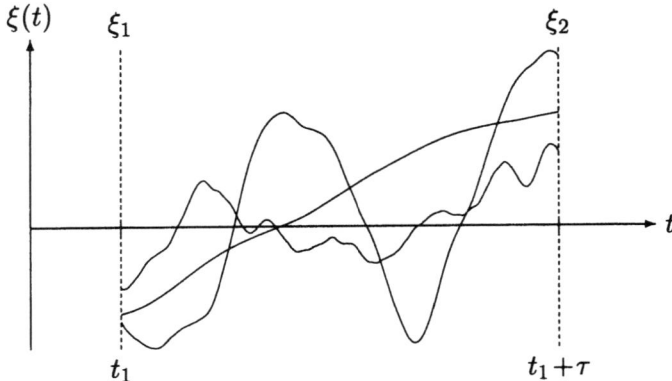

Bild 5.4: *Exemplarische Musterfunktionen $x(t)$*

ist die Wahrscheinlichkeit für das sichere Ereignis. Wegen (5.43) und (5.44) und der Beziehung (5.45) bestimmt also bereits eine der Wahrscheinlichkeiten alle übrigen, z. B. ist also

$$P_{++}(\tau) = \frac{1}{2} - P_{-+}(\tau). \tag{5.46}$$

Trägt man $p_{\xi_1\xi_2}(x_1, x_2)$ in der Form (3.184) in (5.42) ein, so erhält man mit der normierten Autokorrelationsfunktion $\rho(\tau) = \rho_{\xi\xi}(\tau) = \psi_{\xi\xi}(\tau)/\psi_0$

$$P_{-+}(\tau) = \frac{1}{2\pi\psi_0\sqrt{1-\rho^2(\tau)}} \tag{5.47}$$

$$\times \int_{x_1=-\infty}^{0} \int_{x_2=0}^{\infty} \exp\left(-\frac{x_1^2 - 2\rho(\tau)x_1x_2 + x_2^2}{2\psi_0[1-\rho^2(\tau)]}\right) dx_1\, dx_2.$$

Die Variablentransformation — wobei zur Abkürzung ρ statt $\rho(\tau)$ steht —

$$x_1 = y_1, \tag{5.48}$$

$$x_2 = \rho y_1 + \sqrt{1-\rho^2}\, y_2 \tag{5.49}$$

bzw.

$$y_1 = x_1, \tag{5.50}$$

$$y_2 = -\frac{\rho}{\sqrt{1-\rho^2}} x_1 + \frac{1}{\sqrt{1-\rho^2}} x_2 \tag{5.51}$$

5.2 Pegelkreuzungsverhalten Stochastischer Prozesse

liefert für (5.47) den Ausdruck

$$P_{-+}(\tau) = \frac{1}{2\pi\psi_0} \int_{y_1=-\infty}^{0} \int_{y_2=-\frac{\rho}{\sqrt{1-\rho^2}}y_1}^{\infty} \exp\left(-\frac{y_1^2 + y_2^2}{2\psi_0}\right) dy_1\, dy_2. \quad (5.52)$$

Das Integrationsgebiet in (5.47), der zweite Quadrant in der $x_1 x_2$-Ebene, geht dazu für $\rho > 0$ in den in Bild 5.5 gekennzeichneten Sektor S der $y_1 y_2$-Ebene über, der durch die Gerade

$$y_2 = -\frac{\rho}{\sqrt{1-\rho^2}} y_1 \quad (5.53)$$

und die positive y_2-Achse begrenzt ist.

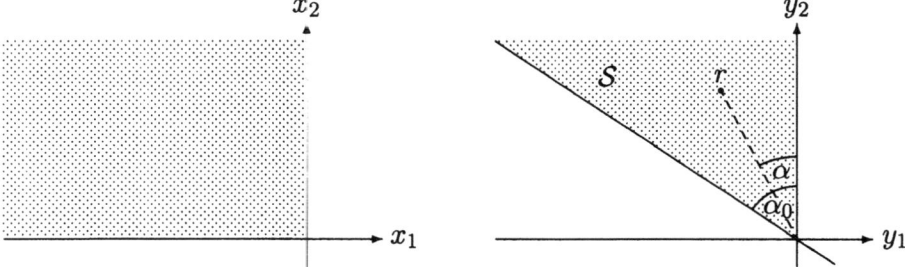

Bild 5.5: Integrationsgebiet zur Berechnung von $P_{-+}(\tau)$

Führt man ferner Polarkoordinaten gemäß

$$y_1 = -r \sin \alpha, \quad (5.54)$$
$$y_2 = r \cos \alpha \quad (5.55)$$

ein, so folgt weiter für (5.52)

$$P_{-+}(\tau) = \frac{1}{2\pi\psi_0} \int_{r=0}^{\infty} \int_{\alpha=0}^{\alpha_0} r \exp\left(-\frac{r^2}{2\psi_0}\right) dr\, d\alpha = \frac{\alpha_0}{2\pi}. \quad (5.56)$$

α_0 entspricht — wie Bild 5.5 veranschaulicht — dem Winkel der Grenzgeraden

$$y_2 = r \cos \alpha_0 = -\frac{\rho}{\sqrt{1-\rho^2}} y_1 = +\frac{\rho}{\sqrt{1-\rho^2}} r \sin \alpha_0, \quad (5.57)$$

ist also durch
$$\alpha_0 = \arctan\left(\frac{\sqrt{1-\rho^2}}{\rho}\right) \tag{5.58}$$
gegeben. Damit ergibt sich
$$P_{-+}(\tau) = \frac{1}{2\pi}\arctan\left(\frac{\sqrt{1-\rho^2(\tau)}}{\rho(\tau)}\right). \tag{5.59}$$

Zum gleichen Ergebnis gelangt man mit der entsprechenden Rechnung im Falle $\rho < 0$.

5.2.2 Polaritätskorrelationsfunktion

Unterwirft man ein Gaußsches stochastisches Signal $x(t)$ einer „unendlichen" Verstärkung und einer anschließenden Begrenzung auf die Werte $+1$ und -1 („infinite clipping"), so entsteht — wie Bild 5.6 veranschaulicht — eine „stochastische Rechteckwelle" $z(t)$, die ihre Nullstellen mit denen des ursprünglichen Gaußschen Signals gemeinsam hat. Die Autokorrelationsfunktion dieses zweistufigen Prozesses $\zeta(t)$ wird als *Polaritätskorrelationsfunktion* des Gaußprozesses $\xi(t)$ bezeichnet.

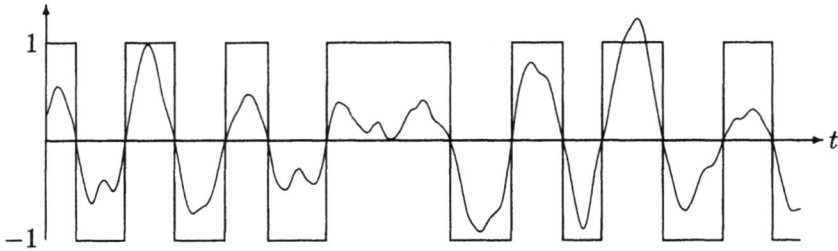

Bild 5.6: *Stochastische Rechteckwelle zu einem stochastischen Signal*

Allgemein erhält man die Autokorrelationsfunktion eines wertdiskreten Zufallsprozesses mit den Wertstufen z_1 und z_2, indem man mit der Wahrscheinlichkeit $P(z_i, z_j; \tau)$ für das gemeinsame Auftreten der Zufallsvariablen ζ_i und ζ_j im zeitlichen Abstand τ den Erwartungswert

$$\psi_{\zeta\zeta}(\tau) = \sum_{i=1}^{2}\sum_{j=1}^{2} z_i\, z_j\, P(z_i, z_j; \tau) \tag{5.60}$$

5.2 Pegelkreuzungsverhalten Stochastischer Prozesse

bildet. Im Falle, daß z_i und z_j nur die beiden Werte $+1$ oder -1 annehmen, erhält man

$$\psi_{\zeta\zeta}(\tau) = P(1,1,\tau) + P(-1,-1,\tau) - P(1,-1,\tau) - P(-1,1,\tau). \quad (5.61)$$

In der Notation von 5.2.1 und unter Berücksichtigung der Beziehungen (5.43) und (5.44) entspricht

$$P(1,-1,\tau) = P(-1,1,\tau) = P_{-+}(\tau) \quad (5.62)$$

und

$$P(1,1,\tau) = P(-1,-1,\tau) = P_{++}(\tau). \quad (5.63)$$

Damit ergibt sich, wenn man noch (5.45) und (5.46) beachtet,

$$\psi_{\zeta\zeta}(\tau) = 2\,P_{++}(\tau) - 2\,P_{-+}(\tau) = 1 - 4\,P_{-+}(\tau) \quad (5.64)$$

und schließlich mit dem Ausdruck (5.59) für $P_{-+}(\tau)$

$$\psi_{\zeta\zeta}(\tau) = 1 - \frac{2}{\pi}\arctan\left(\frac{\sqrt{1-\rho^2(\tau)}}{\rho(\tau)}\right) = 1 - \frac{2}{\pi}\arccos[\rho(\tau)]$$

$$= \frac{2}{\pi}\arcsin[\rho(\tau)]. \quad (5.65)$$

Die Polaritätskorrelationsfunktion eines mittelwertfreien Gaußprozesses $\xi(t)$ wird also allein durch die Wahrscheinlichkeit $P_{-+}(\tau)$ für unterschiedliche Vorzeichen im zeitlichen Abstand τ bestimmt. Sie bestimmt ihrerseits die normierte Autokorrelationsfunktion $\rho(\tau)$ des Gaußprozesses. Dieser Zusammenhang bildet die Grundlage der vorteilhaften Bestimmung von $\rho(\tau)$ aus $\psi_{\zeta\zeta}(\tau)$ [Wol73a].

5.2.3 Die mittlere Anzahl der Überschreitungen eines Schwellenwertes

Die Überschreitung eines Schwellenwertes a durch einen stationären Zufallsprozeß $\xi(t)$ zum willkürlichen Zeitpunkt t_1 wird durch das Ereignis

$$\{\xi(t_1) = \xi_1 < a\} \cap \{\xi(t_1 + \tau) = \xi_2 > a\} \quad (5.66)$$

definiert. Dabei ist angenommen, daß τ so klein gewählt wird, daß im Intervall der Länge τ nur eine einzige Kreuzung der Schwelle a auftritt, die

Wahrscheinlichkeit für $2k$, $k = 1, 2, \ldots$, weitere Kreuzungen in $(t_1, t_1+\tau)$ also vernachlässigt werden kann.

Die Wahrscheinlichkeit $P_{-+}(a)$ für das durch (5.66) beschriebene Ereignis ergibt sich durch Integration der gemeinsamen Wahrscheinlichkeitsdichte $p_{\xi_1\xi_2}(x_1, x_2)$ der Zufallsvariablen ξ_1 und ξ_2 über den durch (5.66) gegebenen Wertebereich von ξ_1 und ξ_2

$$P_{-+}(a) = \int_{-\infty}^{a} \int_{a}^{\infty} p_{\xi_1\xi_2}(x_1, x_2) \, dx_1 \, dx_2. \tag{5.67}$$

Für kleine τ kann man die Näherung

$$\xi(t_1 + \tau) \approx \xi(t_1) + \tau \left.\frac{d\xi}{dt}\right|_{t=t_1} \tag{5.68}$$

einführen und die Zufallsvariable

$$\xi_2 = \xi_1 + \tau \dot{\xi}_1 \tag{5.69}$$

durch die Variable $\dot{\xi}_1$ ersetzen. Damit wird das gemäß (5.67) festgelegte und in Bild 5.7a veranschaulichte Integrationsgebiet $\mathcal{G}$ in der $x_1 x_2$-Ebene auf das in Bild 5.7b schraffierte Gebiet $\mathcal{G}'$ in der $x\dot{x}$-Ebene transformiert. Damit geht (5.67) in das Integral

$$P_{-+}(a) = \int_{\dot{x}=0}^{\infty} \int_{x=a-\tau\dot{x}}^{a} p_{\xi\dot{\xi}}(x, \dot{x}) \, dx \, d\dot{x} \tag{5.70}$$

über; zur Vereinfachung der Schreibweise wurden hier die Indizes bei den Zufallsvariablen weggelassen.

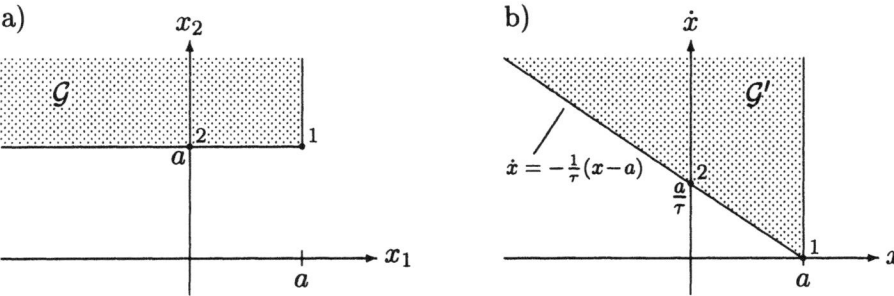

Bild 5.7: *Integrationsgebiete der Integrale (5.67) (a) und (5.70) (b)*

5.2 Pegelkreuzungsverhalten Stochastischer Prozesse

Da τ im Rahmen der Näherung eine kleine Größe ist, kann man im Sinne des Mittelwertsatzes das innere Integral über x durch $\tau \dot{x} p_{\xi\dot{\xi}}(a, \dot{x})$ ersetzen und erhält

$$P_{-+}(a) \approx \tau \int_0^\infty \dot{x}\, p_{\xi\dot{\xi}}(a, \dot{x})\, d\dot{x}. \tag{5.71}$$

Die mittlere Anzahl

$$\beta_+ = \frac{P_{-+}}{\tau} \tag{5.72}$$

der in der Zeiteinheit erfolgenden Überschreitungen des Pegels a ist damit allgemein durch den Ausdruck

$$\beta_+ = \int_0^\infty \dot{x}\, p_{\xi\dot{\xi}}(a, \dot{x})\, d\dot{x} \tag{5.73}$$

bestimmt. Sie erfordert die Kenntnis der Verbundwahrscheinlichkeitsdichte des Zufallsprozesses $\xi(t)$ und seiner Ableitung $\dot{\xi}(t)$.

Im Falle des stationären, mittelwertfreien Gaußprozesses ist diese Verbunddichte durch (3.240) gegeben, wobei hier die Zufallsvariablen ξ und $\dot{\xi}$ zum gleichen Zeitpunkt zu betrachten sind, also mit $\psi'(\tau) = 0$ und $-\psi''(0) = -\psi_0'' > 0$

$$p_{\xi\dot{\xi}}(x, \dot{x}) = \frac{1}{2\pi \sqrt{-\psi_0 \psi_0''}} \exp\left(-\frac{x^2}{2\psi_0} - \frac{\dot{x}^2}{-2\psi_0''}\right) \tag{5.74}$$

gilt. Mit (5.74) ergibt sich für (5.73)

$$\beta_+(a) = \frac{1}{2\pi} \sqrt{\frac{-\psi_0''}{\psi_0}} \exp\left(-\frac{a^2}{2\psi_0}\right). \tag{5.75}$$

Aus Symmetriegründen ist die mittlere Anzahl $\beta_-(a)$ der Unterschreitungen, also der Kreuzungen der Schwelle a mit negativer Steigung, gleich $\beta_+(a)$, so daß die mittlere Anzahl β aller Kreuzungen des Pegels a

$$\beta(a) = \frac{1}{\pi} \sqrt{\frac{-\psi_0''}{\psi_0}} \exp\left(-\frac{a^2}{2\psi_0}\right) \tag{5.76}$$

beträgt. Für die Nullinie, also $a = 0$, gilt

$$\beta(0) = \frac{1}{\pi} \sqrt{\frac{-\psi_0''}{\psi_0}}. \tag{5.77}$$

Die Größe β läßt sich mit Hilfe der Wiener-Khintchine-Relation (3.136) auch durch die Spektrale Leistungsdichte $S(\omega)$ ausdrücken. Allgemein gilt

$$\psi''(\tau) = -\frac{1}{2\pi} \int_{-\infty}^{\infty} \omega^2 S(\omega) \, e^{j\omega\tau} \, d\omega, \tag{5.78}$$

für $\tau = 0$ also

$$\psi''(0) = -\frac{1}{2\pi} \int_{-\infty}^{\infty} \omega^2 S(\omega) \, d\omega. \tag{5.79}$$

Damit erhält man anstelle von (5.77)

$$\beta(0) = \frac{1}{\pi} \sqrt{\frac{\int_{-\infty}^{\infty} \omega^2 S(\omega) \, d\omega}{\int_{-\infty}^{\infty} S(\omega) \, d\omega}}. \tag{5.80}$$

Die Abhängigkeit der Nullstellenrate vom Signaltyp sei an einem Beispiel erläutert.

Liegt „weißes Rauschen" im Frequenzintervall $-\omega_0 \leq \omega \leq \omega_0$ vor (vgl. S. 236), so daß $S(\omega)$ durch

$$S(\omega) = \begin{cases} S_0 & \text{für } |\omega| \leq \omega_0, \\ 0 & \text{sonst} \end{cases} \tag{5.81}$$

gegeben ist, so ergibt sich für $\beta(0)$ aus (5.80)

$$\beta(0) = \frac{1}{\pi} \sqrt{\frac{\int_{0}^{\omega_0} \omega^2 S(\omega) \, d\omega}{\int_{0}^{\omega_0} S(\omega) \, d\omega}} = \frac{1}{\pi\sqrt{3}} \omega_0 = \frac{2}{\sqrt{3}} f_0. \tag{5.82}$$

$\beta(0)$ ist also der „Bandbreite" f_0 proportional.

Das Ergebnis (5.77) erhält man auch aus (5.59). Im Grenzfall $\tau \to 0$ strebt nämlich $P_{-+}(\tau)$, wenn man die normierte Autokorrelationsfunktion $\rho(\tau)$ durch die Potenzreihenentwicklung

$$\rho(\tau) \approx 1 + \frac{\tau^2}{2} \rho''(0) \approx 1 \tag{5.83}$$

5.2 Pegelkreuzungsverhalten Stochastischer Prozesse

und
$$1 - \rho^2(\tau) = [1 + \rho(\tau)][1 - \rho(\tau)] \approx -\tau^2 \rho''(0) \qquad (5.84)$$
approximiert, gegen
$$P_{-+}(\tau) = \frac{1}{2\pi} \arctan\left(\tau\sqrt{-\rho''(0)}\right) \approx \tau \frac{\sqrt{-\rho''(0)}}{2\pi}, \qquad (5.85)$$
wobei $\rho''(0) = \psi''(0)/\psi_0 < 0$ ist. Man findet also wieder
$$\frac{P_{-+}(\tau)}{\tau} = \beta_+(0) = \frac{1}{2\pi}\sqrt{-\rho''(0)} \qquad (5.86)$$
als die mittlere Anzahl von Überschreitungen pro Zeiteinheit und
$$\beta(0) = \frac{1}{\pi}\sqrt{-\rho''(0)} \qquad (5.87)$$
als die mittlere Anzahl von Kreuzungen der Nullinie pro Zeiteinheit.

5.2.4 Dichte der relativen Maxima eines Gaußprozesses

Das Ereignis des Auftretens eines relativen Maximums eines Zufallsprozesses $\xi(t)$ in einem hinreichend kleinen Zeitintervall $(t, t + \tau)$ läßt sich durch die Bedingungen an die Steigungen des Prozesses
$$\dot{\xi}(t) \geq 0 \qquad (5.88)$$
und
$$\dot{\xi}(t + \tau) \leq 0 \qquad (5.89)$$
definieren. Nimmt man an, daß $\dot{\xi}(t)$ in $(t, t + \tau)$ durch die lineare Näherung
$$\dot{\xi}(t + \tau) = \dot{\xi}(t) + \tau \ddot{\xi}(t) \qquad (5.90)$$
beschrieben werden kann, so kann die Bedingung (5.89) durch die Bedingung
$$0 \leq \dot{\xi}(t) \leq -\tau \ddot{\xi}(t) \qquad (5.91)$$
ersetzt werden. Steigung $\dot{\xi}(t)$ und Krümmung $\ddot{\xi}(t)$ des Prozesses sind durch die Bedingungen (5.88) und (5.89) wechselseitig verknüpft, wenn in $(t, t + \tau)$ ein Maximum vorliegen soll.

Die Wahrscheinlichkeit für ein Maximum in $(t, t+\tau)$ mit einem Wert im infinitesimalen Intervall $(x, x + \mathrm{d}x)$ ergibt sich nun aus der Verbundwahrscheinlichkeitsdichte $p_{\xi\dot{\xi}\ddot{\xi}}(x, \dot{x}, \ddot{x})$ von Amplitude, Steigung und

Krümmung zum gleichen Zeitpunkt des Prozesses durch Integration über alle negativen Krümmungen und die durch (5.91) zugelassenen Steigungen in der Form

$$dW_{\max} = dx \int_{\dot{x}=0}^{-\tau \ddot{x}} \int_{\ddot{x}=-\infty}^{0} p_{\xi\dot{\xi}\ddot{\xi}}(x,\dot{x},\ddot{x}) \, d\dot{x} \, d\ddot{x}. \tag{5.92}$$

Ersetzt man für kleine τ im Sinne des Mittelwertsatzes der Integralrechnung

$$\int_{\dot{x}=0}^{-\tau \ddot{x}} p_{\xi\dot{\xi}\ddot{\xi}}(x,\dot{x},\ddot{x}) \, d\dot{x} \approx -\tau \ddot{x} \, p_{\xi\dot{\xi}\ddot{\xi}}(x,0,\ddot{x}), \tag{5.93}$$

so reduziert sich (5.92) auf das einfache Integral

$$dW_{\max} = -\tau \, dx \int_{\ddot{x}=-\infty}^{0} \ddot{x} \, p_{\xi\dot{\xi}\ddot{\xi}}(x,0,\ddot{x}) \, d\ddot{x}. \tag{5.94}$$

$$P_{\max}(x) = \frac{dW_{\max}}{\tau \, dx} = - \int_{\ddot{x}=-\infty}^{0} \ddot{x} \, p_{\xi\dot{\xi}\ddot{\xi}}(x,0,\ddot{x}) \, d\ddot{x} \tag{5.95}$$

bezeichnet dann die Wahrscheinlichkeit für ein Maximum pro Zeiteinheit mit einem Wert in $(x, x+dx)$. Durch Normierung auf alle Maxima α pro Zeiteinheit, also aus $-\infty \leq x \leq \infty$, folgt die Dichte der Maxima

$$p_{\max}(x) = \frac{1}{\alpha} P_{\max}(x) = -\frac{1}{\alpha} \int_{\ddot{x}=-\infty}^{0} \ddot{x} \, p_{\xi\dot{\xi}\ddot{\xi}}(x,0,\ddot{x}) \, d\ddot{x}. \tag{5.96}$$

α erhält man durch Integration gemäß

$$\alpha = \int_{-\infty}^{\infty} P_{\max}(x) \, dx \tag{5.97}$$

von (5.95). Zur Auswertung des Integrals in (5.95) muß die Verbunddichte $p_{\xi\dot{\xi}\ddot{\xi}}(x,\dot{x},\ddot{x})$ bekannt sein, die für einen mittelwertfreien Gaußprozeß durch (3.212) gegeben ist, wobei die Zufallsvariablen hier die Bedeutung

$$\xi_1 = \xi(t), \qquad \xi_2 = \dot{\xi}(t), \qquad \xi_3 = \ddot{\xi}(t) \tag{5.98}$$

5.2 Pegelkreuzungsverhalten Stochastischer Prozesse

haben. Es gilt dann gemäß (3.67) und (3.238) $E\{\xi_1^2\} = \psi_0$, $E\{\xi_1\xi_2\} = 0$, $E\{\xi_1\xi_3\} = \psi_0''$, $E\{\xi_2^2\} = -\psi_0''$, $E\{\xi_2\xi_3\} = 0$, $E\{\xi_3^2\} = \psi_0^{(4)}$, wobei wie zuvor die Zeichen $''$ und $^{(4)}$ Ableitungen der Autokorrelationsfunktion $\psi(\tau)$ nach τ bezeichnen.

Die Autokorrelationsmatrix lautet dann

$$\mathbf{M} = \begin{pmatrix} \psi_0 & 0 & \psi_0'' \\ 0 & -\psi_0'' & 0 \\ \psi_0'' & 0 & \psi_0^{(4)} \end{pmatrix} \quad (5.99)$$

mit

$$\det \mathbf{M} = -\psi_0'' \left(\psi_0 \psi_0^{(4)} - \psi_0''^2 \right). \quad (5.100)$$

Die Elemente M_{ik} der Matrix der Adjunkten sind dabei

$$\begin{aligned} M_{11} &= -\psi_0'' \psi_0^{(4)}, & M_{12} &= M_{21} = M_{23} = M_{32} = 0, \\ M_{13} &= M_{31} = \psi_0''^2, & M_{22} &= \psi_0 \psi_0^{(4)} - \psi_0''^2, & M_{33} &= -\psi_0 \psi_0''; \end{aligned} \quad (5.101)$$

ferner gilt

$$\frac{M_{33} \det \mathbf{M}}{M_{11} M_{33} - M_{13}^2} = \psi_0. \quad (5.102)$$

Schreibt man entsprechend (5.98) statt x, $\dot{x}$ und $\ddot{x}$ jeweils x_1, x_2 bzw. x_3, so nimmt die gesuchte Verbunddichte $p_{\xi\dot{\xi}\ddot{\xi}}(x, 0, \ddot{x})$, die in (5.96) eingeht, die Gestalt

$$p_{\xi_1\xi_2\xi_3}(x_1, 0, x_3) = \frac{1}{\sqrt{(2\pi)^3 \det \mathbf{M}}} \exp\left(-\frac{M_{11}x_1^2 + 2M_{13}x_1x_3 + M_{33}x_3^2}{2 \det \mathbf{M}}\right) \quad (5.103)$$

an und weiter, wenn man noch im Exponenten die quadratische Ergänzung $(M_{13}^2/M_{33})x_1^2$ einführt und (5.102) beachtet, schließlich

$$\begin{aligned} p_{\xi_1\xi_2\xi_3}(x_1, 0, x_3) &= \frac{1}{\sqrt{(2\pi)^3 \det \mathbf{M}}} \exp\left(-\frac{x_1^2}{2\psi_0}\right) \\ &\quad \times \exp\left[-\frac{M_{33}}{2 \det \mathbf{M}} \left(\frac{M_{13}}{M_{33}} x_1 + x_3\right)^2\right]. \end{aligned} \quad (5.104)$$

So findet man

$$\alpha P_{\max}(x_1) = -\frac{1}{\sqrt{(2\pi)^3 \det \mathbf{M}}} \exp\left(-\frac{x_1^2}{2\psi_0}\right) \quad (5.105)$$

$$\times \int_{-\infty}^{0} x_3 \exp\left[-\frac{M_{33}}{2\det \mathbf{M}} \left(\frac{M_{13}}{M_{33}} x_1 + x_3\right)^2\right] dx_3.$$

Für das Integral

$$I(x_1) = \int_{-\infty}^{0} x_3 \exp\left[-\frac{M_{33}}{2\det \mathbf{M}} \left(\frac{M_{13}}{M_{33}} x_1 + x_3\right)^2\right] dx_3 \quad (5.106)$$

erhält man mit der Substitution

$$z = \sqrt{\frac{M_{33}}{2\det \mathbf{M}}} \left(\frac{M_{13}}{M_{33}} x_1 + x_3\right) \quad (5.107)$$

und der Abkürzung

$$c = \frac{M_{13}}{\sqrt{2M_{33}\det \mathbf{M}}} \quad (5.108)$$

den Ausdruck

$$I(x_1) = \frac{2\det \mathbf{M}}{M_{33}} \int_{-\infty}^{cx_1} (z - cx_1)\exp(-z^2)\,dz. \quad (5.109)$$

Mit dem Gaußschen Fehlerintegral

$$\mathrm{erf}(u) = \frac{2}{\sqrt{\pi}} \int_0^u \exp(-z^2)\,dz = \frac{2}{\sqrt{\pi}} \int_{-\infty}^u \exp(-z^2)\,dz - 1 \quad (5.110)$$

erhält man

$$I(x_1) = -\frac{\det \mathbf{M}}{M_{33}} \left(\exp(-c^2 x_1^2) + \sqrt{\pi}\, cx_1 [1 + \mathrm{erf}(cx_1)]\right). \quad (5.111)$$

Setzt man (5.111) in (5.105) ein, so folgt

$$\alpha P_{\max}(x_1) = \frac{\sqrt{\det \mathbf{M}}}{\sqrt{(2\pi)^3}\, M_{33}} \quad (5.112)$$

$$\times \left[\exp\left[-\left(\frac{1}{2\psi_0} + c^2\right) x_1^2\right] + \sqrt{\pi}\, cx_1 \exp\left(-\frac{x_1^2}{2\psi_0}\right) [1 + \mathrm{erf}(cx_1)]\right].$$

5.2 Pegelkreuzungsverhalten Stochastischer Prozesse

Aus (5.108) und (5.102) ergibt sich weiter

$$\frac{1}{2\psi_0} + c^2 = \frac{M_{11}}{2\det \mathbf{M}} \qquad (5.113)$$

und damit

$$\alpha P_{\max}(x_1) = \frac{\sqrt{\det \mathbf{M}}}{\sqrt{(2\pi)^3 \, M_{33}}} \qquad (5.114)$$

$$\times \left[\exp\left(-\frac{M_{11}}{2\det \mathbf{M}} x_1^2\right) + \sqrt{\pi}\, c x_1 \exp\left(-\frac{x_1^2}{2\psi_0}\right) [1 + \mathrm{erf}(c x_1)] \right].$$

Führt man noch zur Abkürzung die Größe

$$\gamma = \frac{\psi_0 \psi_0^{(4)}}{\psi_0''^{\,2}} \qquad (5.115)$$

ein, so nehmen die in (5.114) aus den Elementen M_{ik} gebildeten verbliebenen Koeffizienten die Formen

$$\frac{\sqrt{\det \mathbf{M}}}{M_{33}} = \frac{\sqrt{-\psi_0''}}{\psi_0} \sqrt{\gamma - 1}, \qquad (5.116)$$

$$\frac{M_{11}}{\det \mathbf{M}} = \frac{1}{\psi_0} \frac{\gamma}{\gamma - 1}, \qquad (5.117)$$

$$\frac{M_{13}}{\sqrt{M_{33}^3}} = \sqrt{\frac{-\psi_0''}{\psi_0^3}} \qquad (5.118)$$

und

$$c = \frac{1}{\sqrt{2\psi_0}} \frac{1}{\sqrt{\gamma - 1}} \qquad (5.119)$$

an.

Damit erscheint die Wahrscheinlichkeit für ein relatives Maximum im Amplitudenintervall $(x, x + \mathrm{d}x)$ — wenn wieder x statt x_1 geschrieben wird — in der übersichtlichen Form

$$P_{\max}(x) = \frac{\sqrt{-\psi_0''}}{2\pi \psi_0} \qquad (5.120)$$

$$\times \left[\sqrt{\frac{\gamma - 1}{2\pi}} \exp\left(-\frac{\gamma}{2(\gamma - 1)} \frac{x^2}{\psi_0}\right) + \frac{x}{2\sqrt{\psi_0}} \exp\left(-\frac{x^2}{2\psi_0}\right) \left[1 + \mathrm{erf}\left(\frac{x}{\sqrt{2\psi_0(\gamma - 1)}}\right)\right] \right].$$

$P_{\max}(x)$ hängt also außer von x allein von dem Parameter γ ab. Ersetzt man noch x durch die auf die Streuung $\sqrt{\psi_0}$ bezogenen Variable $y = x/\sqrt{\psi_0}$ und setzt $-\psi_0''/\psi_0 = -\rho_0''$, so erhält man schließlich

$$P_{\max}(y) = \sqrt{\psi_0}\, P_{\max}(x) = \frac{1}{2\pi}\sqrt{-\rho_0''} \qquad (5.121)$$

$$\times \left[\sqrt{\frac{\gamma-1}{2\pi}} \exp\left(-\frac{\gamma}{2(\gamma-1)} y^2\right) + \frac{y}{2}\exp\left(-\frac{y^2}{2}\right)\left[1 + \operatorname{erf}\left(\frac{y}{\sqrt{2(\gamma-1)}}\right)\right]\right].$$

Aus $P_{\max}(y)$ gewinnt man die Dichte $p_{\max}(y)$ der Maxima des stationären Gaußprozesses durch Division der Wahrscheinlichkeit $P_{\max}(y)$ durch die mittlere Anzahl α_+ aller Maxima im gesamten Wertebereich $-\infty \leq y \leq \infty$. Diese Anzahl α_+ erhält man durch Integration von (5.121):

$$\alpha_+ = \int_{-\infty}^{\infty} P_{\max}(y)\,\mathrm{d}y. \qquad (5.122)$$

Die Integration über den ersten Summanden von (5.121) liefert unmittelbar

$$\frac{\sqrt{-\rho_0''}}{2\pi}\,\frac{\gamma-1}{\sqrt{\gamma}}; \qquad (5.123)$$

für den zweiten Summanden folgt durch partielle Integration

$$\frac{\sqrt{-\rho_0''}}{2\pi} \int_{-\infty}^{\infty} \frac{y}{2}\exp\left(-\frac{y^2}{2}\right)\left[1+\operatorname{erf}\left(\frac{y}{\sqrt{2(\gamma-1)}}\right)\right]\mathrm{d}y \qquad (5.124)$$

$$= \frac{\sqrt{-\rho_0''}}{2\pi} \underbrace{\left[-\frac{1}{2}\exp\left(-\frac{y^2}{2}\right)\left[1+\operatorname{erf}\left(\frac{y}{\sqrt{2(\gamma-1)}}\right)\right]\right]_{-\infty}^{\infty}}_{=0}$$

$$+ \frac{\sqrt{-\rho_0''}}{2\pi}\,\frac{1}{\sqrt{2\pi(\gamma-1)}} \int_{-\infty}^{\infty} \exp\left(-\frac{y^2}{2}\right)\exp\left(-\frac{y^2}{2(\gamma-1)}\right)\mathrm{d}y$$

$$= \frac{\sqrt{-\rho_0''}}{2\pi}\,\frac{1}{\sqrt{2\pi(\gamma-1)}} \int_{-\infty}^{\infty} \exp\left(-\frac{\gamma y^2}{2(\gamma-1)}\right)\mathrm{d}y = \frac{\sqrt{-\rho_0''}}{2\pi}\,\frac{1}{\sqrt{\gamma}}.$$

Damit erhält man für die mittlere Anzahl aller Maxima

$$\alpha_+ = \frac{\sqrt{-\rho''}}{2\pi}\left(\frac{\gamma-1}{\sqrt{\gamma}} + \frac{1}{\sqrt{\gamma}}\right) = \frac{\sqrt{-\rho''}}{2\pi}\sqrt{\gamma}. \qquad (5.125)$$

5.2 Pegelkreuzungsverhalten Stochastischer Prozesse

Das Ergebnis (5.125) liefert eine bemerkenswerte Verknüpfung zwischen der mittleren Anzahl α_+ der relativen Maxima und der mittleren Anzahl β_+ von Überschreitungen der Nullinie. Zugleich erweist sich der Parameter γ als Quadrat des Quotienten aus α_+ und β_+

$$\gamma = \left(\frac{\alpha_+}{\beta_+}\right)^2. \tag{5.126}$$

Die Verteilungsdichte $p_{\max}(y)$ der Wahrscheinlichkeit dafür, daß ein relatives Maximum bei einem relativen Amplitudenwert y vorliegt, lautet damit

$$\begin{aligned} p_{\max}(y) &= \frac{1}{\sqrt{2\pi}} \sqrt{\frac{\gamma-1}{\gamma}} \exp\left(-\frac{\gamma}{2(\gamma-1)} y^2\right) \\ &+ \frac{1}{2\sqrt{\gamma}} y \exp\left(-\frac{y^2}{2}\right) \left[1 + \operatorname{erf}\left(\frac{y}{\sqrt{2(\gamma-1)}}\right)\right]. \end{aligned} \tag{5.127}$$

Bild 5.8 zeigt $p_{\max}(y)$ für verschiedene Parameterwerte γ. Im Grenzfall $\gamma = 1$ geht $p_{\max}(y)$ in eine Rayleigh-Dichte, im Grenzfall $\gamma \to \infty$ in eine

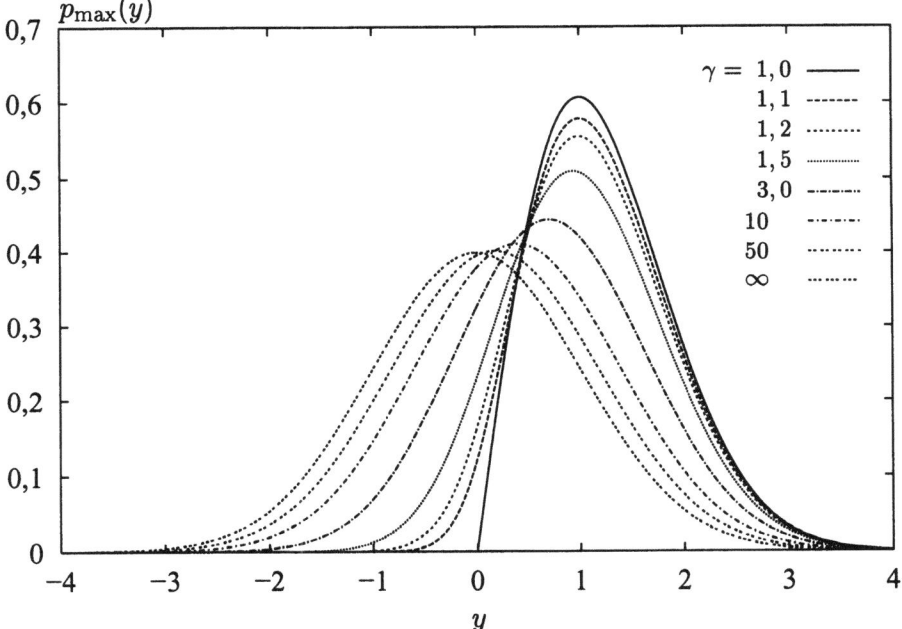

Bild 5.8: $p_{\max}(y)$ für verschiedene Parameterwerte γ

Gaußdichte über. Ausgezeichnete Werte der Dichte $p_{\max}(y)$ in Abhängigkeit von γ sind $p_{\max}(y_m)$ für den Wert y_m, bei dem am häufigsten ein relatives Maximum vorliegt, und

$$p_{\max}(0) = \frac{1}{\sqrt{2\pi}} \sqrt{\frac{\gamma - 1}{\gamma}} \qquad (5.128)$$

für das Auftreten von Maxima mit der Amplitude $y = 0$.

5.2.5 Verteilungsdichte $p_0(a;\tau)$

Die bisher besprochenen Riceschen Ansätze und Lösungen bilden die Grundlage für die mathematische Behandlung weitergehender Fragestellungen. Als Beispiel für eine derartige Fragestellung sei nun noch die Verteilungsdichte $p_0(a;\tau)$ der Zeitintervalle τ zwischen unmittelbar benachbarten Pegelkreuzungen betrachtet.

Ein „Überschreitungszeitintervall" der Dauer τ ist dadurch gekennzeichnet, daß der Zufallsprozeß $\xi(t)$ einen vorgegebenen Pegel a zum Zeitpunkt $t_1 + \tau$ mit negativer Steigung, also mit $\dot{\xi}(t_1 + \tau) < 0$, kreuzt, nachdem er ihn zum Zeitpunkt t_1 mit positiver Steigung gekreuzt hat und während der Dauer τ oberhalb des Pegels a verlaufen ist. Die bedingte Wahrscheinlichkeit für ein solches Ereignis wird im folgenden wie in der Literatur durch die bedingte Verteilungsdichte $p_0(a;\tau)$ beschrieben.

Bis heute ist es generell nicht gelungen, für diese Dichtefunktion eine geschlossene Lösung herzuleiten, so daß man auf Näherungslösungen angewiesen ist. Die von S. O. Rice angegebene Näherung $q(a;\tau)$ für $p_0(a;\tau)$ geht von der Formulierung (5.67) eines einzelnen Kreuzungsereignisses aus und betrachtet die Wahrscheinlichkeit $P_{-++-}(a;\tau)$ dafür, daß $\xi(t)$ im infinitesimalen Zeitintervall $(t_1, t_1 + \tau_1)$ den Pegel a überschreitet und im infinitesimalen Zeitintervall $(t_1 + \tau, t_1 + \tau + \tau_2)$ unterschreitet. Diese Wahrscheinlichkeit $P_{-++-}(a;\tau)$ ist in Verallgemeinerung von (5.67) durch die vierdimensionale Dichte

$$p_{\xi_1 \xi_2 \xi_3 \xi_4}(x_1, x_2, x_3, x_4) \qquad (5.129)$$

der Variablen

$$\begin{aligned} \xi_1 &= \xi(t_1), & \xi_2 &= \dot{\xi}(t_1) = \dot{\xi}_1, \\ \xi_3 &= \dot{\xi}(t_1 + \tau) = \dot{\xi}_4 & \text{und} \quad \xi_4 &= \xi(t_1 + \tau) \end{aligned} \qquad (5.130)$$

5.2 Pegelkreuzungsverhalten Stochastischer Prozesse

mit der Kovarianzmatrix

$$\mathbf{M} = \begin{pmatrix} \psi(0) & 0 & \psi'(\tau) & \psi(\tau) \\ 0 & -\psi''(0) & -\psi''(\tau) & -\psi'(\tau) \\ \psi'(\tau) & -\psi''(\tau) & -\psi''(0) & 0 \\ \psi(\tau) & -\psi'(\tau) & 0 & \psi(0) \end{pmatrix} \qquad (5.131)$$

gemäß

$$P_{-++-}(a;\tau) = \int\limits_{x_1=a-\tau_1 x_2}^{a} \int\limits_{x_2=0}^{\infty} \int\limits_{x_3=-\infty}^{0} \int\limits_{x_4=a-\tau_2 x_3}^{a} p_{\xi_1\xi_2\xi_3\xi_4}(x_1, x_2, x_3, x_4) \, dx_1 \, dx_2 \, dx_3 \, dx_4$$

$$= \tau_1 \tau_2 \int\limits_0^{\infty}\int\limits_0^{\infty} x_2\, x_3\, p_{\xi_1\xi_2\xi_3\xi_4}(a, x_2, -x_3, a) \, dx_2 \, dx_3 \qquad (5.132)$$

bestimmt.

Die Ricesche Funktion $q(a;\tau)$ ergibt sich dann als bedingte Dichte entsprechend (3.45) als Quotient

$$q(a;\tau) = \frac{P_{-++-}(a;\tau)}{P_{-+}(a)}. \qquad (5.133)$$

Einsetzen der Dichte $p_{\xi_1\xi_2\xi_3\xi_4}(a, x_2, -x_3, a)$ in (5.132) und Division durch $P_{-+}(a;\tau)$ gemäß (5.71) führt auf

$$q(a;\tau) = \frac{2}{\pi}\sqrt{\frac{\psi_0}{-\psi_0''}} \frac{(\det \mathbf{M})^{3/2}}{M_{22}^2} \exp\left[-a^2\left(\frac{M_{11}+M_{14}}{\det \mathbf{M}} - \frac{1}{2\psi_0}\right)\right] \qquad (5.134)$$

$$\times \int\limits_0^{\infty}\int\limits_0^{\infty} yz \exp\left(-y^2 - z^2 + \frac{2yz M_{23}}{M_{22}} - \frac{2a(y+z)(M_{12}+M_{24})}{\sqrt{2}\, M_{22} \det \mathbf{M}}\right) dy\, dz,$$

wobei M_{ik} die Adjunkten zu den Elementen der vierreihigen Matrix $\mathbf{M}$ (5.131) bezeichnen; für sie erhält man aus (5.131) die Ausdrücke

$$M_{11} = M_{44} = \psi_0\left(\psi_0''^2 - \psi''^2\right) + \psi_0'' \psi'^2, \qquad (5.135)$$

$$M_{12} = -M_{34} = \psi'\left(\psi_0''\psi - \psi''\psi_0\right), \qquad (5.136)$$

$$M_{13} = -M_{24} = \psi'\left(\psi_0''\psi_0 - \psi''\psi + \psi'^2\right), \qquad (5.137)$$

$$M_{14} = -\psi\left(\psi_0''^2 - \psi''^2\right) - \psi''\psi'^2, \tag{5.138}$$

$$M_{22} = M_{33} = -\psi_0''\left(\psi_0^2 - \psi^2\right) - \psi_0\psi'^2, \tag{5.139}$$

$$M_{23} = \psi''\left(\psi_0^2 - \psi^2\right) + \psi\psi'^2, \tag{5.140}$$

wobei zur Vereinfachung bei der Autokorrelationsfunktion und ihren Ableitungen das Argument 0 durch den Index $_0$ ersetzt und das Argument τ weggelassen wurde. Ferner gilt

$$M_{22}^2 - M_{23}^2 = \left(\psi_0^2 - \psi^2\right)\det\mathbf{M}. \tag{5.141}$$

Beim zweifachen Integral läßt sich eine Integration geschlossen durchführen; das verbleibende Integral muß numerisch ausgewertet werden. Näheres siehe z. B. in [Tet90].

Im Falle des Pegels $a = 0$, also der Nullinie, kann $q(0;\tau)$ explizit angegeben werden. Man findet

$$q(0;\tau) = \frac{1}{2\pi}\sqrt{\frac{\psi_0}{-\psi_0''}}\frac{M_{23}}{\left(\psi_0^2 - \psi^2\right)^{3/2}}\left(\frac{1}{H} + \operatorname{arccot}(-H)\right) \tag{5.142}$$

mit der Abkürzung

$$H = \frac{M_{23}}{\sqrt{M_{22}^2 - M_{23}^2}}. \tag{5.143}$$

Die Ricesche Näherung $q(a;\tau)$ für $p_0(a;\tau)$ ist eine obere Schranke für $p_0(a;\tau)$, da der Ansatz zur Herleitung von $q(a;\tau)$ nur den Zustand des Zufallsprozesses an den Rändern des Überschreitungszeitintervalls der Länge τ berücksichtigt und das Verhalten im Innern des Intervalls außer acht läßt. Die Definition (5.132) läßt daher auch $2k$, $k = 1, 2, \ldots$ weitere Kreuzungen zwischen den Intervallgrenzen zu, wobei die Wahrscheinlichkeit hierfür mit wachsender Länge τ zunimmt. $q(a;\tau)$ stellt daher die „wahre" Dichte $p_0(a;\tau)$ im allgemeinen nur bei kleinen Werten von τ richtig dar und weicht mit wachsendem τ immer stärker von $p_0(a;\tau)$ ab. Wertebereich und Ausmaß der Abweichung hängt vom Verlauf der Autokorrelationsfunktion ab.

J. A. McFadden und M. S. Longuet-Higgins haben daher versucht, das Verhalten des Prozesses im Intervallinneren durch Annahmen über die

5.2 Pegelkreuzungsverhalten Stochastischer Prozesse

statistische Unabhängigkeit aufeinanderfolgender Teilintervalle oder Intervallgruppen und damit die Wahrscheinlichkeit für das Auftreten weiterer Pegelkreuzungen im Intervallinneren zu erfassen. Eine entscheidende Verbesserung gelang Longuet-Higgins durch Bestimmung der Wahrscheinlichkeit für zwei weitere Pegelkreuzungen. H. Brehm und D. Wolf haben diese Überlegungen weitergeführt und neue Näherungslösungen hergeleitet.

Einen bemerkenswerten neuen Ansatz verfolgten T. Mimaki und T. Munakata mit dem sogenannten 4- und 6-Zustände-Modell zur Ermittlung der bedingten Dichte $p_0(a;\tau)$ [Mun83,86].

Parallel zu diesen analytischen Darstellungen haben insbesondere J. Rainal [Rai62,65], H. Brehm [Bre70], D. Wolf und Mitarbeiter [Wol73b], [Bre75], [Tet91] umfangreiche Messungen der Verteilungsdichten $p_0(a;\tau)$ — nicht nur am Gaußprozeß, sondern auch am Rayleigh-Prozeß bei verschiedener Wahl der Prozeßparameter — unternommen, so daß die Gültigkeitsbereiche und die Genauigkeit der verschiedenen Näherungslösungen heute in vielen Fällen bekannt sind. Für eine Reihe praxisrelevanter, typischer Stochastischer Prozesse findet man eine so hohe Approximationsgüte, daß das Problem aus der Sicht des Anwenders hier als gelöst betrachtet werden kann. Die beiden exemplarischen Resultate in Bild 5.9 mögen diesen Sachstand demonstrieren.

Die Darstellungen — nach [Tet90] — zeigen für einen mittelwertfreien Gaußprozeß normierter Varianz mit einem BW-Typ-Spektrum (s. S. 243) berechnete Näherungslösungen (—) und gemessene Verläufe (•) der Dichte $p_0(a;\tau)$ sowie die Ricesche Funktion $q(a;\tau)$ für zwei Pegelwerte $a = +0,5$ und $a = -0,5$ jeweils in Abhängigkeit von der normierten Zeit $x = \tau/T$; T bezeichnet die reziproke charakteristische Frequenz aus (3.572). Neben den Dichten ist auch die Verteilungsfunktion $D_0(a;x)$, das Integral der Dichte, aufgetragen, die abzulesen gestattet, welcher Prozentsatz aller vorkommenden Pegelkreuzungsintervalle bei einem gewissen Wert x erfaßt sind. Man entnimmt aus den Darstellungen, daß die Näherungslösungen die „wahren", durch die Meßwerte repräsentierten, Dichten praktisch im gesamten relevanten Zeitbereich richtig wiedergeben.

Eine weitergehende Diskussion dieser Thematik würde allerdings den Rahmen dieser Darstellung sprengen. Der interessierte Leser sei daher auf die Originalliteratur verwiesen.

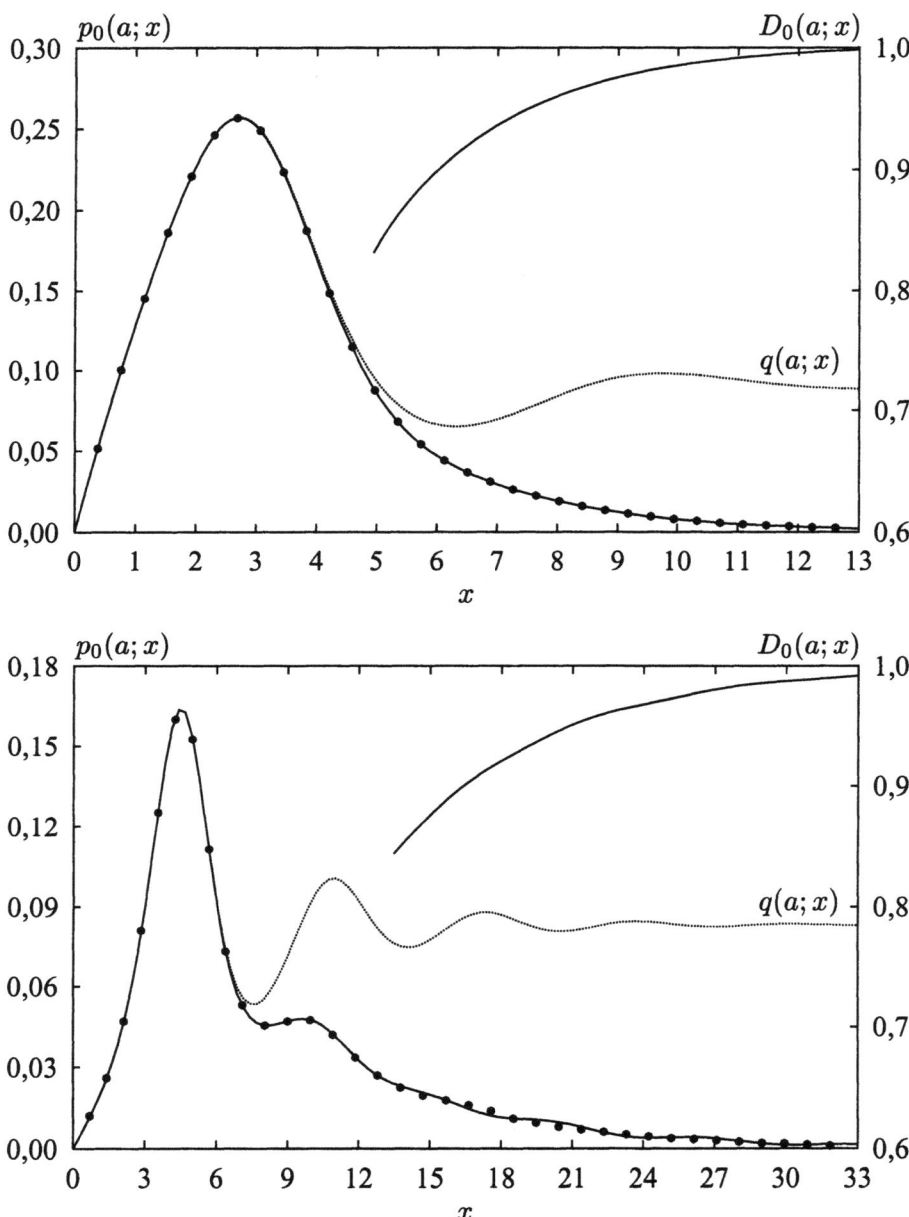

Bild 5.9: Berechnete (—) und gemessene (•) Verteilungsdichten $p_0(a;x)$, Ricesche Funktionen $q(a;x)$ und Verteilungsfunktionen $D_0(a;x)$ für $a = +0,5$ bei einem Gaußprozeß vom BW-4-Typ (oberes Bild) und $a = -0,5$ bei einem Gaußprozeß vom BW-8-Typ (unteres Bild)

6 Literatur

Zitate erfolgen in der Form [Cou24]62, wobei die Zahl außerhalb der Klammer auf die Seitenzahl hinweist.

6.1 Monographien

[Abr70] Abramowitz, M. and I. A. Stegun: *Handbook of Mathematical Functions*, Dover Publ., New York 1970

[Bit71] Bittel, H. und L. Sturm.: *Rauschen*, Springer, Berlin 1971

[Bla90] Blahut, R. E.: *Digital Transmission of Information*, Addison-Wesley, Reading, Massachusetts 1990

[Böh93] Böhme, J. F.: *Stochastische Signale*, Teubner, Stuttgart 1993

[Cou24] Courant, R. und D. Hilbert: *Methoden der mathematischen Physik I*, Springer, Berlin 1924, 4. Aufl. 1993

[Dav58] Davenport, W. B. and W. R. Root: *An Introduction to the Theory of Random Signals and Noise*, McGraw-Hill, New York 1958, IEEE Press Reprint, New York 1987

[Fel68] Feller, W.: *An Introduction to Probability Theory and Its Applications*, Wiley, New York, Vol. I, Third Ed. 1968, Vol. II, Second Ed. 1971

[Fet90] Fettweis, A.: *Elemente nachrichtentechnischer Systeme*, Teubner, Stuttgart 1990.

[Fis80] Fisz, M.: *Wahrscheinlichkeitsrechnung und mathematische Statistik*, 10. Aufl., Dt. V. d. Wiss., Berlin 1980

[Gra80] Gradshteyn, L. S. and I. M. Ryzhik: *Table of Integrals, Series, and Products*, Academic Press, Orlando 1980

[Gre58] Grenander, U. and G. Szegö: *Toeplitz Forms and Their Applications*, Univ. of California Press, Berkeley 1958

[Hän97] Hänsler, E.: *Statistische Signale*, 2. Aufl., Springer, Berlin 1997.

[Hah96] Hahn, S. L.: *Hilbert Transforms in Signal Processing*, Artech House, Boston 1996

[Hel91] Helstrøm, C. W.: *Probability and Stochastic Processes*, Second Ed., Maxwell-Macmillan, New York 1991.

[Hof98] Hoffmann, R.: *Signalanalyse und -erkennung*, Springer, Berlin 1998.

[Jay84] Jayant, S. N. and P. Noll: *Digital Coding of Waveforms*, Prentice-Hall, Englewood Cliffs, N. J. 1984

[Kam98] Kammeyer, K. D. und K. Kroschel: *Digitale Signalverarbeitung*, Teubner, Stuttgart 1998

[Lig66] Lighthill, M. J.: *Einführung in die Theorie der Fourier Analysis und der verallgemeinerten Funktionen*, Bibl. Inst., Mannheim 1966

[Lük97] Lüke, H. D.: *Signalübertragung*, 5. Aufl., Springer, Berlin 1997.

[Mag48] Magnus, W. und F. Oberhettinger: *Formeln und Sätze für die speziellen Funktionen der mathematischen Physik*, 2. Aufl., Springer, Berlin 1948

[Mei68] Meinke, H. und F. W. Gundlach: *Taschenbuch der Hochfrequenztechnik*, 3. Aufl., Springer, Berlin 1968

[Mid60] Middleton, D.: *An Introduction to Statistical Communication Theory*, McGraw-Hill, New York 1960

[Mik73] Antosik, P., J. Mikusinsky, and R. Sikorsky: *Theory of Distributions, The Sequential Approach*, Elsevier, Amsterdam 1973 (siehe auch Mikusinsky, J. and R. Sikorsky: *The Elementary Theory of Distributions*, Warschau 1957)

[Obh57] Oberhettinger, F.: *Tabellen zur Fourier-Transformation*, Springer, Berlin 1957

[Opp89] Oppenheim, A. V. and R. W. Schafer: *Discrete-Time Signal Processing*, Prentice-Hall, Englewood Cliffs, N. J. 1989.

[Pap91a] Papoulis, A.: *Probability, Random Variables, and Stochastic Processes*, Third Ed., McGraw-Hill, New York 1991.

[Pap91b] Papoulis, A.: *Signal Analysis*, McGraw-Hill, New York 1991.

[Pro89] Proakis, J. G.: *Digital Communications*, Second Ed., McGraw-Hill, New York 1989.

[Rab75] Rabiner, L. R. and B. Gold: *Theory and Application of Digital Signal Processing*, Prentice-Hall, Englewood Cliffs, N. J. 1975

[Ren66] Rényi, A.: *Wahrscheinlichkeitsrechnung*, Dt. V. d. Wiss., Berlin 1966

[Sch91] Schüßler, H. W.: *Netzwerke, Signale und Systeme*, 2 Bde., 3. Aufl., Springer, Berlin 1991

[Smi55] Smirnow, W. I.: *Lehrgang der höheren Mathematik*, Bd. III, 2, Dt. V. d. Wiss., Berlin 1955

[Zie59] van der Ziel, A.: *Fluctuation Phenomena in Semi-Conductors*, Butterworth, London 1959

6.2 Originalarbeiten

[Bre70] Brehm, H.: *Ein- und zweidimensionale Verteilungsdichten von Nulldurchgangsabständen stochastischer Signale*, Diss., Univ. Frankfurt am Main 1970

[Bre74] Brehm, H, E.-W. Jüngst und D. Wolf: *Simulation von Sprachsignalen*, Archiv für Elektronik und Übertragungstechnik 28, 445-450 (1974)

[Bre75] Brehm, H. und D. Wolf: *The Distribution of Level-Crossing Time-Intervals of Gaussian Random Signals*, Archiv für Elektronik und Übertragungstechnik 29, 415-420 (1975)

[Bre78] Brehm, H.: *Sphärisch invariante stochastische Prozesse*, Habilitationsschrift, Institut für Angewandte Physik, Frankfurt am Main 1978.

[Cal51] Callen, H. B. and T. A. Welton: *Irreversibility and Generalized Noise*, Phys. Rev. 83, 34-40 (1951)

[Cam09]   Campbell, N: *The study of discontinuous phenomena*, Proc. Cambridge Phil. Soc. 15, 117-136, *Discontinuities in Light Emission*, 310-328 (1909)

[Gin53]   Ginsburg, W. L.: *Einige Probleme aus der Theorie der elektrischen Schwankungserscheinungen*, Fortschritte der Physik 1, 51-87 (1953)

[Joh28]   Johnson, J. B.: *Thermal Agitation of Electricity*, Phys. Rev. 32 (1928), S. 97-109

[Han75]   Handel, P. H.: $1/f$ *Noise — An 'Infrared' Phenomenon*, Phys. Rev. Lett. 34, 1492-1494 (1975)

[Han76]   Handel, P. H.: *Low Frequency Fluctuations in Electronic Transport Phenomena*, Proc. Nato Advanced Study Institute on Linear and Nonlinear Electron Transport in Solids, Antwerpen, Plenum Press 1976, 515-547

[Lin80]   Linde, K., A. Buzo, and R. M. Gray: *An Algorithm for Vector Quantizer Design*, IEEE Trans. Comm. COM-28, 84-95 (1980)

[Lon62]   Longuet-Higgins, M. S.: *The Distribution of Intervals between Zeros of a Stationary Random Function*, Phil. Trans. Roy. Soc. (London) 254, 557-599 (1962)

[Max60]   Max, J.: *Quantizing for Minimum Distortion*, IRE Trans. Inform. Th., Vol. IT-6, March 1960, 7-12

[McF56]   McFadden, J. A.: *The Axis-Crossing Intervals of Random Functions I*, IRE Trans. Inform. Th. 2, 146-150 (1956)

[McF58]   McFadden, J. A.: *The Axis-Crossing Intervals of Random Functions II*, IRE Trans. Inform. Th. 4, 14-24 (1958)

[McF62]   McFadden, J. A.: *Zero-Crossing Intervals of Gaussian Processes*, IRE Trans. Inform. Th. 8, 372-378 (1962)

[Nyq28]   Nyquist, H.: *Electric Charge in Conductors*, Phys. Rev. 32 (1928), S. 110-113

[Mun83]   Munakata, T. and D. Wolf: *On the Distribution of the Level-Crossing Time-Intervals of Random Processes*, Proc. Int. Conf. Noise in Physical Systems and $1/f$-Noise, Montpellier, North-Holland 1983, 49-52

6.2 Originalarbeiten

[Mun86] Munakata, T.: *Mehr-Zustände-Modell zur Beschreibung des Pegelkreuzungsverhaltens stationärer stochastischer Prozesse*, Diss., Univ. Frankfurt am Main 1986

[Pan51] Panter, P. F. and W. Dite: *Quantization Distortion in Pulse Code Modulation with Nonuniform Spacing of Levels*, Proc. IRE, 44-48, Jan. 1951

[Rai62] Rainal, A. J.: *Zero-Crossing Intervals of Gaussian Processes*, IRE Trans. Inform. Th. $\underline{8}$, 372-378 (1962)

[Rai65] Rainal, A. J.: *Axis-Crossing Intervals of Rayleigh Processes*, Bell Syst. Techn. J. $\underline{44}$, 1219-1224 (1965)

[Rei87] Reininger, H.: *Prinzipien der digitalen Sprachcodierung und ihre Anwendung zur Sprachübertragung über Fadingkanäle bei mittleren Datenraten*, Diss., Univ. Frankfurt am Main 1987

[Ric44] Rice, S. O.: *Mathematical Analysis of Random Noise*, Bell Syst. Techn. J. $\underline{23}$, 282-332 (1944); $\underline{24}$, 46-156 (1945); Repr. in: Wax, N.: *Selected Papers on Noise and Stochastic Processes*, Dover 1954, 133-294

[Ric58] Rice, S. O.: *Distribution of the Duration of Fades in Radio Transmission*, Bell Syst. Techn. J. $\underline{37}$, 581-635 (1958)

[Sab86] Sabin, J. M. and R. M. Gray: *Global Convergence and Empirical Consistency of the Generalized Lloyd-Algorithm*, IEEE Trans. Inform. Th. IT 32, 148-155 (1986)

[Sch78] Schweikert, R., H. Brehm und D. Wolf: *Lineare Filterung stochastischer Folgen mit voneinander statistisch unabhängigen Elementen*, NTG-Fachberichte $\underline{65}$, 352-356 (1978)

[Tet90] Tetzlaff, R.: *Neuere Untersuchungen des Pegelkreuzungsverhaltens Gaußscher stochastischer Prozesse*, Diss., Univ. Frankfurt am Main 1990

[Tet91] Tetzlaff, R. und D. Wolf: *On the Distribution Densities of Level-Crossing Time-Intervals for Gaussian Random Processes*, Archiv für Elektronik und Übertragungstechnik $\underline{45}$, 203-209 (1991)

[Vli65] van Vliet, C. M. and J. R. Fassett: *Fluctations due to Electronic Transitions and Transport in Solids*, in: Burgess, R. E.: *Fluctuation Phenomena in Solids*, 267-354, Academic Press, New York 1965.

[Vli90] van Vliet, C. M.: *Quantum Electrodynamical Theory of Infrared Effects in Condensed Matter, II. Radiative Corrections of Cross Sections and Scattering Rates and Quantum 1/f Noise*, Physica A $\underline{165}$, 126-155 (1990)

[Vli91] van Vliet, C. M.: *A Survey of Results and Future Prospects on Quantum 1/f Noise and 1/f Noise in General*, Solid-State Electronics $\underline{34}$, 1-21 (1991)

[Wol73a] Wolf, D.: *Zur Genauigkeit der Bestimmung der Autokorrelationsfunktion aus der Polaritätskorrelationsfunktion*, Archiv für Elektronik und Übertragungstechnik $\underline{27}$, 279-284 (1973)

[Wol73b] Wolf, D. und H. Brehm: *Die Verteilungsdichte der Zeitintervalle zwischen Nulldurchgängen bei Gaußschen stochastischen Signalen*, Archiv für Elektronik und Übertragungstechnik $\underline{27}$, 477-489 (1973)

[Wol77] Wolf, D.: *Analytische Beschreibung von Sprachsignalen*, Archiv für Elektronik und Übertragungstechnik $\underline{31}$, 392-398 (1977)

[Wol83] Wolf, D., T. Munakata und J. Wehhofer: *Die Verteilungsdichte der Pegelunterschreitungsintervalle bei Rayleigh-Fading Kanälen*, NTG-Fachberichte $\underline{84}$, 23-32 (1983), VDE Berlin

Sachverzeichnis

Kursiv gedruckte Seitenzahlen beziehen sich auf Tabellen oder Bilder.

13-Segment-Kennlinie 268

Abtastung kontinuierlicher Signale 253
– im Frequenzbereich 256
– im Zeitbereich 253
A-Kennlinie 267
Autokorrelationsfunktion
– determinierter Signale 59
– periodischer Signale 31
– stochastischer Signale 132
– – Beispiele
– – – Bandpaßtyp 237
– – – BW-Typ 248
– – – Lin-Typ 239
– – – RC-Typ 243
– – – Resonanztyp 239
– – Eigenschaften 133
Autokovarianzfunktion 133

Basisband 90
Bayes-Regel 128
Bedingte Dichte 127, 162
Bedingte Wahrscheinlichkeit 127
Bedrosian, Satz von 83
Besselsche Ungleichung 10

CCITT 268
Charakteristische Funktion 135
– Beispiele
– – Gaußprozeß 153
– – Produktprozeß 192
– n-dimensionale des Gaußprozesses 155
– zweidimensionale 138

– – Beispiele
– – – Gaußprozeß 162
– – – Produktprozeß 197
– Zweite Charakteristische Funktion 136
Codebuch 271

Deltafunktion 65
Delta-Impulsfolge 70
Dichte s. Verteilungsdichte
digitale Modulation cosinusförmiger Trägersignale 112
– Frequenzumtastung (FSK) 115
– Phasenumtastung (PSK) 114
– Pulsamplitudenmodulation (PAM) 113
Diracsche Deltafunktion s. Deltafunktion
Dirichletsche Bedingungen 12, 41
Diskretisierung kontinuierlicher Signale 253
Distribution 65
Durbin-Algorithmus 286

Elementarereignis 119
Ensemblemittelwert s. Erwartungswert
Ereignis 119
Ereignisraum 119
Ergebnis 118
Ergebnismenge s. Ergebnisraum
Ergebnisraum 118
Ergodizität 144

Erwartungswert 130

Fehler
- mittlerer quadratischer 284

Fourierreihen 9, *15*
- Beispiele 16
- - Dreiecksschwingung 21
- - gleichgerichtete Sinusschwingung 23
- - Kippschwingung 25
- - Rechteckimpulsfolge 18
- - Rechteckschwingung 16
- Konvergenzverhalten 27

Fourierspektrum 14

Fourier-Transformation 39, *44, 50, 60*
- Amplitudendichte 39
- Beispiele 51
- - Exponentialimpuls 54
- - Gaußimpuls 55
- - Rechteckimpuls 51
- - zeitlich begrenzte harmonische Schwingung 57
- Eigenschaften 43
- - Differentiation 45
- - Faltung im Frequenzbereich 49
- - Faltung im Zeitbereich 48
- - Linearität 45
- - Proportionalität 46

Frequenzhub 106

Funktionenfolge 66

Gaußdichte 152

Gaußprozeß 150
- stationärer 155

Generations-Rekombinations-Rauschen 228

Gibbssches Phänomen 27

Harmonische Schwingung 7

- zeitlich begrenzte 57
- Summen 34
- Produkte 37
- Hilbert-Transformierte 79

Hilbert-Transformation 78, *80, 81*
- Beispiele 79
- - Exponentialimpuls 82
- - harmonische Schwingung 79
- Produkt zweier Signale mit nichtüberlappenden Spektren 83

Impulsfunktion s. Deltafunktion

Informationstheorie 3

Inphase-Komponente 89

Jordansches Lemma 246

K_0-Prozeß s. Produktprozeß

komplexe Hüllkurve 90

Kovarianzmatrix 150

Kreuzkorrelationsfunktion 141
- Eigenschaften 142
- normierte Kreuzkorrelationsfunktion 142

Kreuzkovarianzfunktion 141
- normierte Kreuzkovarianzfunktion 142

Kreuzleistungsdichtespektrum 149

Kumulanten 137

Kurzzeitprädiktor 294

Langzeitprädiktor 293

LBG-Algorithmus 272

Leistungsdichtespektrum 145
- determinierter Signale 61
- stochastischer Signale 145
- - Beispiele
- - - Bandpaßtyp 249

Sachverzeichnis

– – – BW-Typ 243
– – – RC-Typ 239
– – – Resonanztyp 238
– – – weißes 236
Lineare Prädiktion 283
– von Sprachsignalen 294, *295*
Linearer Prädiktor 283

Markoff-Prozeß 230
Master-Gleichung 230
mehrdimensionale Dichtefunktion 123, 125
Modulationsindex 107
Modulationsverfahren 99
– Amplitudenmodulation 100
– Frequenzmodulation 104
– Phasenmodulation 104
Momentanfrequenz 100
Momente 131
– Beispiele
– – Gaußprozeß 153
– – Produktprozeß 192
– – Rayleigh-Prozeß 180
– Kreuzmomente 132
– Zentralmomente 131
Musterfunktion 117

nichtlineare Verknüpfungen statistisch unabhängiger Gaußprozesse 168, *168*

Parcor-Koeffizienten 287
Parsevalsche Gleichung 11
Partition 270
Pegelkreuzungen 296
– mittlere Anzahl 301
Pegelkreuzungsintervall
– Verteilungsdichte 312
– Ricesche Näherung 312
Phasenhub 106

Polaritätskorrelationsfunktion 300
Prädiktionsfehler 283
Prädiktionsfehlerleistung 287, 289
Prädiktionsgewinn 290
Prädiktorkoeffizient 283
Produktprozeß 188

quadratische Form
– positiv definite 150
Quadraturkomponente 89
Quantisierung 253
– skalare 259
– – gleichförmige 260
– – Max-Quantisierung 262
– – optimale 260
Quantisierungsfehler 261
Quantisierungsfehlerleistung 262, 271
Quantisierungskennlinie 267, 268

Randdichte 123, 126
Rayleigh-Prozeß 179
Realisierung 117, 118
relatives Maximum eines Zufallsprozesses 305
Residuensatz 246

Schroteffekt 219
Schwankungserscheinungen, physikalische
Schwebung 36
Signal 1
– analytisches 87
– bandbegrenztes 188, 253
– determiniertes 7
– digitales 92
– impulsförmiges 39, 113
– kausales 86

- Modelle 1, 2
- moduliertes 99
- nichtperiodisches 39
- periodisches 7
- quantisiertes 259
- schmalbandiges 88
- stochastisches 117
- stochastisches Telegraphensignal 212
- Tiefpaßsignal
- - äquivalentes 90
- wertdiskretes 91, 253
- zeitdiskretes 91
Signal-Geräusch-Verhältnis 264
Signalparameter 7
Signumfunktion 75
- Fourier-Transformierte 76
SNR s. Signal-Geräusch-Verhältnis
Spaltfunktion 19, 236
Spektrale Leistungsdichte s. Leistungsdichtespektrum
Sprungfunktion 73
- Fourier-Transformierte 76
Statistische Unabhängigkeit 124, 126
Standardabweichung 131
Stochastischer Prozeß s. Zufallsprozeß
Stochastisches Telegraphensignal 212
Streuung 131
Summen aus identisch verteilten statistisch unabhängigen Zufallsvariablen
- binäre 210
- Gaußsche 205
- gleichverteilte 206
- K_0-verteilte 208

Toeplitzmatrix 285
Thermisches Rauschen 117, 216

Übergangswert 260, *264*, 267

Varianz 131
Vektorquantisierung 270
- von Sprachsignalen 281, *282*
- SNR 273, *278*, *279*, *280*
verallgemeinerte Funktion 66
Verteilungsdichte 121
- Beispiele
- - Cauchy-Prozeß 172
- - Gamma-Prozeß 177
- - Gaußprozeß 152
- - Laplace-Prozeß 175
- - Maxwell-Prozeß 174
- - Produktprozeß 191
- - Rayleigh-Prozeß 180
- n-dimensionale
- - Gaußprozeß 151
- zweidimensionale 125
- - Beispiele
- - - Gaußprozeß 154, *157*, *158*
- - - Produktprozeß 195, *200*, *201*
- - - Rayleigh-Prozeß 182, *184*, *185*
Verteilungsfunktion 121
Vollständigkeitsrelation 11

Wahrscheinlichkeit 119
Wahrscheinlichkeitsdichte s. Verteilungsdichte
Wahrscheinlichkeitsverteilung 121
weißes Rauschen 225
Wiener-Khintchine-Relation 145

Yule-Walker-Gleichung 284

Sachverzeichnis

Zeitmittelwerte 143
Zufallsexperiment 118
Zufallsprozeß 124
- Cauchy-Prozeß 170
- ergodischer 144
- Gamma-Prozeß 176
- Gauß-Markoff-Prozeß 162
- Gaußprozeß
- - stationärer 155
- Gedächtnis 128
- K_0-Prozeß s. Produktprozeß
- Laplace-Prozeß 175
- Markoff-Prozeß 230
- Maxwell-Prozeß 173
- Poisson-Prozeß 211
- Produktprozeß 188
- Rayleigh-Prozeß 179
- Rice-Prozeß 187
- sphärisch invarianter 198, 202
- stationärer 128
- Summenprozeß 203
Zufallsprozesse
- orthogonale Zufallsprozesse 141
- unkorrelierte Zufallsprozesse 141
Zufallsvariable 120
Zuweisungsvektor 270
Zuweisungswert 260, *264*, 267
Zweite Charakteristische Funktion s. Charakteristische Funktion

MIX
Papier aus verantwortungsvollen Quellen
Paper from responsible sources
FSC® C105338

If you have any concerns about our products,
you can contact us on
ProductSafety@springernature.com

In case Publisher is established outside the EU,
the EU authorized representative is:
**Springer Nature Customer Service Center GmbH
Europaplatz 3, 69115 Heidelberg, Germany**

Printed by Libri Plureos GmbH
in Hamburg, Germany